面向21世纪课程教材

大学基础化学实验（I）

第三版

王燕　张敏　徐志珍　赵怡　等主编

化学工业出版社

·北京·

《大学基础化学实验（Ⅰ）》首先介绍了化学实验基本知识、基本技术和基本操作；然后按无机合成、定性和定量分析、基本物性常数测定等顺序安排了 35 个基础实验项目；接着以提高学生解决实际问题的能力和培养创新意识为出发点，安排了综合性实验和设计性实验共 13 个项目，内容选取涉及环境监测、材料科学、生活实践等，具有很强的实用性和可操作性。

　　本书可作为高等院校化学类专业的教材，也可供相关人员参考。

图书在版编目（CIP）数据

大学基础化学实验（Ⅰ）/王燕等主编. —3 版. —北京：
化学工业出版社，2016.7（2023.9重印）
面向 21 世纪课程教材
ISBN 978-7-122-27226-3

Ⅰ．①大…　Ⅱ．①王…　Ⅲ．①化学实验-高等学校-教
材　Ⅳ．①O6-3

中国版本图书馆 CIP 数据核字（2016）第 123992 号

责任编辑：宋林青　　　　　　　　　　　　　　文字编辑：刘志茹
责任校对：吴　静　　　　　　　　　　　　　　装帧设计：关　飞

出版发行：化学工业出版社（北京市东城区青年湖南街 13 号　邮政编码 100011）
印　　装：北京科印技术咨询服务有限公司数码印刷分部
787mm×1092mm　1/16　印张 16　彩插 1　字数 379 千字　2023 年 9 月北京第 3 版第 3 次印刷

购书咨询：010-64518888　　　　　　　　　　售后服务：010-64518899
网　　址：http://www.cip.com.cn
凡购买本书，如有缺损质量问题，本社销售中心负责调换。

定　　价：40.00 元

前　言

《大学基础化学实验（Ⅰ）》第一版于 2000 年 5 月出版，2005 年出第二版，本教材是二十一世纪化学实验教学改革的成果，在历时十五年的不断实践中，学生通过本教材的学习，能熟练掌握有关无机合成、组分的定性和定量分析及基本物性常数测定等实验技能，并通过综合和设计性实验学会解决实际问题，培养创新意识和能力。

《大学基础化学实验（Ⅰ）》第三版在保持前两版编写指导思想和教材特色的基础上，结合教学实际，本着加强实验安全教育、提高学生实践能力和创新能力的原则，对第二版做了如下修改：

1. 考虑到教材的完整性及使用的方便性，将原分布在各章中化学实验的基本技能及操作归为一章，增加了第 2 章"化学实验基本知识、基本技术和基本操作"。

2. 对原有的第 2、3 章内容进行了重新编排，组合为"基础性实验"。

3. 将原第 6 章实验指导的相关内容分散到各实验内容中，便于学生学习，并引起重视。

4. 为使教材能不断地与时俱进，更新了部分实验，加入了一些与环境监测、材料科学、生活实践等相关的实验，并更新部分实验仪器的使用和介绍。

5. 加强安全教育，在第 1 章中强调安全规则和安全知识，在各实验中强调安全注意事项，强调有毒有害试剂药品使用注意事项等。

第三版由王燕、张敏、徐志珍、赵怡、王月荣、殷馨修订，王海文、邹冬璇参与了本书的附录修订和部分示意图的作图工作。全书由王燕统稿。

本次修订得到了华东理工大学教务处、化学与分子工程学院、化学工业出版社等的大力支持，在此表示感谢。并且对为本教材前两版作出过贡献的前辈老师表示敬意和感谢，对在使用本教材过程中提出过中肯意见和建议的教师与同学表示感谢。

限于修订者水平，书中难免有疏漏和不妥之处，恳请同行和读者批评指正。

编　者

2016 年 3 月

第一版前言

为适应 21 世纪的科技发展和社会对理科应用化学人才培养的需求，应用化学专业的化学实验课程在多年的无机和分析化学实验改革的基础上进入了新的阶段，新课程设置将尝试打破原分设四门化学实验课程的体系，而将化学实验课程独立设置，在此基础上编写了大学基础化学实验。

大学基础化学实验（Ⅰ）是针对大学一年级学生而编写的实验课程教材，本教材具有下列特点。

一、实验内容的安排以加强实验技能的综合训练和素质能力培养为主线，将实验内容分为三个层次：①基本技能训练实验，②应用性技能训练实验，③综合性技能训练实验。三个层次的实验由浅入深，由简到繁，由单元技能训练到组合技能训练，最后跨入综合性设计实验，循序渐进，逐步提高。让一年级学生逐步建立应用意识，掌握必备的化学实验技能和方法，确立正确的量的概念，具有良好的实验素养和严谨的科学态度，使学生初步具备获取知识的能力和开拓创新的能力，并树立不断学习、终生学习的观念与掌握科学的思维方法。

二、实验内容涉及无机合成、组分提纯、定性和定量分析、物性及相关化学常数测定。由于实验独立设课，因而教材中增设实验原理、方法与技能的理论课内容。

三、增添了许多结合实际应用性的新实验，改进了实验手段，结合了计算机辅助教学，力图达到提高学生素质和实践动手能力的目的。

四、本教材在编写中，改变了单一传授技能训练的模式，加强了学生自行设计类型的实验内容，让学生有充分思考、开拓和创新的余地。

五、本教材主要适用于应用化学专业学生的使用。参考学时 144～170。在编写时还从不同层次的实验教学要求出发，在每一类型实验中都编写了一组平行实验，以供挑选，所以本书也可供其他化工类或相关专业的学生选用。

全书主要由周其镇、方国女、樊行雪编写，参加编写的还有虞大红、王燕、许学敏、李芝香、陈娅如、孙东晓等，张敏、杨晓玲、钮雪芬、文辉、张蕾等参加了本书的部分实验工作。

本教材编写中受到"面向 21 世纪应用化学课程系列改革课题组"负责人朱明华教授和冯仰婕教授的亲切关怀与热情指导，为本教材提出许多宝贵意见，在此表示衷心感谢。

本教材的编写也是一种探索，希望能获得读者与同行的批评指正，以鞭策我们在现代实验教学内容与方法的改革实践中，争取获得更好的成效。

编　者

1999 年 12 月

第二版前言

《大学基础化学实验（Ⅰ）》第一版于 2000 年 8 月出版。第一版编写旨在建立一个能力与素质为一体的三段式四个层次的实验技能训练模式，即实现基本技能、应用性技能与综合性技能训练。几年来本书经华东理工大学应用化学、制药、生物工程、环境等 9 个专业和全国一些高等院校的使用，取得了一定的成效。学生通过该模式的训练之后，都能较熟练地掌握有关无机合成、组分的定性和定量分析及基本物性常数测定等实验技能，并且综合应用实验技能解决实际问题的能力都有了显著提高。

实验教学改革是一个长期的不断探索实践的过程，为进一步推进大学一年级化学实验教学的改革和发展，遵循教育部有关实验改革的精神，即要大力改革实验教学的形式和内容，开设综合性、创新性实验和研究性课题，因此第二版教材在保持第一版编写指导思想和教材特色的基础上，欲在进一步加强学生的自学能力、解决实际问题的能力和创新能力的培养方面作一些新的尝试，据此对第一版作了如下修改。

一、新增第 5 章设计性综合实验技能训练。编者在多年开设创新实验的基础上，经过精选创新实验内容，编写了一组设计性新实验，实验内容难度适中，有一定的趣味性和应用性，并附有合理的指导，学生在实验指导的指点下，通过查阅资料、综合应用理论知识、设计实验方案以及实施自拟方案等环节，以提高独立分析与解决问题的能力和创新能力。

二、新增了第 6 章实验指导。这一章是教师多年来实验教学实践的总结。实验指导分为预习要求、实验中的注意事项和思考题简要解答三个方面，尝试将教师原在实验课上讲解的内容变为实验指导的阅读资料，让学生通过充分预习，掌握实验的基本理论、操作的关键步骤和注意事项。新的教学形式，将提高学生的预习效果、自学和再学习的能力，增加教师对学生进行个性指导的机会，有效地增加学生的实践时间，提高实验课的效果和效率。

三、对原第 1～4 章内容进行了部分精简，实验编排作了合理的调整，增设气相色谱分析等新实验。

四、为使教材能体现科学技术的不断发展，更新了实验中所涉及的仪器，同时考虑到地区差异，适当保留了原有仪器的型号和使用方法。

本次修改工作由方国女、王燕、周其镇、樊行雪、陈娅如、虞大红参加。张敏负责全书附录的修改，方国女、王燕负责全书的统稿工作。

本次修订再版得到了华东理工大学教务处、化学工业出版社、华东理工大学出版社、华东理工大学教材建设委员会、华东理工大学化学与制药学院及使用本教材的各高等院校师生的大力支持，在此深表感谢。

本次修改是否妥当，恳请同行及读者提出宝贵意见。

编　者
2005 年 1 月

目 录

附　录

参考文献 242

第❶章

绪　　论

1.1　实验教学的目标和任务

化学是一门实践性很强的学科，化学实验在化学课程教学中具有重要的地位和作用，是化学及相关专业必修的基础课程。大学基础化学是面向大学一年级学生开设的一门独立的化学实验课，大学基础化学实验课程的基本目标和任务包括以下三个方面。

① 通过实验课程的教学，使学生系统规范地学习化学实验的基本操作和基本技能，化学实验的基本技能包括：规范基本操作，正确使用仪器；正确记录、处理数据、表达实验结果；认真观察实验现象，科学推断、逻辑推理，得出正确结论；学习查阅手册及参考资料，正确设计实验；手脑并用地分析和解决问题。通过综合性和研究性实验，进一步使学生获得化学科学研究的训练。

② 通过实验课程的教学，使学生进一步加深化学基础理论和基本知识，应用化学理论解释化学实验现象，实现理论与实践的结合，从而提高对化学基础理论和基本知识的认识和理解。

③ 通过实验课程的教学，培养学生严谨的科学态度和良好的实验习惯，求真、存疑、勇于探索的科学精神，对实验安全和环境保护的认识，从而提高学生的综合素质，培养科学实验和科学研究的基本素养。

1.2　实验课程的学习方法

为达到实验教学的目标和要求，应掌握以下学习方法。

（1）实验预习

预习是做好实验的前提和保证。预习要做到以下几点。

①认真阅读实验教材,查阅有关资料,理解实验目的、原理,熟悉实验内容,了解注意事项和实验安全事项等。

②书写实验预习报告,预习报告内容包括:实验目的与要求、实验原理、实验方法和注意事项,设计好记录实验现象或数据的表格,写出定量分析实验的计算公式等。预习报告写在实验预习报告纸上。

③实验前任课教师要检查学生的预习报告,没有预习或预习不合格者,不能进入实验室。

（2）实验过程

在教师指导下,严格按照实验内容和操作规程完成相关实验,要做到以下几点。

①"做":在预习的基础上,自己动手独立完成实验,掌握正确规范的操作,注意实验安全事项。

②"看":仔细观察实验现象,包括物质的状态和颜色的变化,沉淀的生成和溶解,气体的产生等。

③"想":手脑并用,对实验过程中产生的现象勤于思考、仔细分析,尽量自己解决问题。

④"记":及时如实地记录实验现象和数据,养成规范记录和正确表达实验数据的习惯。

⑤"论":善于对实验中产生的现象进行理性讨论,提倡师生和同学间的讨论。

⑥"洁":实验过程中台面整洁,仪器装置和试剂摆放整齐,实验结束时洗净玻璃仪器,整理台面,废液废物分类处理。

（3）实验报告

实验报告是实验的总结,是将感性认识上升为理性认识的过程,是培养学生思维能力、书写能力和总结能力的有效方法。实验报告要求字迹端正、简明扼要、语句通顺、格式规范、整齐清洁。实验报告主要包括以下6个方面。

①实验报告标题:实验名称、实验日期、班级、姓名、学号等。

②实验目的:写明实验的要求。

③实验原理:简述基础理论和基本原理,写出反应方程式和相关计算公式。

④实验方法:用流程图、框图或表格形式简洁明了地表述实验步骤。

⑤实验结果和数据处理:用文字、表格、图形等形式对实验数据进行整理、计算,并得出结论。

⑥实验讨论:实验心得或体会、存在问题及实验误差的原因分析、实验条件与结果的分析、实验原理和方法的探究、实验教学的探讨等。

（4）实验报告格式

大学基础化学实验（Ⅰ）的实验报告大致可分为化合物制备、元素及化合物的性质、定量分析和物性参数测定等类型。各类实验的实验报告格式推荐如下:

制备实验报告格式
$CuSO_4 \cdot 5H_2O$ 的制备

一、实验目的

1. 了解工业 CuO 制备 $CuSO_4 \cdot 5H_2O$ 的原理和方法。

2. 用氧化还原、水解反应等化学原理,掌握控制溶液的 pH 值除去杂质离子的方法。

3. 巩固无机制备基本操作。

二、实验原理

本实验以工业 CuO 为原料，制备过程分酸解、除杂、结晶和纯度检验四步。

酸解： $$CuO + H_2SO_4 = CuSO_4 + H_2O$$

除杂：分除去不溶性杂质和可溶性杂质。不溶性杂质的去除是酸解将硫酸铜溶出后，不溶性物质通过过滤方法除去。可溶性杂质主要是 Fe^{2+}、Fe^{3+} 等，去除方法是氧化水解法。具体为用氧化剂 H_2O_2 将 Fe^{2+} 氧化成 Fe^{3+}，然后调节溶液的 pH 值至 $3.5 \sim 4.0$，使 Fe^{3+} 水解成为 $Fe(OH)_3$ 沉淀，过滤除去。反应如下：

$$2Fe^{2+} + H_2O_2 + 2H^+ = 2Fe^{3+} + 2H_2O$$
$$Fe^{3+} + 3H_2O = Fe(OH)_3 + 3H^+$$

其他微量杂质可在硫酸铜结晶时留在母液中而除去。

结晶：$CuSO_4 \cdot 5H_2O$ 在室温时溶解度较小，因此蒸发硫酸铜溶液至晶膜出现，冷却结晶即可。

纯度检验：用目视比色法检验杂质 Fe^{3+} 的含量。具体为以 KSCN 为显色剂，对照标准色列测定 $CuSO_4 \cdot 5H_2O$ 中杂质 Fe^{3+} 的含量，以此说明 $CuSO_4 \cdot 5H_2O$ 的试剂级别。

三、实验方法

以工业 CuO 为原料，制备 $CuSO_4 \cdot 5H_2O$ 分粗制和精制两步进行。

1. 粗制

称取 4g CuO 于 150mL 烧杯中 $\xrightarrow[\text{17mL}]{+3mol \cdot L^{-1} H_2SO_4}$ $\xrightarrow[\text{搅拌}]{\text{小火加热 5min}}$ $\xrightarrow[\text{30mL}]{+H_2O}$ $\xrightarrow[\text{搅拌}]{\text{加热 15~20min}}$

趁热抽滤 $\begin{cases} \text{沉淀弃去} \\ \text{滤液于蒸发皿} \end{cases}$ $\xrightarrow[\text{搅拌}]{\text{小火蒸发浓缩}}$ 出现晶膜 $\xrightarrow{\text{冷却结晶}}$ 抽滤 $\xrightarrow{}$ $\begin{cases} \text{母液（弃）} \\ CuSO_4 \cdot 5H_2O \text{（粗制品）} \end{cases}$

2. 精制

粗制品于烧杯中 $\xrightarrow[\text{40mL}]{+H_2O}$ $\xrightarrow[\text{搅拌}]{\text{加热溶解}}$ $\xrightarrow[<40℃]{\text{冷却}}$ $\xrightarrow[\text{5mL}]{+3\% H_2O_2}$ $\xrightarrow{\text{搅拌}}$ $\xrightarrow[3.5<pH\leqslant4]{+2mol \cdot L^{-1} NH_3 \cdot H_2O}$ $\xrightarrow[\text{10min}]{\text{加热煮沸}}$

$Fe(OH)_3 \downarrow$ $\xrightarrow{\text{趁热抽滤}}$ $\begin{cases} Fe(OH)_3 \downarrow \text{（弃）} \\ \text{滤液于蒸发皿} \end{cases}$ $\xrightarrow[pH=1\sim2]{+1mol \cdot L^{-1} H_2SO_4}$ $\xrightarrow[\text{搅拌}]{\text{小火蒸发浓缩}}$ 出现晶膜 $\xrightarrow{\text{冷却结晶}}$

$\xrightarrow{}$ $\begin{cases} \text{母液（弃）} \\ CuSO_4 \cdot 5H_2O \text{（精制品），称取产量} \end{cases}$

3. 产品纯度的检验

精制品 1g 于烧杯中 $\xrightarrow[\text{10mL}]{+H_2O}$ $\xrightarrow[\text{2mL}]{+1mol \cdot L^{-1} H_2SO_4}$ 溶解 $\xrightarrow[\text{2mL}]{+3\% H_2O_2}$ $\xrightarrow[\text{赶} H_2O_2]{\text{加热煮沸}}$ 冷却 $\xrightarrow[\text{搅拌}]{\text{滴加 1:1 } NH_3 \cdot H_2O}$

溶液呈深蓝色 $\xrightarrow[\text{洗涤}]{\text{过滤 滴加 6mol} \cdot L^{-1} NH_3 \cdot H_2O}$ 蓝色褪去 $\xrightarrow[\text{至中性}]{+H_2O \text{洗涤}}$ 滤纸上 $Fe(OH)_3 \downarrow$ $\xrightarrow[\text{3mL}]{\text{滴加 2mol} \cdot L^{-1} HCl}$

滤液于比色管中 $\xrightarrow[\text{2 滴}]{1mol \cdot L^{-1} KSCN}$ $\xrightarrow[\text{摇匀}]{H_2O \text{至刻度}}$ 目视比色，得出产品等级

四、实验结果和数据处理

1. 精制 $CuSO_4 \cdot 5H_2O$ 产品的外观_____。

2. 粗制 $CuSO_4 \cdot 5H_2O$ 质量_____；

   精制 $CuSO_4 \cdot 5H_2O$ 质量_____。

3. $CuSO_4 \cdot 5H_2O$ 的理论产量 _____；

  $CuSO_4 \cdot 5H_2O$ 的产率 _____。

4. $CuSO_4 \cdot 5H_2O$ 的级别 _____。

五、实验讨论

联系本人实验结果讨论影响 $CuSO_4 \cdot 5H_2O$ 产量和质量的因素。

元素及化合物性质实验报告格式

p 区主要非金属元素及化合物的性质与应用

一、实验目的（略）

二、实验方法

1. 性质试验

实验方法	现象	反应方程式与结论
卤素单质及卤化物性质和应用		
①KI 0.5mL $\dfrac{FeCl_3}{2\ 滴}\ \dfrac{CCl_4}{0.5mL}$振荡	CCl_4 层呈紫色	$2Fe^{3+}+2I^-\!=\!=\!=\!2Fe^{2+}+I_2$ I_2 溶于 CCl_4 呈紫色
KBr 方法同上	CCl_4 层不显色	Fe^{3+} 氧化性小于 Br_2， $Fe^{3+}+Br^- \times$
②KI 0.5mL $\dfrac{Cl_2}{滴加}\ \dfrac{CCl_4}{0.5mL}$振荡	CCl_4 层呈紫色	$Cl_2+2I^-\!=\!=\!=\!2Cl^-+I_2$ I_2 溶于 CCl_4 呈紫色
KBr 方法同上	CCl_4 层呈橙色	$Cl_2+2Br^-\!=\!=\!=\!2Cl^-+Br_2$ Br_2 溶于 CCl_4 呈橙色

2. Cl^-、Br^-、I^- 混合液的分离与鉴定——流程图与结论

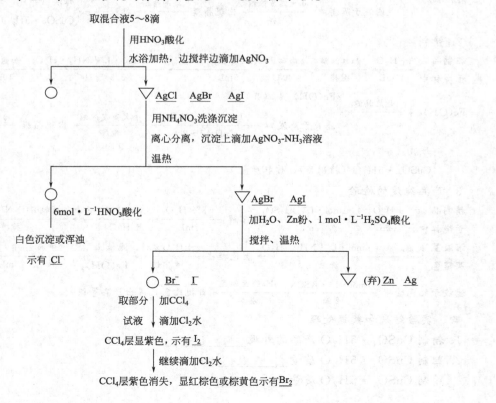

三、实验讨论（略）

定量分析实验报告格式
NaOH 标准溶液的标定

一、实验目的（略）

二、实验原理（略）

三、实验方法

$$\underset{0.4\times\times\times\sim0.6\times\times\times g}{\text{准确称取邻苯二甲酸氢钾}} \xrightarrow{\text{于锥形瓶中}} \xrightarrow[50\text{mL}]{\text{去离子水}} \text{溶解} \xrightarrow[1\sim2\text{滴}]{\text{酚酞}} \text{无色} \xrightarrow{\text{NaOH滴定}} \text{恰好变为浅红色}$$

（30s 不褪），即为终点，记下读数

四、实验结果和数据处理

NaOH 标准溶液的标定

（指示剂：酚酞）　　　　　　　　　年　　月　　日

项目		I	II	III
邻苯二甲酸氢钾质量 m/g		0.5330	0.5056	0.5192
NaOH	末读数	25.05	23.81	24.41
	初读数	0.04	0.03	0.02
$V_{\text{NaOH}}/\text{mL}$		25.01	23.78	24.39
$c_{\text{NaOH}}=\dfrac{1000m}{M_{\text{C}_6\text{H}_4\text{COOHCOOK}}V_{\text{NaOH}}}=\dfrac{1000m}{204.2V_{\text{NaOH}}}$				
$c_{\text{NaOH}}/\text{mol}\cdot\text{L}^{-1}$		0.1044	0.1041	0.1042
平均值			0.1042	
相对偏差/%		0.2	-0.1	0

五、实验讨论（略）

物性常数测定实验
醋酸的电位法滴定及其酸常数的测定

一、实验目的（略）

二、实验原理（略）

三、实验方法（略）

四、实验结果与数据处理

编号	HAc 溶液的体积/mL	H_2O 的体积/mL	配制 HAc 的浓度/mol·L^{-1}	pH 值	[H^+]	K_{HAc}
1	3.00	45.00				
2	6.00	42.00				
3	12.00	36.00				
4	24.00	24.00				

测定温度：_____℃，HAc 标准溶液浓度：_____ mol·L^{-1}

K_{HAc}（平均）= _____

五、实验讨论（略）

综合实验报告格式
三草酸合铁酸钾合成及组成测定综合实验

一、综述（略）

二、制备方法（步骤用箭头表示）（略）

1.3 化学实验基本要求

1.3.1 化学实验室学生守则

① 实验前应认真预习，明确实验目的、原理、方法和安全注意事项，写好预习报告并交指导教师检查，否则不得进入实验室。

② 进入实验室必须遵守实验室的各项规章制度，不得迟到、早退和无故缺席。病假、事假应事先请假。实验室应保持安静，不得大声喧哗。

③ 在教师指导下，根据实验内容和操作规程独立完成实验。实验中应认真操作，仔细观察，积极思考，准确、如实地将实验现象和数据记录在实验预习和原始数据记录本上。

④ 实验中应注意安全，如发生问题应立即向老师如实报告。进入实验室必须穿白大褂，戴防护眼镜和手套，严禁将食物带入实验室，手机等非实验用品不得带入实验室。

⑤ 爱护实验室仪器设备，严格遵守实验室水、电、煤气、易燃、易爆及有毒有害药品的安全使用规则，节约水、电、燃气和试剂药品，严禁将实验室中的一切物品带出室外。

⑥ 实验中应注意实验桌面的干净整洁，注意"三废"处理，实验室的废液等应倒入废液缸内，严禁倒入水槽；废渣应回收到固定容器；废玻璃应放入废玻璃回收箱内；废橡胶手套等回收到固定容器；废纸等应倒入垃圾箱内。

⑦ 实验结束后，应请指导教师检查实验数据，签字认可。然后洗净玻璃仪器，放回原处。整理实验仪器设备，清理实验桌面，最后检查燃气、水、电是否关好，得到指导教师许可后才能离开实验室。

⑧ 实验结束后，由学生轮流值日。负责打扫和整理实验室，关闭实验室的水、电、气总闸，关闭实验室门窗等。

⑨ 每次做完实验后，应按时、认真地完成实验报告，及时交给指导教师批阅。

1.3.2 实验室安全守则

① 着装规定：进入实验室必须穿工作服，戴防护眼镜和防护手套，不能穿短裤或裙子，不能穿拖鞋、凉鞋、高跟鞋，长发必须束起，不得披散长发，禁止佩戴隐形眼镜。离开实验室须换掉工作服、防护眼镜和防护手套。

② 饮食规定：实验室中严禁饮食和吸烟，食物和水等不得带入实验室，食品不得存放在有化学药品的冰箱和储藏柜里。任何化学药品不得入口或接触伤口，实验完毕后应洗

净双手。

③ 环境卫生规定：实验过程中应注意环境卫生，保持实验桌面的整洁，垃圾、废液、废玻璃等分类处理，玻璃仪器保持干净，仪器设备整齐排列。

④ 用电规定：实验室内电器设备的使用必须按操作规程进行，电器设备功率不得超过电源负荷，使用电器时，外壳应接地，湿手切勿接触电器设备等。

⑤ 安全规定：进入实验室前必须进行实验室安全教育，应了解实验室安全用具的使用方法和存放地点等，如水、电、气的阀门，消防用品、喷淋装置、洗眼器、急救箱等。实验进行时，不得擅自离开实验室。实验结束时，必须关好水、燃气、电源开关和门窗。

使用挥发性、腐蚀性强或有毒物质时，必须穿戴防护工具，如防护面罩、防护手套、防护眼镜等，并在通风橱中进行。高温实验操作时必须戴高温手套。

⑥ 试剂取用规定：必须按操作规程取用化学试剂和药品，切记不能随意混合化学药品，以免发生事故。取用时需要注意以下几方面。

a. 倾倒试剂和加热溶液时，不可俯视，以防溶液溅出伤人。

b. 不要俯身直接嗅闻试剂药品的气味，应用手将试剂药品的气流慢慢扇向自己的鼻孔。

c. 使用浓酸、浓碱、溴等有强腐蚀性试剂时，要使用手套，注意切勿溅在皮肤和衣服上。严禁用嘴直接吸取化学试剂和溶液，应用洗耳球吸取。

d. 一切涉及有刺激性气体或有毒气体的实验必须在通风橱中进行；涉及易挥发和易燃物质的实验都必须在远离火源的地方进行，并尽可能在通风橱中进行。

e. 一切有毒药品必须妥善保管，按照实验规则取用。有毒废液不可倒入下水道中，应集中存放，并及时加以处理。

f. 实验室不允许存放大量易燃物品。某些容易爆炸的试剂，如浓高氯酸、有机过氧化物等要防止受热和敲击。

g. 在实验中，仪器使用和实验操作必须正确，以免引起爆炸。

1.3.3 实验室中发生一般意外伤害的急救处理

① 玻璃割伤：应先取出伤口中的碎片，洗净伤口，贴上"创可贴"或在伤口处擦上红汞或碘酒，用纱布包扎好伤口。如伤口较大，应立即就医。

② 烫伤：伤势不重，搽些烫伤膏。伤势重时，应立即就医。

③ 酸灼伤：先用大量水冲洗，然后用饱和碳酸氢钠或稀氨水等冲洗，再用水冲洗，涂上凡士林。若酸溅入眼中，先用水冲洗后，再用 3% $NaHCO_3$ 溶液冲洗，并立即就医。

④ 碱溅伤：立即用水冲洗，然后用 1% 柠檬酸或硼酸饱和溶液洗，再用水冲洗，涂上凡士林，若碱溅入眼中，除冲洗外，应立即就医。

⑤ 吸入刺激性或有毒气体：吸入 Br_2 蒸气或 Cl_2 等刺激性气体时，可吸入少量乙醇和乙醚混合蒸气以解毒。吸入 H_2S 时，立即到室外呼吸新鲜空气。

⑥ 误食毒物：将 $5\sim10mL$ 稀硫酸铜溶液（$1\%\sim5\%$）加入一杯温水中内服，并用手指插入喉部以促使呕吐，然后立即就医。

⑦ 触电：立即切断电源，必要时对伤员进行人工呼吸。

⑧ 火灾：实验室发生火灾时，如果是乙醇、苯、醚等有机溶剂或与水发生剧烈作用的化学药品（如金属钠）着火，火势小时，立即用沙土覆盖，火势较大时，则可用 CO_2 灭火器，千万不可用水扑救。但如果是电器设备着火，则应用 CCl_4 灭火器，绝不可用水或泡沫灭火器。

以上仅举出几种预防事故的措施和急救方法，如需更详尽地了解，可查阅有关的化学手册和文献。

为了紧急处理实验室的意外事故，实验室须配备常用急救药品，如创可贴、红汞、碘酒、烫伤膏、消毒棉、消毒纱布等，配备灭火器、灭火毯等。

1.3.4 实验室"三废"处理

化学实验室中常常会遇到各种有毒有害的废渣、废液和废气（简称"三废"），若不妥善处理，会造成环境污染，对人体健康有害。根据实验室"三废"排放的特点，本着减少污染、适当处理、回收利用的原则，处理实验室的"三废"。

（1）废气的处理

每个实验室均需设有抽风排气系统，该系统可以将室内少量的有毒气体排到室外，利用室外大量的空气稀释废气。对有毒气产生的实验必须在通风橱中进行，对有产生大量有害气体的实验，必须安装气体吸收装置吸收有害气体。对氮、硫、磷等酸性氧化物气体，可用导管通入碱液中，使其被吸收后排出。

（2）废液的处理

每个实验室须配备废液回收桶，酸碱废液、含重金属废液和有机溶剂废液必须分类回收处理。

酸碱废液的处理：经过中和处理，使其 pH 值在 6～8 范围，用大量水稀释后再排放。若有沉淀，须加以过滤后再稀释排放。

含汞废液的处理：在少量含汞废液中加入硫化钠，使其生成硫化汞后再处理。

含铅、镉等废液的处理：可用碱或石灰乳将废液 pH 值调至 9，使废液中的 Pb^{2+}、Cd^{2+} 生成氢氧化物沉淀，加入硫酸亚铁作为共沉淀剂，沉淀物可与其他无机物混合进行烧结处理，清液可排放。

含铬废液的处理：采用还原剂（如铁粉、锌粉、亚硫酸钠、硫酸亚铁、二氧化硫或水合肼等），在酸性条件下将 Cr(Ⅵ) 还原为 Cr^{3+}，然后加入碱（如氢氧化钠、氢氧化钙、碳酸钠、石灰等）调节废液 pH 值，生成低毒的 $Cr(OH)_3$ 沉淀，分离沉淀，清液可排放。

有机溶剂废液的处理：对易氧化分解的废液，可加过氧化氢、高锰酸钾等氧化剂将其氧化分解。对易发生水解的废液，可加碱处理。对含有油脂、蛋白质等的废液，可采取生物化学处理法处理。

（3）废渣的处理

实验过程中产生的废渣应统一收集，按其毒性、危害性的情况采取相应的处理，尽可能减少其毒害性。

1.3.5 消防安全知识

实验室发生起火的原因一般有几种情况：明火加热过程中，易燃物燃烧起火；能自燃的物品在长期存放过程中自燃起火；少数化学反应（如金属钠与水的反应）有时会引起爆炸或燃烧；电火花、电线老化等因电路引起的燃烧。

实验过程中万一不慎起火，切不可惊慌，首先判断起火的原因，立即采取灭火措施。

① 防止火势扩展，立即切断明火和电源，停止通风，迅速地将周围易燃物品，特别是有机溶剂移开。电气设备着火，先切断电源，再使用四氯化碳灭火器灭火，也可用干粉灭火器或1211灭火器灭火。

② 当衣服上着火时，切勿慌张奔跑，以免风助火势，一般小火可以使用湿布、石棉布等覆盖着火处。若火势较大，可就近用水龙头浇灭，必要时就地卧倒打滚将火熄灭，或将衣服脱掉将火熄灭。

③ 在容器中发生的局部小火可用湿布、灭火毯或沙子覆盖燃烧物。火势较大时，应立即使用灭火器灭火。

④ 有机溶剂燃烧引起的火焰，切勿用水灭火，可用灭火毯或沙子覆盖灭火，大火应使用泡沫灭火器灭火。

⑤ 对活泼金属 Na、K、Mg、Al 等引起的着火，应用干燥的细沙覆盖灭火，严禁用水和 CCl_4 灭火器，否则会导致猛烈爆炸，也不能用二氧化碳灭火器灭火。

⑥ 在反应过程中，因冲料、渗漏、油浴着火等引起反应体系着火时，情况比较危险，处理不当会加重火势。有效的扑灭方法是用几层灭火毯包住着火部位，隔绝空气使其熄灭，必要时在灭火毯上撒些细沙。若仍不奏效，必须使用灭火器，从火场周围逐渐向中心处扑灭。当火情有蔓延趋势时，要立即报火警。

使用灭火器时，应根据起火原因使用相应的灭火器。表1-1列出了实验室常用灭火器及其应用范围。

表 1-1　实验室常用灭火器及其应用范围

灭火器名称	应用范围
泡沫灭火器	用于油类灭火。灭火器内装有碳酸氢钠和硫酸铝,使用时,这两物质反应产生氢氧化铝和二氧化碳泡沫包住燃烧物,隔绝空气而灭火。因泡沫导电,因此不能用于扑灭电器着火
二氧化碳灭火器	用于扑灭电器设备着火和小范围油类及忌水化学品着火。灭火器内装有液态二氧化碳
干粉灭火器	用于扑灭电器设备、油类、可燃气体、精密仪器、图书资料及忌水化学品着火。灭火器内装有碳酸氢钠等盐类物质与适量的润滑剂和防腐剂
1211灭火器	用于扑灭高压电器设备、油类、有机溶剂、精密仪器着火。灭火器内装 CF_2ClBr 液化气
四氯化碳灭火器	用于扑灭电器设备、小范围汽油等有机溶剂着火。灭火器内装 CCl_4 液化气

1.3.6　实验室常用的安全标志

为了提示实验室安全的重要性，在实验室的合适位置有必要张贴安全警示标志，了解这些标志，对提高安全意识，加强实验规范操作，防范事故的发生有一定的帮助作用。

实验室常见的安全警示标志分为四类，红色为禁止标志，黄色为警示标志，蓝色为指令标志，绿色为提示标志。常见的列举如下：

1.4 误差与数据处理

在化学实验中，常常需要对物质进行定量测定，然后由实验测定的数据经过计算得出结果，结果是否准确可靠是十分重要的问题。现实中测定过程由于受到方法、仪器、试剂、环境和人为等因素的影响，绝对准确是做不到的，实验中的误差是客观存在的。因此了解实验中的误差，减小和消除误差，正确地表达实验数据及计算结果，评价实验结果的可靠性是很有必要的。

1.4.1 误差和偏差

（1）误差和准确度

所谓测量值是指用测量仪器测定待测物理量所得的数值，真值是指任一物理量的客观真实值。

测量值（x）和真值（μ）之间的差值称为误差（E），即 $E = x - \mu$，E 越小，则误差越小。误差反映测定结果的准确度，误差越小，测定结果的准确度越高。误差有正负之分，误差为正时，表示测定结果大于真实值，测定结果偏高；误差为负时，表示测定结果小于真实值，测定结果偏低。

误差常用绝对误差和相对误差来表示。绝对误差表示测定结果与真实值之差，相对误差则表示绝对误差在真实值中所占的百分率（或千分率）。

相对误差
$$E_r = \frac{E}{\mu} \times 100\%$$

相对误差更能反映误差对整个测定结果的影响。

虽然真值是客观存在的，但由于任何测定都有误差，一般难以获得真值。实际工作中，人们常用纯物质的理论值，国家提供的标准参考物质给出的数值，或校正系统误差后多次测定结果的平均值当作真值。

（2）偏差与精密度

偏差是指个别测定结果 x_i 与 n 次测定结果的平均值 $\bar{x}$ 之间的差值，一般测定总是平行测定多次，多次测定数据之间的接近程度用精密度表示，即偏差越小，精密度越高。偏差也有正负之分。

偏差常用绝对偏差（d）和相对偏差（d_r）来表示，还有平均偏差、标准偏差等。

相对偏差
$$d_r = \frac{d}{\bar{x}} \times 100\%$$

准确度表示测定结果与真实值之间的符合程度，而精密度表示各平行测定结果之间的吻合程度。评价分析结果的可靠程度应从准确度和精密度两方面考虑。精密度高是保证准确度高的前提条件。精密度差，表示所得结果不可靠。但精密度高，不一定能保证准确度高，若无系统误差存在，则精密度高，准确度也高。

（3）误差的分类

误差分为系统误差、偶然误差（随机误差）和过失误差。

系统误差又称可测误差，在同一条件下（方法、仪器、环境、观察者不变）多次测量时，误差大小和正负号保持不变。系统误差反映了多次测量总体平均值偏离真值的程度。

产生系统误差的原因如下。

① 仪器误差：因测量仪器未经校正而引起的误差。

② 方法误差：因实验方法本身或理论不完善而引起的误差。

③ 试剂误差：因试剂不纯而引起的误差。

④ 操作误差：因操作者在测量过程中的主观因素而引起的误差。

偶然误差又称随机误差，是由一些无法控制的不确定因素引起的，如环境温度、湿度、电压及仪器性能的微小变化等造成的误差。这类误差的特点是误差的大小、正负是随机的，不固定的。

当测定次数很多时，偶然误差服从正态分布。可以找到一定的规律，其规律性表现为绝对值相等的正误差和负误差出现的机率相同；小误差比大误差出现的机率大；特别大的误差出现的机率极小。

（4）误差的消除或减免

各类误差的存在是导致分析结果不准确的直接因素，因此，要提高分析结果的准确程度，应尽可能地减小误差，根据不同类型误差的特点，消除或减免误差的方法也不尽相同。

系统误差可通过对照试验、空白试验和仪器校正消除误差。

① 对照试验：校正方法误差。用标准试样和待测试样在同一条件下用同一方法测定，找出校正值，作为校正系数校正测定结果。

② 空白试验：校正试剂、器皿等的误差。在不加待测组分的情况下，按照测定试样时相同的条件和方法进行测定。所得结果称为"空白值"。从试样分析结果中扣除空白值，可提高分析结果的准确度。

③ 仪器校正：校正仪器误差，对准确度要求较高的测定，所使用的仪器如滴定管、移液管、容量瓶等，必须事先进行校准，求出校正值，并在计算结果时采用，以消除由仪器带来的系统误差。

因为偶然误差服从正态分布，所以可通过增加测量次数来减小测定结果的偶然误差，一般平行测定 3～4 次，高要求的测定 6～10 次。

1.4.2 有效数字及其运算

(1) 有效数字

有效数字是指实际工作中所能测量到的有实际意义的数字，它不但反映了测量数据"量"的多少，而且也反映了所用测量仪器的精确程度。有效数字由仪器上能准确读出的数字和最后一位估计数字（可疑数字）所组成。如 50mL 滴定管能准确读出 0.1mL，则滴定管读数应保留至小数点后第二位，如 20.45mL。

(2) 有效数字位数的确定

从第一位非零数字数算起确定有效数字位数，如 0.02340，四位有效数字。注意以下几点。

① "0" 在数字前面不作为有效数字，"0" 在数字中间和末尾都是有效数字，

② 科学计数法中，有效数字看 $n \times 10^m$ 中的 n，n 有几位即有效数字有几位。如：2.34×10^5 为三位有效数字。

③ 对数表示时，如 pH 值等有效数字位数的确定由真数决定，对数的首数相当于真数的指数。例如 pH＝7.68 是两位有效数字，其 $[H^+]=2.1 \times 10^{-8} mol \cdot L^{-1}$。

④ 首位≥8 时多算一位，如 9.8，计算时可以当三位。

⑤ 有一类数字如一些常数、倍数系非测定值，其有效数字位数可看作无限多位，按计算式中需要而定。

(3) 有效数字修约规则

计算中，多余数字的修约按"四舍六入五留双"原则，即当多余尾数≤4 时舍去尾数，多余尾数≥6 时进位。尾数是 5 时分两种情况，5 后数字不为 0，一律进位；5 后无数或为 0，采用 5 前是奇数则将 5 进位，5 前是偶数则把 5 舍弃，简称"奇进偶舍"。修约数字时要一次修约到位。

(4) 运算规则

加减法：运算结果的小数点后的位数由绝对误差最大的数据决定，即由小数点后位数最少的决定。如 2.34＋0.234＋0.0234，结果由 2.34 决定保留小数点后第二位。

乘除法：运算结果的有效数字位数由相对误差最大的数据决定。如 2.340×0.234×0.023，结果由 0.023 决定保留两位有效数字。

一般情况下，对于高含量组分（＞10%）的测定，分析结果报四位有效数字；对于中含量组分（1%～10%）的测定，报三位有效数字；对于微量组分（＜1%）的测定，则报二位有效数字。误差和偏差（包括标准偏差）的计算，其有效数字一般保留一位，最多两位即可。

使用计算器作连续运算的过程中，不必对每一步的计算结果都进行修约，但应注意根据运算规则的要求，正确保留最后结果的有效数字位数。

1.4.3 实验结果的数据表达与处理

在实验过程中，选择合适的数据处理方法，能够简明、直观地分析和处理实验数据，易于显示物理量之间的联系和规律性。常用的数据处理方法有以下几种。

（1）列表法

使用表格处理数据简单清晰，列表时要求写清表格名称、对应表中各变量之间的相互关系、标明物理量的单位和符号等。设计表格要简单明了，便于分析、比较物理量的变化规律。

（2）作图法

常用作图包括曲线图、折线图、直方图等，所用图纸有直角坐标、极坐标、对数坐标纸等几种。作图时，坐标取值单位要合理，能反映测定的精度，曲线要光滑，注明图名和坐标轴所代表的物理量等。

（3）数学方程式或计算机数据处理

利用计算机软件如 Excel 等或编制程序，通过计算机完成数据处理和图表等。

第②章

化学实验基本知识、基本技术和基本操作

2.1 实验室用水及制备

在化学实验室中，纯水是最常用的纯净溶剂和洗涤剂，根据实验任务和要求的不同，对水的纯度也有不同的要求。我国已颁布了实验室用水的国家标准（GB 6682—92），规定了实验室用水的技术指标、制备方法及检验方法。

2.1.1 实验室用水级别

根据国家标准，实验室用水的纯度分为一级、二级和三级3个级别，其主要指标见表 2-1。

表 2-1   实验室用水的级别及重要指标

指标名称		一级水	二级水	三级水
外观		无色透明液体		
pH 值范围(25℃)		—	—	5.0~7.5
电导率(25℃)/mS·m^{-1}	≤	0.01	0.10	0.50
吸光度(254nm,1cm 光程)	<	0.001	0.01	—
可氧化物质[以(O)计]/(mg/L)	≤	—	0.08	0.40
蒸发残渣(105℃±2℃)/(mg/L)	≤	—	1.0	2.0
可溶性硅[以(SiO$_2$)计]/(mg/L)	<	0.01	0.02	—

实验室用的纯水要保持纯净，防止污染。一般实验和定量分析实验时用三级水，有时需将三级水加热煮沸后使用，特殊情况可使用二级水。仪器分析实验一般用二级水，有些实验可用三级水，制备标准水样或痕量分析时则用一级水。

2.1.2 实验室用水的制备

实验室常用的三级水一般由自来水或无污染较纯净的天然水经蒸馏、离子交换或电渗

析等方法制备。

（1）蒸馏法

让自来水或无污染较纯净的天然水在蒸馏装置中加热汽化，水蒸气冷凝即得蒸馏水。此法能除去水中非挥发性的杂质和微生物等，但不能除去易溶于水的气体，如 CO_2。

（2）离子交换法

让自来水或无污染较纯净的天然水通过阴离子交换树脂和阳离子交换树脂，利用离子交换树脂上的活性基团和水中的杂质离子进行交换的作用，除去水中的杂质，该法制得的水称为"去离子"水，纯度较高，但不能除去非离子杂质、微生物和某些有机物。

（3）电渗透法

让自来水或无污染较纯净的天然水通过由阴、阳离子交换膜组成的电渗透器，在外电场作用下，水中的离子有选择性地透过阴、阳离子交换膜，从而除去水中的杂质离子。该法也不能除去非离子性杂质。

制备出的纯水，其纯度可用电导率（或电阻率）的大小来衡量，电导率越低或电阻率越高，则水的纯度越高。

二级水可采用蒸馏或离子交换后的三级水再进行蒸馏制备，允许含有微量的无机、有机或胶态杂质。一级水可用二级水经过蒸馏、离子交换混合床和 $0.2\mu m$ 过滤膜的方法制得，或用石英装置进一步蒸馏制得，一级水基本上不含有溶解或胶态离子及有机物。

2.2 常用玻璃（瓷质）仪器及其他制品

2.2.1 常用玻璃（瓷质）仪器及其他制品

实验室常用玻璃（瓷质）仪器及其他制品见图 2-1 所示。

根据其主要用途不同，一般可分为以下几类。

① 计量类：用于量度质量、体积等的仪器。这类仪器多为玻璃量器，主要有滴定管、移液管、容量瓶、量筒、量杯等。

② 反应类：用于发生化学反应的仪器，也包括一部分可加热的仪器。这类仪器多为玻璃或瓷质器皿，主要有试管、烧杯、烧瓶、蒸发皿、坩埚等。

③ 容器类：用于盛装或贮存固体、液体、气体等各种化学试剂的仪器，主要有广口瓶、细口瓶、称量瓶、滴瓶等。

④ 分离类：用于进行过滤等分离提纯操作的仪器，主要有漏斗、布氏漏斗、吸滤瓶等。

⑤ 夹持类：用于固定、夹持各种仪器的用品或仪器，主要有铁架台、漏斗架、试管夹、滴定管夹、坩埚钳、镊子等。

⑥ 加热类：用于加热的用品或仪器。主要有试管、烧杯、烧瓶、蒸发皿、坩埚等仪器及三脚架、泥三角、石棉网等用品。

⑦ 配套类：用于组装、连接仪器时所用的玻璃管、玻璃阀、橡胶管、橡胶塞等用品或仪器。

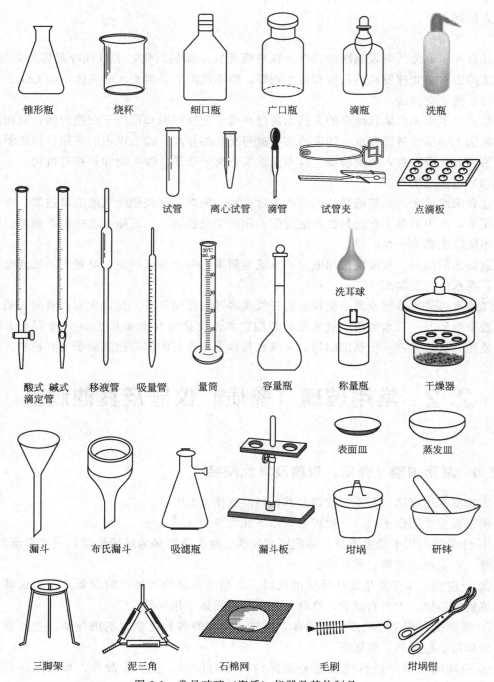

锥形瓶　　烧杯　　细口瓶　　广口瓶　　滴瓶　　洗瓶

试管　离心试管　滴管　试管夹　点滴板

洗耳球

酸式 碱式　移液管　吸量管　量筒　容量瓶　称量瓶　干燥器
滴定管

表面皿　蒸发皿

漏斗　布氏漏斗　吸滤瓶　漏斗板　坩埚　研钵

三脚架　泥三角　石棉网　毛刷　坩埚钳

图 2-1　常见玻璃（瓷质）仪器及其他制品

⑧ 其他类：不便归属上述各类的其他仪器或用品。如表面皿、干燥器、滴管、玻璃棒、点滴板、研钵、药匙、毛刷等。

2.2.2　常用玻璃仪器的洗涤与干燥

（1）常用玻璃仪器的洗涤

① 冲洗　对于可溶性污物可用水冲洗，主要是利用水把可溶性污物溶解而除去。为

了加速溶解，必须振荡。往仪器中注入少量（不超过容量的1/3）的水，稍用力振荡，把水倾出，如此反复冲洗数次。

② 刷洗　对内壁附有不易冲洗掉的物质，可用毛刷刷洗，利用毛刷对器壁的摩擦使污物去掉。

③ 洗涤剂洗涤　最常用的是用毛刷蘸取肥皂液或合成洗涤剂来刷洗，主要是除去油污或一些有机污物。用肥皂液或合成洗涤剂等仍刷洗不掉的污物，可针对具体的污物选用适当的试剂处理后再冲洗。

④ 铬酸洗液洗涤　某些较难清除的污物或口小、管细、不便用毛刷刷洗的玻璃仪器，可用铬酸洗液或王水洗涤。洗涤时可往玻璃仪器内注入少量铬酸洗液，使玻璃仪器倾斜并慢慢转动，让玻璃仪器内壁全部被洗液湿润。再转动玻璃仪器，使铬酸洗液在内壁流动。经流动几圈后，把洗液倒回原瓶（所用铬酸洗液变成暗绿色后，需再生才能使用）。对沾污严重的玻璃仪器，可用洗液浸泡一段时间，用热铬酸洗液进行洗涤，效率更高。倾出洗液后，再加水刷洗或冲洗。

铬酸洗液是 $K_2Cr_2O_7$ 和浓 H_2SO_4 的混合液，其配制方法是 20g 的 $K_2Cr_2O_7$，溶于 40mL 水中，将浓 H_2SO_4 360mL 徐徐加入 $K_2Cr_2O_7$ 溶液中（千万不能将水或溶液加入 H_2SO_4 中），边倒边用玻璃棒搅拌，并注意不要溅出，混合均匀，冷却后，装入洗液瓶备用。新配制的洗液为红褐色，氧化能力很强，当洗液用久后变为暗绿色，说明洗液已无氧化洗涤能力。铬酸洗液对衣服、皮肤、橡皮等有强腐蚀性，使用时需十分小心。铬酸洗液也有强的污染性，使用后切勿倒入下水道。

⑤ 仪器洗净的检验　检验玻璃仪器是否洗净，可加入少量水振荡后将水倒出，并将仪器倒置，观察仪器是否透明，内壁被水均匀润湿，不挂水珠。凡是已洗净的仪器内壁，绝不能再用布（或纸）去擦拭。否则，布（或纸）的纤维将会留在器壁上，反而沾污仪器。

（2）玻璃仪器的干燥

① 晾干　通常将洗净后的玻璃仪器，倒置在干净的仪器架上，让仪器上残存的水分自然挥发干燥。

② 快干　一般只在实验中临时使用。将玻璃仪器洗净后倒置控水，注入少量（3～5mL）能与水互溶且挥发性较大的有机溶剂（常用无水乙醇、丙酮或乙醚等），转动玻璃仪器使溶剂在内壁流动，待内壁全部浸湿倾出溶剂（应回收），并擦干玻璃仪器外壁，再用电吹风机的热风迅速将内壁残留的易挥发物赶出，达到快干的目的。

③ 烤干　利用加热使水分迅速蒸发而使玻璃仪器干燥。常用于可加热（或耐高温）的玻璃仪器，如试管、烧杯、烧瓶等。加热前先将玻璃仪器外壁擦干，然后用小火烤。加热时应用试管夹或坩埚钳将玻璃仪器夹住，并转动使玻璃仪器受热均匀。

④ 烘干　通常使用电热恒温干燥箱或红外干燥箱加热烘干，电热恒温干燥箱如图2-2所示。一般将洗净的玻璃仪器倒置放入电热恒温干燥箱内的隔板上，关好门，将箱内温度控制在 105～110℃，恒温约 30min 即可。烘干后取出热的器皿，应注意戴上布手套，以防烫伤。红外干燥箱如图 2-3 所示，采用红外线灯泡为热源进行干燥，红外线灯泡辐射高度可通过箱顶的 2 只蝶形螺母调节，当加热物件在红外线焦点时受热量为最大。

图 2-2　电热恒温干燥箱

图 2-3　红外干燥箱

值得注意的是有刻度的计量仪器不能使用加热的方法进行干燥，因为这会影响仪器的精度。对于厚壁瓷质的仪器不能烤干，但可烘干。

2.3 化学试剂

2.3.1 化学试剂的规格

化学试剂按其纯度和所含杂质的含量一般划分为 4 个等级，其规格及适用范围见表 2-2。

表 2-2　化学试剂规格和适用范围

等级	名称	符号	标签颜色	适用范围
一级	优级纯或保证试剂	G. R.	绿色	用于精密分析和科学研究工作
二级	分析纯或分析试剂	A. R.	红色	用于定性定量分析实验
三级	化学纯	C. P.	蓝色	用于一般定性分析和化学制备实验
四级	实验试剂	L. R.	黄色	用作实验辅助试剂

除上述一般试剂之外，还有适合某一方面需要的特殊规格的试剂，如基准试剂、光谱纯试剂等。基准试剂的纯度相当于或高于一级试剂。常用作定量分析中标定标准溶液的基准物，也可直接用于配制标准溶液。光谱纯试剂（符号 S. P.）的杂质含量用光谱分析法已测不出或者杂质含量低于某一限度，这种试剂主要用作光谱分析中的标准物质。还有工业生产中大量使用的化学工业品等。

根据实验要求的不同，本着节约的原则来选用不同规格的化学试剂，不可盲目追求高纯度而造成浪费。当然也不能随意降低规格而影响测定结果的准确度。

2.3.2 化学试剂的取用

取用试剂前，应看清标签。取用时，先打开瓶塞，将瓶塞倒放在实验台上。如果瓶塞顶不是扁平的，可用食指和中指将瓶塞夹住（或放在清洁的表面皿上），绝不可将它横置桌上。不能用手接触化学试剂，用完试剂后，一定要把瓶塞盖严，但绝不许将瓶塞"张冠李戴"。然后把试剂瓶放回原处，以保持实验台整齐干净。

（1）固体试剂的取用

固体试剂通常存放在易于取用的广口瓶中，用清洁、干燥的药匙取试剂，药匙的两端为大、小两个匙，分别用于取大量固体和取少量固体。取用固体的匙要专匙专用，并且干燥清洁。试剂取用后，应立即盖紧瓶塞。

①称量固体试剂 一般取用一定质量的固体试剂时，根据要求的不同，在精度不同的天平上称量，固体应放在称量纸上称量，具有腐蚀性或易潮解的固体必须放在表面皿上或玻璃容器内称量。称量的数据及时写在记录本上，不得记在纸片或其他地方。称量完毕，关上天平。注意不要多取，多取的药品不能倒回原装瓶中，可放在指定的容器中以供它用。分析中样品的称量另叙。

②试管中加固体试剂 往试管（特别是湿试管）中加入粉末状固体试剂时，可用药匙或将取出的药品放在对折的纸片上，伸进平放的试管中大约2/3处，然后直立试管，使药剂放下去，如图2-4所示。加入块状固体时，应将试管倾斜，使其沿管壁慢慢滑下，不得垂直悬空投入，以免击破管底。

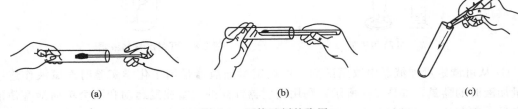

(a)   (b)   (c)

图 2-4 固体试剂的取用

固体的颗粒较大时，可在洁净而干燥的研钵中研碎后再取用。有毒的药品要在教师指导下取用。

（2）液体试剂的取用

液体试剂通常盛放在细口试剂瓶或滴瓶中。见光易分解的试剂如硝酸银等，应盛放在棕色瓶中。每个试剂瓶上都必须贴上标签，并标明试剂的名称、浓度等。

①从试剂瓶取用液体试剂 从试剂瓶取用液体试剂时，取下瓶塞倒置在桌面上，用左手拿住容器（如试管、量筒等），用右手掌心对着标签处拿试剂瓶，倒出所需量取的试剂，如图2-5所示。倒完后，将试剂瓶在容器口上靠一下，再逐渐竖起瓶子，以免遗留在瓶口的液滴流到瓶的外壁。用完后，立即盖上瓶盖。若向烧杯中倒试液，则可使用玻璃棒引流，棒的下端斜靠在烧杯壁上，试剂瓶口靠玻璃棒慢慢倒出试液，使液体沿玻璃棒流入烧杯，如图2-5所示。

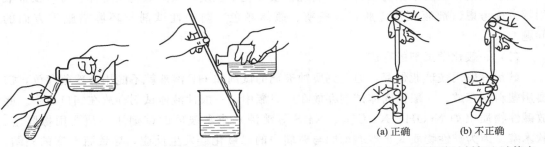

图 2-5 往试管和烧杯中倒液体试剂   (a) 正确   (b) 不正确

图 2-6 用滴管将试剂加入试管中

②从滴瓶中取用少量试剂 从滴瓶中取用少量试剂时，应提起滴管，使管口离开液面。用手指紧捏滴管上部的橡皮胶头，以赶出滴管中的空气，然后把滴管伸入试剂瓶中，放松手指，吸入试剂。再提起滴管，垂直地放在试管口或烧杯的上方，将试剂逐滴滴入，

滴加试剂时，滴管要垂直，以保证滴加体积的准确，如图 2-6 所示。滴完后立即将滴管插回原滴瓶（勿插错）。绝对禁止将滴管伸进试管中或与器壁接触，更不允许用自己的滴管插到滴瓶中取液，以免污染试剂。

③ 从量筒中取用试剂　量筒和量杯是量度液体体积的量器，如图 2-7 所示。用于量取精度要求不高的溶液或水。常用的规格从 10mL 到 1000mL，最小分度值相差很大，根据需要选用合适量度的量筒。

量筒不能用于配制溶液或进行化学反应。不能加热，也不能盛装热溶液，以免炸裂。

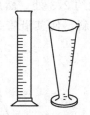
　　　　图 2-7　量筒和量杯

图 2-8　可调定量加液器

④ 从可调定量加液器中取用试剂　可调定量加液器是用于化学实验时对试液作连续定量加液时的器具，如图 2-8 所示。利用注射器针筒的柱塞往复运动和两个单向活塞使液体定量、定向运动，进行加液。可调定量加液器由贮液瓶和加液器两部分组成。加液器为一塑料螺丝口瓶盖，瓶盖连接装有单向活塞的出水管和进水管的注射器针筒，用于控制试液的进出。在瓶盖的上面有一金属刻度标记的定位梗和可移动的定位套，用于控制加入试液数量的准确性。在瓶盖上用塑料管连接一玻璃弯管，用于导出试液用。在玻璃弯管的尾端有一段磨砂嘴，用于连接塑料吸嘴控制流速。贮液瓶是带螺丝口的玻璃瓶，用于贮放试液。它的螺丝口与瓶盖螺丝口相配合。

可调定量加液器的使用方法是洗净仪器，将出水管用橡胶管与出水弯玻璃管连接于瓶盖上。弯玻璃管的尾端套入塑料吸嘴，然后将试液加入贮液瓶内，利用螺口将贮液瓶与加液器旋紧，上下抽吸数次，排出瓶内气泡即可使用。在使用时先根据需要加液的数量，将定位套移动至定位梗上刻度标记处固定，即可进行连续加液。

2.3.3　化学试剂的存放

化学试剂存放要依据物质自身的物理性质和化学性质，从降低物质变性、方便试剂取用等方面考虑试剂瓶瓶质、瓶口、瓶塞、瓶体颜色、防护性试剂与环境措施等方面的问题。

（1）一般化学试剂的存放

试剂一般用玻璃瓶保存，但遇到腐蚀玻璃的试剂如 HF 溶液就不能用玻璃瓶存放，需要用塑料瓶存放。一般性固体试剂存放在广口瓶中，一般性液体试剂存放在细口瓶中。盛放碱性物质（如 $NaOH$、Na_2CO_3、Na_2S 等溶液）或水玻璃的试剂瓶必须要用橡胶塞、软木塞。因为碱性物质或水玻璃均能与玻璃中的二氧化硅发生反应，导致瓶与塞的黏结。见光易分解的试剂应存放在棕色广口瓶、细口瓶中。如 $AgNO_3$、氯水、双氧水、溴水及不稳定有机物等，其余一般存放在无色试剂瓶中。

滴瓶不能存放易于蒸发、挥发且对胶头有腐蚀作用的液体试剂。滴瓶一般不用做长期保存试剂。

（2）不稳定试剂的保存

① 易挥发、低燃点的试剂要密封保存，放于阴凉、通风、远离火源处。

② 易挥发或自身易分解的试剂要密封保存，放于阴凉通风处。如浓硝酸、浓盐酸、浓氨水、$AgNO_3$、液溴（水封）等。

③ 易与氧气作用的试剂，如亚硫酸盐、亚铁盐、碘化物、硫化物等应将其固体或晶体密封保存，其水溶液不宜长期存放。亚硫酸、氢硫酸溶液要密封存放；钾、钠、白磷要采用液封保存。

④ 与二氧化碳反应的物质要密封保存。如碱类 $NaOH$、$Ca(OH)_2$ 等。

⑤ 与水蒸气、水发生反应的物质要密封保存，并远离水源。如电石（CaC_2）、生石灰（CaO）、浓硫酸、无水硫酸铜（$CuSO_4$）、各种干燥剂（硅胶、碱石灰等）、K、Na、Mg、Na_2O_2 等。

⑥ 有些需要借助液体或固体物质保存，如钾、钠保存在煤油或液体石蜡中；白磷保存在水中；液溴要用水封；锂保存在石蜡中。

2.3.4　溶液的配制

溶液配制一般是指把固态试样溶于水（或其他溶剂）配制成溶液，或把液态试剂（或浓溶液）加水稀释成所需的稀溶液。

（1）一般溶液的配制方法

配制溶液时先算出所需的固体试剂的用量，称取后置于容器中，加少量水，搅拌溶解。必要时可加热促使溶解，再加水至所需的体积，混合均匀，即得所配制的溶液。

用液态试剂（或浓溶液）稀释时，先根据试剂或浓溶液密度或浓度算出所需液体的体积，量取后加入所需的水混合均匀即成。

配制饱和溶液时，所用溶质的量应比计算量稍多，加热使之溶解后，冷却，待结晶析出后，取用上层清液，以保证溶液饱和。

配制易水解的盐溶液时［如 $SnCl_2$、$SbCl_3$、$Bi(NO)_3$］，应先加入相应的浓酸（HCl或 HNO_3），以抑制水解或溶于相应的酸中，使溶液澄清。

配制易氧化的盐溶液时，不仅需要酸化溶液，还需加入相应的纯金属，使溶液稳定。如配制 $FeSO_4$、$SnCl_2$ 溶液时，需加入金属铁或金属锡。

若配制溶液时产生大量的溶解热，则配制操作应在烧杯或敞口容器中进行。

（2）标准溶液的配制方法

标准溶液是已知浓度或其他特性量值的溶液。配制标准溶液通常有直接法和间接法两种。

① 直接法　准确称取一定量的基准试剂，溶于适量的水中，再定量转移到容量瓶中，用水稀释至刻度。根据称取试剂的质量和容量瓶的体积，即可算出该标准溶液的准确浓度。

用直接法配制标准溶液的基准试剂必须具备以下条件：

a. 具有足够的纯度，即含量在 99.9%以上，而杂质的含量应在滴定分析所允许的范围内；

b. 组成与其化学式完全相符；

c. 稳定。

② 间接法　间接法又称"标定法"。许多试剂不符合上述直接法配制标准溶液的条件，因此要用间接法配制，即粗略配制一接近所需浓度的溶液，然后用基准物质或另一种已知浓度的标准溶液来测定它的准确浓度。这种确定浓度的操作称为标定。

用于标定的基准物除了要满足上述基准试剂的三点要求外，还要能具有较大的摩尔质量。基准物质使用前要预先按规定的方法进行干燥。

常用的基准物质有草酸、邻苯二甲酸氢钾、无水碳酸钠、锌、重铬酸钾等。

配好的标准溶液应在试剂瓶上贴上标签，写上试剂名称、浓度与配制日期。标准溶液应密封保存，有些需要避光，标准溶液存放时会蒸发水分，水珠会凝结到瓶壁上，故每次使用时要将溶液摇匀。如果溶液浓度发生变化，在使用前必须重新标定其浓度。

2.4　加热装置和加热方法

化学实验室常用的加热装置有燃气（天然气、煤气）灯、电炉、电热恒温干燥箱、马弗炉、管式炉等。加热方式可分为直接加热和间接加热。

2.4.1　加热装置

(1) 燃气灯

燃气灯是实验室中最常用的加热器具，燃气灯的式样很多，但构造基本相同。燃气灯主要由灯管和灯座两部分组成，如图2-9所示。灯管和灯座通过灯管下部的螺旋相连，灯管下部还有几个空气入口的圆孔，转下灯管1，可以看到灯管的空气入口2和灯座的燃气出口3。旋转灯管1，能够完全关闭或不同程度地开放空气入口，以调节空气的进入量。灯座侧面（或底部）有螺丝4，可控制燃气的进入量。灯座侧面有一支管为燃气入口，接上燃气专用管，将燃气开关和燃气灯相连，将燃气引入灯内。

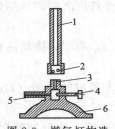

图2-9　燃气灯构造
1—灯管；2—空气入口；
3—燃气出口；4—螺丝；
5—燃气入口；6—灯座

点燃燃气灯时，先关闭空气入口，再擦燃火柴或开启点火枪，移近灯管口打开燃气开关，将燃气点燃。调节灯座侧面螺丝，使火焰保持适当高度，再旋转灯管，调节空气进入量，使火焰得到实验所需的正常火焰。调节时，若需调节燃气进入量或火焰高度，可调节灯座侧面螺丝，往外旋螺丝，燃气量大，火焰高度也高；往里旋螺丝，燃气进入量小，火焰高度也低。若需调节燃气温度，可调节灯管，向上旋灯管，空气的进入量大，火焰温度高；向下旋灯管，空气进入量小，火焰温度低。

燃气灯的正常火焰明显地分为三个锥形区域，各部分的温度如图2-10所示。最里面的称作焰心，见图2-10中1；中间区域的燃气燃烧不完全，分解为含碳的产物，这部分火焰具有还原性，称作"还原焰"见图2-10中2；最外层的燃气燃烧完全，并由于含有过量的空气，这部分火焰具有氧化性，称作"氧化焰"，见图2-10中3。整个火焰温度的最高点是在还原焰上端的氧化焰部分。焰心温度低，约为300℃；还原焰温度较高，火焰呈淡蓝色；氧化焰温度最高，火焰呈浅紫色。

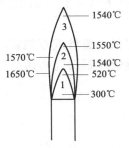

图 2-10　火焰各区域的温度

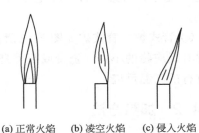

(a) 正常火焰　　(b) 凌空火焰　　(c) 侵入火焰

图 2-11　各种火焰

如果点燃燃气时，空气和燃气的进入量不合适，会产生不正常的火焰。当燃气和空气的进入量都很大时，火焰凌空燃烧，称为"凌空火焰"，如图 2-11(b) 所示。引燃用的火柴熄灭时，它也随之熄灭。当燃气进入量很小，而空气进入量很大时，燃气不是在灯管口，而是在灯管内燃烧，这时还能听到特殊的嘶嘶声，火焰的颜色变为绿色，灯管被烧得很烫。这种火焰叫做"侵入火焰"，如图 2-11(c) 所示。有时在加热过程中，燃气量突然因某种原因而减少，也会产生侵入火焰，这种现象叫做"回火"。产生这些现象时，应立即关闭燃气，待灯管冷却后，重新调节和点燃。

停止加热时应首先关闭燃气灯的空气入口，即将灯管向下旋，然后关闭灯座上的燃气入口，即将螺旋向里旋，再关闭燃气开关。值得注意的是在调节火焰或加热过程中，由于某种原因出现不正常火焰（临空火焰或侵入火焰）时，一定要先关闭燃气开关，待灯管冷却后再调节重新点燃。

用燃气灯加热烧杯等玻璃器皿时，应在燃气灯上架上三脚架和石棉网，将玻璃器皿置于石棉网上，使玻璃器皿受热均匀。

（2）电加热装置

实验室常用的电加热装置有电炉、箱形电炉、马弗炉和管式炉等。

① 电炉　电炉可以代替燃气灯用于一般加热。电炉分为开放式电炉和封闭式电炉两种，如图 2-12 所示。按功率大小可分为 500W、800W、1000W 等。其温度高低可以通过调节电阻（外接可调变压器）来控制。开放式电炉加热时容器和电炉之间隔一块石棉网，保证受热均匀。

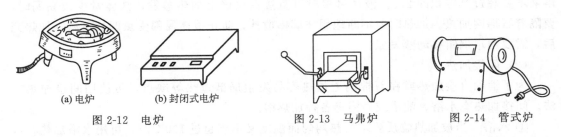

(a) 电炉　　　　　(b) 封闭式电炉

图 2-12　电炉　　　　　　　　图 2-13　马弗炉　　　　　图 2-14　管式炉

② 电热恒温干燥箱　电热恒温干燥箱见本章 2.2.2 节，电热恒温干燥箱除了可用于烘干仪器外，也用于加热反应。但需注意的是易燃、易爆的物质和腐蚀性、易升华的物质不能放入电热恒温干燥箱中加热。

③ 马弗炉　马弗炉如图 2-13 所示，利用电热丝硅碳棒或硅钼棒来加热，最高温度可达 950℃、1300℃、1600℃，温度由温度控制器自动控制。常用于灼烧坩埚、沉淀及

高温反应等。马弗炉的炉膛呈正方形或长方形，使用时将试样置于坩埚内放入炉膛中加热。

④ 管式炉　管式炉如图 2-14 所示，呈管状炉壁，可插入瓷管或石英管，在瓷管内放入称有反应物的小舟（瓷舟或石英舟），通过瓷管或石英管控制反应物在空气或其他气体中进行的高温反应。

2.4.2　加热方法

（1）直接加热

① 直接加热试管中的液体　直接加热试管中的液体时，燃气灯温度不需要很高，这时可将空气量和燃气量调小些。擦干试管外壁，用试管夹夹住试管的中上部，手持试管夹的长柄进行加热操作。试管口向上倾斜，如图 2-15 所示，加热时，先加热液体的中上部，然后慢慢向下移动，再不时地上下移动，使溶液各部分受热均匀。管口不能对着自己或他人，以免溶液在煮沸时迸溅烫伤。液体量不能超过试管高度的 1/3。

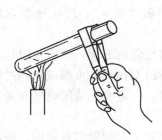 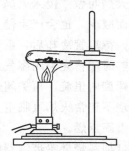

图 2-15　加热试管中的液体　　　　　　图 2-16　加热试管中的固体

直接加热试管中的固体时，可将试管固定在铁架台上，试管口要稍向下倾斜，略低于管底，如图 2-16 所示，防止冷凝的水珠倒流至灼热的试管底部，炸裂试管。

② 直接加热烧杯、烧瓶等玻璃器皿中的液体　加热烧杯、烧瓶中的液体时，燃气灯可用较大火焰，器皿必须放在石棉网上，以防受热不均而破裂。液体量不超过烧杯的 1/2 或烧瓶的 1/3。加热含较多沉淀的液体以及需要蒸干沉淀时，用蒸发皿比用烧杯好。

③ 直接加热蒸发皿中的液体　蒸发浓缩溶液时，可放在蒸发皿中进行，蒸发皿中的溶液不要超过其容积的 2/3。液体量多时可直接在火焰上加热蒸发，液体量少或黏稠时，要隔着石棉网加热。加热时要不断地用玻璃棒搅拌，防止液体局部受热四处飞溅。加热完后，需要用坩埚钳移动蒸发皿。

（2）间接加热

为了消除直接加热或在石棉网上加热容易发生局部过热等缺点，可使用间接加热方法。间接加热有水浴、油浴或砂浴等各种加热浴。

① 水浴　当被加热物质要求受热均匀而温度又不能超过 100℃时，可用水浴加热。水浴加热一般在水浴锅中进行，如图 2-17(a) 所示。水浴锅是带有一套大小不同的同心圆的环形铜（或铝）盖的锅子。根据加热容器的大小选择合适的圆环，以尽可能增大容器受热面积而又不使容器触及水浴锅底为原则。水浴锅中加水量一般不超过容量的 2/3，水面应略高于容器内的被加热物质，加热时可将水煮沸，但需注意及时补充水浴锅中的水，保持水量，切勿烧干。

 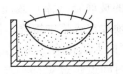

(a) 水浴加热　　　　　　　(b) 烧杯作水浴锅加热　　　　　　(c) 砂浴加热

图 2-17　加热浴

若盛放加热物的容器并不浸入水中，而是通过蒸发出的热蒸气来加热，则称之为水蒸气浴。

实验室中的水浴加热装置常采用大烧杯代替水浴锅，如图 2-17（b）所示。在烧杯中加一支架，可将试管放入进行水浴加热，也可放上蒸发皿进行蒸发浓缩。

② 油浴　当被加热物质要求受热均匀，而温度高于100℃时，可使用油浴加热。油浴是以油代替浴锅中的水。一般加热温度在100～250℃。油浴的优点在于温度容易控制在一定范围内，容器内的被加热物质受热均匀。用的油有甘油（用于150℃以下的加热）、液体石蜡（用于200℃以下的加热）等。加热油浴的温度要低于油的沸点，当油浴冒烟情况严重时，应立即停止加热。油浴中应悬挂温度计，以便控制温度。加热完毕，容器提离油浴液面后放置一定时间，待附着在容器外壁上的油流完后，用纸和干布把容器擦干净再取出。使用油浴最好不要用明火，以防着火。

③ 砂浴　砂浴是将细砂盛在平底铁盘内。操作时，可将器皿欲加热部分埋入砂中，如图 2-17（c）所示，用燃气灯的非氧化焰进行加热（注意若用氧化焰强热，会烧穿盘底）。若要测量温度，必须将温度计水银球部分埋在靠近器皿处的砂中。

2.5　简单玻璃加工技术

2.5.1　玻璃管（棒）的切割和圆口

（1）玻璃管的切割

截断玻璃管（棒）可用扁锉、三角锉或小砂轮片。将玻璃管（棒）平放在实验台上，左手按住要切割的地方，右手用锉刀（或砂轮片）的棱边在要切割的部位用力向前或向后锉，注意应向同一方向锉，不要来回锉，以使形成一道深而短的凹痕。要折断玻璃管（棒）时，只要用两拇指抵住切割凹痕的背面，轻轻向外推折，同时用食指和拇指将玻璃管（棒）向两边拉，以截断玻璃管（棒），如图 2-18 所示。

图 2-18　玻璃管（棒）的截断

（2）玻璃管的圆口

新截断的玻璃管（棒）截面很锋利，容易割伤皮肤和橡皮管，也难以插入塞子的圆孔内，因此必须放在火焰中熔烧，使之平滑，这一操作称为圆口。方法是将刚切割的玻璃管的一头倾斜45°插入氧化焰中加热，并不断来回转动玻璃管，直至将断面熔烧至圆滑为止。圆口时，加热时间过长过短都不好，过短管口不平滑，过长管径会变小。转动不匀，也会使管口不圆。玻璃管加热后，应放在石棉网上冷却，切不可直接放在实验台上，以免烧焦台面，也不要用手去摸，以免烫伤。切割的玻璃棒的断面也可用同样的操作方法圆口。

2.5.2 玻璃管的弯曲

弯玻璃管时，先用小火将玻璃管加工部分预热一下，然后双手持玻璃管，将要弯曲的部分斜插入氧化焰中加热，以增加玻璃管的受热面积；同时双手缓慢而均匀地转动玻璃管，如图2-19所示。两手用力要均等，转动要同步，以免玻璃管在火焰中扭曲。当玻璃管受热部分发黄而且变软时，将玻璃管移离火焰，稍等1~2s，待温度均匀后，用"V"字形手法准确弯至一定的角度，如图2-20所示。

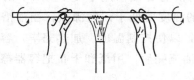

图2-19　烧管手法

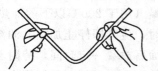

图2-20　弯曲玻璃管的手法

弯120°以上的角度，可以一次弯成。弯较小角度时可分几次弯成，先弯成较大角度，然后在第一次受热部位的偏左或偏右处进行第二次、第三次加热和弯管，直至弯成所需的角度为止。要注意每次弯曲均应在同一平面上，不要使玻璃管变得歪扭。

2.5.3 玻璃管（棒）的拉伸

拉伸玻璃管（棒）时，加热的方法与弯玻璃管相同，不过要烧得更软一些。玻璃管（棒）应烧到呈红黄色才可以从火焰中取出，顺水平方向两边拉开，边拉边来回转动玻璃管（棒），如图2-21所示。拉至所需细度时，一手持玻璃管（棒），使之垂直下垂片刻，再放在石棉网上冷却后，截取所需的长度。

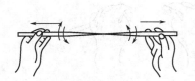

图2-21　玻璃管的拉细

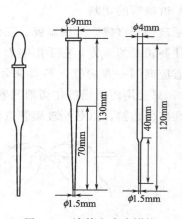

图2-22　滴管和小头搅棒

玻璃管（棒）拉细后，可按需要制作滴管、毛细滴管、毛细管或小头搅棒。如制作滴管，只需将按需截得玻璃管的小口熔烧一下，使其光滑（注意熔烧滴管小口时不能长时间放在火焰中，否则管口直径会收缩变小，甚至封住），另一端熔烧至完全烧软，然后垂直在石棉网上加压翻口，冷却后套上橡皮滴头即成滴管。

若制作小头搅棒，只需将截得的玻璃棒的细端斜插（头朝上）在火焰上烧圆出一个球，再将粗的一端圆口即可。制成的滴管和小头搅棒如图 2-22 所示。

2.6　天平与称量

天平是化学实验室最常用的称量仪器，天平的种类很多，其中最常见的是电子天平，根据称量的精度要求不同，电子天平可分为最小分度值为 0.1g、0.01g、0.1mg、0.01mg 等的天平，其中最小分度值为 0.1mg、0.01mg，又称为分析天平。

2.6.1　电子天平

电子天平是依据电磁力平衡的原理制造的电子称量仪器，在称量过程中，可以自动调零、自动校正、自动去皮和自动显示称量结果，其特点是称量准确可靠，操作简单方便，显示快速清晰。

（1）测量原理

为便于了解电子天平的测量原理，将天平传感器的平衡结构简化为一杠杆，如图 2-23 所示。杠杆由支点 O 支撑，左边是秤盘，右边连接线圈及零位指示器。零位指示器置于一固定位置，天平空载时，杠杆始终趋于某一位置，即天平的零点。当天平加载物体时，杠杆偏离零点，零点指示器产生偏差信号，通过放大和 PID（比例、积分、微分调节）来控制流入线圈的电流 I，使之增大，位于磁场中的通电线圈将产生电磁力 F，由于通电线圈位于恒定磁场中，所以电磁力 F 也相应增大，直到电磁力 F 的大小与加载物体的质量相等，偏差消除，杠杆重新回到天平的零点。即恒定磁场中通过线圈的电流强度 I 与被测物体的质量呈正比，只要测定流入线圈的电流强度 I，就可知被测物体的质量。

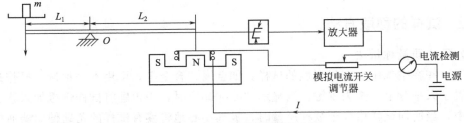

图 2-23　电子天平测量原理示意

（2）电子天平的使用方法

不同型号、规格的电子天平其使用方法大同小异，具体操作可以参照仪器的使用说明书。如图 2-24 所示为 PL 型电子天平和 AL 型分析天平。以 AL 型分析天平为例说明电子天平的使用方法。

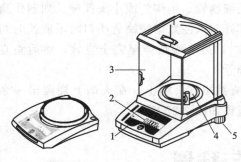

(a) PL型电子天平　　　(b) AL型分析天平

图 2-24　电子天平

1—操作键；2—显示屏；3—防风罩；
4—秤盘；5—水平调节脚

① 水平调节　天平置于稳定的工作台上，检查水平仪的气泡是否位于水平仪的中心位置，若不水平，应调节天平水平调节脚进行调整。

② 预热　接通电源，按"On/Off"按钮，当天平显示 0.0000g 时，预热 30min，即进入称量状态。

③ 校准　第一次使用天平前，需要进行校准。连续使用的天平则需定期校准。校准的方法是：天平空载，按住"Cal/Menu"键直到显示"CAL"后松开，所需的校准砝码值闪烁。放上校准砝码，天平自动进行校准。当"0.0000g"闪烁时，移去砝码。天平再次出现"CAL done"时，校准结束。

④ 称量　当天平回零，显示屏显示"0.0000g"时，即可进行称量。将称量物放在秤盘中央，观察显示屏的数字，待稳定后即可读取称量结果。

若需要去皮称量，先将容器置于秤盘上，在显示容器质量后，按"O/T"键去皮，使显示为零，当采用固定质量称量法时，显示净重值即为加上试样的质量；当采用减量法称量时，则显示负值。如果需要连续称量，则再按"O/T"键，使显示为零，重复操作即可。每一次称量先去皮，即可直接得到称量值。因而利用电子天平的去皮功能，可使称量变得更加快捷。

称量结束后，按"Off"键不放，直到显示屏出现"Off"后松开，即可关机，盖上防尘罩。

(3) 使用电子天平的注意事项

① 电子天平使用时必须注意动作要轻缓，不要移动天平。

② 电子天平使用时应注意不能称量热的物体。称量物不能直接放在秤盘上，根据情况可放表面皿或其他容器内。称取有腐蚀性或有挥发性物体时，必须放在密闭容器内称量。分析天平上称量时使用称量瓶。

③ 称量物体的质量不得超过天平的最大负载，否则容易损坏天平。

④ 如果天平长时间没用，或天平移动过位置，必须进行校正。

2.6.2　试样的称取方法

(1) 固定质量称量法

对于一些在空气中没有吸湿性的试样，如金属、合金等，可用本法称量。操作过程是将器皿置于天平盘上，按去皮键，当显示"0.0000"时，用角匙将试样慢慢加入盛放试样的器皿中，当所加试样略少于欲称质量时，极其小心地将盛有试样的角匙伸向器皿中心上方 2~3cm 处，匙的另一端顶在掌心上，用拇指、中指及掌心拿稳角匙，并用食指轻弹匙柄，让试样慢慢抖入器皿中，使之与所需称量值相符，即可得一定质量的试样。

(2) 减差称量法

此法常用于称取易吸水、易氧化或易与空气中 CO_2 反应的物质。称样前，先将试样装入称量瓶中，称取试样时，将纸片折成宽度适中的纸条，毛边朝下套住称量瓶，用左手的拇指和食指夹住纸条，如图 2-25 所示。也可戴手套或指套代替纸条，将称量瓶置于天平盘上，取下纸条，准确称量试样质量，设质量为 m_1，然后仍用纸条套住称量瓶，从天平盘上取下，置于准备盛放试样的容器上方，右手用小纸片夹住瓶盖柄，打开瓶盖，将称量瓶慢慢倾斜，并用瓶盖轻轻敲击瓶口上方，使试样慢慢落入容器内，注意不要撒在容器外，如图 2-26 所示。当倾出的试样接近所要称取的质量时，把称量瓶慢慢竖起，同时用称量瓶盖继续轻轻敲瓶口侧面，使沾附在瓶口的试样落入瓶内，然后盖好瓶盖，再将称量瓶放回天平盘上称量。设称得质量为 m_2，两次质量之差即为试样的质量。按上述方法可连续称取几份试样。

图 2-25　称量瓶拿法

图 2-26　试样敲击的方法

若利用电子天平的去皮功能，可将称量瓶放在天平的秤盘上，显示稳定后去皮，然后按上述方法向容器中敲出一定量的试样，再将称量瓶放在秤盘上称量，显示的负值达到称量要求，即可记录称量结果。如果要连续称量试样，则可再去皮，使显示为零，重复操作即可。必须注意，若敲出的试样超出所需的质量范围，不能将敲出的试样再倒回称量瓶中，此时只能弃去敲出的试样，洗净容器，重新称量。

2.7　试　　纸

实验室中所用的试纸种类很多，常用的有 pH 试纸、石蕊试纸和自制专用试纸等。

2.7.1　pH 试纸

pH 试纸用于检验溶液的 pH 值，有广泛 pH 试纸和精密 pH 试纸两种。广泛 pH 试纸测试 pH 值的范围较宽，pH 值为 1～14，pH 值变化单位为 1 个 pH 单位；精密 pH 试纸则可用于测试不同范围的 pH 值。如 pH 值为 0.5～5.0、5.4～7.0、6.9～8.4、8.2～10.0、9.5～13.0 等，pH 值变化单位为 0.5 个 pH 单位。

2.7.2　石蕊试纸

用于检验溶液的酸碱性。有红色石蕊试纸和蓝色石蕊试纸两种。

2.7.3　自制专用试纸

在定性检验某些气体时，常需用某些专用试纸。例如用淀粉-碘化钾试纸，检验 Cl_2、Br_2 气体；用醋酸铅试纸，检验 H_2S 气体等。自制试纸时，取一滤纸条滴上几滴所需的试剂即制成。

2.7.4 试纸的使用方法

石蕊试纸和 pH 试纸试验前先将试纸剪成小块，放在干燥、洁净的表面皿上，再用玻璃棒蘸取待测溶液后滴在试纸上，观察颜色的变化。红色石蕊试纸对碱性溶液呈蓝色，蓝色石蕊试纸对酸性溶液呈红色；使用 pH 试纸时，是将 pH 试纸呈现的颜色与标准色板的颜色相比较，即可测得待测溶液的 pH 值。

用自制专用试纸检验气体时，将试纸沾在玻璃棒的一端，悬放在试管口的上方，观察试纸的颜色变化。

2.8 固 液 分 离

固液分离的方法有倾析法、过滤法和离心分离法 3 种。

2.8.1 倾析法

当沉淀的相对密度较大或结晶颗粒较大时，静止后易于沉降的可用倾析法进行固液分离。倾析法操作见图 2-27，倾析操作时将玻璃棒横放在烧杯嘴上，将静置后沉淀上层的清液沿玻璃棒倾入另一容器内，即可使沉淀和溶液分离。

若需洗涤沉淀，可采用"倾析法洗涤"，即向倾去清液的沉淀中加入少量洗涤液（一般为去离子水），充分搅动后，再静置沉降，用上述方法将清液倾出，再向沉淀中加洗涤液洗涤，如此重复数次。

2.8.2 过滤法

图 2-27　倾析法

过滤法是固、液分离中最常用的方法。当沉淀和溶液的混合物通过过滤器时，沉淀留在过滤器上，而溶液通过过滤器进入接收容器中。过滤出来的溶液称为滤液。溶液的温度、黏度、过滤时的压力和沉淀的状态、滤器的孔隙大小等都会影响过滤速度。一般热的溶液比冷的溶液容易过滤；溶液的黏度越大，过滤越慢；减压过滤比常压过滤快；滤器的孔隙越大，过滤越快。沉淀呈胶体时，应先加热一段时间将其破坏，否则会穿透滤纸。总之，要考虑各种因素，选择不同的过滤方法、不同的滤器等。

常用的过滤方法有常压过滤、减压过滤和热过滤。

（1）常压过滤

常压过滤最为简便和常用。一般使用普通漏斗和滤纸作过滤器。此方法适用于过滤胶体沉淀或细小的晶体沉淀，但过滤速度较慢。

① 滤纸的选择、折叠和漏斗的准备　滤纸是化学实验室的常用过滤工具，多由棉质纤维制成。一般可分为定性滤纸和定量滤纸两种。定性滤纸用于一般定性分析和相应的过滤分离，定量滤纸用于定量分析中重量分析实验的过滤。定性滤纸和定量滤纸的区别主要

在于灼烧的灰分质量不同。定性滤纸不超过 0.13%，定量滤纸不超过 0.0009%。定量滤纸的灰分小于 0.1mg，这个质量小于分析天平的感量，在重量分析中可忽略不计，所以又称"无灰"滤纸。注意定性滤纸和定量滤纸这两个概念都是纤维素滤纸才有的，不适用于其他类型的滤纸如玻璃微纤维滤纸等。

滤纸按照过滤速度和分离性能，又可分为快速、中速、慢速三类，在滤纸盒上分别用蓝色带（快速）、白色带（中速）、红色带（慢速）为标志分类。滤纸的外形有圆形和方形两种，常见的圆形滤纸的规格按直径分有 $d9cm$、$d11cm$、$d12.5cm$、$d15cm$ 和 $d18cm$ 等数种。方形定量滤纸有 $60cm \times 60cm$ 和 $30cm \times 30cm$。国家标准 GB1514 和 GB1515 规定了滤纸的技术指标。实验时应根据沉淀的性质和沉淀的量合理选用滤纸。一般粗大晶形沉淀选中速滤纸，细晶形或无定形的沉淀应选用慢速滤纸，胶状沉淀需选用快速滤纸。

注意滤纸不要过滤热的浓硫酸或硝酸溶液，不能过滤高锰酸钾等强氧化性溶液。

滤纸的折叠如图 2-28 所示，先将滤纸对折两次，并展开成圆锥形（一边三层，另一边一层），放入漏斗中，检查漏斗与滤纸是否贴合，若

图 2-28 滤纸折叠示意

不能很好贴合，可适当改变折叠滤纸的角度，使之与漏斗壁贴合。为了使漏斗与滤纸贴紧而无气泡，可将三层处的外两层撕去一角，滤纸的边沿应低于漏斗的边沿 0.5~1cm。将滤纸放入漏斗中，用手按着滤纸三层的一边，用少量去离子水把滤纸湿润，轻压滤纸赶去气泡，使其紧贴在漏斗上。加水至滤纸边缘，漏斗颈内应充满水形成水柱，若不能形成水柱，可用手指堵住漏斗下口，稍稍掀起滤纸的一边，向滤纸和漏斗之间的空隙加水，使漏斗颈和锥体的大部分被水充满，然后压紧滤纸边，松开堵在漏斗下口的手指，即可形成水柱。具有水柱的漏斗，由于水柱的重力拽引漏斗内的液体，可使过滤速度大大加快。

将贴有滤纸的漏斗放在漏斗架上，并调节漏斗架高度使漏斗颈末端紧贴接收容器内壁，使滤液沿容器内壁流下，不致溅出。

② 过滤　过滤一般采用倾析法，即先转移清液，后转移沉淀。转移清液时，溶液应沿着垂直的玻璃棒流入漏斗中，如图 2-29 所示。玻璃棒下端靠近三层滤纸处，但不要碰到滤纸。液面应低于滤纸边沿 0.5cm，以防部分沉淀因毛细作用而越过滤纸上缘造成损失。转移沉淀时，留少量清液并搅动成为悬浮液，然后快速小心地以倾析法过滤。暂停注入溶液时，应将烧杯沿玻璃棒向上提，并逐渐扶正烧杯，这样可以避免嘴上的液滴流到烧杯外壁，再将玻璃棒放回烧杯中，特别注意的是玻璃棒不能放在桌上或其他地方，也不能

图 2-29　倾析法过滤

图 2-30　吸滤装置
1—吸滤瓶；2—布氏漏斗；3—安全瓶

放在烧杯嘴尖处，以免玻璃棒沾上少量沉淀而损失。

（2）减压过滤

减压过滤又称吸滤或抽滤，为了加速大量溶液与沉淀的分离，常采用减压过滤。此法过滤速度快，沉淀易抽干，但不宜过滤颗粒太小的沉淀和胶体沉淀。

① 减压过滤装置　减压过滤装置由布氏漏斗、吸滤瓶、安全瓶和真空泵组成，如图2-30所示。其中布氏漏斗作过滤器，吸滤瓶作接收器，通过真空泵将吸滤瓶中的空气抽出，使瓶内压力减小，形成负压，造成吸滤瓶内与布氏漏斗液面上的压力差，由此大大加快过滤速度。布氏漏斗是瓷质的，中间为具有许多小孔的瓷板，下端颈部装有橡皮塞，借以与吸滤瓶相连，橡皮塞塞进吸滤瓶的部分一般不超过整个橡皮塞高度的1/2。吸滤瓶有一支管，用来与真空泵相连。安全瓶的作用是防止真空泵中的油倒吸入吸滤瓶。如不要滤液，也可不用安全瓶。

② 减压过滤操作　先取一张合适的滤纸覆于布氏漏斗内，滤纸应比布氏漏斗的内径略小，以能恰好盖住瓷板上的所有小孔为宜。安装布氏漏斗和吸滤瓶时，将布氏漏斗出口处的斜面对准吸滤瓶的支管，以防止滤液被抽入安全瓶或真空泵中造成污染。抽气阀的橡皮管和吸滤瓶支管相连接。用少量水润湿滤纸，微微抽气，使滤纸紧贴在漏斗的瓷板上。然后开启抽气阀门，用倾析法转移溶液，每次倒入的溶液量不超过漏斗容积的2/3，待溶液流完后，再转移沉淀，直至沉淀被抽干。抽滤时，吸滤瓶内的液面应低于支管的位置，否则滤液将被泵抽走。

在布氏漏斗内洗涤沉淀时，应停止吸滤，让少量洗涤剂缓慢通过沉淀后再继续进行吸滤。

吸滤结束时应先拔下吸滤瓶支管上的橡皮管，再关抽气阀门。不得突然关闭抽气阀门，以防倒吸。

布氏漏斗内取出沉淀的方法是将漏斗的颈口朝上，轻轻敲打漏斗边缘或用吸球吹漏斗口，将沉淀和滤纸一同吹出。也可用玻璃棒轻轻揭起滤纸边，以取出滤纸和沉淀。滤液则从吸滤瓶的上口倒出，吸滤瓶的支管必须向上，不得从吸滤瓶的支管口倒出。

对特殊性质的溶液（如强酸性、强碱性或强氧化性）与固体的分离，需用特殊的方法。可用其他滤器（如玻璃砂芯漏斗、玻璃砂芯坩埚）或材料（如玻璃纤维）代替滤纸。

玻璃砂芯漏斗的过滤是通过熔结在漏斗中部的具有微孔的玻璃砂芯底板进行。玻璃砂芯漏斗（见图2-31）的规格按微孔大小的不同分成1～6号（1号孔隙最大），可根据需要选用。用玻璃砂芯漏斗可过滤具有强氧化性或强酸性的物质。由于碱会与玻璃作用而堵塞微孔，故不能用于过滤碱性溶液。

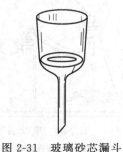

图2-31　玻璃砂芯漏斗

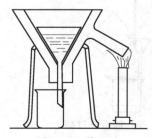

图2-32　热过滤

（3）热过滤

如果某些溶质在温度降低时很容易析出晶体，为防止溶质在过滤时析出，应采用趁热抽滤。过滤时，可把玻璃漏斗放在铜质的热漏斗内，后者装有热水以维持溶液温度，如图2-32所示。

2.8.3　离心分离法

在试管中进行的固液分离常用离心分离法，借助离心机的离心力，可快速沉降沉淀，简便地实现固液分离。操作时，将盛有沉淀的小试管或离心试管放入离心机（见图2-33）的套管内，放置几个试管时需注意位置对称且质量相近，若只有一个试管需进行离心分离，则可在与之对称的另一套管内装入一支盛有相同质量水的试管，以保持离心机的平衡。开启离心机时，应先慢速转动，待运转平稳后再加速。离心机的转速及转动时间视沉淀的性质而定。一般的晶形沉淀离心转动1~2min，转速为100r·min^{-1}；非晶形沉淀沉降较慢，需离心转动3~4min，转速为200r·min^{-1}。为了避免离心机高速旋转时发生危险，在离心机转动前要盖好盖子，停止时，让离心机自然停止转动，切不可用手或其他物件按住离心机的轴，强制其停止转动，否则离心机很容易损坏，甚至发生危险。

图2-33　电动离心机

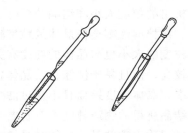

图2-34　用吸管吸去上层清液

通过离心作用，沉淀紧密聚集在试管的底部或离心试管底部的尖端，溶液已澄清透明。分离试管中的沉淀和溶液的方法是用滴管吸出上清液。具体操作为取一滴管，用手指捏瘪滴管的橡皮头，轻轻地插入斜持的试管或离心试管中，沿液面缓缓放松橡皮头，吸出上清液，直至全部溶液吸出为止，如图2-34所示。注意滴管的尖头部分不能接触沉淀。若沉淀需要洗涤，可加少量洗涤液于沉淀中，充分搅拌后，再离心分离，吸去上层清液。如此重复洗涤2~3次。

2.9　蒸发、浓缩与结晶

在化合物制备过程中，往往要将产物制成固体，此时需要将溶液进行蒸发和浓缩，达到结晶的条件。

2.9.1　蒸发与浓缩

化学实验中的蒸发是指将溶剂从溶液中蒸发出去以浓缩溶液的过程。在溶液中，为了使溶质能析出晶体，往往需要加热蒸发溶剂，当溶液浓缩到一定程度后，冷却溶液即能析出晶体。蒸发浓缩的程度与溶质的溶解度大小和溶解度随温度的变化等因素有关。若物质的溶解度较小或溶解度随温度变化较大时，可蒸发至出现晶膜即可，待溶液冷却后就结晶出来。若物质的溶解度较大或溶解度随温度变化较小时，必须蒸发到溶液呈稀粥状才可停止加热。

一般实验中，蒸发浓缩是在蒸发皿中进行的，蒸发皿中所盛的溶液量不可超过其容量的 2/3，蒸发浓缩操作一般应在水浴上进行，当物质的热稳定性较好时，可将蒸发皿置于石棉网上加热蒸发，先用大火加热蒸发至沸，改用小火加热蒸发，注意控制好加热温度，以防溶液爆沸溅出，操作时戴上防护眼镜和手套。

2.9.2 结晶与重结晶

溶质从溶液中析出晶体的过程称为结晶。结晶的过程可分为晶核生成（成核）和晶体生长两个阶段，两个阶段的推动力都是溶液的过饱和度（结晶溶液中溶质的浓度超过其饱和溶解度之值）。晶核的生成有两种形式：即均相成核和非均相成核。在高过饱和度下，溶液自发地生成晶核的过程，称为均相成核；溶液在外来物（如大气中的微尘）的诱导下生成晶核的过程，称为非均相成核。

晶体析出的粒度大小和结晶的条件有关，溶液浓缩得较浓，溶解度随温度变化较大、冷却快速、搅拌溶液都会使晶体的粒度较小，反之则可形成较大粒度的晶体。

晶体粒度的大小也与晶体的纯度有关。晶体粒度大小适宜且均匀时，往往夹带母液较少，纯度较高，而且易于洗涤；若晶体粒度太小且大小不均时，已形成稠厚的糊状物，夹带母液较多，晶体纯度差而且不易过滤，不易洗涤，影响纯度。

如果结晶所得的物质纯度不符合要求，需要重新加入一定溶剂进行溶解、蒸发和再结晶，这个过程称为重结晶。重结晶是提纯固体物质最常用最有效的方法之一。它适用于溶解度随温度变化较大，杂质含量<5%，提纯物和杂质的溶解度相差较大的一类化合物的提纯。

重结晶的操作为加一定量的溶剂于被提物质中，加热溶解，再蒸发至溶液饱和，趁热过滤除去不溶性杂质，滤液经冷却结晶后，析出被提纯物质，可溶性杂质留在母液中，经过滤、洗涤，可得到纯度较高的物质。若一次重结晶达不到纯度要求，可再次重结晶。

2.10　定性分析的其他操作

2.10.1 点滴板的使用

点滴板是带有孔穴（或凹穴）的瓷板或厚玻璃板，如图 2-1 所示，有白色和黑色两种。点滴板用于在化学定性分析中无需加热时做显色或沉淀点滴实验。取试液 1～2 滴，再加 1～2 滴反应试剂，搅拌混匀，即可观察现象。

2.10.2 焰色反应

焰色反应是化学上用来测试某种金属是否存在于化合物中的方法。其原理是每种元素都有其特征的光谱，在高温火焰中某些金属或它们的挥发性化合物会产生特征的颜色，借此可进行某些离子的鉴定。操作时先准备一支铂丝或镍铬丝做成环状，用浓盐酸浸润金属丝，然后在燃气灯的氧化焰中灼烧，反复数次直至火焰近于无色，此时金属丝被洗净。再蘸取待鉴定的试液在氧化焰中灼烧，观察火焰颜色。

2.10.3　气室反应

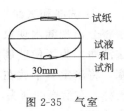

图 2-35　气室

在半微量定性分析实验中，由于反应生成的气体很少，可以采用气室法进行鉴定。气室是由两块干燥、洁净的表面皿相合而成的，如图 2-35 所示。下面一块表面皿可滴入待检测的试液及反应试剂，上面一块表面皿中心贴一小条浸有所需试剂的滤纸条，两块表面皿相扣合后，观察滤纸条的变化。必要时可将此气室放在由烧杯组成的水浴上微热，观察滤纸条的变化。

2.11　定量分析中的容量器皿及其使用方法

实验室中定量分析用的容量器皿是量度液体体积的仪器，有标有分刻度的吸量管、滴定管以及标有单刻度的移液管、容量瓶等。其规格是以最大容量为标志，常标有使用温度，不能加热，更不能用作反应容器。这些容量器皿在使用前应进行校正。

容量器皿分为量入式（标有"In"或"A"）和量出式（标有"Ex"或"E"）两种，量入式容量器皿表示在标定温度下，液体充满至标度刻线时，器皿内液体的体积和与器皿上所标的体积相同（如容量瓶）。量出式容量器皿表示在标定温度下，液体充满至标度刻线后，按一定方法放出的液体体积与器皿上所标的体积相同（如移液管、吸量管等）。

容量器皿按其容积的准确度分为 A、B 两个等级，A 级的准确度比 B 级的高一倍。

2.11.1　滴定管

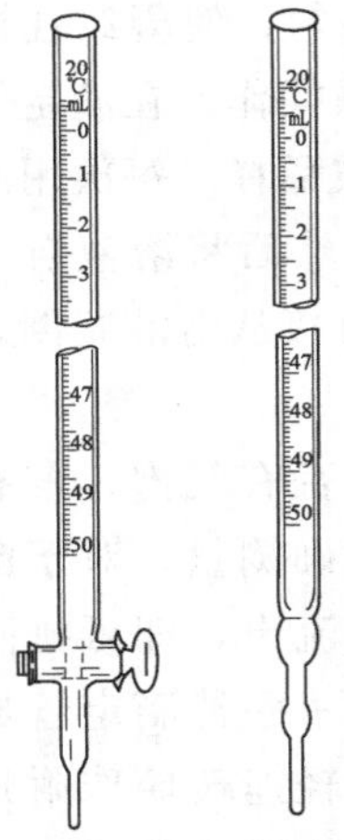

滴定管是用于滴定的器皿，是准确测量流出溶液体积的量器。滴定管是一种细长、内经均匀而具有刻度的玻璃管，管的下端有玻璃尖嘴，最常用的滴定管是 50mL 滴定管，其最小刻度是 0.1mL，但可估计到 0.01mL，因此读数可读到小数点后第二位，一般读数误差为 ±0.01mL。另外还有容积为 25mL 的滴定管及 10mL、5mL、2mL 和 1mL 的微量滴定管。

滴定管可分为两种见图 2-36，一种是下端带有玻璃活塞的酸式滴定管，用于盛放酸类溶液或氧化性溶液，不能盛放碱液，因为碱性溶液会腐蚀玻璃，使活塞不能转动。另一种是碱式滴定管，用于盛放碱类溶液，其下端连接一段橡皮管或乳胶管，内放一颗玻璃珠，以控制溶液的流出。橡皮管下端接一尖嘴玻璃管。碱式滴定管不能盛放能与橡皮管或乳胶管起作用的溶液，如 I_2、$KMnO_4$ 和 $AgNO_3$ 等氧化性溶液。

酸式　　碱式
图 2-36　滴定管

由于用玻璃活塞控制滴定速度的酸式滴定管在使用时易堵易漏，而碱式滴定管的橡皮管易老化，因此，一种酸碱通用滴定管，即聚四氟乙烯活塞滴定管得到了广泛的应用。

（1）滴定管使用前的准备

① 洗涤和试漏　酸式滴定管洗涤前应检查玻璃活塞是否与活塞套配合紧密，如不紧密将会出现漏水现象，则不宜使用。洗涤可根据滴定管沾污的程度而采用2.2.2所述的方法洗净。为了使玻璃活塞转动灵活并防止漏水，需在活塞上涂以凡士林。方法是取下活塞，将滴定管平放在实验台上，用干净滤纸将活塞和活塞套的水擦干。再用手指蘸少许凡士林，在活塞的两头，沿a、b圆柱周围各均匀地涂一薄层，如图2-37所示。然后把活塞插入活塞套内，向同一方向转动，直到从外面观察时呈均匀透明为止，如图2-38所示。旋转时，应有一定的向活塞小头方向挤的力。凡士林不能涂得太多，也不能涂在活塞中段，以免凡士林将活塞孔堵住。若涂得太少，活塞转动不灵活，甚至会漏水。涂得恰当的活塞应呈透明，无气泡，转动灵活。为防止在使用过程中活塞脱出，可用橡皮筋将活塞扎住或用橡皮圈套在活塞末端的凹槽上。最后用水充满滴定管，擦干管壁外的水，置于滴定管架上，直立静止2min，观察有无水滴渗出，然后将活塞旋转180°，再观察一次，若无水滴渗出，活塞转动也灵活，即可使用。否则应重新涂油，并试漏。

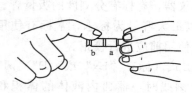

图2-37　滴定管涂凡士林

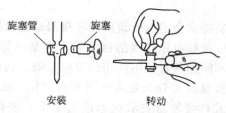

安装　　　转动

图2-38　滴定管安装操作

碱式滴定管使用前，应检查橡皮管是否老化，玻璃珠的大小是否适当。若玻璃珠过大，则操作不便；玻璃珠过小，则会漏水。碱式滴定管的洗涤和试漏，与酸式滴定管相同。

聚四氟乙烯滴定管使用前也需要试漏，但不需要涂凡士林。

② 装液、赶气泡　将溶液装入滴定管之前，应将溶液瓶中的溶液摇匀，使凝结在瓶壁上的水珠混入溶液。在天气比较热或温度变化较大时，尤其要注意此项操作。在滴定管装入溶液前，先要用该溶液洗滴定管三次，以保证装入滴定管的溶液不被稀释。每次用溶液5～10mL。洗涤时，横持滴定管并缓慢转动，使溶液流遍全管内壁，然后将溶液自下放出。洗好后，即可装入溶液，加至"0.00"刻度以上。注意装液时要直接从溶液瓶倒入滴定管，不得借助于烧杯、漏斗等其他容器。

图2-39　碱式滴定管排气方法

装好溶液后要注意检查滴定管下部是否有气泡，若有气泡则要排除，否则将影响溶液体积的准确测量。对于酸式滴定管，可迅速打开活塞，使溶液急速流出，即可排除滴定管下端的气泡；对于碱式滴定管，可一手持滴定管成倾斜状态，另一手将橡皮管向上弯曲，并轻捏玻璃珠附近的橡皮管，当溶液从尖嘴口冲出时，气泡也随之溢出。如图2-39所示。

（2）滴定管的读数

滴定管读数时应注意以下几点。

① 读数时要将滴定管从滴定管架上取下，用右手的大拇指和食指捏住滴定管上端，使滴定管保持自然垂直状态。

② 由于水的附着力和内聚力的作用，溶液在滴定管内的液面呈弯月形。对于无色或浅色溶液的弯月面比较清晰，读数时应读取弯月面下缘最低点，视线必须与弯月面下缘最低点处于同一水平，否则将引起误差，如图 2-40 所示。对于深色溶液如 $KMnO_4$ 应读取液面的最上缘。

③ 每次滴定前应将液面调节在刻度为"0.00"或稍下一些的位置上，因为这样可以使每次滴定前后的读数差不多都在滴定管的同一部位，可避免由于滴定管刻度的不准确而引起的误差。

④ 为了使读数准确，在装满或放出溶液后，必须等 1～2min，待附着在内壁的溶液流下来后再读取读数。

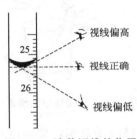

图 2-40　读数视线的位置

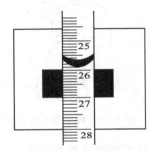

图 2-41　读数卡

⑤ 背景不同所得的读数有所差异，所以应注意保持每次读数的背景一致。为了便于读数，可用黑白纸做成读数卡，将其放在滴定管背后，使黑色部分在弯月面 0.1mL 处，此时弯月面的反射层全部成为黑色，这样的弯月面界面十分清晰，如图 2-41 所示。

⑥ 有些滴定管背后衬一白板蓝线，对无色或浅色溶液，读数时应读取两个弯月面相交于蓝线的一点，视线与此点应在同一水平面上，深色溶液则应读取液面两侧最高点对应的刻度。

（3）滴定操作

将酸式滴定管夹在滴定管架上，用左手控制活塞，拇指在管前，中指和食指在管后，轻轻捏住活塞柄，无名指和小指向手心弯曲，如图 2-42 所示。转动活塞时要注意勿使手

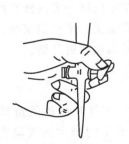

图 2-42　酸式滴定管的操作

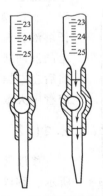

图 2-43　碱式滴定管的操作

心顶着活塞，以免顶出活塞，造成漏水。如用碱式滴定管，则用左手拇指和食指轻捏玻璃珠近旁的橡皮管，使形成一条缝隙，溶液即可流出，如图 2-43 所示。注意不要使玻璃珠上下移动，更不要捏玻璃珠下部的橡皮管，以免空气进入而形成气泡，影响准确读数。

滴定时左手握住滴定管滴加溶液，右手的拇指、食指和中指拿住锥形瓶瓶颈，其余两指辅助在下侧，向同一方向旋转摇动锥形瓶，如图 2-44 所示。摇瓶时应微动腕关节，注意不要使瓶内溶液溅出。在允许的条件下，滴定刚开始时，速度可稍快些，但溶液不能呈流水状地从滴定管放出。近终点时，滴定速度要减慢，改为逐滴加入，即加一滴，摇几下，再加一滴……，并以少量去离子水淋洗锥形瓶内壁，以洗下因摇动而溅起的溶液。最后应控制半滴加入，直至终点。

图 2-44　两手操作姿势图　　　　　　图 2-45　在烧杯中的滴定操作

滴加半滴溶液的操作是：对于酸式滴定管，可轻轻转动活塞，使溶液悬挂在出口的尖嘴上，形成半滴，用锥形瓶内壁将其沾落，再用洗瓶吹洗。对于碱式滴定管，应先松开拇指和食指，将悬挂的半滴溶液沾在锥形瓶内壁上，这样可以避免尖嘴玻璃管内出现气泡。

滴定还可以在烧杯中进行，滴定方法与上述基本相同。滴定管下端伸入烧杯内1cm，不要离壁过近，左手滴加溶液，右手持玻璃棒做圆周运动，如图 2-45 所示，不要碰到烧杯壁和底部。当加半滴时，可用玻璃棒下端承接悬挂的半滴溶液，放入到烧杯中混匀。

滴定结束后，滴定管内剩余的溶液应弃去，不可倒回原瓶中，以免沾污溶液。随后洗净滴定管，注满去离子水或倒挂在滴定管架上备用。

滴定操作中，还应注意整个滴定过程中，左手不能离开滴定管旋塞任溶液自流，眼睛注意观察液滴周围溶液的颜色变化，不要看着滴定管上的液面或刻度。摇动锥形瓶时，使溶液向同一方向做圆周运动，不可前后左右振动，锥形瓶口勿触碰滴定管嘴尖。平行测定时，每次都用滴定管中大致相同的体积段，如每次从零刻度附近开始。

2.11.2　移液管、吸量管

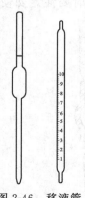

图 2-46　移液管和吸量管

移液管和吸量管是用来准确移取一定体积液体的量器，如图 2-46 所示。移液管又称吸管，是一根细长而中间膨大的玻璃管，在管的上端有一环形标线。将溶液吸入管内，使溶液弯月面的下缘与标线相切，再让溶液自由流出，则流出的溶液体积就等于其标示的数值。常用的移液管有 5mL、10mL、25mL 和 50mL 等规格。移液管在使用前应洗至管壁不挂水珠。一般可用洗涤液浸泡一段时间，然后用自来水冲洗，再用去离子水淋洗 3 次。淋洗的水应从管尖放出。

已洗净的移液管在吸取溶液前，还要用待吸溶液润洗 3 次，以除去管内残留的水分。其方法是先用滤纸吸干移液管管尖端内外的水，然后吸取待吸溶液至移液管球部 1/3 处，迅速移去洗耳球，随即按紧移液管的上口，将移液管提离液面。把管横过来，左手扶住管的下端，慢慢松开右手食指，转动移液管进行润洗，使溶液流过管内标线下所有内壁，如图 2-47 所示。然后使管直立让溶液由尖嘴口放出，重复洗 3 次。

在吸取溶液时，用右手拇指和中指拿住移液管上端，将移液管插入待吸溶液中，左手拿洗耳球，先将它捏瘪，排去球内空气，将洗耳球的嘴对准移液管的上口，按紧，勿使漏气，然后慢慢松开洗耳球，借助球内负压将溶液缓缓吸入移液管内，如图 2-48 所示。待液面上升至标线以上时，迅速移去洗耳球，随即用右手食指按紧移液管的上口，将移液管提离液面，使出口尖端紧靠着干净烧杯内壁，并稍稍转动移液管，使溶液缓缓流出，到溶液弯月面下缘与标线相切（注意：观察时，应使眼睛与移液管的标线处在同一水平面上），立即用食指按紧移液管上口，使溶液不再流出。

  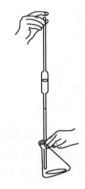

图 2-47　移液管的润洗　　　图 2-48　用洗耳球吸取溶液　　　图 2-49　从移液管中放液

将移液管放入接收溶液的容器中，使出口尖端靠着接收容器的内壁，容器稍倾斜，移液管应保持垂直。松开食指，使溶液自由地沿容器壁流下，如图 2-49 所示。待移液管内液面不再下降时，再等待 15s，然后取出移液管。这时尚可见管尖部位仍留有少量液体，对此，除特别注明"吹"字的移液管外，一般都不要吹出，因为移液管标示的容积不包括这部分体积。

吸量管是带有分度的移液管，用于吸取不同体积的液体。常用的吸量管有 1mL、2mL、5mL 和 10mL 等规格。吸量管的用法基本上与移液管的操作相同。移取溶液时，使液面到零刻度，然后按所需放出的体积，从吸量管的零刻度降到所需的体积。注意在同一实验中，多次移取溶液时，尽可能使用同一吸量管的同一部位，而且尽可能地使用吸量管上段的部分。如果使用注有"吹"字的吸量管，则要把管末端留下的最后一滴溶液吹出。

移液管和吸量管使用完毕，应洗涤干净，然后放在指定位置上。

2.11.3 容量瓶

容量瓶是用来配制准确浓度溶液的容量器皿。它是一种细颈梨形的平底玻璃瓶，带有磨口玻璃塞或塑料塞，如图 2-50 所示。在其颈上有一标线，表示在指定温度下，当溶液充满至标线时，所容纳的溶液体积等于瓶上所示的体积。

容量瓶使用前必须检查瓶塞是否漏水，检查漏水的方法是在瓶中加自来水到标线附近，盖好瓶塞后，擦干瓶外水珠，左手用食指按住瓶塞，其余手指拿住瓶颈，右手用指尖托住瓶底边缘，如图 2-51 所示。将瓶倒立 2min，观察瓶塞周围是否有水渗出，如不漏水，将瓶放正，把瓶塞转动 180° 后，再倒立试一次，检查合格后，即可使用。用细绳将塞子系在瓶颈上，保证二者配套使用。检查容量瓶还要注意标度线位置不宜距离瓶口太近。

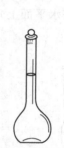

图 2-50　容量瓶

图 2-51　检查漏水和混匀溶液的操作

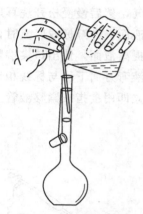

图 2-52　转移溶液的操作

用容量瓶配制溶液有两种情况，其一是用固体物质配制溶液，其二是稀释溶液。

如果将一定量的固体物质配成一定浓度的溶液，通常是将固体物质称在小烧杯中，加水或其他溶剂将固体溶解后，将溶液定量地全部转移到容量瓶中。转移时，右手拿玻璃棒悬空插入容量瓶内，玻璃棒的下端靠在瓶颈内壁，但不要太接近瓶口，左手拿烧杯，烧杯嘴紧靠玻璃棒，使溶液沿玻璃棒慢慢流入。如图 2-52 所示。待溶液流完后，把烧杯嘴沿玻璃棒向上提起，并使烧杯直立，使附着在烧杯嘴上的少许溶液流入烧杯，再将玻璃棒放回烧杯中，注意玻璃棒不要放在烧杯嘴尖处。然后用少量去离子水吹洗玻璃棒和烧杯内壁，洗涤液按上述方法转移到容量瓶中，重复洗涤 3 次。然后加去离子水稀释，当加至容量瓶容量的 2/3 时，水平旋摇容量瓶，使溶液混匀。再继续加水，至近标线时，改用滴管加水，直至溶液弯月面下缘与标线相切为止。盖上瓶塞，一手按住瓶塞，另一手指尖顶住瓶底边缘，将容量瓶倒转并摇荡，再直立。如此重复多次，使溶液充分混匀。

如果用容量瓶稀释溶液，则用移液管移取一定体积的溶液于容量瓶中，然后按上述方法加水至标线，混匀溶液。

容量瓶使用完毕，应立即用水冲洗干净。如长期不用，磨口处应洗净擦干，并插入纸片将磨口隔开。

容量瓶不能久储溶液，尤其是碱性溶液会浸蚀瓶塞，使瓶塞无法打开。配制好溶液后，应将溶液倒入洁净干燥的试剂瓶中储存。容量瓶不能直接加热和烘烤。

2.12 重量分析中的操作

重量分析的基本操作包括：沉淀的形成、沉淀的过滤和洗涤、烘干和灼烧、称量等步骤。

2.12.1 沉淀的形成

准备干净烧杯，底部和内壁无纹痕，加上合适的表面皿和玻璃棒，根据沉淀的不同性质采取不同的操作方法。形成晶形沉淀一般是在热的、较稀的溶液中进行，沉淀剂用滴管加入。操作时，左手拿滴管滴加沉淀剂溶液；滴管口需接近液面，以防溶液溅出；滴加速度要慢，接近沉淀完全时可以稍快。与此同时，右手持玻璃棒充分搅拌，注意不要碰到烧杯的壁或底。充分搅拌的目的是防止沉淀剂局部过浓而形成的沉淀太细，太细的沉淀容易吸附杂质而难以洗涤。

检查沉淀是否完全的方法是先静置，待沉淀完全后，于上层清液液面加入少量沉淀剂，观察是否出现浑浊。沉淀完全后，盖上表面皿，放置过夜或在水浴上加热 1h 左右，使沉淀陈化。

形成非晶形沉淀时，宜用较浓的沉淀剂，加入沉淀剂的速度和搅拌的速度都可以快些，沉淀完全后用适量水稀释，不必放置陈化。

2.12.2 沉淀的过滤和洗涤

沉淀的过滤和洗涤必须相继进行，不能间断，否则沉淀干涸就无法洗净。过滤沉淀一般采用过滤或微孔玻璃坩埚。需要灼烧的沉淀，要用定量（无灰）滤纸过滤；对于过滤后只要烘干就可进行称量的沉淀，则可用微孔玻璃坩埚过滤。

（1）滤纸的选择

应采用定量滤纸，根据沉淀的量和沉淀的性质选用快速、中速或慢速滤纸，一般细晶形的沉淀如硫酸钡选用慢速滤纸，胶状沉淀如氢氧化铁需选用快速滤纸。

（2）滤纸的折叠和安放

参见 2.8.2（1）①内容，注意撕下的滤纸角要保存在干燥的表面皿上，以备擦拭烧杯中残留的沉淀之用。

（3）沉淀的过滤

参见 2.8.2（1）②的操作。先将沉淀上的清液小心倾入漏斗内，过滤完上清液后，洗涤烧杯内的沉淀时，先用滴管将洗涤液沿烧杯四周淋洗，使黏附在杯壁的沉淀集中到烧杯底部，用玻璃棒搅动沉淀，注意玻璃棒不能触碰到烧杯壁和烧杯底，充分洗涤后，待沉淀下沉后，将上清液以倾析法过滤，洗涤数次。洗涤的次数视沉淀的性质而定，一般晶形沉淀洗涤 2～3 次，胶状沉淀需洗 5～6 次。

转移沉淀时，先加少量洗涤液并搅动成为悬浮液，然后快速小心地以倾析法过滤，反复多次将大部分沉淀转移到滤纸上，烧杯中最后少量的沉淀的转移如图 2-53 所示，将烧杯倾斜在漏斗上方，玻璃棒架在烧杯嘴上，玻璃棒下端对着三层滤纸处，用洗瓶冲洗烧杯内壁，使沉淀被完全冲入漏斗中。待沉淀完全转移后，用撕下的滤纸角擦拭黏附在烧杯壁和玻璃棒上的沉淀，擦拭过的滤纸角放入漏斗的沉淀中。

图 2-53　沉淀的转移

图 2-54　在漏斗中洗涤沉淀

（4）沉淀的洗涤

沉淀全部转移到滤纸上后，再在滤纸上进行最后的洗涤。这时要用洗瓶中流出的细流沿滤纸边缘稍下一些的地方螺旋形向下移动冲洗沉淀，如图 2-54 所示。这样可使沉淀集中到滤纸锥体的底部，注意不可将洗涤液直接冲到滤纸中央沉淀上，以免沉淀外溅。

洗涤沉淀的目的是为了除去母液或吸附在表面上的杂质。洗涤时应注意沉淀溶解的损失量，因此就要考虑到洗液的选择和沉淀的洗涤效率，理想的洗液应是对沉淀溶解最小而最易洗去杂质。洗涤过程中，不使沉淀产生胶溶现象，留于沉淀中的洗液，在干燥或灼烧过程中能够完全挥发逸去等。洗涤时应采用"少量多次"的方法，即每次加少量洗涤液，洗后尽量沥干，再加第二次洗涤液，这样既可提高洗涤效率又减少了沉淀的溶解损失。

洗涤数次后，用小试管或小表面皿接取少量滤液，检验其中的洗涤成分是否还存在。如用硝酸酸化的 $AgNO_3$ 溶液检查滤液中是否还有 Cl^-，若无白色浑浊，即可认为已洗涤完毕，否则需进一步洗涤。

2.12.3　沉淀的干燥和灼烧

（1）空坩埚的准备

坩埚是用来进行高温灼烧的器皿。重量分析中常用 30mL 的瓷坩埚灼烧沉淀。为了便于识别坩埚，可用 $CoCl_2$ 或 $FeCl_3$ 在干燥的坩埚上编号，烘干灼烧后，即可留下不褪色的字迹。

坩埚在使用前需灼烧至恒重，即两次称量相差不超过 0.2mg。方法是可将编好号、烘干的瓷坩埚，放入 800～850℃ 马弗炉中灼烧（坩埚直立并盖上坩埚盖，但留有空隙），也可用燃气灯灼烧，空坩埚第一次灼烧 30min 后，取出稍冷，移入干燥器内冷却至室温，然后称量。第二次再灼烧 15min，冷却，称量（每次冷却时间要相同），直至恒重。将恒重的坩埚放在干燥器中备用。

（2）包裹沉淀的滤纸折拢方法

重量分析中过滤所得的沉淀要再进一步灼烧、恒重，因此沉淀需完全保留不能损失。操作时，先从漏斗内小心地取出带有沉淀的滤纸，按图 2-55 所示的两种方法折叠滤纸，包裹沉淀。然后将滤纸烘干、炭化、灰化，再灼烧沉淀至恒重。

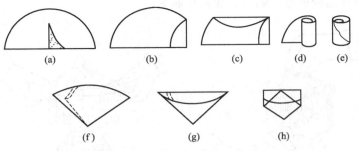

图 2-55　包裹沉淀的滤纸折拢方法

（3）滤纸的烘干、炭化和灰化

将包裹沉淀的滤纸放入坩埚中，滤纸层数多的一面朝上，这样有利于滤纸的灰化。将坩埚放在泥三角上，坩埚盖斜倚在坩埚口的中部，如图 2-56（a）所示，先用小火小心加热坩埚盖的中心，如图 2-56（b）所示，这时热空气由于对流而通过坩埚内部，使水蒸气从坩埚上部逸出，使滤纸和沉淀烘干。待沉淀干燥后，将燃气灯移至坩埚底部，如图 2-56（c）所示，先用小火使滤纸大部分炭化变黑，在炭化时不能让滤纸着火，否则一些微粒会因飞散而损失。万一着火，应立即移去火源，将坩埚盖盖上，使其灭火，不可用嘴吹灭。稍等片刻后再打开盖子，继续加热。待滤纸完全炭化不再冒烟后，逐渐升高温度，使滤纸灰化变白。要防止温度升得太快，坩埚中氧不足致使滤纸变成整块的炭，如果生成大块炭，则使滤纸完全灰化非常困难。

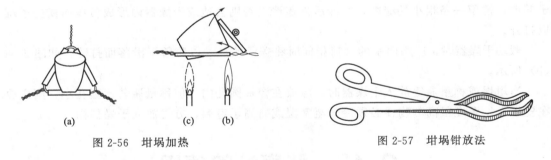

图 2-56　坩埚加热　　　　　　　　　图 2-57　坩埚钳放法

（4）沉淀的灼烧

待滤纸完全灰化后，用燃气灯的氧化焰灼烧，一般第一次灼烧 30min，按空坩埚冷却方法冷却、称重，然后进行第二次灼烧 15min，称重，至恒重。

使用马弗炉灼烧沉淀时，沉淀和滤纸的干燥、炭化和灰化过程，应事先在燃气灯上进行，灰化后将坩埚移入适当温度的马弗炉中。再与灼烧空坩埚时相同温度下，第一次灼烧 40～45min，第二次灼烧 20min，冷却，称量条件同空坩埚。

移动坩埚时，必须使用干净的坩埚钳。坩埚钳用过后，钳头朝上，平放在石棉板上。如图 2-57 所示。

2.12.4　干燥器的使用

灼烧后的坩埚等应放在干燥仪器内保存。干燥器是由厚质玻璃制成的，如图 2-58 所示。其上部是一个磨口的盖子，使用前，应在磨口处涂有一层薄而均匀的凡士林，使其盖口处密封，以防水汽进入。中部是一个有孔洞的活动瓷板，瓷板下放有干燥剂，瓷板上放置需干燥的存放样品的容器或物品，如称量瓶等。

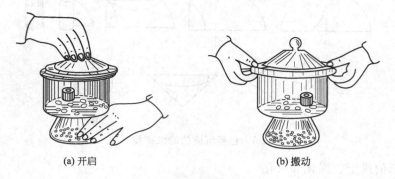

(a) 开启   (b) 搬动

图 2-58　干燥器及其使用

常用干燥剂有变色硅胶和氯化钙等，干燥剂一般放入至干燥器下室的一半左右，干燥剂不要放得太满，太多容易沾污存放的容器。变色硅胶可以循环使用，如果颜色由蓝色变成了浅红色，说明干燥剂失去了干燥作用，应把干燥剂放到恒温干燥箱中，在 105～120℃进行干燥，使其颜色由浅红色变为蓝色即可再循环使用。

开启干燥器时，左手按住下部，右手按住盖子上的圆顶，沿水平方向推开盖子，如图 2-58(a) 所示。盖子取下后应放在桌上安全的地方（注意要磨口向上，圆顶朝下），用左手放入或取出物体，如坩埚或称量瓶，并及时盖好干燥器盖子。加盖时，也应当拿住盖子圆顶，沿水平方向推移盖好。需注意的是若将温度很高的物体放入干燥器时，切不能将盖子盖严，需留一条很小的缝隙，待冷后再盖严。否则会造成干燥器内形成负压而使盖子难以打开。

搬动干燥器时，应用两手的大拇指同时将盖子按住，以防盖子滑落而打碎，如图 2-58(b) 所示。

当坩埚或称量瓶等放入干燥器时，应放在瓷板圆孔内。但称量瓶若比圆孔小，则应放在瓷板上。温度很高的物体必须冷却至室温或略高于室温，方可放入干燥器内。

2.13　酸度计的使用

2.13.1　常用电极及使用维护

（1）甘汞电极

① 结构　甘汞电极的构造是内玻璃管中封接一根铂丝，铂丝插入纯汞中（厚约 0.5～1cm），下置一层甘汞（Hg_2Cl_2）和汞的糊状物；外玻璃管中装入 KCl 溶液，电极下端与被测溶液接触部分是以玻璃砂芯等多孔物质组成的通道。如图 2-59 所示。

25℃时不同浓度 KCl 溶液的甘汞电极电位如下：

KCl 溶液浓度	$0.1mol \cdot L^{-1}$	$1mol \cdot L^{-1}$	饱和
$E_{甘汞}/V$	+0.3365	+0.2828	+0.2438

② 使用维护及注意事项

a. 电极应立式放置，使用时，电极上端加液口小孔上的橡皮塞应该拔去，以防止产生扩散电位影响测试结果。

b. 电极内的盐溶液中不能有气泡，以防止溶液短路，饱和 KCl 溶液的电极应保留少许结晶体，以保证饱和度。通常要使盐溶液的液面高于待测液的液面 2cm 左右。

c. 双液接的电极是在甘汞电极外再套一外管，外管内常加入 KNO_3 溶液，形成有两个液接界和两个参比溶液的电极。

双液接甘汞电极主要是为了减少被测溶液和内参比 KCl 溶液间的相互影响，在二者之间通过 KNO_3 溶液隔开。

需要注意的是外管 KNO_3 溶液要经常更换。

d. 电极不用时，应将电极保存在氯化钾溶液中。

（2）玻璃电极

① 结构　玻璃电极的构造是电极下部为一玻璃泡，膜厚约 $50\mu m$。在玻璃泡中装有 pH 值一定的缓冲溶液（通常为 $0.1mol \cdot L^{-1}$ HCl 溶液），其中插入一支银-氯化银电极作为内参比电极。如图 2-60 所示。

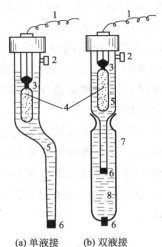

(a) 单液接　　(b) 双液接
图 2-59　甘汞电极
1—导线；2—加液口；3—汞；4—甘汞；
5—KCl 溶液；6—素瓷塞；7—外管；
8—外充满液（KNO_3 或 KCl 溶液）

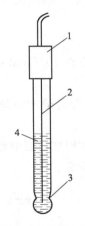

图 2-60　玻璃电极
1—绝缘体；2—银-氯化银电极；
3—玻璃膜；4—内部缓冲液

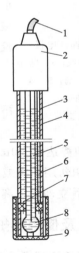

图 2-61　pH 复合电极
1—电极导线；2—电极帽；3,4—内、外参比电极；5,6—内、外参比溶液；7—液接界；8—电极球泡；9—护套

pH 复合电极是将玻璃电极和参比电极组合在一起的电极。主要由电极球泡、玻璃支持杆、内参比电极、内参比溶液、外壳、外参比电极、外参比溶液、液接界等组成。如图 2-61 所示。

② 使用维护及注意事项

a. 电极在测量前必须用已知 pH 值的标准缓冲溶液定位。

b. 在每次定位、测量后进行下一次操作前，应该用去离子水充分清洗电极，再用被测液清洗电极一次。

c. 玻璃电极不用时，应套在电极护套内，电极护套内应放少量饱和 KCl 溶液，以保持电极球泡的湿润，切忌浸泡在水中。使用时取下电极护套，注意避免电极敏感玻璃泡与硬物接触，因为敏感玻璃泡的破损或擦毛都会使电极失效。测量结束后，及时清洗电极，并套上电极保护套。

d. pH 复合电极的外参比补充液为 3mol·L^{-1} 氯化钾溶液，补充液可以从电极上端小孔加入，复合电极不使用时，拉上橡皮套（或盖上橡皮塞），防止补充液干涸。使用时，拉下橡皮套（或打开橡皮塞），露出小孔。

e. 电极的引出端必须保持清洁干燥，绝对防止输出两端短路，否则将导致测量失准或失效。

f. 电极应与输入阻抗较高的 pH 计（≥3×10^{11} Ω）配套，以使其保持良好的特性。

g. 电极经长期使用后，如发现斜率略有降低，则可把电极下端浸泡在 4% HF（氢氟酸）中 3～5s，用去离子水洗净，然后在 0.1mol·L^{-1} 盐酸溶液中浸泡，使之复新，最好更换电极。

（3）氯电极

① 结构　氯离子选择性电极是由 AgCl 和 Ag$_2$S 的粉末混合物压制成的敏感薄膜被固定在电极管的一端，用焊锡或导电胶封接于敏感膜内侧的银箔上，形成的无内参比溶液的全固态型电极。如图 2-62 所示。

② 使用维护及注意事项

a. 氯离子选择性电极在使用前应在 10^{-3}mol·L^{-1} NaCl 溶液中浸泡活化 1h。

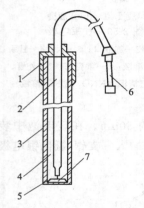

图 2-62　氯离子选择性电极

1—电极帽；2—屏蔽导线；3—电极管；4—环氧树脂填充剂；5—敏感膜；6—电极插头；7—焊锡或导电胶

b. 氯离子选择性电极使用时在去离子水中与饱和甘汞电极组成电池，电动势达±260mV 以上才能正常使用。

c. 电极响应膜切勿用手指或尖硬的东西碰划，以免沾上油污或损坏，影响测定。

d. 电极在使用后立即用去离子水反复冲洗，以延长电极使用寿命。

2.13.2　酸度计及使用维护

酸度计又称 pH 计，如图 2-63 所示。可用于测定电动势、电极的电极电位和 pH 值。测量 pH 值的范围通常为 0.00～14.00，测量电动势的范围通常为 -1999～1999mV。酸度计仪器操作简单方便，应用广泛。

图 2-63　酸度计

酸度计是由指示电极、参比电极和一台精密的电位计组成。精密电位计大多采用数字式显示，输入阻抗大，测定的精密度高、稳定性好。

酸度计有多种型号，但基本组成和使用方法相近，以上海精密仪器厂生产的 pHS-3C 酸度计为例说明。

（1）pHS-3C 酸度计的使用

pHS-3C 酸度计面板示意如图 2-64 所示，其使用方法如下。

① 开机准备　拔掉测量电极插座处的 Q9 短路插头，在测量电极插座处插入测量电极，并接上参比电极；将测量电极和参比电极分别插入电极夹中，调节到适当位置；按下电源开关，接通电源，预热 30min。

② 测量 pH 值　测定溶液 pH 值前，首先要对仪器进行定位校准，经定位的仪器，可用来测量待测溶液的 pH 值。具体过程如下。

a. 准备　将 pH 复合电极下端的电极保护套拔下，并且拉下电极上端的橡皮套，使其露出上端小孔；用去离子水清洗电极头部，并用吸水纸仔细吸干水分，将电极插入溶液中，使溶液淹没电极头部的玻璃球。

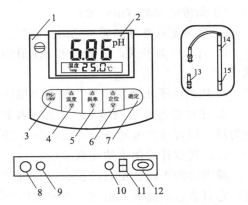

图 2-64　pHS-3C 酸度计面板示意
1—机体；2—显示屏；3—pH/mV 键；4—温度键；5—斜率键；6—定位键；7—确定键；8—测量电极接口；9—参比电极接口；10—保险丝座；11—电源开关；12—电源插座；13—Q9 短路插；14—pH 复合电极；15—电极保护套

b. 温度设定　按 pH/mV 键 3 使仪器进入 pH 值测量状态，再按温度键 4 至显示"温度"（此时温度指示灯亮），使仪器进入溶液温度调节状态（此时温度以单位℃指示），按"△"键或"▽"键调节温度显示数值上升或下降，使温度显示值和溶液温度一致，然后按"确认"键 7，仪器确认溶液温度值后回到 pH 值测量状态（温度设置键在 mV 测量状态下不起作用）。

c. 定位校准　把用去离子水清洗过并吸干水分的电极插入 pH＝6.86 的标准缓冲溶液中，按定位键 6 至显示"定位"，待稳定后按"确认"键，仪器回到 pH 值测量状态，显示当前温度下的 pH 值即"6.86"。若达不到可反复按"定位"、"确认"键 2～3 次，使最终显示"6.86"。

d. 斜率校准　把用去离子水清洗过并吸干水分的电极插入 pH＝4.00（或 pH＝9.18）的标准缓冲溶液中，按斜率键 5 至显示"斜率"，待稳定后按"确认"键，仪器回到 pH 值测量状态，显示 pH 值为"4.00"（或"9.18"），若达不到可反复按"斜率"、"确认"键 2～3 次，最终显示当前温度下的 pH 值。

仪器在定位状态下，也可通过按"△"或"▽"键手动调节标准缓冲溶液的 pH 值，然后按"确认"键确认。上述定位完成后，定位键和确认键不能再按。

缓冲溶液的 pH 值与温度的关系见表 2-3。

表 2-3　缓冲溶液的 pH 值与温度的关系

温度/℃	pH 值			温度/℃	pH 值		
	酸性缓冲溶液	中性缓冲溶液	碱性缓冲溶液		酸性缓冲溶液	中性缓冲溶液	碱性缓冲溶液
5	4.01	6.95	9.39	25	4.01	6.86	9.18
10	4.00	6.92	9.33	30	4.02	6.85	9.14
15	4.00	6.90	9.27	35	4.02	6.84	9.10
20	4.00	6.88	9.22	40	4.04	6.84	9.07

e. 测量 pH 值　用去离子水清洗电极头部并吸干水分，把电极插入待测溶液内，

加入搅拌子，打开搅拌器，调节至适当搅拌速度，溶液搅匀后，即可读出溶液的pH值。

③ 测量电动势（mV值）

a. 把两支电极分别插入电极插座处，并夹在电极架上。

b. 打开电源开关，仪器进入pH值测量状态，按pH/mV键3，使仪器进入mV测量状态。

c. 用去离子水清洗电极头部，再用待测溶液润洗。

d. 把电极插在待测溶液内，加入搅拌子，打开搅拌器，调节至适当搅拌速度，溶液搅匀后，即可读出电动势值（mV值），还可自动显示极性。

（2）酸度计使用中的注意事项

酸度计的正确使用与维护，可保证仪器正常可靠地使用，特别是pH计这一类的仪器，它具有很高的输入阻抗，而使用环境需经常接触化学药品，所以更需合理维护。

① 仪器的输入端（测量电极插座）必须保持干燥清洁。仪器不用时，将Q9短路插头插入插座，防止灰尘及水汽浸入。

② 测量时，电极的引入导线应保持静止，否则会引起测量不稳定。

③ 仪器定位校准后，定位校准的按键都不能再按。一般情况下，仪器在连续使用时，每天要校准一次；一般在24h内仪器不需再校准。

④ 如果定位校准过程中操作失败或按键错误而使仪器测量不正常，可关闭电源。然后按住"确认"键再开启电源，使仪器恢复初始状态，然后重新定位校准。

⑤ 标准缓冲溶液一般第一次用pH＝6.86的溶液，第二次用接近被测溶液pH值的缓冲液，如被测溶液为酸性时，缓冲液应选pH＝4.00；如被测溶液为碱性时，则选pH＝9.18的缓冲液。

2.14 分光光度计的使用

可见分光光度计的生产厂家很多，国产的主要有721、722、723等型号的可见分光光度计，还有751、752、753、754、756等型号可见-紫外分光光度计。

2.14.1 分光光度计的使用

以722s型分光光度计为例说明分光光度计的操作步骤，722s型分光光度计的外形和面板结构如图2-65所示。

（1）预热仪器

打开电源开关，使仪器预热20min。为了防止光电管疲劳，预热仪器时和不测定时应将试样室盖打开，使光路切断。

（2）选定波长

根据实验要求，转动波长调节钮，调至所需要的波长。

（3）调节 $T=0\%$

打开试样室（或加入黑体），按"0%"键，使数字显示为"00.0"。

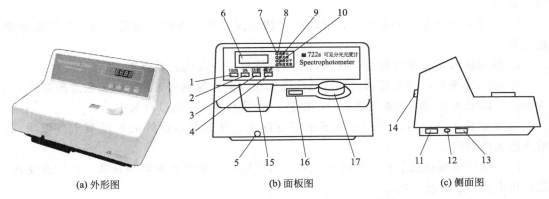

(a) 外形图　　　　　　　(b) 面板图　　　　　　　(c) 侧面图

图 2-65　722s 型分光光度计的外形和面板结构

1—100％键；2—0％键；3—功能键；4—模式键；5—试样槽架拉杆；6—显示窗；7—"透射比"指示灯；
8—"吸光度"指示窗；9—"浓度因子"指示灯；10—"浓度直读"指示灯；11—电源插座；12—熔丝座；
13—总电源；14—RS232C 串行接口插座；15—试样室；16—波长指示窗；17—波长调节钮

（4）调节 $T＝100\%$

将盛参比溶液的比色皿放入试样室内比色皿座架中并对准光路，把试样室盖子轻轻盖上，按"100％"键，使数字显示正好为"100.0"。

（5）吸光度的测定

将盛有待测溶液的比色皿放入比色皿座架中的其他格内，盖上试样室盖。将参比液置于光路中，按"模式"键置于"吸光度"，数字显示为".000"。轻轻拉动试样架拉手，使待测溶液进入光路，此时数字显示值即为该待测溶液的吸光度值。重复上述步骤 1～2 次，读取相应的吸光度值，取平均值。

（6）浓度的测定

按"模式"键置于"浓度直读"，将已标定浓度的样品放入光路，按"↑100％"键或"↓0％"键，使得数字显示为标定值，将被测样品放入光路，此时数字显示值即为该待测溶液的浓度值。

（7）关机

实验完毕，切断电源，将比色皿取出洗净，并将比色皿座架用软纸擦净。

2.14.2　分光光度计使用注意事项

① 仪器长时间不用时，在光源室和试样室内应放置数袋防潮的硅胶。

② 仪器工作几个月或经搬动之后，要检查波长的准确性，以保证测定的可靠性。

③ 仪器使用时，注意每改变一次波长，都要用参比溶液校正吸光度为零、透射比为 100％。

④ 每次实验结束要检查试样室是否有溢出的溶液，及时擦净，以防止废液对试样室部件的腐蚀。

⑤ 比色皿使用中的注意事项

a. 比色皿要配对使用，因为相同规格的比色皿仍有或多或少的差异，致使光通过比色溶液时，吸收情况有所不同。可于毛玻璃面上作好记号，使其中一只专置参比溶液，另一只专置标准溶液或试液。同时还应注意比色皿放入比色皿槽架时应有固定朝向。

b. 注意保护比色皿的透光面，拿取时手指应捏住其毛玻璃的两面，以免沾污或磨损透光面。

c. 如果试液是易挥发的有机溶剂，则应加盖后，放入比色皿槽架中。

d. 倒入溶液前，应先用该溶液淋洗内壁 3 次，倒入量不可过多，以比色皿高度的 4/5 为宜。并以吸水性好的软纸吸干外壁的溶液，然后再放入比色皿槽架中。

e. 每次使用完毕后，应用去离子水仔细淋洗，并以吸水性好的软纸吸干外壁水珠，放回比色皿盒内。

f. 不能用强碱或强氧化剂浸洗比色皿，而应用稀盐酸或有机溶剂清洗，再用水洗涤，最后用去离子水淋洗 3 次。

2.15　电导率仪的使用

DDS-307 型电导率仪如图 2-66 所示，它是实验室常用的电导率测量仪器。它除能测定一般液体的电导率外，还能测量高纯水的电导率。信号输出为 $0\sim10mV$，可接自动电子电位差计进行连续记录。

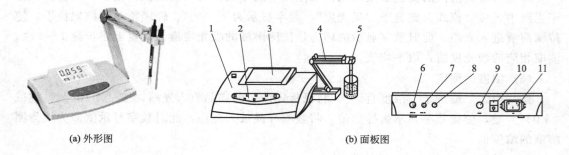

(a) 外形图　　　　　　　　　　　　　　(b) 面板图

图 2-66　DDS-307 型电导率仪外形和面板结构

1—机箱；2—键盘；3—显示屏；4—多功能电极架；5—电极；6—测量电极插座；7—接地插座；
8—温度电极插座；9—保险丝；10—电源开关；11—电源插座

2.15.1　电导率仪的使用

（1）接通电源

打开电源开关，仪器进入测量状态，预热 30min 后，可进行测量。

（2）温度设置

在测量状态下，按"电导率/TDS"键可以切换显示电导率以及 TDS。如果仪器接上温度电极，将温度电极放入溶液中，仪器显示的温度数值为自动测量溶液的温度值，仪器自动进行温度补偿，不必进行温度设置操作。如果需要设置温度，在不接温度电极的情况下，用温度计测出被测溶液的温度，然后按"温度△"或"温度▽"键调节显示值，使温度显示为被测溶液的温度，按"确认"键，即完成温度的设置。

（3）电极常数和常数数值的设置

在电导率测量中，正确选择电导电极常数，对获得较高的测量精度是非常重要的。电导电极常数分为四种类型，它们分别为0.01、0.1、1.0、10，根据测量范围参照表2-4可选择相应常数的电导电极。

表 2-4　电导电极测量范围

电导率范围/$\mu S \cdot cm^{-1}$	推荐使用电极常数/cm^{-1}
0.05～2	0.01,0.1
2～200	0.1,1.0
200～2×10^5	1.0

每类电极具体的电极常数值均粘贴在每支电导电极上，根据电极上所标的电极常数值进行设置。

按"电极常数"键或"常数调节"键，仪器进入电极常数设置状态，按"电极常数▽"或"电极常数△"，电极常数的显示在10、1、0.1、0.01之间转换，如果电导电极标贴的电极常数为"0.1010"，则选择"0.1"并按"确认"键；再按"常数数值▽"或"常数数值△"，使常数数值显示"1.010"，按"确认"键；此时完成电极常数及数值的设置（电极常数为上下两组数值的乘积）。仪器显示如下：

若放弃设置，按"电导率/TDS"键，返回测量状态。

（4）测量

按"电导率/TDS"键，使仪器进入电导率测量状态。如果采用温度传感器，仪器接上电导电极、温度电极，用去离子水清洗电极头部，再用被测溶液清洗，将温度电极、电导电极浸入被测溶液中，在显示屏上读取溶液的电导率值。

如果仪器没有接上温度电极，则用温度计测出被测溶液的温度，按"2. 温度设置"操作步骤进行温度设置；然后，仪器接上电导电极，用去离子水清洗电极头部，再用被测溶液清洗，将电导电极浸入被测溶液中，在显示屏上读取溶液的电导率值。

2.15.2　电导率仪使用注意事项

① 电极使用前必须放入去离子水中浸泡数小时，经常使用的电极应贮存在去离子水中。

② 为保证仪器的测量精度，应定期进行电导电极常数的标定。必要时在使用前，用仪器对电极常数进行标定。

③ 在测量高纯水时应避免污染，正确选择电导电极的常数并最好采用密封、流动的测量方式。

④ 为确保测量精度，电极使用前应用小于$0.5\mu S \cdot cm^{-1}$的去离子水冲洗两次，然后用被测试样冲洗3次后方可测量。

⑤ 电极插头要防止受潮，以免造成不必要的测量误差。

2.16 气体钢瓶及使用规则

实验室使用的很多气体是由气体钢瓶提供的。气体钢瓶内储存的是压缩气体或液化气体。储存不同气体的钢瓶，其外壳的标识是不同的。对此国家有统一的规定。表2-5为我国部分气体钢瓶的标识。

表 2-5 我国部分气体钢瓶的标识

气体类别	瓶身颜色	标字	标字颜色
氮气	黑	氮	黄(棕线)
氨气	黄	氨	黑
氢气	深绿	氢	红(红线)
氧气	天蓝	氧	黑
氯气	黄绿(保护色)	氯	白(白线)
二氧化碳	黑	二氧化碳	黄
二氧化硫	黑	二氧化硫	白(黄线)
空气	黑	压缩空气	白
乙炔	白	乙炔	红
氦气	棕	氦	白
粗氩	黑	粗氩	白(白线)
纯氩	灰	纯氩	绿
石油气	灰	石油气	红

气体钢瓶是由无缝碳素钢或合金钢制成的圆柱形容器，器壁很厚，当气体钢瓶内充满气体时，最大工作压力可达15MPa。因此使用时为了降低压力并保持压力稳定，一定要装置减压器，使气体压力降至试验所需的范围。由于气体钢瓶的内压很大，所以使用时一定要注意安全。

气体钢瓶的使用规则如下。

① 气体钢瓶应存放于阴凉、通风、远离热源及避免强烈振动的地方。放置处要平稳，避免撞击和倒下。不要倒放、卧倒，以防止开阀门时喷出压缩液体。易燃性气体钢瓶与氧气瓶不能在同室内存放与使用。

② 绝对避免油、易燃物和有机物沾在气瓶上（特别是气门嘴和减压器），也不得用棉、麻等物堵漏，以防燃烧。

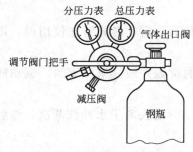

图 2-67 钢瓶气压表的结构

③ 使用钢瓶中的气体时，必须安装减压器和气压表，如图 2-67 所示。可燃性气体钢瓶的气门螺纹是反扣的（如氢气瓶），不燃性或助燃性气体钢瓶的气门螺纹则是正扣的（如氮气等），各种气压的减压器不得混用。

④ 开启气体钢瓶时，先开减压阀，待降压至输出压力在安全范围时，可关上减压阀。慢慢打开钢瓶上端的气体出口阀，至总压力表稳定，读出气瓶的压

力。向顺时针方向旋动调节阀门把手，将输出压力调至要求的工作压力，在分压力表上显示。关气时首先关气体出口阀，再向逆时针方向旋松调节阀门把手至无张力。当残余气体排净后，两个压力表的读数均应为零。整个过程人应站在出气口的侧面，以免气流射伤人体。

⑤ 钢瓶内的气体绝对不能全部用完，剩余残压应不少于0.05MPa，一般可燃性气体应保留0.2～0.3MPa，氢气则应保留更高，以防再次灌气时发生危险。

⑥ 各种钢瓶必须定期进行安全检查，如水压试验、气密性试验和壁厚测定等。

第3章

基础性实验

3.1 无机化合物的制备

3.1.1 无机化合物制备和提纯的原理与方法

无机化合物种类很多，到目前为止已有百万多种，各类化合物的制备方法差异很大，即使同一种化合物也有多种制备方法。本节主要介绍无机化合物制备及提纯的基本原理和方法。

（1）无机化合物制备方法的设计依据

根据物质的性质可以设计多种制备方案，但所设计方案是否可行，必须从热力学和动力学两个方面考虑，前者讨论反应进行的可能性，后者讨论反应进行的现实性。为减少盲目设计方案，做到事半功倍，一般先从热力学方面考虑反应的可能性，再考虑反应的现实性即反应速率问题。例如 $CuSO_4 \cdot 5H_2O$ 的制备，若由铜与稀硫酸直接反应，在热力学上这一反应不可能进行，所以不可能通过改变温度、压力、浓度、选用催化剂等使之实现。

当一个化合物的制备有多种途径可以进行时，需进一步考虑制备工艺路线的条件和安全环保等，例如：由金属铜制备氧化铜，可分为直接法和间接法两种。直接法是将工业铜粉在空气中高温焙烧得到氧化铜。间接法是将铜先氧化成二价铜的化合物，然后再用不同方法进一步处理得到氧化铜。如：

$$Cu \xrightarrow{HNO_3} Cu(NO_3)_2 \begin{cases} \xrightarrow{\text{加热}} CuO+2NO_2+\frac{1}{2}O_2 & \text{（方法一）} \\ \xrightarrow{NaOH} Cu(OH)_2 \xrightarrow{\text{加热}} CuO+H_2O & \text{（方法二）} \\ \xrightarrow{Na_2CO_3} Cu_2(OH)_2CO_3 \xrightarrow{700\sim800℃} 2CuO+CO_2+H_2O & \text{（方法三）} \end{cases}$$

直接法工艺简单，但由于工业铜粉杂质多，直接氧化所得 CuO 的纯度不高。当对产品要求不高时，可用此法。而生产试剂级 CuO 时，一般采用间接法。间接方法一由于产

生 NO_2，污染严重，生产中很少采用。间接方法二由于 $Cu(OH)_2$ 微显两性，当 NaOH 过量时，产品中混入 CuO_2^{2-}，影响产品纯度，又因为 $Cu(OH)_2$ 呈胶状沉淀，难以过滤和洗涤，造成产率低，工业生产中也较少用此法。而间接方法三由于污染少，产品纯度高，因此试剂级 CuO 的制备一般采用碱式碳酸铜热分解的方法制得。

由此可见，设计无机化合物制备方法时，首先应从热力学观点考虑其方法的可行性，但更重要的是应该考虑工艺条件的要求，选择一个产量高、质量好、生产简单、价格低廉、安全无毒、环境污染少的工艺路线。

（2）无机化合物的制备方法

① 水溶液中一般无机化合物的制备　在水溶液中制备化合物时，若产物是沉淀，通过分离沉淀可获得产品；若产物是气体，通过收集气体可获得产品；若产物溶于水，则采用结晶法可获得产品。例如用亚硫酸钠和硫黄粉制备硫代硫酸钠时，硫代硫酸钠溶液浓缩至出现浑浊后，冷却结晶得到产品。

② 由矿石制备无机化合物　由矿石制备无机化合物，首先必须精选矿石，其目的是把矿石中的废渣尽量除去，使有用成分得到富集。精选后的矿石根据它们各自所具有的性质，通过酸溶或碱溶浸取、氧化或还原、灼烧等处理，就可得到所需的化合物。

例如由软锰矿 MnO_2 制备 $KMnO_4$，软锰矿的主要成分为 MnO_2，用 $KClO_3$ 作氧化剂与碱在高温共熔，即可将 MnO_2 氧化成 K_2MnO_4，此时得到绿色熔块。

$$3MnO_2 + KClO_3 + 6KOH \xrightarrow[\text{熔融}]{\text{高温}} 3K_2MnO_4 + KCl + 3H_2O \uparrow$$

用水浸取绿色熔块，因锰酸钾溶于水，并在水溶液中发生歧化反应，生成 $KMnO_4$。

$$3MnO_4^{2-} + 2H_2O \Longrightarrow 2MnO_4^- + MnO_2 + 4OH^-$$

工业生产中常常通入 CO_2 气体，中和反应中所生成的 OH^-，使歧化反应顺利进行。

$$3MnO_4^{2-} + 2CO_2 \Longrightarrow 2MnO_4^- + MnO_2 + 2CO_3^{2-}$$

③ 分子间化合物的制备　分子间化合物是由简单化合物按一定化学计量关系结合而成的化合物。

分子间化合物范围十分广泛，有水合物如胆矾 $CuSO_4 \cdot 5H_2O$；氨合物如 $CaCl_2 \cdot 8NH_3$；复盐如摩尔盐 $(NH_4)_2SO_4 \cdot FeSO_4 \cdot 6H_2O$；配合物如 $[Cu(NH_3)_4]SO_4$、$K_3[Fe(C_2O_4)_3] \cdot 3H_2O$ 等。

例如摩尔盐 $(NH_4)_2SO_4 \cdot FeSO_4 \cdot 6H_2O$ 的制备，先由铁屑与稀 H_2SO_4 反应制得 $FeSO_4$，根据 $FeSO_4$ 的量，加入 $1:1$ 的 $(NH_4)_2SO_4$，二者相互反应，经过蒸发、浓缩、冷却，便得到摩尔盐晶体。其反应方程式为：

$$FeSO_4 + (NH_4)_2SO_4 + 6H_2O \Longrightarrow (NH_4)_2SO_4 \cdot FeSO_4 \cdot 6H_2O$$

④ 非水溶剂制备化合物　对大多数溶质而言，水是最好的溶剂。水价廉、易纯化、无毒、容易进行操作。但有些化合物遇水强烈水解，所以不能从水溶液中制得，需要在非水溶剂中制备。常用的无机非水溶剂有液氨、H_2SO_4、HF 等；有机非水溶剂有冰醋酸、氯仿、CS_2 和苯等。

例如 SnI_4 遇水即水解，在空气中也会缓慢水解，所以不能在水溶液中制备 SnI_4。将一定量的锡和碘用冰醋酸和醋酸酐作溶剂，加热使之反应，然后冷却就可得到橙红色的 SnI_4 晶体。反应方程式为：

$$Sn + 2I_2 \xrightarrow[\text{加热}]{\text{冰醋酸+醋酸酐}} SnI_4（橙红色）$$

（3）无机化合物提纯的一般方法

① 沉淀分离法　当物质中所含有的杂质离子易水解沉淀时，则可通过调节溶液 pH 值，促使杂质沉淀，经分离后达到提纯的目的，亦可通过氧化还原反应改变杂质离子的价态，使杂质离子水解更完全。

对不同溶液、不同杂质，调节 pH 值时应采用不同的方法。例如在 $CuSO_4$ 溶液中，去除杂质 Fe^{3+} 时，可通过控制 pH 值为 3.0～4.0，使 Fe^{3+} 水解成为 $Fe(OH)_3$ 而除去。控制 pH 值条件的理论依据如下：

设用 4.8g CuO 制得 15g $CuSO_4 \cdot 5H_2O$，溶液体积为 60mL，$M_{CuSO_4 \cdot 5H_2O}=250g \cdot mol^{-1}$，则

$$[Cu^{2+}]=(15g/250g \cdot mol^{-1})/0.06L=1.0mol \cdot L^{-1}$$

若要求不产生 $Cu(OH)_2$ 沉淀，则

$$K^{\ominus}_{sp,Cu(OH)_2}=[Cu^{2+}][OH^-]^2=2.2 \times 10^{-20}$$

$$[OH^-]=\sqrt{\frac{2.2 \times 10^{-20}}{[Cu^{2+}]}}=1.48 \times 10^{-10}mol \cdot L^{-1}，pH=4.17$$

若要求 Fe^{3+} 完全水解沉淀，则残余 $[Fe^{3+}]<10^{-5}mol \cdot L^{-1}$。

$$K^{\ominus}_{sp,Fe(OH)_3}=[Fe^{3+}][OH^-]^3=2.79 \times 10^{-39}$$

$$[OH^-]=\sqrt[3]{\frac{K^{\ominus}_{sp,Fe(OH)_3}}{[Fe^{3+}]}}=\sqrt[3]{\frac{2.79 \times 10^{-39}}{10^{-5}}}=6.53 \times 10^{-12}mol \cdot L^{-1}，pH=2.8$$

故在制备 $CuSO_4 \cdot 5H_2O$ 中，除去 Fe^{3+} 时 pH 值控制的范围应为 3.0～4.0。

若杂质离子为 Fe^{2+} 时，则 Fe^{2+} 水解沉淀完全时最低 pH 值的计算为：

$$K^{\ominus}_{sp,Fe(OH)_2}=[Fe^{2+}][OH^-]^2=4.87 \times 10^{-17}$$

$$[OH^-]=\sqrt{\frac{K^{\ominus}_{sp,Fe(OH)_2}}{[Fe^{2+}]}}=\sqrt{\frac{4.87 \times 10^{-17}}{10^{-5}}}=2.21 \times 10^{-6}mol \cdot L^{-1}，pH=8.34$$

即在溶液 pH>8.34 时，$Fe(OH)_2$ 才能沉淀完全，在此 pH 值时，Cu^{2+} 已经沉淀了，所以在提纯 $CuSO_4 \cdot 5H_2O$ 时，必须加入氧化剂（常用氧化剂为 H_2O_2）把 Fe^{2+} 氧化为 Fe^{3+} 后，才能利用调节 pH 值除去铁杂质。

在 $MgSO_4 \cdot 7H_2O$ 提纯除杂中，同样必须加入氧化剂（如 NaClO），使 Fe^{2+}、Mn^{2+} 分别转化为 Fe^{3+}、Mn(IV)，然后调节 pH=5.0～6.0，致使形成 $MnO(OH)_2$、$Fe(OH)_3$、$Al(OH)_3$ 沉淀，然后分离除杂。

② 用化学转移反应提纯物质　化学转移反应是指一种不纯的固体物质，在一定温度下与一种气体反应形成气相产物，该气相产物在不同温度下，又可发生分解，重新得到纯的固体物。例如提纯粗镍时，发生如下反应：

$$Ni(s)+4CO(g) \xrightarrow{50 \sim 80℃} Ni(CO)_4(g)$$

$$Ni(CO)_4(g) \xrightarrow[分解]{180 \sim 200℃} Ni(s)+4CO(g)$$

粗镍与 CO 反应形成 $Ni(CO)_4$ 气态物质，然而在较高温度下又分解出纯镍。

③ 结晶与重结晶　结晶是指易溶物质在溶液中含量超过该物质的溶解度时，晶体从溶液中析出的过程。借助结晶的过程可以让可溶性杂质留在母液中除去。多次结晶称为重结晶，重结晶可达到提纯物质的目的。

在结晶时，为了提高晶体的纯度和结晶的程度，应该充分合理地控制溶液的酸度和浓缩蒸发的程度。

结晶时溶液的 pH 值范围取决于待结晶物质的性质，例如 $CuSO_4$ 溶液在弱酸性条件下，易生成 $Cu_2(OH)_2SO_4$ 沉淀，所以制备 $CuSO_4 \cdot 5H_2O$ 晶体应控制溶液的 pH 值为 1～2；又如 $K_3[Fe(C_2O_4)_3]$ 溶液，pH 值偏高会生成 $Fe(OH)_3$ 沉淀，pH 值过低会使配合物不稳定，所以 $K_3[Fe(C_2O_4)_3]$ 溶液结晶时，最佳 pH 值范围为 3～4。

结晶时，溶液蒸发浓缩的程度与物质的溶解度性质有关。常见的有 3 种情况。

① 在室温时溶解度较大，例如结晶 $MgSO_4 \cdot 7H_2O$ 时一般将溶液蒸发浓缩至稀粥状。

② 在常温下溶解度较小，但随温度升高溶解度明显增加，结晶时一般将溶液蒸发至表面出现晶膜；例如结晶 $CuSO_4 \cdot 5H_2O$ 时一般将溶液蒸发浓缩出现晶膜。

③ 溶解度在常温下较小，随温度变化更为明显，这类物质结晶时只需蒸发浓缩到一定体积，让溶液达到饱和后慢慢结晶。例如结晶 $K_3[Fe(C_2O_4)_3] \cdot 3H_2O$ 时一般将溶液蒸发浓缩至饱和溶液即可。

3.1.2　无机物制备实验

实验一　硫酸亚铁铵的制备（含微型实验）

一、实验目的

1. 学习硫酸亚铁铵的制备方法及性质。
2. 学习无机制备基本操作，了解微型实验方法与操作。
3. 学习目视比色法检验产品中微量杂质的分析方法。

二、实验原理

硫酸亚铁铵 $(NH_4)_2Fe(SO_4)_2 \cdot 6H_2O$ 俗称莫尔盐，为浅蓝绿色单斜晶体，易溶于水，难溶于乙醇。在空气中比亚铁盐稳定，不易被氧化，可作氧化还原滴定法中的基准物。

常用的制备方法是用铁与稀硫酸作用制得 $FeSO_4$，再用 $FeSO_4$ 与 $(NH_4)_2SO_4$ 在水溶液中等物质的量相互作用，由于复盐的溶解度比单盐要小（见表 3-1），因此经冷却后复盐在水溶液中首先结晶，形成 $(NH_4)_2Fe(SO_4)_2 \cdot 6H_2O$ 复盐。其反应为：

$$Fe + H_2SO_4 = FeSO_4 + H_2 \uparrow$$
$$FeSO_4 + (NH_4)_2SO_4 + 6H_2O = FeSO_4 \cdot (NH_4)_2SO_4 \cdot 6H_2O$$

表 3-1　不同温度下 3 种盐的溶解度（$g \cdot 100g^{-1}$ 水）

物质	10℃	20℃	30℃	50℃	70℃
$(NH_4)_2SO_4$	73.0	75.4	73.0	84.5	91.9
$FeSO_4 \cdot 7H_2O$	20.5	26.6	33.2	48.6	56.0
$FeSO_4 \cdot (NH_4)_2SO_4 \cdot 6H_2O$	18.1	21.2	24.5	31.3	38.5

硫酸亚铁铵产品中的主要杂质是 Fe^{3+}，Fe^{3+} 能与 KSCN 反应生成血红色的 $[Fe(SCN)_n]^{3-n}$，在一定的 KSCN 中，红色的深浅与 Fe^{3+} 的量有关，因此可用目视比色法对比产品配制液和标准溶液的颜色深浅，以估计 Fe^{3+} 的含量，由此确定产品的等级。

三、试剂与器材

试剂：铁屑、$(NH_4)_2SO_4$（s）、Na_2CO_3（10%）、H_2SO_4（3mol·L^{-1}）、KSCN（1mol·L^{-1}）、Fe^{3+}离子标准溶液（0.100mg·mL^{-1}）。

器材：锥形瓶（150mL）、量筒（50mL）、烧杯（150mL）、吸滤瓶、布氏漏斗、蒸发皿、比色管（25mL）、锥形瓶（15mL）、烧杯（15mL）、吸滤瓶（口径19mm、容积20mL）、布氏漏斗（20mm、19mm）、洗耳球、蒸发皿（10mL）。

四、实验方法

1. 碎铁片的准备

称取2.0g铁屑，放入150mL锥形瓶中，加入20mL 10% Na_2CO_3，加热煮沸5min以除去油污。倾去碱液，用去离子水洗至铁屑为中性。

2. $FeSO_4$溶液的制备

在上述锥形瓶内，加入15mL 3mol·L^{-1} H_2SO_4。用水浴加热约30min，加热过程中要适当补充水分，防止结晶析出，加热至无气泡发生时趁热过滤，用少量去离子水洗涤，滤液转移至蒸发皿中。

3. 硫酸亚铁铵的制备

在上述$FeSO_4$溶液中加入4g $(NH_4)_2SO_4$固体，用小火加热至溶解，继续加热蒸发浓缩至表面出现晶膜为止，自然冷却至室温时$FeSO_4·(NH_4)_2SO_4·6H_2O$结晶，抽滤，称量，计算产率。

4. 产品检验——Fe^{3+}的限量分析

称取1g产品，用15mL不含氧的去离子水（将去离子水用小火煮沸5min，以除去所溶解的氧，盖好表面皿，冷却后即可取用）溶解，移入25mL比色管中，加入1.0mL 3mol·L^{-1} H_2SO_4和1.0mL 1mol·L^{-1} KSCN，再加不含氧的去离子水至刻度，摇匀。用目测法与Fe^{3+}的标准溶液进行比较，确定产品中Fe^{3+}含量所对应的级别。

Fe^{3+}标准溶液的配制：依次量取每毫升Fe^{3+}含量为0.100mg的溶液0.50mL、1.00mL、2.00mL，分别置于3个25mL比色管中，并各加入1.0mL 3mol·L^{-1} H_2SO_4和1.0mL 1mol·L^{-1} KSCN，最后用不含氧的去离子水稀释至刻度，摇匀，配成表3-2所示的不同等级的标准溶液。

表 3-2 不同等级 $FeSO_4·(NH_4)_2SO_4·6H_2O$ 中 Fe^{3+} 含量

规格	Ⅰ级	Ⅱ级	Ⅲ级
Fe^{3+}含量/mg	0.05	0.10	0.20

5. 微型实验

称取铁屑0.5g于15mL微型锥形瓶中；加入5mL 10% Na_2CO_3，加热除油污，然后用去离子水洗净，加入4mL 3mol·L^{-1} H_2SO_4，在水浴中加热5min，使反应完全，用微型布氏漏斗、洗耳球抽滤，用几滴去离子水洗涤，滤液转移至微型蒸发皿中，加入1g化学纯$(NH_4)_2SO_4$，加热溶解并蒸发至出现晶膜，冷却结晶，抽滤，称量，计算产率。

五、实验结果

产品外观：_____。

实际产量：_____ g。

理论产量：_____ g。

实际产率：_____%。

产品等级：_____%。

六、实验注意事项

1. 铁粉加酸溶解时，应用水浴加热，水浴温度不超过 80℃，以防止温度过高造成酸液飞溅或气泡外溢。注意及时补充水分，保持约 20mL 溶液，以防止 $FeSO_4$ 析出。

2. 不纯的铁粉加酸溶解时会产生有害气体（如 H_2S 等），一定要在通风橱中进行实验。

3. 在制备过程中，要保持溶液为强酸性，否则 Fe^{2+} 易氧化水解。若溶液出现黄色，应加 H_2SO_4 和铁钉，抑制 Fe^{3+} 出现。

4. 蒸发过程中要用小火加热，并不断搅拌，注意防止爆溅。

5. 晶膜出现停止加热后，不要再搅拌，自然结晶，能形成颗粒较大的晶体，搅拌过多则会形成粉末状固体。

6. 实验中戴上防护眼镜和手套，以防实验中溶液溅出。

七、思考题

1. 在制备 $FeSO_4$ 时，为什么溶液需调节至强酸性并用水浴加热？

2. 在配制硫酸亚铁铵溶液时，为什么要用不含氧的去离子水？

3. 冷却结晶的快慢对产品质量有何影响？

4. 试比较微型实验与常规实验的利弊？

实验二　从氯碱工业废渣盐泥中制取七水硫酸镁

一、实验目的

1. 通过 $MgSO_4 \cdot 7H_2O$ 的制取，了解对工业废渣的综合利用。

2. 应用氧化还原、水解反应等化学原理与溶解度曲线，掌握控制溶液 pH 值及温度等条件去除杂质的方法。

3. 巩固过滤、蒸发、浓缩、结晶等基本操作。

二、实验原理

七水硫酸镁（$MgSO_4 \cdot 7H_2O$）在印染、造纸和医药等工业上都有广泛的应用。本实验利用上海氯碱化工股份有限公司电化厂生产烧碱过程中的废渣——盐泥制取七水硫酸镁。

盐泥是电解法制烧碱时由粗盐制取精制食盐水过程中除泥沙、Ca^{2+}、Mg^{2+}、SO_4^{2-} 和其他杂质离子的废渣。因此其主要成分为泥沙、$Mg(OH)_2$、$BaSO_4$、$CaCO_3$ 和其他杂质离子（Fe^{3+}、Al^{3+}、Mn^{2+} 等）。其中含 $Mg(OH)_2$ 为 5%～15%。

从盐泥制取七水硫酸镁需经过以下几步。

1. 酸解

加硫酸于盐泥中，镁、钙、铁、铝等的化合物均生成可溶性硫酸盐。主要反应为：

$$Mg(OH)_2 + H_2SO_4 \Longrightarrow MgSO_4 + 2H_2O$$
$$CaCO_3 + H_2SO_4 \Longrightarrow CaSO_4 + CO_2 \uparrow + H_2O$$

为使盐泥酸解完全，加入硫酸的量应控制在反应后料浆的 pH 值为 1～2。

2. 氧化和水解

为了除去 Fe^{3+}、Fe^{2+}、Mn^{2+}、Al^{3+} 等杂质离子，可加入少量次氯酸钠于料浆中，既调节溶液的 pH 值为 5～6，又作为氧化剂将 Mn^{2+}、Fe^{2+} 氧化，促使水解完全。在这过程中发生下列反应：

$$Mn^{2+} + ClO^- + H_2O \Longrightarrow MnO_2 \downarrow + 2H^+ + Cl^-$$
$$2Fe^{2+} + ClO^- + 5H_2O \Longrightarrow 2Fe(OH)_3 \downarrow + 4H^+ + Cl^-$$
$$Fe^{3+} + 3H_2O \Longrightarrow Fe(OH)_3 \downarrow + 3H^+$$
$$Al^{3+} + 3H_2O \Longrightarrow Al(OH)_3 \downarrow + 3H^+$$

3. 除钙

由于 $CaSO_4$ 微溶于水，因此除钙是利用温度升高时 $CaSO_4$ 溶解度减小的特点，溶液适当浓缩后，趁热过滤，除去 $CaSO_4$。

4. 除 Na^+、Cl^- 等离子

除去上述各种离子后，Na^+、Cl^- 等可溶性杂质离子的去除可将 Mg^{2+} 沉淀为 $Mg(OH)_2$，其他离子留在溶液中通过过滤除去。

5. $MgSO_4$ 的结晶

除去杂质离子后，$Mg(OH)_2$ 沉淀加酸溶解，再经浓缩、结晶，得到 $MgSO_4 \cdot 7H_2O$。

三、试剂与器材

试剂：H_2SO_4（1mol·L^{-1}、3mol·L^{-1}、6mol·L^{-1}）、NaClO（工业用，含 12%～15% 有效氯）、H_2O_2（3%）、盐泥。

器材：电子天平（0.1g）、研钵、布氏漏斗、吸滤瓶、烧杯、量筒等。

四、实验方法

称取 40g 研细的盐泥，放入 400mL 烧杯中，将 15～17mL 6mol·L^{-1} H_2SO_4 慢慢滴加于盐泥中搅成料浆，待大部分气体放出后，加水 100mL，加热煮沸 15min，并不断搅拌至基本无气泡。趁热抽滤，用少量水淋洗沉淀，滤渣弃去。

滤液中加入 NaClO 溶液 1～2mL，调节料浆的 pH 值为 5～6，加热煮沸，促使水解完全。当滤液被煮至 60～70mL 时，趁热抽滤，用少量水淋洗沉淀。滤渣弃去。滤液中检查 Fe^{3+} 是否除尽。

滤液中加入 6mol·L^{-1} NaOH 6～7mL 至沉淀完全，煮沸 5～10min，抽滤，用少量水淋洗。滤液弃去。沉淀 $Mg(OH)_2$ 中加水 50mL，加 3mol·L^{-1} H_2SO_4 4～6mL 调节至沉淀溶解，呈弱酸性。溶液移入蒸发皿中，蒸发浓缩至稀粥状的黏稠液（注意，加热时火力不能太大，以免沸腾过于激烈而使溶液溅出），将溶液冷却结晶。待完全冷却后，进行抽滤。抽干后，称出产品质量。

五、实验结果

产品外观：_____。

产量：_____ g。

理论产量：_____ g〔按盐泥中含 $Mg(OH)_2$ 10%计〕。

实际产率：_____ %。

六、实验注意事项

1. 酸解时应先加酸后加热，加酸时，会产生大量 CO_2，反应激烈时会发生料液沸腾及大量溢出，因此应分批沿烧杯壁滴加硫酸，并不断搅拌，滴加速度控制在 CO_2 气泡不外溢为限。加热时应用小火，并不断搅拌，以防反应激烈，使料浆外溢或爆溅。注意戴上防护眼镜和手套，在通风橱中进行实验。

2. 在氧化水解时，调节 pH 值后，加热煮沸一定要不断搅拌，并要注意防止爆溅，注意安全。控制体积在 60～70mL，体积太大，硫酸钙未饱和除不净；体积太小，$MgSO_4$ 会析出。

3. 氧化水解后，应得到无色透明溶液，若为棕黄色溶液，可能由于形成 $MnO_2 \cdot H_2O$ 胶体，穿透滤纸进入滤液中。此时可在溶液中加一些碎滤纸进行吸附，再加热一定时间后抽滤除去。

4. 除 Na^+、Cl^- 等时，加 NaOH 至沉淀完全，加热一定时间使沉淀颗粒长大后再抽滤，抽滤时使用两张滤纸。

5. 硫酸镁蒸发浓缩至稀粥状稠液时，容易飞溅。为防止飞溅，当溶液中有少量晶体析出时就应小火加热，并不断搅拌。如遇飞溅，应立即移开燃气灯。

6. 为提高产量，必须充分冷却后才能进行抽滤，若溶液过于黏稠不能结晶，可适当加乙醇。

七、思考题

1. 用硫酸酸解盐泥时，pH 值应控制在 1 左右，但酸解后为什么又要调节 pH 值为 5～6？

2. 除去杂质 Mn^{2+} 与 Fe^{2+} 时，为什么要氧化？如果只控制溶液的 pH 值使其水解成 $Mn(OH)_2$、$Fe(OH)_2$ 沉淀是否可以，为什么？

3. 本实验中为什么选用 NaClO 为氧化剂？能否用 $KMnO_4$、H_2O_2 氧化，为什么？

4. 在本实验中，几次加热抽滤的目的是什么？

5. 蒸发浓缩 $MgSO_4$ 溶液时，要蒸发浓缩至稀粥状的黏稠液才能停止加热，为什么？

实验三 硫代硫酸钠的制备

一、实验目的

1. 熟悉硫代硫酸钠的制备原理和方法。

2. 巩固蒸发、浓缩、结晶等基本操作。

二、实验原理

硫代硫酸钠，俗称"海波"，又名"大苏打"，是无色透明的单斜晶体。易溶于水，不溶于乙醇，具有较强的还原性和配位能力，可用于照相行业的定影剂，棉织物漂白后的脱氯剂，造纸业的脱氧剂，定量分析中的还原剂。

硫代硫酸钠的制备方法有多种，其中亚硫酸钠法是工业和实验室中的主要方法。

$$Na_2SO_3 + S + 5H_2O \Longrightarrow Na_2S_2O_3 \cdot 5H_2O$$

反应液经过滤、浓缩结晶、抽滤、干燥即得产品。

三、试剂与器材

试剂：$Na_2SO_3(s)$、硫黄粉、乙醇、HCl（$6mol \cdot L^{-1}$）。

器材：烧杯、蒸发皿、吸滤瓶、布氏漏斗等。

四、实验方法

1. 硫代硫酸钠的制备

称取 1.5g 硫黄粉，加 1～2mL 乙醇充分搅拌均匀，另称取 5.0g Na_2SO_3，加 50mL H_2O 溶解，边搅拌边加入到硫黄粉中，小火加热近沸，反应约 45min，保持溶液不少于 20mL，至硫黄粉几乎完全反应，趁热抽滤，滤液若有色，则用活性炭脱色，滤液置于蒸发皿中蒸发浓缩至溶液变浑浊，冷却，结晶，抽滤，用少量乙醇洗涤，抽干晶体，称量，计算产率。

2. 硫代硫酸钠的检验

取少量硫代硫酸钠晶体于一小试管加 $6mol \cdot L^{-1}$ HCl，观察溶液变化。

五、实验结果

产品外观：_____。

实际产量：_____ g。

理论产量：_____ g。

实际产率：_____ %。

六、实验注意事项

1. 反应过程中，应不时地将烧杯壁上的硫黄粉搅入反应液中。

2. 浓缩结晶时，切忌蒸得太干，以免产物因缺水而固化，得不到 $Na_2S_2O_3 \cdot 5H_2O$ 晶体。蒸发浓缩时，速度太快，产品易于结块；速度太慢，产品不易形成结晶。蒸发浓缩程度的判断以滤液蒸发至连续不断地产生大量小气泡，且呈现黏稠为宜。

3. 在过饱和溶液中，若放置一段时间仍没有晶体析出，可采用摩擦器壁或加一粒硫代硫酸钠晶体引发结晶。

七、思考题

1. 实验中，为什么硫黄粉稍稍过量？

2. 硫代硫酸钠晶体为什么用乙醇来洗涤？

3. 要想提高产品产率，实验中应注意哪些问题？

实验四 微波辐射制备磷酸锌

一、实验目的

1. 了解磷酸锌的微波制备原理和方法。
2. 进一步掌握无机制备的基本操作。

二、实验原理

微波是一种高频电磁波，波长范围在 $0.1 \sim 10 nm$，微波具有很强的穿透作用，加热均匀，热效率高，加热速度快。微波应用于化学反应愈来愈受到人们的关注，一般认为微波对极性物质的热效应很明显，极性分子（如水）接受微波辐射能量后，通过分子偶极高速旋转产生内热效应，促使化学反应高效快速地进行，提高反应效率，缩短反应时间。

磷酸锌 $Zn_3(PO_4)_2 \cdot 2H_2O$ 是一种白色的新一代无毒、环保、分散性好的防锈颜料，它能有效地替代含有重金属铅、铬的传统防锈颜料，目前广泛应用于防锈、涂料、微孔材料等领域，随着现代科技的发展，其应用领域亦在不断扩大。

磷酸锌的制备通常是用硫酸锌、磷酸和尿素在水浴加热下反应，反应过程中尿素分解放出氨气并生成铵盐，通常反应需 4h 才完成。本实验采用在微波加热条件下进行反应，反应时间缩短为 10min，反应式为：

$$3ZnSO_4 + 2H_3PO_4 + 3(NH_2)_2CO + 7H_2O \xlongequal{\quad\quad} Zn_3(PO_4)_2 \cdot 4H_2O + 3(NH_4)_2SO_4 + 3CO_2 \uparrow$$

所得的四水合晶体在 110℃ 烘箱中脱水即得二水合晶体。磷酸锌溶于无机酸、氨水、铵盐溶液，不溶于水、乙醇。

三、试剂与器材

试剂：$ZnSO_4 \cdot 7H_2O$、尿素、H_3PO_4、无水乙醇。

器材：微波炉、电子天平（0.1g）、吸滤瓶、布氏漏斗、烧杯、表面皿、量筒。

四、实验方法

称取 2.0g $ZnSO_4 \cdot 7H_2O$ 于 100mL 烧杯中，加 1.0g 尿素和 1.0mL H_3PO_4，再加入 20mL 水搅拌溶解，把烧杯置于 250mL 烧杯的水浴中，盖上表面皿，放进微波炉里，以大火挡（约 650W）辐射 $8 \sim 10$ mim，烧杯里隆起白色沫状物后，停止辐射加热，取出烧杯，用去离子水浸取、洗涤数次，抽滤。晶体用水洗涤至滤液无 SO_4^{2-}。产品在 110℃ 烘箱中脱水得到 $Zn_3(PO_4)_2 \cdot 2H_2O$，称重，计算产率。

五、实验结果

产品外观：_____。

实际产量：_____ g。

理论产量：_____ g。

实际产率_____％。

六、实验注意事项

1. 制备时，作为水浴的 250mL 烧杯中的水不要多加，防止沸腾后倒灌入反应的烧杯中。

2. 在制备反应完成时，溶液的 pH＝5～6 左右，加尿素的目的是调节反应体系的酸碱性。晶体最好洗涤至近中性时再抽滤，否则最后会得到一些副产物杂质。

3. 微波对人体有危害，在使用时微波炉内不能使用金属，以免产生火花。炉门一定要关紧后才可以加热，以免微波泄漏而伤人。

4. 微波辐射时间主要由反应决定，一般看见烧杯中有白色沫状物隆起即可停止辐射。

七、思考题

1. 简述制备磷酸锌的其他方法。

2. 如何对产品进行检验？请拟出实验方案。

3. 为什么微波加热能显著缩短反应时间？使用微波炉要注意哪些事项？

实验五　四碘化锡的制备（含微型实验）

一、实验目的

1. 学习在非水溶剂中制备无水四碘化锡的原理和方法。

2. 学习加热、回流等基本操作。

3. 了解四碘化锡的化学性质。

二、实验原理

无水四碘化锡是橙红色的立方晶体，为共价型化合物，熔点 416.5K，沸点 621K。受潮易水解。在空气中也会慢慢水解。易溶于二硫化碳、三氯甲烷、四氯化碳、苯等有机溶剂中，在冰醋酸中溶解度较小。

根据四碘化锡溶解度的特性，它的制备一般在非水溶剂中进行。目前较多选择四氯化碳或冰醋酸为制备溶剂。

本实验以冰醋酸为溶剂，用金属锡和碘在非水溶剂冰醋酸和醋酸酐体系中直接制备：

$$Sn + 2I_2 =\!=\!= SnI_4$$

三、试剂与器材

试剂：$I_2(s)$、锡箔、冰醋酸、醋酸酐、氯仿、KI（饱和）、丙酮。

器材：电子天平（0.1g）、圆底烧瓶（100～150mL）、量筒、球形冷凝管、吸滤瓶、布氏漏斗、干燥管等。

四、实验方法

1. 四碘化锡的制备

在 $100\sim150mL$ 干燥的圆底烧瓶中，加入 1.50g 碎锡箔和 4.00g I_2，再加入 30mL 冰醋酸和 30mL 醋酸酐。按图 3-1 所示装好球形冷凝管，用水冷却。用水浴加热至沸，约 $1\sim1.5h$，直至紫红色的碘蒸气消失，溶液颜色由紫红色变为橙红色，停止加热。冷至室温即有橙红色的四碘化锡晶体析出，减压抽滤。将所得晶体转移到圆底烧瓶中加入 30mL 氯仿，水浴加热回流溶解后，趁热抽滤，将滤液倒入蒸发皿中，置于通风橱内，待氯仿全部挥发后，可得 SnI_4 橙红色晶体，称量，计算产率。

2. 产品检验

（1）确定碘化锡最简式

称出滤纸上剩余 Sn 箔的质量（准确至 0.01g），根据 I_2 与 Sn 的消耗量，计算其比值，得出碘化锡的最简式。

（2）性质实验

① 取自制的 SnI_4 少量溶于 5mL 丙酮中，分成两份，一份加几滴水，另一份加同样量的饱和 KI 溶液，解释所观察到的实验现象。

② 用实验证实 SnI_4 易水解的特性。

3. 微型实验

试剂：I_2(s) 0.4000g、锡箔 0.2000g、冰醋酸 5mL、醋酸酐 5mL、氯仿 10mL。

器材：圆底烧瓶（20mL）、球形冷凝管（长度 100mm，直径 10mm）、干燥管、分析天平、微型吸滤瓶、微型布氏漏斗、洗耳球（代替真空泵）。

操作条件与常规实验相同。性质实验在点滴板上进行。

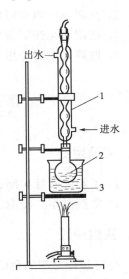

图 3-1　制备四碘化锡装置
1—冷凝管；2—圆底
烧瓶；3—烧杯

出水

1

进水

2

3

五、实验结果

产品色泽：_____，晶形：_____。

实际产量：_____g，理论产量：_____g。

实际产率：_____%。

最简式：_____。

六、实验注意事项

1. 由于 SnI_4 遇水要强烈水解，所以所用仪器必须干燥，不得有水。操作时要防止空气进入，以免 SnI_4 受潮水解。

2. SnI_4 制备中，由于过量 Sn 易回收，所以一般 Sn 过量。Sn 箔表面应光亮无斑，尽可能剪成碎片。

3. 回流装置搭置时应依据燃气灯高度确定圆底烧瓶高度，再固定球形冷凝管。冷却水下口进，上口出。

4. 控制回流程度，一般碘蒸气不超过回流柱的 1/3 高度。

5. 氯仿对人体肝脏有较大损伤，所以涉及重结晶抽滤及氯仿挥发必须在通风橱内进行。

七、思考题

1. 在制备四碘化锡的操作过程中应注意哪些问题？
2. 在四碘化锡制备中，以何种原料过量为好，为什么？
3. 四碘化铅能否用类似方法制得，为什么？

实验六　由软锰矿制备高锰酸钾

一、实验目的

1. 了解由软锰矿制备高锰酸钾的原理和方法。
2. 掌握碱熔、浸取、过滤、蒸发、结晶等基本操作。

二、实验原理

高锰酸钾是深紫色的针状晶体，是最重要也是最常用的氧化剂之一。本实验以软锰矿（主要成分为 MnO_2）为原料制备高锰酸钾，将软锰矿与碱和氧化剂（$KClO_3$）混合后共熔，可得到绿色的 K_2MnO_4。

$$3MnO_2 + 6KOH + KClO_3 \xrightarrow{熔融} 3K_2MnO_4 + KCl + 3H_2O$$

然后电解 K_2MnO_4 溶液制备 $KMnO_4$。

$$2K_2MnO_4 + 2H_2O \xrightarrow{电解} 2KMnO_4 + 2KOH + H_2 \uparrow$$

电极反应为：

阳极：$2MnO_4^{2-} \longrightarrow 2MnO_4^- + 2e^-$

阴极：$2H_2O + 2e^- \longrightarrow H_2 \uparrow + 2OH^-$

三、试剂与器材

试剂：MnO_2（s，工业用）、$KOH(s)$、$KClO_3(s)$。

器材：整流器、安培计、泥三角、铁坩埚、坩埚钳、铁搅拌棒、粗铁丝、导线、镍片、玻璃砂芯漏斗、吸滤瓶、尼龙布、电子天平（0.1g）。

四、实验方法

1. 熔融氧化

称取 15g KOH 固体和 8g $KClO_3$ 固体，倒入 60mL 铁坩埚内，混合均匀，小火加热，并用铁棒搅拌。待混合物熔融后，一边搅拌，一边分批加入 10g MnO_2 粉末。随着反应的进行，熔融物的黏度逐渐增大，此时应用力搅拌，待反应物干涸后，再强热 5～10min。

2. 浸取

待熔体冷却后，从坩埚内取出，放入 250mL 烧杯中，用 80mL 去离子水分批浸取，并不断搅拌，加热以促进其溶解。趁热抽滤（用玻璃砂芯漏斗）浸取液，即可得到墨绿色

的 K_2MnO_4 溶液。

3. 电解

将 K_2MnO_4 溶液倒入 150mL 烧杯中，加热至 60℃，按图 3-2 所示装上电极，阳极是光滑的镍片，卷成圆筒状，浸入溶液的面积为为 $32cm^2$；阴极为粗铁丝（直径约 2mm），浸入溶液的面积为阳极的 1/10。电极间的距离为 $0.5\sim1.0cm$。接通直流电源，控制阳极的电流密度为 $30mA\cdot cm^{-2}$，阴极的电流密度为 $300mA\cdot cm^{-2}$，槽电压为 2.5V。这时可观察到阴极上有气体放出，高锰酸钾则在阳极析出沉于烧杯底部，电解 1h 后，溶液由墨绿色完全转变为紫红色，即可认为电解完毕。停止通电，取出电极。在冷水中冷却电解液，使结晶完全，抽滤，将晶体抽干，称量，计算产率。

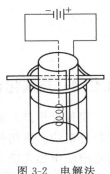

图 3-2　电解法
制 $KMnO_4$

4. 高锰酸钾的重结晶

按 $KMnO_4$：H_2O 为 1：3 的质量比，将制得的粗 $KMnO_4$ 晶体，溶于去离子水中，并小火加热促使其溶解，趁热抽滤，滤液冷却、结晶，抽滤，称量，计算产率。

五、实验结果

产品色泽：_____，晶形：_____。

实际产量：_____g，理论产量：_____g。

实际产率：_____%。

六、实验注意事项

1. MnO_2 应分批加入，并不断搅拌。当心物料外溢。如外溢应马上移开火焰。物料快干涸时，应不断搅拌，使之成颗粒状，以不粘坩埚壁为宜。

2. 熔块浸取时，如坩埚内粘有较多固体不易溶解时，可把粘有熔块的坩埚一起放在浸取液的烧杯中一起加热，并不断进行搅拌，加速熔块溶解。

3. 检验电解是否完毕可以用玻璃棒沾取一些电解液滴在滤纸上，如果滤纸条上只显紫红色而无绿色痕迹，即可认为电解完毕。

4. 重结晶时必须用小火进行蒸发浓缩。当滤液蒸发至表面出现微小晶体时，即可停止加热，自然冷却。如蒸发浓缩时火太大，会使部分 $KMnO_4$ 受热分解，产生棕色 MnO_2 和绿色 K_2MnO_4，影响产品质量。

5. $KMnO_4$ 和 MnO_2 抽滤分离后，留在玻璃砂芯漏斗内的 MnO_2 可用 $H_2C_2O_4$ 洗涤除去。

七、思考题

1. KOH 熔解软锰矿时，应注意哪些安全问题？

2. 为什么碱熔融时不用瓷坩埚和玻璃棒搅拌？

3. 过滤 $KMnO_4$ 溶液为什么不能用滤纸？

4. 重结晶时，$KMnO_4$：H_2O 为 1：3 的质量比是如何确定的？

5. 由软锰矿制取高锰酸钾，除本实验的方法外，还可用哪些方法？

3.2 元素化学与应用

3.2.1 元素化合物的性质及离子的分离、鉴定原理和方法

定性分析是鉴定物质由哪些组分（元素、离子及化合物）组成，它分为化学分析法和仪器分析法。应用化学分析法进行物质组成的鉴定时，通常是先将分析样品制成溶液，然后在溶液中加入适当的试剂使之与被鉴定组分发生反应，根据反应过程中观察到的现象判断某组分在溶液中是否存在。由于溶液中鉴定出的是离子，而被分析的样品一般都是混合体系，共存的离子常会干扰和影响某离子的鉴定，因此需对干扰离子进行分离或掩蔽。由此可见，在溶液中进行的定性分析，就是讨论有关离子的分离和鉴定。

学习离子的分离和鉴定，需要大量的有关元素及化合物性质的知识，同时还需综合运用化学平衡的基本原理，因此，学习这部分内容可以帮助学生系统地总结元素及化合物的性质，尤其是溶液中离子的重要性质，进一步巩固和应用溶液平衡的基础知识，培养学生解决问题的能力，使理论学习具有实际用途和意义。同时，通过实验能全面训练学生对复杂组分进行分离和鉴定的技能。

（1）元素及化合物的性质在离子分离和鉴定中的应用

通过化学方法分离和鉴定离子，其主要依据是离子间化学性质的异同及某些特征的性质。因此，熟悉和掌握离子的性质十分重要。在水溶液中，离子常见的化学性质包括沉淀溶解性、氧化还原性、配合性及酸碱性等。

① 沉淀溶解性在离子分离和鉴定中的应用　主要表现在两方面，一是利用物质溶解度的差异，通过沉淀反应分离离子，即沉淀分离法，这是离子分离中最常用的方法；二是根据沉淀反应出现的特征颜色，对离子进行鉴定。

a. 离子的分离　沉淀分离法是通过在混合物中加入沉淀剂使部分离子生成沉淀而与不生成沉淀的其他离子分离的方法，常用的沉淀剂有 HCl、H_2SO_4、$NaOH$、$NH_3 \cdot H_2O$、H_2S、$(NH_4)_2S$ 和 $(NH_4)_2CO_3$ 等。

（a）以 HCl 作沉淀剂

$$\left. \begin{array}{l} Ag^+ \\ Hg_2^{2+} \\ Pb^{2+} \end{array} \right\} \xrightarrow{+Cl^-} \begin{array}{l} AgCl \downarrow （白色）\\ Hg_2Cl_2 \downarrow （白色）\\ PbCl_2 \downarrow （白色） \end{array}$$

（b）以 H_2SO_4 作沉淀剂

$$\left. \begin{array}{l} Ag^+ \\ Hg_2^{2+} \\ Pb^{2+} \\ Ca^{2+} \\ Sr^{2+} \\ Ba^{2+} \end{array} \right\} \xrightarrow{+SO_4^{2-}} \begin{array}{l} Ag_2SO_4 \downarrow （白色）\\ Hg_2SO_4 \downarrow （白色）\\ PbSO_4 \downarrow （白色）\\ CaSO_4 \downarrow （白色）\\ SrSO_4 \downarrow （白色）\\ BaSO_4 \downarrow （白色） \end{array}$$

（c）以 $NaOH$ 作沉淀剂

Cr^{3+} → $Cr(OH)_3 \downarrow$（灰绿色） → CrO_2^-（绿色）

Zn^{2+} → $Zn(OH)_2 \downarrow$（白色） → ZnO_2^{2-}（无色）

Al^{3+} → $Al(OH)_3 \downarrow$（白色） → AlO_2^-（无色）

Sn^{2+} —适量 NaOH→ $Sn(OH)_2 \downarrow$（白色） —过量 NaOH→ SnO_2^{2-}（无色）

$Sn(Ⅳ)$ → $Sn(OH)_4 \downarrow$（白色） → SnO_3^{2-}（无色）

Pb^{2+} → $Pb(OH)_2 \downarrow$（白色） → PbO_2^{2-}（无色）

Sb^{3+} → $Sb(OH)_3 \downarrow$（白色） → SbO_3^{3-}（无色）

Ag^+ → $Ag_2O \downarrow$（深棕色）

Hg_2^{2+} → $Hg_2O \downarrow$（黑色）

Hg^{2+} → $HgO \downarrow$（红色或黑色）

Co^{2+} → 碱式盐$\downarrow$（蓝色）→$Co(OH)_2 \downarrow$（粉红色）

Ni^{2+} → $Ni(OH)_2 \downarrow$（苹果绿色）

Cd^{2+} → $Cd(OH)_2 \downarrow$（白色）

Bi^{3+} —适量 NaOH→ $Bi(OH)_3 \downarrow$（白色）

Mg^{2+} → $Mg(OH)_2 \downarrow$（白色）

Ca^{2+} → $Ca(OH)_2 \downarrow$（白色）

Mn^{2+} → $Mn(OH)_2 \downarrow$（肉色） —空气中 O_2→ $MnO(OH)_2 \downarrow$（棕色）

Fe^{2+} → $Fe(OH)_2 \downarrow$（白色） → $Fe(OH)_3 \downarrow$（红色）

Fe^{3+} → $Fe(OH)_3 \downarrow$（红棕色） —浓 NaOH→ FeO_2^-（棕红色）

Cu^{2+} → $Cu(OH)_2 \downarrow$（浅蓝色） → CuO_2^{2-}（蓝色）

（d）以 $NH_3 \cdot H_2O$ 作沉淀剂

Co^{2+} → 碱式盐$\downarrow$（蓝色） —过量 $NH_3 \cdot H_2O$→ $[Co(NH_3)_6]^{2+}$（土黄色）

Ni^{2+} → 碱式盐$\downarrow$（浅蓝色） → $[Ni(NH_3)_6]^{2+}$（蓝色）

Ag^+ → $Ag_2O \downarrow$（深棕色） → $[Ag(NH_3)_2]^+$（无色）

Cu^{2+} → 碱式盐$\downarrow$（蓝绿色） → $[Cu(NH_3)_4]^{2+}$（深蓝色）

Zn^{2+} → $Zn(OH)_2 \downarrow$（白色） → $[Zn(NH_3)_4]^{2+}$（无色）

Cd^{2+} → $Cd(OH)_2 \downarrow$（白色） → $[Cd(NH_3)_4]^{2+}$（无色）

Mn^{2+} → $Mn(OH)_2 \downarrow$（肉色） —空气中 O_2→ $MnO(OH)_2 \downarrow$（红棕色）

Fe^{2+} → $Fe(OH)_2 \downarrow$（白色） → $Fe(OH)_3 \downarrow$（红棕色）

Fe^{3+} —适量 $NH_3 \cdot H_2O$→ $Fe(OH)_3 \downarrow$（红棕色）

Cr^{3+} → $Cr(OH)_3 \downarrow$（灰绿色）

Mg^{2+} → $Mg(OH)_2 \downarrow$（白色）

Al^{3+} → $Al(OH)_3 \downarrow$（白色）

Sn^{2+} → $Sn(OH)_2 \downarrow$（白色）

$Sn(Ⅳ)$ → $H_4SnO_4 \downarrow$（白色）

Pb^{2+} → $Pb(OH)_2 \downarrow$（白色）

Sb^{3+} → $HSbO_2 \downarrow$（白色）

Bi^{3+} → $Bi(OH)_3 \downarrow$（白色）

Hg_2^{2+} → $[Hg(NH_2)Cl+Hg] \downarrow$（灰黑色）

Hg^{2+} → $HgNH_2Cl_2 \downarrow$（白色）

—空气中 O_2→ $[Co(NH_3)_6]^{3+}$（浅棕色）

（e）以 H_2S 和（NH_4）$_2S$ 作沉淀剂

$$
\left.
\begin{array}{l}
Pb^{2+} \\
Bi^{3+} \\
Ag^+ \\
Cu^{2+} \\
Cd^{2+} \\
Hg^{2+} \\
Hg_2^{2+} \\
Sn^{2+} \\
Sn(\text{IV}) \\
Sb^{3+}
\end{array}
\right\}
\xrightarrow[H_2S]{[H^+]=0.3\,mol\cdot L^{-1}}
$$

PbS↓（黑色）
Bi_2S_3↓（棕黑色）
Ag_2S↓（黑色）
CuS↓（黑色）
CdS↓（黄色）
HgS↓（黑色）
HgS＋Hg↓（黑色）
SnS↓（棕色）
SnS_2↓（黄色）
Sb_2S_3↓（橙色）

$$
\left.
\begin{array}{l}
Al^{3+} \\
Cr^{3+} \\
Mn^{2+} \\
Fe^{2+} \\
Fe^{3+} \\
Co^{2+} \\
Ni^{2+} \\
Zn^{2+}
\end{array}
\right\}
\xrightarrow[(NH_4)_2S]{NH_3\cdot H_2O}
$$

$Al(OH)_3$↓（白色）
$Cr(OH)_3$↓（灰绿色）
MnS↓（肉色）
FeS↓（黑色）
Fe_2S_3↓＋FeS↓（黑色）
CoS↓（黑色）
NiS↓（黑色）
ZnS↓（白色）

（f）以（NH_4）$_2CO_3$ 作沉淀剂

$$
\left.
\begin{array}{l}
Ca^{2+} \\
Sr^{2+} \\
Ba^{2+} \\
Mn^{2+} \\
Ag^+
\end{array}
\right\}
\xrightarrow{(NH_4)_2CO_3}
$$

$CaCO_3$↓（白色）
$SrCO_3$↓（白色）
$BaCO_3$↓（白色）
$MnCO_3$↓（白色）
Ag_2CO_3↓（白色）

$$
\left.
\begin{array}{l}
Mg^{2+} \\
Pb^{2+} \\
Bi^{3+} \\
Fe^{2+} \\
Fe^{3+} \\
Co^{2+} \\
Ni^{2+} \\
Cu^{2+} \\
Zn^{2+} \\
Cd^{2+} \\
Hg^{2+}
\end{array}
\right\}
\xrightarrow{(NH_4)_2CO_3} \text{碱式盐}
$$

$$
\left.
\begin{array}{l}
Hg_2^{2+} \\
Al^{3+} \\
Cr^{3+} \\
Sn^{2+} \\
Sn(\text{IV}) \\
Sb^{3+}
\end{array}
\right\}
\xrightarrow{(NH_4)_2CO_3}
$$

Hg_2CO_3（淡黄色）→HgO↓（黄色）＋Hg↓（黑色）＋CO_2
$Al(OH)_3$↓（白色）
$Cr(OH)_3$↓（灰绿色）
$Sn(OH)_2$↓（白色）
$Sn(OH)_4$↓（白色）
$Sb(OH)_3$↓（白色）

b. 离子的鉴定　某些沉淀具有特征的颜色，可用于离子的鉴定。如鉴定 Pb^{2+} 时，可加入 CrO_4^{2-}，反应后产生黄色的 $PbCrO_4$ 沉淀，以此说明 Pb^{2+} 的存在。

$$Pb^{2+} + CrO_4^{2-} =\!=\!= PbCrO_4 \downarrow （黄色）$$

又如鉴定 PO_4^{3-}，当加入 $(NH_4)_2MoO_4$ 生成黄色的磷钼酸铵 $[(NH_4)_3PO_4 \cdot 12MoO_3 \cdot 6H_2O]$ 沉淀，说明 PO_4^{3-} 存在。

$$PO_4^{3-} + 3NH_4^+ + 12MoO_4^{2-} + 24H^+ =\!=\!= (NH_4)_3PO_4 \cdot 12MoO_3 \cdot 6H_2O \downarrow （黄） + 6H_2O$$

② 氧化还原性在离子的分离和鉴定中的应用　氧化还原反应是一类电子转移的反应，反应前后元素的氧化值发生了变化，这一变化可引起离子某些性质的变化，如溶解性、离子颜色的变化等，因此，可用于离子的分离和鉴定，尤其在难溶物质的溶解方面，氧化还原反应起着重要的作用。

a. 离子的分离　如欲分离 Al^{3+} 和 Cr^{3+}，二者在 $NH_3 \cdot H_2O$ 和 NaOH 溶液中均不能分离。利用 Cr^{3+} 易被氧化的特性，在碱性条件下加 H_2O_2，使 Cr^{3+} 被氧化生成 CrO_4^{2-}，过量的 OH^- 使 Al^{3+} 转化为 AlO_2^-，再调节溶液的酸碱度可产生 $Al(OH)_3$ 沉淀，而 CrO_4^{2-} 则留在溶液中，二者可以得到分离。

$$\begin{array}{c} Al^{3+} \\ Cr^{3+} \end{array} \xrightarrow[OH^-（过量）]{H_2O_2} \begin{array}{c} AlO_2^- \\ CrO_4^{2-} \end{array} \xrightarrow{调节至弱碱性} \begin{array}{c} Al(OH)_3 \downarrow \\ CrO_4^{2-} \end{array}$$

又如分离 Sn^{2+} 和 Pb^{2+}，可以先将 Sn^{2+} 氧化成 $Sn(IV)$，然后加 H_2S 形成 SnS_2 和 PbS 沉淀，利用 SnS_2 的酸性使其溶于 NaOH 或 Na_2S 溶液而与 PbS 分离。

$$\begin{array}{c} Sn^{2+} \\ Pb^{2+} \end{array} \xrightarrow{H_2O_2} \begin{array}{c} Sn(IV) \\ Pb^{2+} \end{array} \xrightarrow{H_2S} \begin{array}{c} SnS_2 \downarrow \\ PbS \downarrow \end{array} \xrightarrow{Na_2S} \begin{array}{c} SnS_3^{2-} \\ PbS \downarrow \end{array}$$

b. 难溶物的溶解　氧化还原反应的重要应用之一是能溶解难溶物质，如溶解度小的硫化物、氧化物及其他难溶物一般都可利用氧化还原反应使其溶解。如：

$$3PbS + 8HNO_3 =\!=\!= 3Pb(NO_3)_2 + 2NO\uparrow + 3S\downarrow + 4H_2O$$

$$3HgS + 2HNO_3 + 12HCl =\!=\!= 3H_2[HgCl_4] + 2NO\uparrow + 3S\downarrow + 4H_2O$$

$$MnO(OH)_2 + KNO_2 + H_2SO_4 =\!=\!= MnSO_4 + KNO_3 + 2H_2O$$

c. 离子的鉴定　利用氧化还原反应可鉴定的离子有很多，如 Cr^{3+}、Mn^{2+}、Sn^{2+}、Hg^{2+}、Bi^{3+} 等。

(a) 鉴定 Cr^{3+} 时，先在碱性介质中加入 H_2O_2，使 Cr^{3+} 氧化成 CrO_4^{2-}，再加酸将溶液调至酸性，加入 H_2O_2 后可产生蓝色的 CrO_5（CrO_5 在乙醚等有机溶剂中较稳定），说明有 Cr^{3+} 的存在。

$$2Cr^{3+} + 3H_2O_2 + 10OH^- =\!=\!= 2CrO_4^{2-} + 8H_2O$$

$$2CrO_4^{2-} + 2H^+ =\!=\!= Cr_2O_7^{2-} + H_2O$$

$$Cr_2O_7^{2-} + 4H_2O_2 + 2H^+ =\!=\!= 2CrO_5 + 5H_2O$$

(b) 鉴定 Mn^{2+} 是在酸性介质中用 $NaBiO_3$ 或 PbO_2 作氧化剂，将 Mn^{2+} 氧化成 MnO_4^-，当溶液中出现 MnO_4^- 的紫红色时，说明有 Mn^{2+} 存在。

$$2Mn^{2+} + 5NaBiO_3 + 14H^+ =\!=\!= 5Bi^{3+} + 2MnO_4^- + 5Na^+ + 7H_2O$$

(c) 鉴定 Sn^{2+} 时，加入氧化剂 $HgCl_2$，$HgCl_2$ 被 Sn^{2+} 还原产生白色的 Hg_2Cl_2 沉淀。当有过量的 Sn^{2+} 存在时，Hg_2Cl_2 可被进一步还原成黑色的单质 Hg。因此，当溶液中出现白色沉淀（Hg_2Cl_2）至灰黑色沉淀（Hg_2Cl_2+Hg）时，说明有 Sn^{2+} 存在，此反应也可用于鉴定 Hg^{2+}。

$$SnCl_2+2HgCl_2 \xrightarrow{\quad\quad} SnCl_4+Hg_2Cl_2\downarrow（白色）$$
$$SnCl_2+Hg_2Cl_2 \xrightarrow{\quad\quad} SnCl_4+2Hg\downarrow（黑色）$$

（d）鉴定 Bi^{3+} 是在碱性介质中，以 SnO_2^{2-} 将 Bi^{3+} 还原为单质 Bi。因此溶液中出现单质 Bi 的黑色沉淀时，说明有 Bi^{3+} 存在。

$$2Bi^{3+}+3SnO_2^{2-}+6OH^- \xrightarrow{\quad\quad} 2Bi+3SnO_3^{2-}+3H_2O$$

③ 配合性在离子的分离和鉴定中的应用　当离子和配合剂作用形成配离子后，离子的溶解度、氧化还原能力都会有所变化，同时配离子大多具有特征颜色，因此，利用配合物的生成可进行离子的分离、掩蔽及溶解某些难溶物，也可利用配合物所具有的特征颜色鉴定离子。

a. 离子的分离　加入 $NH_3 \cdot H_2O$，部分金属离子可生成氢氧化物沉淀，而 Ag^+、Cu^{2+}、Cd^{2+}、Zn^{2+}、Co^{2+}、Ni^{2+} 等离子均能在 $NH_3 \cdot H_2O$ 中形成氨配合物，以此可与其他金属离子进行分离。

b. 掩蔽干扰离子　以 Co^{2+} 的鉴定为例，当 Co^{2+} 和 SCN^- 作用生成蓝色的 $[Co(SCN)_4]^{2-}$ 时，说明有 Co^{2+} 存在。

$$Co^{2+}+4SCN^- \xrightarrow{\quad\quad} [Co(SCN)_4]^{2-}（蓝色）$$

若 Fe^{3+} 和 Co^{2+} 共存，则 Fe^{3+} 与 SCN^- 作用能生成血红色的 $[Fe(SCN)_n]^{3-n}$，掩盖了 $[Co(SCN)_4]^{2-}$ 的颜色，从而产生干扰。

$$Fe^{3+}+nSCN^- \xrightarrow{\quad\quad} [Fe(SCN)_n]^{3-n}（n=1 \sim 6）$$

如果在试液中加入掩蔽剂 NaF，可使 Fe^{3+} 和 F^- 作用生成稳定性高于 $[Fe(SCN)_n]^{3-n}$ 且无色的 FeF_6^{3-}，从而掩蔽 Fe^{3+}，消除其对 Co^{2+} 鉴定的干扰。

$$Fe^{3+} \xrightarrow{F^-} [FeF_6]^{3-} \xrightarrow{SCN^-} [FeF_6]^{3-}（无色）$$
$$Co^{2+} \xrightarrow{\quad\quad} Co^{2+} \xrightarrow[\text{丙酮}]{SCN^-} [Co(SCN)_4]^{2-}（蓝色）$$

c. 难溶物的溶解　配位反应也常常应用于难溶物的溶解，如 AgCl 沉淀通常用 $NH_3 \cdot H_2O$ 溶解。

$$AgCl+2NH_3 \xrightarrow{\quad\quad} [Ag(NH_3)_2]Cl$$

再如 $PbSO_4$ 沉淀在饱和的 NH_4Ac 溶液中能形成 $[PbAc]^+$ 而溶解。

$$2PbSO_4+2NH_4Ac \xrightarrow{\quad\quad} [Pb(Ac)]_2SO_4+(NH_4)_2SO_4$$

d. 离子的鉴定　应用配合物的特征颜色可鉴定很多离子，如 Co^{2+}、Ni^{2+}、Fe^{3+}、Cu^{2+} 等。

$$2Cu^{2+}+Fe(CN)_6^{4-} \xrightarrow{\quad\quad} Cu_2[Fe(CN)_6]\downarrow（红褐色）$$
$$4Fe^{3+}+3Fe(CN)_6^{4-} \xrightarrow{\quad\quad} Fe_4[Fe(CN)_6]_3\downarrow（普鲁士蓝）$$

④ 溶液酸碱性在离子分离和鉴定中的应用　金属离子分离中常用的方法之一是利用某些金属离子具有两性的特点，控制溶液的酸碱性以达到分离和鉴定离子的目的。

a. 离子分离中对溶液酸碱度的要求　以 H_2S 作沉淀剂分离金属离子时，需控制溶液的 $[H^+]=0.3mol \cdot L^{-1}$，这样才能使 Sn^{2+}、Pb^{2+}、Sb^{3+}、Bi^{3+}、Cu^{2+}、Cd^{2+} 等离子以硫化物形式沉淀完全，而 Al^{3+}、Cr^{3+}、Fe^{3+}、Co^{2+}、Mn^{2+}、Zn^{2+}、Ni^{2+} 等离子在此条件下不生成沉淀，以此实现两部分的分离。若溶液的酸碱度控制不当，当 $[H^+]$

过高时，PbS 将沉淀不完全；当 [H$^+$] 过低时，Zn^{2+} 将产生 ZnS 沉淀，也使分离不完全。欲使后一部分的离子也以硫化物形式沉淀，则应在 NH$_3$·H$_2$O-NH$_4$Cl 的缓冲溶液（pH≈9）中加入 (NH$_4$)$_2$S。

控制溶液的酸碱度往往采用缓冲溶液，如 Ca^{2+} 和 Ba^{2+} 的分离及 Ba^{2+} 的鉴定。在 HAc-NaAc 的缓冲液中，加入 K$_2$CrO$_4$ 使 Ba^{2+} 转化为黄色的 BaCrO$_4$ 沉淀而与 Ca^{2+} 分离。

$$\begin{matrix} Ba^{2+} \\ Ca^{2+} \end{matrix} \xrightarrow[\text{HAc-NaAc}]{K_2CrO_4} \begin{matrix} BaCrO_4 \downarrow （黄色） \\ Ca^{2+} \end{matrix}$$

生成的黄色 BaCrO$_4$ 沉淀不溶于 HAc，则可确定 Ba^{2+} 的存在。

b. 离子鉴定中对溶液酸碱度的要求　很多离子的鉴定都要求有适宜的酸碱度条件，如 K$^+$ 的鉴定需在弱酸或中性条件下进行，当加入 Na$_3$[Co(NO$_2$)$_6$] 产生了黄色的 K$_2$Na[Co(NO$_2$)$_6$] 沉淀时，说明有 K$^+$ 存在。若溶液酸碱度条件控制不当，则 Na$_3$[Co(NO$_2$)$_6$] 会分解而影响 K$^+$ 的检出。

如溶液的酸性或碱性过大，[Co(NO$_2$)$_6$]$^{3-}$ 都会分解：

$$2[Co(NO_2)_6]^{3-} + 10H^+ = 2Co^{2+} + 5NO\uparrow + 7NO_2\uparrow + 5H_2O$$

$$[Co(NO_2)_6]^{3-} + 3OH^- = Co(OH)_3 \downarrow （褐色） + 6NO_2^-$$

（2）离子的分离

离子的分离方法有多种，如沉淀分离法、萃取法、离子交换法等，在定性分析中，最常用的是沉淀分离法，即依据物质溶解度的不同实现分离。对于混合离子体系，为了分离工作进行得简捷、迅速，常常是按一定的次序逐个加入沉淀剂，让性质相似的离子一组组地沉淀而与其他部分分离，然后再在每一组中进一步分离，这种能将复杂体系分成若干组的试剂（沉淀剂）称为组试剂。

作为组试剂，通常需符合以下几点要求：

① 将离子完全分离，且沉淀与母液间要易于分开；

② 分出每一组的离子数较均衡；

③ 组试剂本身要易于排除，不影响进一步的分离和鉴定。

在定性分析中，通过组试剂把具有共性的离子共同进行分离后再进一步鉴定的分析方法称为系统分析法，由于阴、阳离子在性质上具有显著的差异，因此，系统分析又分为阳离子系统分析和阴离子系统分析，也即是阳离子的分离和鉴定以及阴离子的分离和鉴定。

在定性分析中，无需进行分离而能直接鉴定离子的分析方法称为个别分析法，在混合体系中，共存的离子若不影响待检测离子的鉴定可采用此法，若干扰的离子较少，可通过加掩蔽剂去除干扰，也可采用此法。

① 常见阳离子的分组分离　常见的阳离子包括 Ag$^+$、Hg$_2^{2+}$、Hg^{2+}、Cu^{2+}、Pb^{2+}、Bi^{3+}、Cd^{2+}、As(Ⅲ)、As(Ⅴ)、Sb(Ⅲ)、Sb(Ⅴ)、Sn^{2+}、Sn(Ⅳ)、Al^{3+}、Cr^{3+}、Fe^{3+}、Fe^{2+}、Co^{2+}、Ni^{2+}、Mn^{2+}、Zn^{2+}、Ca^{2+}、Sr^{2+}、Ba^{2+}、Mg^{2+}、K$^+$、Na$^+$、NH$_4^+$ 等 20 多种离子。其中最常见的分组分离和鉴定方法，一为 H$_2$S 的系统分组分析法；二为两酸三碱系统分组分析法。

a. 硫化氢系统分析法　硫化氢系统分析法是以各阳离子硫化物的溶解度不同而建立起来的一种分组分离及鉴定方法。通常以 H$_2$S、(NH$_4$)$_2$S 作组试剂，将常见的阳离子分为三组，具体分组方案见表 3-3 和图 3-3。

表 3-3　阳离子的硫化氢系统分组方案

分组依据的性质	硫化物不溶于水		硫化物溶于水
	硫化物不溶于稀酸	硫化物溶于稀酸	
包括的离子	Ag^+、Hg_2^{2+}、Hg^{2+}、Cu^{2+}、Cd^{2+}、Sn^{2+}、$Sn(\text{IV})$、Pb^{2+}、$As(\text{III,V})$、$Sb(\text{III,V})$、Bi^{3+}	Al^{3+}、Cr^{3+}、Fe^{3+}、Fe^{2+}、Co^{2+}、Ni^{2+}、Mn^{2+}、Zn^{2+}	NH_4^+、Na^+、K^+、Mg^{2+}、Ca^{2+}、Sr^{2+}、Ba^{2+}
组的名称	硫化氢组	硫化铵组	易溶组
组试剂	$0.3mol \cdot L^{-1}$ HCl，H_2S	$(NH_4)_2S$	无组试剂

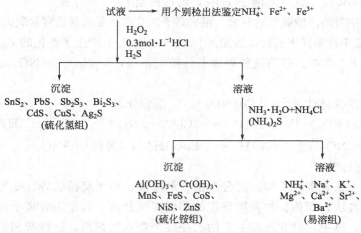

图 3-3　H_2S 系统分组分离示意

b. 两酸三碱系统分析法　两酸三碱系统分析法是以各阳离子氯化物、硫酸盐溶解度的不同，氢氧化物的两性、生成氨配合物及硫化物的溶解性等性质上的差异而建立起来的分组分离及鉴定方法，其组试剂为 HCl、H_2SO_4、NaOH、$NH_3 \cdot H_2O$、$(NH_4)_2S$。通过两酸三碱作组试剂，将常见的阳离子分为五组，具体分组方案见表 3-4 和图 3-4。

表 3-4　阳离子的两酸三碱系统分组方案

分组依据的性质	氯化物难溶于水	氯化物易溶于水				
		硫酸盐难溶于水	硫酸盐易溶于水			
			在氨溶液中不产生沉淀		氢氧化物难溶于水或氨水	
			在过量氨水中生成氨合物	在强碱性条件下不产生沉淀	溶于过量氢氧化钠溶液	难溶于过量氢氧化钠溶液
分离后的形态	AgCl Hg_2Cl_2 $PbCl_2$	$PbSO_4$ $BaSO_4$ $CaSO_4$	$[Cu(NH_3)_4]^{2+}$ $[Ni(NH_3)_6]^{2+}$ $[Co(NH_3)_6]^{3+}$ $[Zn(NH_3)_4]^{2+}$ $[Cd(NH_3)_4]^{2+}$	K^+ Na^+ Mg^{2+} NH_4^+	AlO_2^- CrO_4^{2-} SbO_4^{3-} SnO_3^{2-}	$Fe(OH)_3$ $MnO(OH)_2$ $Bi(OH)_3$ $HgNH_2Cl$
分组	I组 盐酸组	II组 硫酸组	III组 氨合物组	IV组 易溶组	V组 两性组	VI组 氢氧化物组
组试剂	HCl	H_2SO_4 （乙醇）	NH_3 NH_4Cl （H_2O_2）	—	NaOH （H_2O_2）	NaOH （H_2O_2）

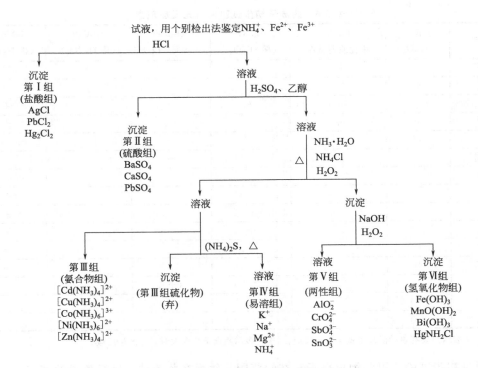

图 3-4　两酸三碱系统分组分离示意图

② 常见阴离子的分组分离　常见的阴离子包括 SO_4^{2-}、SO_3^{2-}、$S_2O_3^{2-}$、S^{2-}、NO_3^-、NO_2^-、PO_4^{3-}、CO_3^{2-}、SiO_3^{2-}、Ac^-、F^-、Cl^-、Br^-、I^- 等十几种。在阴离子的定性分析中，大多数阴离子的鉴定不受共存的其他阴离子的干扰（除少数几个外），而且阴离子在同一样品中共存的机会也不多，因此，阴离子的分析一般无需进行分离，直接采用个别分析法即能鉴定。

在阴离子的混合溶液中，也可进行阴离子的分组分离。一般多采用 $BaCl_2$ 和 $AgNO_3$ 作组试剂，依据各阴离子所生成的钡盐和银盐的溶解度不同将阴离子分为三组，见表 3-5。

表 3-5　阴离子的分组分离

组别	组试剂	组内阴离子	分组依据
Ⅰ	$BaCl_2$ （中性或弱酸性）	SO_4^{2-}、SO_3^{2-}、$S_2O_3^{2-}$、 SiO_3^{2-}、PO_4^{3-}、CO_3^{2-}、F^-、	钡盐难溶于水
Ⅱ	$AgNO_3$ （稀且冷的 HNO_3 溶液）	Cl^-、Br^-、I^-、S^{2-}	银盐难溶于水及稀 HNO_3
Ⅲ	无	NO_3^-、NO_2^-、Ac^-	钡盐、银盐均溶于水

阴离子分组分离的方法也有多种，但在定性分析中，阴离子分组分离的作用和目的却不同于阳离子，其主要作用是预测离子存在的可能范围，组试剂的作用只是检验各组离子存在的可能性，在阴离子的定性分析中称为初步试验。进行阴离子的初步试验，除了观察其在 $BaCl_2$ 和 $AgNO_3$ 中的溶解度外，常常还进行阴离子在酸中的稳定性试验，在氧化剂、还原剂中氧化还原稳定性的试验，各阴离子在初步试验中有无反应现象见表 3-6。

表 3-6　阴离子初步试验时有无反应现象

试剂	稀 H_2SO_4	$BaCl_2$（中性或弱碱性）	$AgNO_3$（稀 HNO_3）	KI-淀粉（稀 H_2SO_4）	I_2-淀粉（稀 H_2SO_4）	$KMnO_4$（稀 H_2SO_4）
SO_4^{2-}		+				
SO_3^{2-}	+	+			+	
$S_2O_3^{2-}$	+	（+）	+		+	+
CO_3^{2-}	+	+				+
PO_4^{3-}		+				
AsO_4^{3-}		+		+		
AsO_3^{3-}		（+）				+
Cl^-			+			（+）
Br^-			+			+
I^-			+			+
S^{2-}	+		+		+	+
NO_2^-	+			+		
NO_3^-				（+）		
Ac^-	（+）					
SiO_3^{2-}	（+）	+				

注：＋表示只要有该种阴离子就会发生反应；（＋）表示阴离子浓度大时，才产生反应。

通过初步试验，可归纳出离子存在的范围，然后在此基础上进行离子的鉴定。

③ 离子分离的举例

a. 分离 Ag^+、Cu^{2+}、Zn^{2+}、Al^{3+}、Fe^{3+}

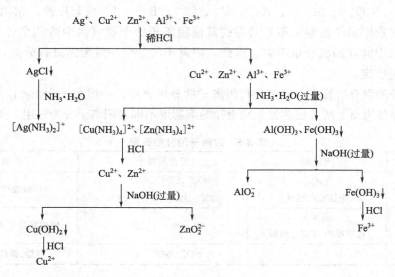

b. 分离 S^{2-}、$S_2O_3^{2-}$、CO_3^{2-}、SO_3^{2-}

（3）离子的鉴定

用于鉴定离子存在与否的化学反应称为离子的鉴定反应，一般要求鉴定反应有明显的外观变化，同时反应能灵敏、迅速地进行。各阳、阴离子的鉴定反应参见表 3-7 和表 3-8。

表 3-7　常见阳离子的定性鉴定反应

离子	试　剂	定性反应（鉴定反应）	介质条件	主要干扰离子
NH_4^+	NaOH	$NH_4^+ + OH^- \xrightarrow{\triangle} NH_3\uparrow + H_2O$ NH_3 使湿润的红色石蕊试纸变蓝或 pH 试纸呈碱性反应	强碱性介质	CN^- $CN^- + 2H_2O \xrightarrow[OH^-]{\triangle} $ $HCOO^- + NH_3\uparrow$
	奈斯勒试　剂	$NH_4^+ + 2[HgI_4]^{2-} + 4OH^- \longrightarrow$ $\left[O \begin{smallmatrix} Hg \\ \\ Hg \end{smallmatrix} NH_2 \right] I\downarrow$（红棕色）$+ 7I^- + 3H_2O$	碱性介质	Fe^{3+}、Cr^{3+}、Co^{2+}、Ni^{2+}、Ag^+、Hg^{2+} 等离子能与奈斯勒试剂生成有色沉淀，妨碍 NH_4^+ 的检出
Na^+	KH_2SbO_4	$Na^+ + H_2SbO_4^- \longrightarrow NaH_2SbO_4\downarrow$ （白色）	中性或弱碱性介质	① 强酸的 NH_4^+ 盐水解后溶液所带的微酸性能促使产生白色 $HSbO_3$ 沉淀，从而干扰 Na^+ 检出 ② 除碱金属以外的金属离子亦能生成白色无定形沉淀而干扰 Na^+ 检验
	醋酸铀酰锌	$Na^+ + Zn^{2+} + 3UO_2^{2+} + 9Ac^- + 9H_2O \longrightarrow$ $NaZn(UO_2)_3(Ac)_9 \cdot 9H_2O\downarrow$（淡黄绿色）	中性或酸性溶液中	大量 K^+ 存在有干扰[生成 $KAc \cdot UO_2(Ac)_2$ 针状结晶]，Ag^+、Hg_2^{2+}、Sb^{3+} 存在亦有干扰
	焰色反应	挥发性的钠盐在煤气灯的无色火焰（氧化焰）中灼烧时，火焰呈黄色		
K^+	$Na_3[Co(NO_2)_6]$ 钴亚硝酸钠	$2K^+ + Na^+ + [Co(NO_2)_6]^{3-} \longrightarrow$ $K_2Na[Co(NO_2)_6]\downarrow$ （亮黄色）	中性或弱酸性	Rb^+、Cs^+、NH_4^+ 能与试剂形成相似的化合物，妨碍鉴定
	焰色反应	挥发性钾盐在煤气灯的无色火焰中灼烧时，火焰呈紫色		Na^+ 存在时，K^+ 所显示的紫色被黄色遮盖，为消除黄色火焰的干扰，可透过蓝玻璃观察
Mg^{2+}	镁试剂 I——对硝基偶氮间苯二酚	镁试剂被 $Mg(OH)_2$ 吸附后呈天蓝色，故反应结果形成天蓝色沉淀	强碱性介质	① 除碱金属外，在强碱性介质中形成有色沉淀的离子，如 Ag^+、Hg^{2+}、Ni^{2+}、Co^{2+}、Cr^{3+}、Cu^{2+}、Mn^{2+}、Fe^{3+} 等对反应均有干扰 ② 大量 NH_4^+ 存在会降低溶液中 OH^- 浓度，使 $Mg(OH)_2$ 难以析出，从而降低反应的灵敏度
Ca^{2+}	$(NH_4)_2C_2O_4$	$Ca^{2+} + C_2O_4^{2-} \longrightarrow CaC_2O_4\downarrow$（白色）	中性或碱性介质	Ag^+、Pb^{2+}、Cu^{2+}、Cd^{2+}、Hg^{2+}、Hg_2^{2+} 等均能与 $C_2O_4^{2-}$ 作用生成沉淀，对反应有干扰，可在氨性溶液中加入锌粉，将它们还原为金属而除去
	焰色反应	挥发性钙盐使火焰呈砖红色		

离子	试剂	定性反应（鉴定反应）	介质条件	主要干扰离子
Ba^{2+}	K_2CrO_4	$Ba^{2+}+CrO_4^{2-}\longrightarrow BaCrO_4\downarrow$（黄色）	中性或弱酸介质	Sr^{2+}、Pb^{2+}、Ag^+、Ni^{2+}、Zn^{2+} 等与 CrO_4^{2-} 能生成有色沉淀，影响 Ba^{2+} 的检出
	焰色反应	挥发性钡盐使火焰呈黄绿色		
Al^{3+}	铝试剂	形成红色絮状沉淀	弱碱性介质	Fe^{3+}、Cr^{3+}、Bi^{3+}、Pb^{2+}、Cu^{2+} 等能生成与铝相类似的红色沉淀而有干扰
Al^{3+}	茜素-S	 红色沉淀	pH＝4～9	Fe^{2+}、Cr^{3+}、Mn^{2+} 及大量 Cu^{2+} 等离子存在对反应有干扰
Cr^{3+}	用 H_2O_2 氧化后加可溶性 Pb^{2+}盐（或 Ag^+ 盐或 Ba^{2+}盐）	$Cr^{3+}+4OH^-\longrightarrow[Cr(OH)_4]^-$ $2[Cr(OH)_4]^-+3H_2O_2+2OH^-\longrightarrow$ $\qquad\qquad\qquad 2CrO_4^{2-}+8H_2O$	碱性介质	凡能与 CrO_4^{2-} 生成有色沉淀的金属离子均有干扰
		$CrO_4^{2-}+Pb^{2+}\longrightarrow PbCrO_4\downarrow$（黄色） $CrO_4^{2-}+2Ag^+\longrightarrow Ag_2CrO_4\downarrow$（砖红色） $CrO_4^{2-}+Ba^{2+}\longrightarrow BaCrO_4\downarrow$（黄色）	弱酸性介质（HAc 酸化）	
	在 NaOH 条件下用 H_2O_2 氧化后再酸化，并用乙醚（或戊醇）萃取	$Cr^{3+}+4OH^-\longrightarrow[Cr(OH)_4]^-$ $2[Cr(OH)_4]^-+3H_2O_2+2OH^-\longrightarrow$ $\qquad\qquad\qquad 2CrO_4^{2-}+8H_2O$	碱性介质	
		$2CrO_4^{2-}+2H^+\rightleftharpoons Cr_2O_7^{2-}+H_2O$ $Cr_2O_7^{2-}+4H_2O_2+2H^+\longrightarrow$ $\qquad\qquad\qquad 2CrO_5$（蓝色）$+5H_2O$	酸性介质	
Fe^{3+}	$K_4[Fe(CN)_6]$	$4Fe^{3+}+3[Fe(CN)_6]^{4-}\longrightarrow$ $\qquad Fe_4[Fe(CN)_6]_3\downarrow$（普鲁士蓝，靛蓝）	酸性介质	Cu^{2+} 能与 $[Fe(CN)_6]^{4-}$ 生成红褐色沉淀，干扰 Fe^{3+} 的检出
Fe^{3+}	NH_4SCN（或 KSCN）	$Fe^{3+}+nSCN^-\rightleftharpoons[Fe(SCN)_n]^{3-n}$（血红色）	酸性介质	氟化物、磷酸、草酸、酒石酸、柠檬酸、含 α-OH 或 β-OH 的有机酸均能与 Fe^{3+} 生成稳定的配离子，妨碍 Fe^{3+} 检出。大量 Cu^{2+} 存在时能与 SCN^- 生成黑绿色 $Cu(SCN)_2$ 沉淀，干扰 Fe^{3+} 的检出
Fe^{2+}	$K_3[Fe(CN)_6]$	$3Fe^{2+}+2[Fe(CN)_6]^{3-}\longrightarrow$ $\qquad Fe_3[Fe(CN)_6]_2$（滕氏蓝，纯蓝）	酸性介质	
Mn^{2+}	$NaBiO_3$	$2Mn^{2+}+5NaBiO_3+14H^+\longrightarrow$ $2MnO_4^-$（紫红色）$+5Na^++5Bi^{3+}+7H_2O$	HNO_3 介质	

离子	试 剂	定性反应（鉴定反应）	介质条件	主要干扰离子
Co^{2+}	饱和或固体 NH_4SCN 并用丙酮或戊醇萃取	$Co^{2+} + 4SCN^- \longrightarrow [Co(SCN)_4]^{2-}$（蓝色或绿色）	酸性介质	Fe^{3+} 干扰 Co^{2+} 的检出
Ni^{2+}	丁二酮肟	$$Ni^2 + 2\ \begin{array}{c} H_3C-C=N-OH \\ H_3C-C=N-OH \end{array} \longrightarrow$$ （结构式）鲜红色沉淀 $+2H^+$	pH=5～10 在氨性或 NaAc 溶液中进行	Co^{2+}（生成棕色可溶性化合物）、Fe^{2+}（作用呈红色）、Bi^{3+}（作用生成黄色沉淀）、Fe^{3+}、Mn^{2+}（在氨性溶液中与 $NH_3 \cdot H_2O$ 作用产生有色沉淀）等离子的存在干扰 Ni^{2+} 的检出
Zn^{2+}	$(NH_4)_2S$ 或碱金属硫化物	$Zn^{2+} + S^{2-} \longrightarrow ZnS \downarrow$（白色）	$[H^+] < 0.3 mol \cdot L^{-1}$	凡能与 S^{2-} 生成有色硫化物的金属离子均有干扰
	二苯硫腙	（结构式）水层显玫瑰-粉红色，CCl_4 层由绿转为棕色 $+2H^+$	强碱性	在中性或弱酸性条件下，许多金属离子都能与二苯硫腙生成有色的配合物
Cd^{2+}	H_2S 或 Na_2S	$Cd^{2+} + S^{2-} \longrightarrow CdS \downarrow$（黄色）		凡能与 H_2S（或 Na_2S）生成有色沉淀的金属离子均有干扰
Hg^{2+}	$SnCl_2$	$Sn^{2+} + 2HgCl_2 + 4Cl^- \longrightarrow Hg_2Cl_2 \downarrow$（白色）$+ [SnCl_6]^{2-}$ $Sn^{2+} + Hg_2Cl_2 + 4Cl^- \longrightarrow 2Hg \downarrow$（黑色）$+ [SnCl_6]^{2-}$	酸性介质	凡能与 I^-、OH^- 生成深色沉淀的金属离子均有干扰
	KI 和 $NH_3 \cdot H_2O$	先加入过量 KI $Hg^{2+} + 2I^- \longrightarrow HgI_2$ $Hg^{2+} + 2I^- \longrightarrow [HgI_4]^{2-}$ 在上述溶液中加入 $NH_3 \cdot H_2O$ 或 NH_4^+ 盐溶液并加入浓碱溶液，则生成红棕色沉淀 $NH_4^+ + 2[HgI_4]^{2-} + 4OH^- \longrightarrow [Hg_2ONH_2]I \downarrow$（红棕色）$+7I^- + 3H_2O$		
Ag^+	Cl^- $NH_3 \cdot H_2O$ HNO_3	$Ag^+ + Cl^- \longrightarrow AgCl$（白色） $AgCl + 2NH_3 \cdot H_2O \longrightarrow [Ag(NH_3)_2]Cl + 2H_2O$ $[Ag(NH_3)_2]^+ + 2H^+ + Cl^- \longrightarrow AgCl \downarrow + 2NH_4^+$	酸性介质	Pb^{2+}、Hg_2^{2+} 与 Cl^- 生成 $PbCl_2$、Hg_2Cl_2 白色沉淀，干扰 Ag^+ 的鉴定，但 Hg_2Cl_2、$PbCl_2$ 难溶于氨水，可与 AgCl 分离
	K_2CrO_4	$2Ag^+ + CrO_4^{2-} \longrightarrow Ag_2CrO_4 \downarrow$（砖红色）	中性或微酸性介质	凡能与 CrO_4^{2-} 生成深色沉淀的金属离子（如 Hg_2^{2+}、Ba^{2+}、Pb^{2+} 等）均有干扰

离子	试 剂	定性反应(鉴定反应)	介质条件	主要干扰离子
Cu^{2+}	$K_4[Fe(CN)_6]$	$2Cu^{2+}+[Fe(CN)_6]^{4-}\longrightarrow$ $\qquad Cu_2[Fe(CN)_6]\downarrow$(红褐色)	中性或酸性	能与$[Fe(CN)_6]^{4-}$生成深色沉淀的金属离子(如 Fe^{3+}、Bi^{3+}、Co^{2+}等)均有干扰
Pb^{2+}	K_2CrO_4	$Pb^{2+}+CrO_4^{2-}\longrightarrow PbCrO_4\downarrow$(黄色)	中性或弱酸性介质	Ba^{2+}、Sr^{2+}、Ag^+、Ni^{2+}、Zn^{2+}等离子与CrO_4^{2-}亦能生成有色沉淀,影响Pb^{2+}检出
Bi^{3+}	$Na_2[Sn(OH)_4]$ 使用时临时配制	$2Bi^{3+}+3[Sn(OH)_4]^{2-}+6OH^-\longrightarrow$ $\qquad 2Bi\downarrow+3[Sn(OH)_6]^{2-}$(黑色)	强碱性介质	Hg_2^{2+}、Hg^{2+}、Pb^{2+}等离子存在时,亦会慢慢地被$[Sn(OH)_4]^{2-}$还原而析出黑色金属,干扰Bi^{3+}的检出
Sn^{2+}	$HgCl_2$	同 Hg^{2+} 的鉴定反应		
Sb^{3+}	锡片	$2Sb^{3+}+3Sn\longrightarrow 2Sb\downarrow+3Sn^{2+}$(黑色)	酸性介质	Ag^+、AsO_2^-、Bi^{3+}等离子也能与 Sn 发生氧化还原反应,析出相应的黑色金属,妨碍Sb^{3+}的检出
As (V)	Zn 片 $AgNO_3$	$AsO_4^{3-}+11H^++4Zn\longrightarrow$ $\qquad AsH_3\uparrow+4Zn^{2+}+4H_2O$ $AsH_3+6AgNO_3\longrightarrow$ $\qquad Ag_3As\cdot3AgNO_3+3HNO_3$ $Ag_3As\cdot3AgNO_3+3H_2O\longrightarrow$ $\qquad H_3AsO_3+6Ag\downarrow+3H^++3NO_3^-$	强酸性介质	

表 3-8 常见阴离子的定性鉴定反应

离子	试 剂	鉴 定 反 应	介质条件	主要干扰离子
SO_4^{2-}	$BaCl_2$	$SO_4^{2-}+Ba^{2+}\longrightarrow BaSO_4\downarrow$(白色)	酸性介质	
SO_3^{2-}	稀 HCl	$SO_3^{2-}+2H^+\longrightarrow SO_2\uparrow+H_2O$ SO_2 的检验: ① SO_2 可使稀 $KMnO_4$ 还原而褪色 ② SO_2 可将 I_2 还原为 I^-,使淀粉-I_2 溶液褪色 ③ 可使品红溶液褪色 因此,可用蘸有 $KMnO_4$ 溶液或 I_2-淀粉溶液或品红溶液的试纸检验	酸性介质	$S_2O_3^{2-}$、S^{2-} 的存在干扰鉴定
	$ZnSO_4$ $K_4[Fe(CN)_6]$ $Na_2[Fe(CN)_5NO]$	$2Zn^{2+}+[Fe(CN)_6]^{4-}\longrightarrow Zn_2[Fe(CN)_6]\downarrow$(浅黄色) $Zn_2[Fe(CN)_6]+[Fe(CN)_5NO]^{2-}+SO_3^{2-}\longrightarrow$ $\quad Zn_2[Fe(CN)_5NOSO_3]\downarrow$(红色)$+[Fe(CN)_6]^{4-}$	酸性介质	S^{2-} 与 $Na_2[Fe(CN)_5NO]$ 生成紫红色配合物,干扰鉴定
$S_2O_3^{2-}$	稀 HCl	$S_2O_3^{2-}+2H^+\longrightarrow SO_2\uparrow+S\downarrow+H_2O$ 反应中因有硫析出,而使溶液变浑浊	酸性介质	SO_3^{2-}、S^{2-} 存在时,干扰$S_2O_3^{2-}$ 鉴定
	$AgNO_3$	$2Ag^++S_2O_3^{2-}\longrightarrow Ag_2S_2O_3\downarrow$(白色) $Ag_2S_2O_3$ 沉淀不稳定,立即发生水解反应,颜色发生变化,由白色→黄色→棕色,最后变为黑色的 Ag_2S 沉淀 $Ag_2S_2O_3+H_2O\longrightarrow Ag_2S\downarrow+2H^++SO_4^{2-}$ (黑色)	中性介质	S^{2-} 存在时干扰鉴定

离子	试 剂	鉴 定 反 应	介质条件	主要干扰离子
S^{2-}	稀 HCl	$S^{2-}+2H^+ \longrightarrow H_2S\uparrow$ H_2S 的检验： (1)H_2S 气体的腐蛋臭味 (2)H_2S 气体可使蘸有 $Pb(Ac)_2$ 或 $Pb(NO_3)_2$ 的试纸变黑	酸性介质	SO_3^{2-}、$S_2O_3^{2-}$ 存在干扰鉴定
	$Na_2[Fe(CN)_5NO]$	$S^{2-}+[Fe(CN)_5NO]^{2-}\longrightarrow$ $[Fe(CN)_5NOS]^{4-}$(紫红色)	碱性介质	
CO_3^{2-}	稀 HCl 饱和 $Ba(OH)_2$	$CO_3^{2-}+2H^+\longrightarrow CO_2\uparrow+H_2O$ CO_2 气体使饱和 $Ba(OH)_2$ 变浑浊 $CO_2+2OH^-+Ba^{2+}\longrightarrow BaCO_3\downarrow$(白色)$+H_2O$	酸性介质	
SiO_3^{2-}	饱和 NH_4Cl	$SiO_3^{2-}+2NH_4^+\longrightarrow$ $H_2SiO_3\downarrow$(白色胶状沉淀)$+2NH_3\uparrow$	碱性介质	
PO_4^{3-}	$AgNO_3$	$3Ag^++PO_4^{3-}\longrightarrow Ag_3PO_4\downarrow$(黄色)	中性或弱酸性介质	CrO_4^{2-}、S^{2-}、AsO_4^{3-}、AsO_3^{3-}、I^-、$S_2O_3^{2-}$ 等离子能与 Ag^+ 生成有色沉淀,妨碍鉴定
	$(NH_4)_2MoO_4$	$PO_4^{3-}+3NH_4^++12MoO_4^{2-}+24H^+\longrightarrow$ $(NH_4)_3PO_4\cdot12MoO_3\cdot6H_2O\downarrow$(黄色)$+6H_2O$	HNO_3 介质,过量试剂	① SO_3^{2-}、$S_2O_3^{2-}$、S^{2-}、I^-、Sn^{2+} 等还原性物质存在时,易将 $(NH_4)_2MnO_4$ 还原为低价钼的化合物——钼蓝,而使溶液呈深蓝色,严重干扰检出 ② SiO_3^{2-}、AsO_4^{3-} 与钼酸铵试剂也能形成相似的黄色沉淀,妨碍鉴定
NO_3^-	$FeSO_4$	$NO_3^-+3Fe^{2+}+4H^+\longrightarrow 3Fe^{3+}+NO+2H_2O$ $Fe^{2+}+NO\longrightarrow[Fe(NO)]^{2+}$(棕色) 在混合液与浓 H_2SO_4 分层处形成棕色环	酸性介质	NO_2^- 有同样的反应,妨碍鉴定
NO_2^-	对氨基苯磺酸$+\alpha$-萘胺	$NO_2^-+H_2N\!-\!\!\!\bigcirc\!\!\!\bigcirc\!\!\!+H_2N\!-\!\!\!\bigcirc\!\!\!-SO_3H+H^+\longrightarrow$ $H_2N\!-\!\!\!\bigcirc\!\!\!\bigcirc\!\!\!-N\!\!=\!\!N\!-\!\!\!\bigcirc\!\!\!-SO_3H+2H_2O$ (红色染料)	中性或醋酸介质	MnO_4^- 等强氧化剂存在有干扰
F^-	浓 H_2SO_4	$CaF_2+H_2SO_4\xrightarrow{\triangle}2HF\uparrow+CaSO_4$(放出的 HF 与硅酸盐或 SiO_2 作用,生成 SiF_4 气体。当 SiF_4 与水作用时,立即分解并转化为不溶性硅酸沉淀使水变浑浊) $Na_2SiO_3\cdot CaSiO_3\cdot4SiO_2$(玻璃)$+28HF\longrightarrow$ $4SiF_4\uparrow+Na_2SiF_6+CaSiF_6+14H_2O$ $SiF_4+4H_2O\longrightarrow H_4SiO_4\downarrow+4HF$	酸性介质	

离子	试剂	鉴定反应	介质条件	主要干扰离子
Cl^-	$AgNO_3$	$Cl^- + Ag^+ \longrightarrow AgCl\downarrow$（白色） AgCl 溶于过量氨水或 $(NH_4)_2CO_3$ 中，用 HNO_3 酸化，沉淀重新析出	酸性介质	
Br^-	氯水-CCl_4（或苯）	$2Br^- + Cl_2 \longrightarrow Br_2 + 2Cl^-$ 析出的 Br_2 溶于 CCl_4（或苯）溶剂中，呈橙黄色（或橙红色）	中性或酸性介质	
I^-	氯水-CCl_4（或苯）	$2I^- + Cl_2 \longrightarrow I_2 + 2Cl^-$ 析出的 I_2 溶于 CCl_4（或苯）溶剂中，呈紫红色	中性或酸性介质	

① 鉴定反应的特征　鉴定反应的特征常表现在 3 个方面。

a. 沉淀的生成和溶解　如 Ag^+ 的鉴定，通常加入稀 HNO_3 和适量的 NaCl 溶液，产生白色的 AgCl 沉淀。

$$Ag^+ + Cl^- =\!=\!= AgCl\downarrow（白色）$$

此白色沉淀能溶于 $NH_3 \cdot H_2O$，但不溶于稀 HNO_3，以此确定 Ag^+ 的存在。

b. 溶液颜色的变化　如 Fe^{3+} 的鉴定，可加入 $K_4[Fe(CN)_6]$ 或 KSCN 溶液，当溶液中出现普鲁士蓝色或血红色时，说明有 Fe^{3+} 的存在。

$$4Fe^{3+} + 3[Fe(CN)_6]^{4-} =\!=\!= Fe_4[Fe(CN)_6]_3（普鲁士蓝）$$

$$Fe^{3+} + nSCN^- =\!=\!= [Fe(SCN)_n]^{3-n}（血红色）\quad (n = 1\sim6)$$

c. 气体的产生　如 S^{2-} 的鉴定，可加稀 H_2SO_4，微热，当有腐蛋臭味的 H_2S 气体产生，且此气体使 $Pb(Ac)_2$ 试纸变黑，则说明有 S^{2-} 存在。

$$S^{2-} + 2H^+ =\!=\!= H_2S\uparrow$$

$$Pb^{2+} + H_2S =\!=\!= PbS\downarrow（黑色） + 2H^+$$

② 鉴定反应的条件　化学反应都是在一定条件下进行的，欲使鉴定反应正确、可靠，应注意鉴定反应的条件。影响鉴定反应的外界因素有多种，其中重要的是溶液的酸碱度、反应的温度、反应物离子的浓度及共存物和介质的影响等等。

a. 溶液的酸碱度　许多化学反应都需要在适宜的酸碱度条件下进行。

b. 反应的温度　溶液的温度对鉴定反应也有较大的影响，如 K^+ 的鉴定不能加热，加温会促使 $Na_3[Co(NO_2)_6]$ 分解，用 SnO_2^{2-} 鉴定 Bi^{3+} 也需在冷溶液中进行，加温会促使 SnO_2^{2-} 分解而产生黑色的 Sn，从而影响 Bi 的鉴定。

$$2SnO_2^{2-} + H_2O \xrightarrow{\triangle} SnO_3^{2-} + Sn\downarrow（黑色） + 2OH^-$$

有些反应加温可促使反应加速进行，如 Al^{3+} 的鉴定，增加温度会加速 Al^{3+} 和铝试剂作用生成鲜红色的絮状沉淀。

c. 反应物的浓度　依据化学平衡的原理，反应物浓度增加有利于化学反应向生成物方向移动，因此，溶液中被检离子必须有足够的浓度才能确保鉴定反应的进行。各鉴定反应对被鉴定离子都有一检出限量。检出限量是指在一定条件下，用某种反应可能检出的某离子的最小限量。如 K^+ 的检出限量为 $4\mu g$，在半微量定性分析中，离子的检出限量一般在 $0.5\sim50\mu g$ 之间。

d. 共存物质及介质的影响　很多离子在鉴定时都会受到共存离子的干扰，去除干扰的方法可以用分离法，也可用掩蔽法，如 K^+ 的鉴定受 NH_4^+ 的干扰，因为 NH_4^+ 和 $Na_3[Co(NO_2)_6]$ 反应也会生成黄色沉淀。

$$2NH_4^+ + Na_3[Co(NO_2)_6] \longrightarrow (NH_4)_2Na[Co(NO_2)_6] \downarrow (黄色) + 2Na^+$$

为去除 NH_4^+ 的干扰，在试液中加入 HNO_3，然后加热，使 NH_4NO_3 分解，以此消除 NH_4^+ 的干扰。

③ 空白试验与对照试验　为了保证鉴定反应结果的可靠性，避免离子鉴定中出现漏检和过度检出，在必要的时候需进行空白试验和对照试验。

空白试验是以去离子水代替待检试液，在同样的条件下所进行的试验。通过空白试验，可以检查试剂、去离子水或器皿中是否存在微量的待检离子，以此说明待检溶液中有无离子的"过度检出"现象。

对照试验是以已知的离子代替待检测液，在同样条件下所进行的试验。通过对照试验，可以检查试剂是否失效、反应条件是否控制恰当等，以此说明待检试液中离子有否"漏检"的现象。

（4）未知样品的分析

未知样品的分析，目的是要鉴定出样品中存在的各种阴、阳离子。分离是为了简化分析工作，去除离子鉴定中存在的干扰而采用的手段，未知样品多种多样，有简单的金属或盐类，也有较复杂的矿石、合金及其他化工产品，不同的样品不仅组分不同，组分的含量也相差悬殊，因此，所采用的分析方法也就不尽相同。在此仅讨论一般无机化合物（盐、氧化物、酸、碱等）的分析方法。

在进行未知样品分析时，首先要对样品的来源、用途、价值等有所了解，然后进行一些预测性的试验（初步试验），了解样品中可能存在的阴、阳离子，在此基础上，再进行有针对性的系统分析试验（或个别分析试验），从而得出结论。未知样品的分析常分以下4步进行。

① 外表观察及预测性试验

a. 外表观察　若未知样品是溶液，则可通过观察溶液颜色、测定溶液 pH 值来估计可能存在或不可能存在的离子。溶液中常见离子的颜色见表 3-9。

表 3-9　溶液中常见离子的颜色

颜　色	可能存在的离子	颜　色	可能存在的离子
蓝　色	Cu^{2+}、$[CoCl_4]^{2-}$、$[Cu(OH)_4]^{2-}$	粉红色	Co^{2+}、Mn^{2+}（色淡）
绿　色	Ni^{2+}、Fe^{2+}（色淡）、MnO_4^{2-}、$[Cr(OH)_4]^-$	紫红色	MnO_4^-
黄　色	CrO_4^{2-}、Fe^{3+}、$[Fe(CN)_6]^{4-}$、$[CuCl_4]^{2-}$	蓝紫色	Cr^{3+}
橙　色	$Cr_2O_7^{2-}$		

若测定溶液的 pH 值呈碱性，则可能存在的是碱金属、碱土金属的氢氧化物及它们水解呈碱性的盐（如 K_2CO_3 等）；许多易生成氢氧化物沉淀的金属离子则不可能存在。

若测定溶液的 pH 值呈弱酸性，则 Sn^{2+}、Sb^{3+}、Bi^{3+} 等易水解的离子不可能存在。

若测定溶液的 pH 值呈强酸性，则可能存在的是酸、酸式盐、水解呈酸性的盐，那些易被酸分解的 CO_3^{2-}、$S_2O_3^{2-}$、NO_2^- 等阴离子不可能存在。

若未知样品是固体，则首先观察样品中固体的颜色、晶形、光泽、是否易潮解、风化等。常见的有色无机盐的颜色见表 3-10。

表 3-10　常见的有色无机化合物

颜　色	可　能　存　在　的　化　合　物
黑　色	Ag_2S、Hg_2S、HgS、Cu_2S、CuS、FeS、CoS、NiS、CuO、NiO、FeO、Fe_3O_4、PbS
棕褐色	Bi_2S_3、SnS、Bi_2O_3、PbO_2、Ag_2O、CdO、$CuCrO_4$、$CuBr_2$、MnO_2
橙红色	CrO_3、Sb_2S_3、Sb_2S_5、多数重铬酸盐
紫红色	高锰酸盐、$CoCl_2 \cdot 2H_2O$
蓝　色	水合铜盐、无水钴盐
绿　色	镍盐、水合亚铁盐、某些铜盐如 $CuCO_3$、$CuCl_2$、某些铬盐
黄　色	As_2S_3、As_2S_5、SnS_2、CdS、HgO、AgI、PbO、多数铬酸盐、铁盐、某些碘化物
红　色	Fe_2O_3、Pb_3O_4、Ag_2CrO_4、HgO、HgI_2、HgS
粉红色	亚锰盐、水合钴盐
白　色	ZnS、一些无水盐类

b. 预测性试验（初步试验）　进行预测性试验前，首先要准备样品，分析样品要求有高度的代表性和均匀性，因此，若分析样品是固体，要先研细、混匀、缩分，并制成符合分析用的样品后将样品一分为四，一份进行预测性试验，一份进行阳离子分析，一份进行阴离子分析，再一份备用。

预测性试验的内容很多，常用的有焰色反应、溶解性试验，有时对固体样品还可以进行熔珠试验及玻璃管灼烧试验。

（a）焰色反应　有些元素可以在无色火焰中显现出颜色，借此可以预测样品中可能存在的某些元素，常见元素在焰色反应中所呈现的颜色见表 3-11。

表 3-11　几种元素的焰色反应

元　素	火焰颜色	元　素	火焰颜色
Na	黄	Ba	黄绿
K	紫	Cu	绿
Sr	洋红	B	绿
Ca	砖红	Pb、Sb	淡蓝

进行焰色反应时，样品一般以挥发性大的氯化物形式存在为好。操作时，先用浓 HCl 润湿清洗铂丝（镍铬丝）后，再取蘸有少量浓 HCl 的铂丝润湿蘸取样品，在火焰中生成氯化物的样品就会呈现特征颜色。

（b）溶解性试验　对于固体样品，进行溶解性试验是预测性试验中一个重要的步骤，通过溶解性试验，可以找到合适的溶剂来溶解固体样品，以制成试液作进一步的分析，同时，也对预测试样的组成有一定的帮助。

溶解性试验通常按下列步骤进行，取固体试样少量，分别加 H_2O、稀 HCl、浓 HCl、稀 HNO_3、浓 HNO_3、王水等溶剂，观察试样溶解情况，试样溶解后，试液应澄清透明，一般溶解的原则是先稀后浓，先冷后热，按上述次序逐个分别溶解时，能用前种溶剂溶解的就不用后种溶剂溶解。若各种溶剂都不能将试样全部溶解，则不溶物部分可采用熔融法等其他方法熔解。

各物质的溶解度性质如下。

溶于水：所有的硝酸盐、亚硝酸盐（除 $AgNO_2$ 外）；除 AgX、PbX_2、CuX、HgI_2 外的氯化物、溴化物和碘化物；除 Ba^{2+}、Sr^{2+}、Ca^{2+}、Pb^{2+}、Ag^+、Hg^{2+} 外的硫酸盐；所有的 Na^+、K^+、NH_4^+ 的盐类（个别特殊的除外）。

溶于 HCl：氢氧化物，氧化物及碱式盐，弱酸盐及 Fe^{3+}、Mn^{2+} 等的硫化物。

溶于 HNO_3：在 HCl 中溶解的无机物均可溶于 HNO_3，有些难溶的硫化物如 CuS、PbS 等都能溶于 HNO_3。

溶于王水：$PtCl_2$、AuCl、HgS 及某些重金属。

当以稀 HCl 作溶剂时，若有白色不溶物，则可能存在 Ag^+、Hg_2^{2+}、Pb^{2+} 等离子，若有气体排出，则可能存在一些挥发性的阴离子如 CO_3^{2-}、S^{2-} 等。

当以稀 HNO_3 作溶剂时，若有白色不溶物，则可能存在 Sb_2O_3、H_2SnO_3 等锑、锡的化合物。另外还需注意一些还原性阴离子的变化，若有 S 析出，则可能存在 $S_2O_3^{2-}$ 或 S^{2-}，若溶液颜色变红、变棕，则可能存在 Br^-、I^-。通过外表观察和预测性检验，可以估计样品中可能存在的离子，对于进一步建立样品的分析方案及分析结果的可靠性判断都有很大的帮助。但需注意，预测性试样的结果不能作为确定样品组成的肯定性结论。

② 阳离子分析试液的制备及阳离子的分析　在预测性试验的基础上，需对样品进行系统分析，若是固体样品，首先溶解样品以制成试液，然后先进行阳离子分析，再进行阴离子分析，最终得出结论。

制备阳离子分析试液可根据溶解性试验的结果，选择适当的溶剂将样品溶解以制成试液，结合预测性试验的结果，估计可能存在的离子，可以建立有针对性的分析方案，进行确证性的分析试验，从而确定样品中存在的阳离子的种类。

③ 阴离子分析试液的制备及阴离子的分析　进行了阳离子的分析之后，结合样品中存在的阳离子的种类再进行阴离子的分析。若是固体样品，首先要制备阴离子的分析试液。阴离子分析试液一般不能与阳离子分析试液同用。因为阳离子分析试液通常是酸性的，在酸性溶液中，许多阴离子会分解或者因发生氧化还原反应而被破坏；另外，很多阳离子（除碱金属、碱土金属外）都会因本身具有颜色、会与阴离子或鉴定阴离子的试剂发生沉淀反应或氧化还原反应而影响阴离子的鉴定。因此，在制备阴离子分析试液时要先除去有影响的各种阳离子，同时注意溶液的酸碱性条件，使阴离子在溶液中能保持其存在状态。

一般制备阴离子分析试液时，先用 $1.5\,mol\cdot L^{-1}$ 的 Na_2CO_3 溶液处理原样品，这时，各种阳离子（除 NH_4^+、K^+、Na^+ 等外）都生成碳酸盐、碱式碳酸盐及氢氧化物的沉淀，阴离子以钠盐形式存在于溶液中，分离二者，所得清液即为阴离子分析试液。阴离子分析时，一般不采用系统分析方法，而是先进行一些初步试验，归结出离子存在的可能范围，然后对可能存在的离子进行个别离子鉴定，从而确定样品中存在的阴离子的种类。

④ 结论　由阴、阳离子的分析鉴定所得出的结果与外表观察和预测性试验的结果综合考虑，可得到样品的组成。但需注意由于在溶液中分析的是阴、阳离子，因此，分析的结果只能判断样品中存在的离子或元素，一般不能确定样品中化合物的组成。

分析结果的产生还需具有合理性，若溶于水的样品，则不应存在像 Ag^+、Cl^- 这样的共存离子。若只能检出阳离子，则样品中存在的只能是氢氧化物或氧化物；若只能检出阴离子，则样品中存在的只能是酸。

若分析结果与预测性试验的结果有不相符合之处，可通过空白试验和对照试验，检查反应进行的条件、反应的灵敏度、试剂的纯度等，从而进一步得出正确的结论。

3.2.2 元素及化合物性质实验

实验七　s区主要金属元素及化合物的性质与应用

一、实验目的

1. 通过对 K^+、Na^+、Mg^{2+}、Ca^{2+}、Ba^{2+} 混合离子的分离与鉴定实验，要求掌握：
(1) 碱土金属碳酸盐、铬酸盐的溶解度递变顺序；
(2) 碱金属微溶盐的性质；
(3) 碱金属与碱土金属离子鉴定的特征反应和焰色反应。
2. 试验并比较 Mg、Ca、Ba 的氢氧化物性质。
3. 试验并比较 Li、Mg 性质的相似性。
4. 学习元素性质试验及定性分析的基本操作。

二、实验原理

碱金属和碱土金属分别是元素周期表中 Ⅰ A、Ⅱ A 族金属元素，它们的化学性质活泼，能直接或间接地与电负性较高的非金属元素反应，除 Be 外，都可与水反应，其中钠、钾与水反应剧烈，而镁与水反应很缓慢，这是因为它的表面形成了一层难溶于水的氢氧化镁，阻碍了金属镁与水的进一步作用。

碱金属的氢氧化物可溶于水，它们的溶解度从 Li 到 Cs 依次递增，碱土金属的氢氧化物溶解度较低，其变化趋势是从 Be 到 Ba 也依次递增，其中 $Be(OH)_2$ 和 $Mg(OH)_2$ 为难溶氢氧化物。这两族的氢氧化物除 $Be(OH)_2$ 显两性外，其余都属中强碱或强碱。

碱金属的绝大部分盐类易溶于水，只有与易变形的大阴离子作用生成的盐才不能溶于水。例高氯酸钾 $KClO_4$（白色）、钴亚硝酸钠钾 $K_2Na[Co(NO_2)_6]$（亮黄）、醋酸铀酰锌钠 $NaZn(UO_2)_3(Ac) \cdot 6H_2O$（黄绿色）等。

碱土金属盐类的溶解度较碱金属盐类低，有不少是难溶的。如钙、锶、钡的硫酸盐和铬酸盐是难溶的，其溶解度按 Ca-Sr-Ba 的顺序减小。碱土金属的碳酸盐、磷酸盐和草酸盐也都是难溶的。利用这些盐类的溶解度性质可以进行沉淀分离和离子检出。

碱金属和钙、锶、钡的挥发性盐在高温焰色中可放出一定波长的光，使火焰呈特征的颜色。锂使火焰呈红色，钠呈黄色，钾、铷和铯呈紫色，钙、锶、钡可使火焰分别呈砖红、洋红和黄绿色。所以也可以用焰色反应鉴定这些离子的存在。

Mg 是 Ⅱ A 元素，在周期表中处于 Li 的右下方，Mg^{2+} 的电荷数比 Li^+ 高，而半径又小于 Na^+，导致离子极化率与 Li^+ 相近，其性质与 Li^+ 相似。例如锂与镁的氟化物、碳酸盐、磷酸盐均难溶，氢氧化物都属中强碱，不易溶于水。

三、试剂与器材

固体：LiCl、NaCl、KCl、$CaCl_2$、$SrCl_2$、$BaCl_2$。
酸碱溶液：HCl（6mol · L^{-1}）、HAc（2mol · L^{-1}、6mol · L^{-1}）、NaOH（2mol · L^{-1}

无 CO_3^{2-}、$6mol \cdot L^{-1}$)、KOH（$2mol \cdot L^{-1}$）、$NH_3 \cdot H_2O$（$6mol \cdot L^{-1}$）。

0.1mol $\cdot L^{-1}$溶液：$MgCl_2$（$0.1mol \cdot L^{-1}$、$0.5mol \cdot L^{-1}$）、$CaCl_2$、$BaCl_2$、$KSb(OH)_6$、$Na_3[Co(NO_2)_6]$。

1mol $\cdot L^{-1}$溶液：NaAc、$(NH_4)_2CO_3$、NH_4Cl（$1mol \cdot L^{-1}$、$3mol \cdot L^{-1}$）、LiCl、NaF、NaAc。

其他溶液：$(NH_4)_2C_2O_4$（$0.25mol \cdot L^{-1}$）、Na_2HPO_4（$0.2mol \cdot L^{-1}$）、K_2CrO_4（$0.5mol \cdot L^{-1}$）、Na_2CO_3（$0.5mol \cdot L^{-1}$）、镁试剂。

器材：pH 试纸、离心机、点滴板、铂丝（或镍铬丝）、钴玻璃。

四、实验方法

1. 焰色反应

用洗净的铂丝（或镍铬丝），分别蘸上少量 LiCl、NaCl、KCl、$CaCl_2$、$SrCl_2$、$BaCl_2$ 溶液或固体，在氧化焰中灼烧（观察钾时，用钴玻璃滤光），观察它们的颜色有何不同。

2. K^+、Na^+、Mg^{2+}、Ca^{2+}、Ba^{2+} 的分离与鉴定

取 K^+、Na^+、Mg^{2+}、Ca^{2+}、Ba^{2+} 的混合试液，练习分离和鉴定的方法。

（1）Ca^{2+}、Ba^{2+} 的分离与鉴定

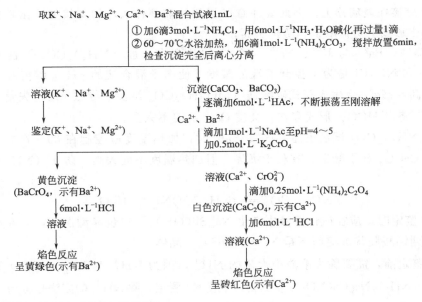

（2）K^+、Na^+、Mg^{2+} 的鉴定

Mg^{2+} 鉴定：取 1~2 滴与 Ca^{2+}、Ba^{2+} 分离后的混合试液，加 2 滴镁试剂，加 1~2 滴 $6mol \cdot L^{-1}$NaOH 碱化，搅拌，若有天蓝色沉淀示有 Mg^{2+}。

K^+ 鉴定：取 1~2 滴与 Ca^{2+}、Ba^{2+} 分离后的混合试液，加 $2mol \cdot L^{-1}$ HAc 酸化，加 3 滴 $Na_3[Co(NO_2)_6]$，若出现黄色沉淀表示有 K^+。

Na^+ 鉴定：取 3~4 滴与 Ca^{2+}、Ba^{2+} 分离后的混合试液，加 $2mol \cdot L^{-1}$KOH 碱化，出现 $Mg(OH)_2$ 沉淀，离心沉降，取出清液，加与清液等体积的 $0.1mol \cdot L^{-1}$ $K[Sb(OH)_6]$，用玻棒摩擦器壁，放置，出现白色 $Na[Sb(OH)_6]$ 晶体，示有 Na^+。

（3）领取一份未知液，试确定有哪几种离子。

3. 镁、钙、钡氢氧化物的制备和性质

(1) 现有 3 瓶无标签的 $MgCl_2$、$CaCl_2$ 和 $BaCl_2$ 溶液，试分别确定每种溶液的组成。

(2) 取 0.5mL 0.1mol·L^{-1} $MgCl_2$ 溶液，滴加 6mol·L^{-1} NH_3·H_2O，观察所生成沉淀颜色，然后向沉淀中加入 1mol·L^{-1} NH_4Cl 直至沉淀溶解，解释现象，写出反应方程式。

(3) 分别取等量的 0.1mol·L^{-1} $MgCl_2$、$CaCl_2$ 和 $BaCl_2$ 溶液，各加入等量新鲜配制的 2mol·L^{-1} $NaOH$，观察每一试管中的沉淀量，由实验结果比较碱土金属氢氧化物溶解度递变顺序。

4. Li、Mg 盐的微溶性

用下列试剂：0.2mol·L^{-1} Na_2HPO_4、0.5mol·L^{-1} $MgCl_2$、0.5mol·L^{-1} Na_2CO_3、1mol·L^{-1} NaF 和 1mol·L^{-1} $LiCl$，设计一组实验，比较 Li、Mg 的氟化物、碳酸盐和磷酸盐的溶解度性质，并解释实验的结果。

五、实验注意事项

1. 焰色反应时，铂丝洗涤的方法：将铂丝插到一盛有 6mol·L^{-1} HCl 溶液的点滴板的凹穴中，取出后在燃气灯氧化焰中灼烧，重复上述操作直到焰色为"无色"，即可洗净。

2. 铂丝熔接在玻璃棒上，因此要注意已烧热的玻璃棒头，切勿接触冷溶液或水，否则会炸裂，注意戴上防护眼镜和防护手套。

3. 在 Ca^{2+}、Ba^{2+} 与 K^+、Na^+、Mg^{2+} 的分离中，加 $(NH_4)_2CO_3$ 沉淀剂前，加 NH_3·H_2O 和 NH_4Cl 是为了控制溶液的碱度，使离子混合液的 pH 值维持在 10 左右。因为碱度太高，Mg^{2+} 会生成碱式碳酸镁 $(MgOH)_2CO_3$ 沉淀，导致 Mg^{2+} 失落；若碱度太低，CO_3^{2-} 将以 HCO_3^- 形式存在，会使 Ca^{2+} 沉淀不完全。

4. 在 $(NH_4)_2CO_3$ 试剂沉淀 Ca^{2+}、Ba^{2+} 时，加热温度应控制在 60～70℃，目的是使 $BaCO_3$、$CaCO_3$ 分子凝聚，有利于沉降，但加热温度不能太高，防止 $(NH_4)_2CO_3$ 的脱水反应：

$$(NH_4)_2CO_3 \Longrightarrow NH_2COONH_4 + H_2O$$

5. Na^+ 鉴定时，应在碱性溶液中产生 $Na[Sb(OH)_6]$ 白色晶型沉淀，若在酸性介质中进行，得到锑酸胶状沉淀而不是 $Na[Sb(OH)_6]$ 晶体。

6. K^+ 鉴定前，需要除去溶液中大量的 NH_4^+，因为 NH_4^+ 与 $Na_3[Co(NO_2)_6]$ 反应也生成黄色 $(NH_4)_2Na[Co(NO_2)_6]$ 沉淀，干扰 K^+ 测定。除 NH_4^+ 的方法是将约 1mL 试液放入坩埚，加 6mol·L^{-1} HNO_3 1mL，蒸发至干以除去 NH_4^+，残余物用 3～4 滴 6mol·L^{-1} HAc 及 6～7 滴 H_2O 温热溶解。

7. 注意"滴加"操作及"加入"操作的区别。"滴加"操作是指每加入一滴试剂都必须摇匀，观察现象后再加入下一滴试剂。"加入"操作是指一次性加入。

8. $BaCl_2$ 有毒，铬酸盐会污染环境，使用后注意废液的回收和处理。

六、思考题

1. 列出碱金属、碱土金属的氢氧化物和各种难溶盐的溶解度递变规律。

2. 怎样鉴别沉淀是否完全？沉淀如何洗涤？离心机如何使用？

3. 进行 Ca^{2+}、Ba^{2+} 与 K^+、Na^+、Mg^{2+} 分离时，为何要加过量的 NH_4Cl 和 $NH_3 \cdot H_2O$？

4. 为检验 Ca^{2+} 和 Ba^{2+}，应将分离出的沉淀溶于 HAc 还是强酸（HCl 或 HNO_3）？溶解所得的溶液先检出 Ba^{2+} 还是先检出 Ca^{2+}？

5. 列出 K^+、Na^+、Mg^{2+}、Ca^{2+}、Ba^{2+}、NH_4^+ 的鉴定方法及实验条件。

6. 现有三瓶无标签的 LiCl、NaCl、KCl，试至少用两种方法识别之。

实验八　p区主要非金属元素及化合物的性质与应用（一）

一、实验目的

1. 掌握卤素单质的氧化性、卤素离子的还原性及其应用。
2. 掌握次氯酸、氯酸及其盐的强氧化性。
3. 学习卤素离子的分离与鉴定方法。
4. 巩固元素性质试验及定性分析的基本操作。

二、实验原理

卤素属元素周期表中ⅦA族元素，是典型的非金属元素。在化合物中最常见的氧化值为 -1，但在一定条件下也可生成氧化值为 $+1$、$+3$、$+5$、$+7$ 的化合物。

卤素单质都较难溶于水，在碘化钾或其他可溶性碘化物共存的溶液中，I_2 与 I^- 形成 I_3^-，I_2 的溶解度就明显增大，溶液的颜色由黄色到棕色。溴与碘可以溶于 CS_2 和 CCl_4 等有机溶剂中，并产生特征颜色，溴在 CS_2 和 CCl_4 中随浓度的增加溶液由黄色到棕红色，碘则呈紫色。卤素单质的溶解度性质和在有机溶剂中的特征颜色，可用于卤素离子的分离和鉴别。

卤素原子具有获得一个电子成为卤素离子的强烈倾向，所以卤素单质都具有氧化性，并按氟、氯、溴、碘顺序依次减小。卤素单质在碱性介质中都可以发生歧化，歧化反应的产物与温度有关，在室温或低温时，Cl_2 歧化得到 ClO^- 和 Cl^-：

$$Cl_2 + 2OH^- \Longrightarrow ClO^- + Cl^- + H_2O$$

在 75℃ 左右，Cl_2 的歧化产物是 ClO_3^- 和 Cl^-：

$$3Cl_2 + 6OH^- \Longrightarrow ClO_3^- + 5Cl^- + 3H_2O$$

在室温下，I_2 在 $pH \geqslant 10$ 的碱溶液中，易发生歧化，歧化产物为 IO_3^- 与 I^-。

卤素离子的还原性按 Cl^-、Br^-、I^- 顺序依次增强。

NaCl 与浓 H_2SO_4 反应生成 HCl 和 $NaHSO_4$：

$$NaCl + H_2SO_4（浓）\Longrightarrow NaHSO_4 + HCl \uparrow$$

NaBr、NaI 与浓 H_2SO_4 反应，生成的卤化氢可进一步被浓 H_2SO_4 氧化：

$$NaBr + H_2SO_4（浓）\Longrightarrow NaHSO_4 + HBr \uparrow$$

$$2HBr + H_2SO_4（浓）\Longrightarrow Br_2 + SO_2 \uparrow + 2H_2O$$

$$NaI + H_2SO_4（浓）\Longrightarrow NaHSO_4 + HI \uparrow$$

$$8HI + H_2SO_4（浓）\Longrightarrow 4I_2 + H_2S + 4H_2O$$

在酸性介质中，卤素的各种含氧酸及其盐都有较强的氧化性，在碱性或中性介质中，其氧化性明显下降，如氯酸钾只有在酸性介质中才显强氧化性。在酸性介质或碱性介质中，次卤酸盐的氧化性按 NaClO、NaBrO、NaIO 顺序递减，卤酸盐在酸性介质中是强氧化剂，它们的氧化能力按溴酸盐、氯酸盐、碘酸盐顺序递减。所以在酸性介质中，I^- 可被 ClO_3^- 氧化产生 I_2，当 ClO_3^- 过量时，随着酸度的逐步提高，I^- 被氧化产生 I_2，I_2 继续被氧化为 IO_3^-，使溶液颜色由无色（I^-）→褐色（I_2）→棕色（I_3^-）→无色（IO_3^-）逐渐变化。

Cl^-、Br^-、I^- 能和 Ag^+ 生成难溶于水的 AgCl（白色）、AgBr（淡黄色）、AgI（黄色）沉淀，它们均不溶于稀 HNO_3 中。卤化银的溶度积常数是 $K_{sp,AgCl}^{\ominus} > K_{sp,AgBr}^{\ominus} > K_{sp,AgI}^{\ominus}$。AgCl 在氨水、$(NH_4)_2CO_3$ 溶液、$AgNO_3$-NH_3 溶液中，由于生成配离子 $[Ag(NH_3)_2]^+$ 而溶解，其反应为：

$$AgCl + 2NH_3 \rightleftharpoons [Ag(NH_3)_2]^+ + Cl^-$$

AgBr 只能部分溶于氨水中，它在氨水中存在如下平衡：

$$AgBr + 2NH_3 \rightleftharpoons [Ag(NH_3)_2]^+ + Br^-$$

平衡常数：

$$K^{\ominus} = K_{sp,AgBr}^{\ominus} K_{稳,[Ag(NH_3)_2]^+}^{\ominus} = 4.9 \times 10^{-13} \times 1.12 \times 10^7 = 5.49 \times 10^{-6}$$

由于 $K^{\ominus}$ 很小，AgBr 在氨水中的溶解趋势较小，当氨水溶液中含 $AgNO_3$ 时，溶液中 $[Ag(NH_3)_2]^+$ 的浓度就会增加，平衡就向左移动，抑止 AgBr 溶解。利用此性质，可以将 AgBr、AgI 从 AgX 沉淀中分离出来。在分离了 AgBr、AgI 后的溶液中，再加入 HNO_3 酸化，则 AgCl 又重新沉淀，其反应为：

$$[Ag(NH_3)_2]^+ + Cl^- + 2H^+ = AgCl + 2NH_4^+$$

该特征反应可用来鉴定 Cl^- 的存在。

Br^- 和 I^- 可以被氯水氧化为 Br_2 和 I_2，如用 CCl_4 萃取，Br_2 在 CCl_4 层中呈橙黄色，I_2 在 CCl_4 层中呈紫色，借此可鉴定 Br^- 和 I^-。

三、试剂与器材

固体：Zn 粒、NaCl、KBr、KI。

酸碱溶液：HCl（浓）、HNO_3（6mol·L^{-1}）、H_2SO_4（1mol·L^{-1}、3mol·L^{-1}、1:1、浓）。

0.1mol·L^{-1}溶液：NaCl、KI、KBr、$FeCl_3$、$AgNO_3$、NH_4NO_3、$MnSO_4$、$Pb(Ac)_2$、NaClO、$Na_2S_2O_3$。

其他溶液：$KClO_3$（饱和）、KIO_3（饱和）、淀粉溶液、$AgNO_3$-NH_3 溶液、Cl_2 水（新鲜配制）、CCl_4、（Cl^-、Br^-、I^-）混合离子及其未知液。

器材：pH 试纸、滤纸条、离心机。

四、实验方法

1. 卤化氢还原性的比较

在三支干燥试管中分别加入少量 NaCl、KBr、KI 固体，然后加入数滴浓 H_2SO_4，观察现象，并选用合适试纸［pH 试纸、淀粉-KI 试纸或 $Pb(Ac)_2$ 试纸］检验所产生的气体，根据现象分析产物，并比较 HCl、HBr、HI 的还原性，写出反应方程式。

2. 卤素单质的溶解性及卤化物的性质

（1）在两支试管中分别加入 0.5mL 浓度均为 0.1mol·L^{-1} 的 KI 和 KBr 溶液，再各加入 2 滴 0.1mol·L^{-1} FeCl$_3$ 溶液和 0.5mL CCl$_4$。充分振荡，观察两试管中 CCl$_4$ 层的颜色有无变化，并解释实验现象。

（2）将 FeCl$_3$ 溶液换成饱和 Cl$_2$ 水溶液，重复实验（1），观察 CCl$_4$ 层颜色变化，并予说明。

（3）Cl$^-$，Br$^-$，I$^-$ 共存时的分离和鉴定。

① 分别取 0.1mol·L^{-1} NaCl、KBr、KI 溶液，练习鉴定 Cl$^-$、Br$^-$、I$^-$ 的方法。

② 取 Cl$^-$、Br$^-$、I$^-$ 的混合试液，练习分离和鉴定的方法。

③ 向教师领取一份未知溶液（可能含有 Cl$^-$、Br$^-$、I$^-$），设法分离和鉴定有哪些离子存在。

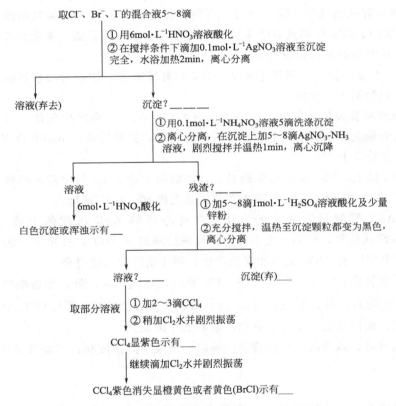

（4）试利用 0.1mol·L^{-1} Na$_2$S$_2$O$_3$ 溶液，设计一个实验方案，比较 AgBr 和 AgI 的溶解度大小。

根据实验（1）、（2）、（3）、（4）的结果，试分析归纳卤素离子的还原性、卤素单质的氧化性及 AgX 溶解度大小的递变规律。

3. NaClO、KClO$_3$、KIO$_3$ 的氧化性

（1）取两支试管各加 0.5mL NaClO 溶液，分别加浓 HCl 溶液（提示：用淀粉-KI 试纸检验反应产生的气体）和 0.1mol·L^{-1} KI 溶液，观察实验现象，写出反应方程式。

（2）另取三支试管各加 0.5mL 饱和 KClO$_3$ 溶液，与下列试剂反应：

① 浓 HCl；

② 0.1mol·L⁻¹KI 溶液；

③ 0.1mol·L⁻¹KI 溶液，并用 1∶1 H_2SO_4 溶液逐步酸化。

观察实验现象，写出反应方程式。

根据实验（1）（2）比较 NaClO、$KClO_3$ 的氧化性强弱。

（3）取两个试管各加 0.1mol·L⁻¹KI 1～2 滴，用 3mol·L⁻¹H_2SO_4 酸化，然后分别滴加 $KClO_3$ 与 KIO_3 饱和溶液，每滴加 1～2 滴后，剧烈振荡，观察溶液变化，写出每步变化的离子方程式，试比较 $KClO_3$、KIO_3 的氧化性强弱。

五、实验注意事项

1. 当 NaX 与浓 H_2SO_4 反应时会产生有害气体，为减少空气污染，在看到预期的实验现象后，应立即用 NaOH 中和 H_2SO_4，终止 NaX 与浓 H_2SO_4 的反应。

2. 浓硫酸具有强腐蚀性、强刺激性，可致人体灼伤。使用时必须戴耐酸碱手套，小心滴加。NaClO 和 $KClO_3$ 都具有强腐蚀性，使用时也必须戴手套。氯水具有强腐蚀性和强刺激性，使用时在通风橱内进行。

3. CCl_4 与水互不相溶，密度比水大，对人和环境有害，使用后必须回收到指定的废液缸中处理，切勿倒入下水道。

4. 若用试纸检验发生的气体，应先准备好润湿的试纸，再产生气体。检查挥发性气体，必须将试纸悬空放于试管口上方，不可碰到试管，只有当管口不沾有反应试剂时，可将试纸覆盖在试管口上方。

5. 淀粉-KI 试纸、$Pb(Ac)_2$ 试纸制备：在滤纸条上滴上 KI 与淀粉溶液各 1 滴，得淀粉-KI 试纸；同法，将 $Pb(Ac)_2$ 溶液滴在滤纸条上得 $Pb(Ac)_2$ 试纸。

6. 检查 AgX 沉淀是否完全的方法：在离心后的 AgX 沉淀的上清液中再滴加 $AgNO_3$，若有浑浊现象，说明沉淀不完全，应继续滴加 $AgNO_3$，并重复上述方法进行检查，若在清液中滴加 $AgNO_3$ 无浑浊现象产生，则表明沉淀已达完全。

7. 用 Cl_2 水氧化 I⁻、Br⁻ 的操作中，Cl_2 水应该逐滴加入，且边加边振摇溶液，这样可以使实验现象明显。当 I_2 转化成 IO_3^- 后，可以防止过量的 Cl_2 再与 CCl_4 中 Br_2 反应生成黄色的 BrCl，而使橙黄色变为淡黄色，影响 Br⁻ 的检出。

8. 卤素均有毒，刺激眼、鼻和器官的黏膜，液溴可灼伤皮肤，不能直接接触。

六、思考题

1. 列出单质 Br_2、I_2 在 CCl_4 中的溶解性及其颜色。

2. 以卤素氧化还原电对的标准电极电势为依据，分析卤素单质、卤素离子的氧化性与还原性的递变规律。

3. 总结能溶解 AgX 的物质有哪些，用 $AgNO_3$ 试剂检验卤素离子时，为什么要加少量 HNO_3？

4. 某同学用淀粉-KI 试纸验证 $KClO_3$ 与浓 HCl 反应所产生的 Cl_2 气时，发现试纸变蓝，但放置一段时间后，蓝色消失，试解释此现象。

5. 某同学在去离子水中加入 $AgNO_3$，发现有白色沉淀产生，由此判断去离子水中有 Cl⁻ 存在。你认为这种说法正确吗？为什么？

6. 现有 A、B、C 三瓶未知 NaX 固体样品，分别与浓 H_2SO_4 反应，A 瓶产生气体只使 pH 试纸变红，B 瓶产生气体既可使 $Pb(Ac)_2$ 试纸变黑，又可使淀粉-KI 试纸变蓝；C 瓶产生气体使淀粉-KI 试纸变蓝，试判断 A、B、C 各为何种卤化物，写出相关的反应方程式。

实验九 p区重要非金属元素及化合物的性质与应用（二）

一、实验目的

1. 掌握 H_2O_2、H_2S 及硫化物的主要性质及其应用。
2. 掌握 S、N、P 主要含氧酸和盐的性质及其应用。
3. 掌握 S^{2-}、SO_3^{2-}、$S_2O_3^{2-}$、NO_2^-、NO_3^-、PO_4^{3-} 的鉴定。
4. 进一步巩固元素性质试验及定性分析的基本操作。

二、实验原理

氧和硫、氮和磷分别是周期系ⅥA、ⅤA族元素，为电负性比较大的元素。

1. 氧

氧的常见氧化值是 -2。H_2O_2 分子中 O 的氧化值为 -1，介于 0 与 -2 之间，因此 H_2O_2 既有氧化性又有还原性。

在酸性介质中：　$H_2O_2 + 2H^+ + 2e^- \!=\!=\!= 2H_2O$　　　$E^\ominus = 1.77V$

　　　　　　　$O_2 + 2H^+ + 2e^- \!=\!=\!= H_2O_2$　　　$E^\ominus = 0.68V$

在碱性介质中：　$HO_2^- + H_2O + 2e^- \!=\!=\!= 3OH^-$　　　$E^\ominus = 0.88V$

　　　　　　　$O_2 + H_2O + 2e^- \!=\!=\!= HO_2^- + OH^-$　　$E^\ominus = -0.076V$

可见，H_2O_2 在酸性介质中是一种强氧化剂，它可以与 S^{2-}、I^-、Fe^{2+} 等多种还原剂反应：

$$4H_2O_2 + PbS \!=\!=\!= PbSO_4 + 4H_2O$$

$$H_2O_2 + 2I^- + 2H^+ \!=\!=\!= I_2 + 2H_2O$$

$$H_2O_2 + 2Fe^{2+} + 2H^+ \!=\!=\!= 2Fe^{3+} + 2H_2O$$

只有遇 $KMnO_4$ 等强氧化剂时，H_2O_2 才作为还原剂，被氧化释放 O_2：

$$5H_2O_2 + 2MnO_4^- + 6H^+ \!=\!=\!= 2Mn^{2+} + 5O_2\!\uparrow + 8H_2O$$

在碱性介质中，H_2O_2 可以使 Mn^{2+} 转化为 MnO_2，使 CrO_2^- 转化为 CrO_4^{2-}。

H_2O_2 不稳定，见光受热易分解，尤其当 I_2、MnO_2 以及 Fe^{2+}、Mn^{2+}、Cu^{2+} 和 Cr^{3+} 等杂质存在时都会加快 H_2O_2 的分解。

在酸性介质中，H_2O_2 与 $K_2Cr_2O_7$ 反应生成 CrO_5，CrO_5 溶于乙醚呈现特征蓝色。

$$Cr_2O_7^{2-} + 4H_2O_2 + 2H^+ \!=\!=\!= 2CrO_5 + 5H_2O$$

CrO_5 不稳定易分解放出 O_2，据此可鉴定 $Cr(Ⅵ)$。

2. 硫

硫的常见氧化值有 -2、0、$+4$、$+6$。H_2S 和硫化物中的 S 的氧化值是 -2，它是强还原剂，可被氧化剂 $KMnO_4$、$K_2Cr_2O_7$、I_2 及三价铁盐等氧化生成 S 或 SO_4^{2-}。

$$5H_2S + 2KMnO_4 + 3H_2SO_4 \!=\!=\!= 5S\!\downarrow + 2MnSO_4 + K_2SO_4 + 8H_2O$$

$$5H_2S + 8KMnO_4 + 7H_2SO_4 =\!=\!= 8MnSO_4 + 4K_2SO_4 + 12H_2O$$

碱金属和铵的硫化物是易溶的，而其余大多硫化物难溶于水，并具有特征颜色。难溶于水的硫化物根据在酸中溶解情况可以分成4类。如①ZnS、MnS、FeS等易溶于稀 HCl；②CdS、PbS等难溶于稀 HCl，易溶于浓 HCl；③CuS、Ag_2S 难溶于稀 HCl、浓 HCl，易溶于 HNO_3；④HgS 在硝酸中也难溶，仅溶于王水。相应的方程式如下：

$$ZnS + 2HCl =\!=\!= ZnCl_2 + H_2S\uparrow$$
$$CdS + 2HCl(浓) =\!=\!= CdCl_2 + H_2S\uparrow$$
$$CuS + 4HNO_3(浓) =\!=\!= Cu(NO_3)_2 + S\downarrow + 2NO_2\uparrow + 2H_2O$$
$$3HgS + 12HCl + 2HNO_3 =\!=\!= 2NO\uparrow + 3H_2[HgCl_4] + 3S\downarrow + 4H_2O$$

鉴定 S^{2-} 常见的方法有3种。S^{2-} 与稀酸反应生成 H_2S 气体，可以根据 H_2S 特有的腐蛋臭味，或能使 $Pb(Ac)_2$ 试纸变黑生成 PbS 的现象检出；在碱性条件下，它能与亚硝酰铁氰化钠 $Na_2[Fe(CN)_5NO]$ 作用生成红紫色配合物，利用此特征反应检出 S^{2-}。

$$S^{2-} + [Fe(CN)_5NO]^{2-} =\!=\!= [Fe(CN)_5NOS]^{4-}$$

SO_2 是具有刺激性气味的气体，易溶于水生成亚硫酸。亚硫酸很不稳定，在水溶液中存在下列平衡：

$$SO_2 + H_2O \Longrightarrow H_2SO_3 \Longrightarrow H^+ + HSO_3^- \Longrightarrow 2H^+ + SO_3^{2-}$$

一旦遇酸，平衡就向左移动，使 H_2SO_3 分解。

在 SO_2 和 H_2SO_3 中 S 的氧化值为 +4，是硫的中间氧化值，既有氧化性又有还原性。SO_3^{2-} 与 $Cr_2O_7^{2-}$、MnO_4^- 反应显还原性。

$$3SO_3^{2-} + Cr_2O_7^{2-} + 8H^+ =\!=\!= 2Cr^{3+} + 3SO_4^{2-} + 4H_2O$$

SO_2 和 H_2SO_3 的氧化性都较弱，与 H_2S 等强还原剂反应才能显示氧化性。

SO_3^{2-} 与 $Na_2[Fe(CN)_5NO]$ 反应，生成红色化合物，用 $NH_3 \cdot H_2O$ 调节溶液呈中性，加入饱和的 $ZnSO_4$ 溶液，使红色化合物的颜色显著加深（组分不详）。检验 SO_3^{2-} 时，S^{2-} 会有干扰，所以应先检查 S^{2-}，若该离子存在，应该先除去，再检验 SO_3^{2-}。除 S^{2-} 的方法：在试液中加入过量的 $PbCO_3$ 固体，使 S^{2-} 全部转化为黑色的 PbS 沉淀。

$Na_2S_2O_3$ 遇酸形成极不稳定的酸，在室温下立即分解生成 SO_2 和 S。

$$H_2S_2O_3 \Longrightarrow H_2O + SO_2 + S$$

$S_2O_3^{2-}$ 中两个 S 原子的平均氧化值为 +2，是中等强度的还原剂。与 I_2 反应被氧化生成 $S_4O_6^{2-}$：

$$2S_2O_3^{2-} + I_2 =\!=\!= S_4O_6^{2-} + 2I^-$$

这个反应在滴定分析中用来定量测碘。$S_2O_3^{2-}$ 与过量 Cl_2、Br_2 等较强氧化剂反应，被氧化为 SO_4^{2-}：

$$10OH^- + S_2O_3^{2-} + 4Br_2 =\!=\!= 2SO_4^{2-} + 8Br^- + 5H_2O$$

$S_2O_3^{2-}$ 有很强的配合性，不溶性的 AgBr 可以溶于过量的 $Na_2S_2O_3$ 溶液中。

$$2S_2O_3^{2-} + AgBr =\!=\!= [Ag(S_2O_3)_2]^{3-} + Br^-$$

$S_2O_3^{2-}$ 与过量 Ag^+ 反应，生成 $Ag_2S_2O_3$ 白色沉淀，并水解，沉淀颜色逐步变成黄色、棕色，以至黑色的 Ag_2S 沉淀，这个反应可以用来检验 $S_2O_3^{2-}$。

$$2Ag^+ + S_2O_3^{2-} =\!=\!= Ag_2S_2O_3\downarrow（白色）$$
$$Ag_2S_2O_3 + H_2O =\!=\!= Ag_2S\downarrow（黑色） + H_2SO_4$$

3. 氮

氮的常见氧化值为 -3、0、$+3$、$+4$、$+5$。HNO_2 的水溶液是弱酸，$K_a^\ominus = 5.0 \times 10^{-4}$，比醋酸的酸性略强，它可以由 $NaNO_2$ 与强酸反应制得。HNO_2 是极不稳定的酸，仅在低温时存在于水溶液中。当温度高于 $4℃$ 时，HNO_2 就按下式分解：

$$2HNO_2 \underset{冷}{\overset{热}{\rightleftharpoons}} H_2O + N_2O_3 \underset{冷}{\overset{热}{\rightleftharpoons}} H_2O + NO + NO_2$$

中间产物 N_2O_3 在水溶液中呈浅蓝色，N_2O_3 不稳定进一步分解为棕色 NO_2 和无色的 NO 气体。利用该性质可以鉴定 NO_2^- 或 HNO_2。

亚硝酸和亚硝酸盐在酸性溶液中，它们的标准电极电势如下：

$$HNO_2 + H^+ + e^- \rightleftharpoons NO + H_2O \qquad E^\ominus = 0.99V$$
$$NO_3^- + 3H^+ + 2e^- \rightleftharpoons HNO_2 + H_2O \qquad E^\ominus = 0.94V$$

可见 HNO_2 及其盐在酸性介质中既有氧化性又有还原性。当与 $KMnO_4$、H_2O_2 等强氧化剂作用时，可以被氧化为 NO_3^-。

$$5NO_2^- + 2MnO_4^- + 6H^+ \rightleftharpoons 5NO_3^- + 2Mn^{2+} + 3H_2O$$

当与 KI、H_2S、$FeSO_4$ 等中等强度的还原剂反应时，还原产物主要为 NO。

$$2HNO_2 + 2I^- + 2H^+ \rightleftharpoons 2NO + I_2 + 2H_2O$$

大多数亚硝酸盐是易溶的，其中浅黄色的 $AgNO_2$ 不溶于水，可以溶于酸。

NO_3^- 在浓 H_2SO_4 介质中与 $FeSO_4$ 发生下列反应：

$$3Fe^{2+} + NO_3^- + 4H^+ \rightleftharpoons 3Fe^{3+} + 2H_2O + NO$$
$$NO + Fe^{2+} \rightleftharpoons Fe(NO)^{2+}$$

$Fe(NO)SO_4$ 为棕色，如果上述反应在浓 H_2SO_4 与含 NO_3^- 溶液的界面上进行，就会出现美丽的棕色环，以此作为 NO_3^- 鉴定的特征现象。

NO_2^- 也有类似反应。在鉴定 NO_3^- 时，若试液中含有 NO_2^-，必须先除去。方法是在试液中加饱和 NH_4Cl 煮沸，NO_2^- 转化为 N_2 而挥发。

$$NO_2^- + NH_4^+ \rightleftharpoons N_2 \uparrow + 2H_2O$$

鉴定 NO_2 的方法是在 HAc 介质中与 $FeSO_4$ 反应，生成棕色的 $Fe(NO)SO_4$ 溶液。

4. 磷

磷酸是非挥发性的中等强度的三元酸，逐级解离酸常数分别是 $K_{a1}^\ominus = 7.6 \times 10^{-3}$、$K_{a2}^\ominus = 6.3 \times 10^{-8}$、$K_{a3}^\ominus = 4.4 \times 10^{-13}$。它可以有三种形式的盐：$M_3PO_4$、$M_2HPO_4$ 和 MH_2PO_4（M 为一价金属离子）。其中磷酸二氢盐易溶于水，其余二种磷酸盐除了钠、钾、铵以外，一般都难溶于水，但可以溶于盐酸。碱金属的磷酸盐如 Na_3PO_4、Na_2HPO_4、NaH_2PO_4 溶于水后，由于水解程度不同，使溶液呈现不同的 pH 值。Na_3PO_4 溶液和 Na_2HPO_4 溶液均显碱性，前者碱度大一些，NaH_2PO_4 溶液呈酸性。磷酸一氢钾与磷酸二氢钾受热脱水生成焦磷酸盐和偏磷酸盐。PO_4^{3-} 在 HNO_3 介质中与饱和钼酸铵发生反应：

$$PO_4^{3-} + 3NH_4^+ + 12MoO_4^{2-} + 24H^+ \rightleftharpoons (NH_4)_3PO_4 \cdot 12MoO_3 \cdot 6H_2O \downarrow + 6H_2O$$

生成难溶的黄色晶体磷钼酸铵，可以鉴定 PO_4^{3-}。在加热条件下，焦磷酸根 $P_2O_7^{4-}$、偏磷酸根 PO_3^- 也会发生类似反应。

三、试剂与器材

固体：MnO_2、$AgBr$、$FeSO_4 \cdot 7H_2O$、Zn 粉、$PbCO_3$。

酸碱溶液：H_2SO_4（$1mol \cdot L^{-1}$、$1:1$、浓）、HAc（$2mol \cdot L^{-1}$）、HNO_3（$6mol \cdot L^{-1}$）、HCl（$2mol \cdot L^{-1}$、$6mol \cdot L^{-1}$）、$NH_3 \cdot H_2O$（$2mol \cdot L^{-1}$、$6mol \cdot L^{-1}$）。

$0.1mol \cdot L^{-1}$溶液：KI、$Pb(Ac)_2$、Na_2S、$AgNO_3$、KNO_3、$K_2Cr_2O_7$、$FeCl_3$、$ZnSO_4$、$K_4[Fe(CN)_6]$、$CdSO_4$、$CuSO_4$、$NaNO_2$、$Na_2S_2O_3$、Na_3PO_4、Na_2HPO_4、NaH_2PO_4、$CaCl_2$。

其他溶液：H_2O_2（3%）、Na_2SO_3（10%）、$KMnO_4$（$0.01mol \cdot L^{-1}$）、$NaNO_2$（$1mol \cdot L^{-1}$）、碘水、氯水、H_2S（饱和）、SO_2（饱和）、$ZnSO_4$（饱和）、$Na_2[Fe(CN)_5NO]$（1%）、乙醚、钼酸铵（饱和）、品红溶液、（S^{2-}、$S_2O_3^{2-}$、SO_3^{2-}）混合液。

器材：pH 试纸、点滴板、离心机。

四、实验方法

1. H_2O_2 的氧化性、还原性和不稳定性

（1）往试管中加入 1mL 3%H_2O_2 溶液，用水浴微热，观察现象，然后加入少量 MnO_2 粉末，用余烬的火柴检验氧气，写出反应方程式，说明 MnO_2 对 H_2O_2 分解速率的影响。

（2）在少量 3%H_2O_2 溶液中，以 $1mol \cdot L^{-1}$ H_2SO_4 酸化后，滴加 KI 溶液，观察现象，写出反应方程式。

（3）在少量 $0.01mol \cdot L^{-1}$ $KMnO_4$ 溶液中，以 $1mol \cdot L^{-1}$ 硫酸酸化后，滴加 3% H_2O_2 溶液，观察现象，写出反应方程式。

（4）往试管中加 0.5mL $0.1mol \cdot L^{-1}$ $K_2Cr_2O_7$，以 1mL $1mol \cdot L^{-1}$ H_2SO_4 酸化，加 0.5mL 乙醚和 2mL 3% H_2O_2，观察乙醚层和溶液颜色有何变化，此特征反应可用鉴定哪些离子？

通过上述实验，说明过氧化氢的性质。

2. H_2S 的还原性

用 H_2S 水溶液分别与 $KMnO_4$（用 H_2SO_4 酸化）、$FeCl_3$ 反应。根据实验现象说明 H_2S 具有什么性质，写出反应方程式。

3. 硫化物的溶解性

（1）取三支离心试管，分别加入 3～5 滴 $0.1mol \cdot L^{-1}$ $ZnSO_4$、$CdSO_4$ 和 $CuSO_4$ 溶液，然后分别加入 $0.1mol \cdot L^{-1}$ Na_2S 0.5～1mL，搅拌，观察硫化物颜色，离心分离并去清液，用少量去离子水洗涤硫化物两次。

（2）用 $2mol \cdot L^{-1}$ HCl、$6mol \cdot L^{-1}$ HCl 和 $6mol \cdot L^{-1}$ HNO_3（热）分别试验 ZnS、CdS、CuS 的可溶性，将反应方程式填写下表中。

离子 \ 加入试剂（现象）	Na_2S	HCl $2mol \cdot L^{-1}$	HCl $6mol \cdot L^{-1}$	HNO_3 $6mol \cdot L^{-1}$（热）	反应方程式
Zn^{2+}	ZnS 白色↓	溶解			
Cd^{2+}	CdS 黄色↓		溶解		
Cu^{2+}	CuS 黑色↓			溶解	

4. 亚硫酸的性质

(1) 在饱和 SO_2 水溶液中分别加入碘水、Zn 粉和 HCl 溶液，观察现象，写出反应方程式。

(2) 在少量品红溶液中，滴加饱和 SO_2 水溶液，观察品红是否褪色，然后将溶液加热，观察颜色的变化。

根据上述实验，总结 H_2SO_3（即 SO_2 饱和水溶液）的性质。

5. 硫代硫酸及其盐的性质

(1) 在少量 $Na_2S_2O_3$ 溶液中加入稀 HCl，静置片刻，观察现象，写出反应方程式。

(2) 取 4 滴碘水，在碘水中逐滴加入 $Na_2S_2O_3$ 溶液，观察碘水颜色的变化，写出反应方程式。

(3) 在少量氯水中逐滴加入 $Na_2S_2O_3$ 溶液（氯水要过量，否则有单质硫生成），观察现象并验证 $Na_2S_2O_3$ 的还原产物，写出反应方程式。

(4) 往 2 滴 $Na_2S_2O_3$ 溶液中逐滴加入 $0.1 mol \cdot L^{-1}$ $AgNO_3$ 溶液，直至不再产生白色沉淀为止，观察沉淀颜色的变化。

根据上述实验，说明 $H_2S_2O_3$ 及 $Na_2S_2O_3$ 的性质。

6. S^{2-}、SO_3^{2-}、$S_2O_3^{2-}$ 的分离与鉴定

(1) S^{2-}、SO_3^{2-}、$S_2O_3^{2-}$ 的个别鉴定

S^{2-} 鉴定：在点滴板上滴入 1 滴 Na_2S，然后滴入 1 滴 1% $Na_2[Fe(CN)_5NO]$，溶液出现紫红色，表示有 S^{2-}。

SO_3^{2-} 鉴定：在点滴板上滴入 2 滴饱和 $ZnSO_4$，然后加入 1 滴 $K_4[Fe(CN)_6]$ 和 1 滴 1% $Na_2[Fe(CN)_5NO]$，并用 $6 mol \cdot L^{-1} NH_3 \cdot H_2O$ 调节使溶液呈中性，再滴加 1 滴 Na_2SO_3 溶液，出现红色沉淀，表示有 SO_3^{2-}。

$S_2O_3^{2-}$ 鉴定：在点滴板上滴入 1 滴 $Na_2S_2O_3$，然后加入 2 滴 $AgNO_3$，生成沉淀，颜色由白色→黄色→棕色→黑色，表示有 $S_2O_3^{2-}$。

(2) S^{2-}、SO_3^{2-}、$S_2O_3^{2-}$ 混合离子的分离与鉴定

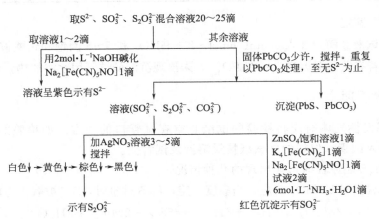

7. 亚硝酸及其盐的性质

(1) 用 $1 mol \cdot L^{-1}$ $NaNO_2$ 和 $1:1$ H_2SO_4 制备少量的 HNO_2，放在冷水或冰水中冷却，观察溶液和溶液上方气体颜色。写出反应方程式，并且说明 HNO_2 在上述各反应中

显示了何种性质？

（2）0.1mol·L^{-1} NaNO$_2$ 在酸性介质中（取何种酸酸化？为什么？）分别与下列试剂反应：0.01mol·L^{-1} KMnO$_4$ 溶液、0.1mol·L^{-1} KI 溶液、0.1mol·L^{-1} Na$_2$S$_2$O$_3$ 溶液。

由实验现象写出离子反应式，并且说明 NaNO$_2$ 在上述各反应中显示了何种性质？

（3）NO$_2^-$、NO$_3^-$ 的鉴定

① 取少量 0.1mol·L^{-1} NaNO$_2$ 溶液，滴加 2mol·L^{-1} HAc 酸化，加入数粒 FeSO$_4$·7H$_2$O 晶体，振荡溶解，溶液呈棕色，示有 NO$_2^-$。

② 往试管中加入 2～3 滴 0.1mol·L^{-1} KNO$_3$ 溶液，数粒 FeSO$_4$·7H$_2$O 晶体，振荡溶解，然后斜持试管，沿管壁慢慢滴加浓 H$_2$SO$_4$，在两液面接触处出现棕色环，示有 NO$_3^-$。

8. 磷酸盐性质

（1）用 pH 试纸检验 0.1mol·L^{-1} 的 Na$_3$PO$_4$、Na$_2$HPO$_4$、NaH$_2$PO$_4$ 溶液的酸碱性，取每种试液 2～3 滴，再加 2 滴 0.1mol·L^{-1} AgNO$_3$，观察有无沉淀生成，pH 值有无变化？

（2）在三支试管中各加入 10 滴 0.1mol·L^{-1} CaCl$_2$ 溶液，然后分别加入等量的 0.1mol·L^{-1} Na$_3$PO$_4$、0.1mol·L^{-1} Na$_2$HPO$_4$ 和 0.1mol·L^{-1} NaH$_2$PO$_4$，观察试管中是否有沉淀生成？然后分别加入 2mol·L^{-1} NH$_3$·H$_2$O、2mol·L^{-1} HCl 溶液。

将（1）（2）的实验现象与结论填入表中，比较磷酸的三种钙盐的溶解性，并说明它们之间的相互转化条件。

实验内容	Na$_3$PO$_4$	Na$_2$HPO$_4$	NaH$_2$PO$_4$
pH 值			
加 AgNO$_3$ 后产物的状态、颜色及 pH 值变化			
加 CaCl$_2$ 后产物的状态、颜色			
加 NH$_3$·H$_2$O 后的产物			
加 HCl 后的产物			

（3）PO$_4^{3-}$ 鉴定

取 PO$_4^{3-}$ 试液 2 滴，加入 0.5mL 6mol·L^{-1} HNO$_3$ 和 5～8 滴饱和钼酸铵试剂，用玻璃棒摩擦试管，若有黄色沉淀产生示有 PO$_4^{3-}$，未出现沉淀的试管用水浴加热，观察现象。

五、实验注意事项

1. 检验挥发性气体时应将检验的试纸悬空在试管口的上方。如检验的气体极少时，也可将试纸伸入试管，但切勿使试纸接触溶液及试管壁。

2. 检验 H$_2$S 还原性时可能出现的几种情况

（1）与强氧化剂 KMnO$_4$ 反应，当酸度一定，H$_2$S 过量时，S^{2-} 被氧化为单质 S 析出：

$$2MnO_4^- + 5H_2S + 6H^+ \!=\!=\!= 5S\downarrow + 2Mn^{2+} + 8H_2O$$

此时可观察到 KMnO$_4$ 的紫色消失，溶液中出现乳白色浑浊。

（2）酸度一定时，与过量的 KMnO$_4$ 反应，或 H$_2$S 放置时间较久，H$_2$S 的浓度降低，则 S^{2-} 可以被氧化为 SO$_4^{2-}$：

$$5H_2S+8MnO_4^-+14H^+ =\!=\!=\!= 8Mn^{2+}+5SO_4^{2-}+12H_2O$$

溶液呈无色透明。

（3）与 $KMnO_4$ 反应，但酸度不够，会出现 MnO_2 棕色沉淀：

$$3H_2S+2MnO_4^-+2H^+ =\!=\!=\!= 2MnO_2\downarrow+3S\downarrow+4H_2O$$

（4）H_2S 与中等强度氧化剂 I_2、Fe^{3+} 反应，S^{2-} 被氧化的产物是 S。

所以 H_2S 的氧化产物与氧化剂的强弱和浓度有关。

3. H_2S 是一种有臭鸡蛋气味的刺激性气体，有毒性，大量吸入会引起窒息死亡，因此相关实验必须在通风橱中进行。

4. 硝酸属于低沸点的挥发性酸，浓硝酸见光易分解，挥发出的分解物会污染环境，危害身体健康，所以观察到相应的实验现象后应尽快用碱中和反应。

5. 鉴定 $S_2O_3^{2-}$ 时，$AgNO_3$ 要过量，否则沉淀会消失。因为 Ag^+ 与 $S_2O_3^{2-}$ 反应生成 $Ag_2S_2O_3$ 沉淀后，若 $S_2O_3^{2-}$ 过量，会进一步反应生成 $[Ag(S_2O_3)_2]^{3-}$，导致沉淀溶解。只有 $AgNO_3$ 过量，$Ag_2S_2O_3$ 进一步发生水解，才会产生 Ag_2S 沉淀，Ag_2S 晶形由小变大，对不同波长的光产生吸收，出现白色、黄色、棕色到黑色的颜色变化。

6. 验证 HNO_2 的不稳定性时，为了能出现蓝色的 N_2O_3 溶液，应该注意控制试剂浓度和反应温度两方面实验条件，其一用 $1mol\cdot L^{-1}NaNO_2$ 和 $1:1H_2SO_4$（浓 H_2SO_4 和 H_2O 以 $1:1$ 比例配制而成）反应；其二反应温度要低于 4℃。

7. $NaNO_2$ 有毒，在人体内会生成致癌物质，因此使用后废液回收处理。

六、思考题

1. O、S、N、P 元素的氢化物与含氧酸及其盐在酸碱性、氧化还原性、稳定性及溶解性方面有哪些特性？又有哪些共性？

2. 鉴定 NO_3^- 时，为使棕色环明显，在操作上要注意什么问题？

3. 在酸性介质中 H_2S 与 $KMnO_4$ 反应，有的出现乳白色浑浊，有的为无色透明溶液，在同样条件下，H_2S 与 $FeCl_3$ 反应只出现乳白色浑浊。①解释实验现象；②讨论氧化剂种类、用量、浓度及溶液酸度对氧化程度的影响。

4. $Na_2S_2O_3$ 和 $AgNO_3$ 溶液反应，为什么有时生成 $Ag_2S_2O_3$ 沉淀，有时却生成 $[Ag(S_2O_3)_2]^{3-}$ 配离子？

5. 长期放置的 H_2S、Na_2S 和 Na_2SO_3 溶液会发生什么变化？

6. 有四种试剂：Na_2SO_4、Na_2SO_3、$Na_2S_2O_3$、$Na_2S_4O_6$，其标签已脱落。设计一简便方法鉴别它们。

实验十 p区主要金属元素及化合物的性质与应用

一、实验目的

1. 掌握铝、锡、铅、锑、铋离子的鉴定反应。

2. 掌握铝、锡、铅、锑、铋的氢氧化物的酸碱性。

3. 掌握铝、锡、铅、锑、铋盐的水解性和铅的难溶性盐的性质。

4. 掌握铝、锡、铅、锑、铋离子及化合物的有关氧化还原性。

二、实验原理

Al、Sn、Pb、Sb、Bi 分别是周期表中第ⅢA、ⅣA、ⅤA 中的金属元素，总称为 p 区金属元素，它们的化学性质主要表现为以下几个方面。

1. 氢氧化物的酸碱性

$$
\left.
\begin{array}{l}
Al^{3+} \\
Sn^{2+} \\
Pb^{2+} \\
Sb^{3+} \\
Bi^{3+}
\end{array}
\xrightarrow[\text{适量}]{+OH^-}
\begin{array}{l}
Al(OH)_3 \downarrow (\text{白色}) \\
Sn(OH)_2 \downarrow (\text{白色}) \\
Pb(OH)_2 \downarrow (\text{白色}) \\
Sb(OH)_3 \downarrow (\text{白色}) \\
Bi(OH)_3 \downarrow (\text{白色})
\end{array}
\xrightarrow[\text{过量}]{+OH^-}
\begin{array}{l}
AlO_2^- + H_2O \\
SnO_2^{2-} + H_2O \\
PbO_2^{2-} + H_2O \\
SbO_3^{3-} + H_2O
\end{array}
\right\}\text{两性}
$$

这些元素的氢氧化物的酸碱性变化规律为：

碱性增强↓

	$Sn(OH)_2$（两性）	$Sn(OH)_4$（两性，偏酸性）	$Sb(OH)_3$（两性）	$HSb(OH)_6$（两性，偏酸性）	碱性增强↓
	$Pb(OH)_2$（两性，偏碱性）	$Pb(OH)_4$（两性，偏酸性）	$Bi(OH)_3$（弱碱性）	Bi_2O_5（极不稳定）	

酸性增强→　　　　　　　　　酸性增强→

除 $Bi(OH)_3$ 外，其他氢氧化物均具有两性，其中 $Al(OH)_3$、$Sn(OH)_2$、$Sb(OH)_3$ 两性明显，$Pb(OH)_2$ 碱性为主，略有两性。

2. 硫化物

$$
\begin{array}{l}
Al^{3+} \\
Sn^{2+} \\
Sn^{4+} \\
Pb^{2+} \\
Sb^{3+} \\
Bi^{3+}
\end{array}
\xrightarrow[{[H^+]=0.3mol \cdot L^{-1}}]{+H_2S}
\begin{array}{l}
SnS \downarrow (\text{褐色})\text{溶于 } 6mol \cdot L^{-1} \text{ 的热 HCl} \\
SnS_2 \downarrow (\text{黄色})\text{溶于 } 6mol \cdot L^{-1} \text{ 的热 HCl} \\
PbS \downarrow (\text{黑色})\text{溶于稍浓的 } HNO_3 \\
Sb_2S_3 \downarrow (\text{橙色})\text{溶于热的浓 } HNO_3 \\
Bi_2S_3 \downarrow (\text{黑褐色})\text{溶于热的 } HNO_3
\end{array}
$$

Al^{3+} 在 H_2S 溶液中不生成硫化物或者氢氧化物沉淀，因为 Al_2S_3 在水中完全水解，生成 $Al(OH)_3$ 和 H_2S，$Al(OH)_3$ 又被酸性的溶液所溶解。若在 Al^{3+} 中加入 $(NH_4)_2S$ 溶液，则可生成白色的 $Al(OH)_3$ 沉淀。

在上述金属硫化物的沉淀中，SnS_2、Sb_2S_3 偏酸性，因此它们可溶于过量的 NaOH、Na_2S 或 $(NH_4)_2S$ 溶液中，生成硫代酸盐。

$$
\begin{array}{l}
SnS_2 \\
Sb_2S_3
\end{array}
\xrightarrow{+Na_2S}
\begin{array}{l}
Na_2SnS_3 \\
Na_3SbS_3
\end{array}
$$

$$
\begin{array}{l}
SnS_2 \\
Sb_2S_3
\end{array}
\xrightarrow{+NaOH}
\begin{array}{l}
Na_2SnS_3 + Na_2SnO_3 + H_2O \\
Na_3SbS_3 + Na_3SbO_3 + H_2O
\end{array}
$$

根据上述性质，可使 SnS_2、Sb_2S_3 与呈碱性的 PbS、Bi_2S_3 和 SnS 进行分离。硫代酸盐在酸性溶液中不稳定，一旦遇酸，则又将析出硫化物沉淀。

$$
\begin{array}{l}
SnS_3^{2-} \\
SbS_3^{3-}
\end{array}
\xrightarrow{+H^+}
\begin{array}{l}
SnS_2 \downarrow + H_2S \\
Sb_2S_3 \downarrow + H_2S
\end{array}
$$

有时 SnS 也能溶解于 Na_2S 的溶液中，这是因为经放置的 Na_2S 溶液中常常存在部分的

Na_2S_x，而 S_x^{2-} 具有氧化性，可将 SnS 氧化成 SnS_3^{2-} 而溶解，因此，欲分离 SnS 和 SnS_2 需要用新鲜配制的 Na_2S 溶液。另外 SnS 也能完全溶于 $(NH_4)_2S_x$ 溶液中形成 SnS_3^{2-}。

3. 氧化还原性

$Sn(II)$ 具有较强的还原性，其中 $SnCl_2$ 是常见的还原剂。$Pb(IV)$、$Bi(V)$ 具有较强的氧化性，常以 PbO_2、$NaBiO_3$ 作氧化剂。

在酸性介质中，Sn^{2+} 与少量 $HgCl_2$ 反应，可出现白色沉淀渐变灰黑的现象。

$$SnCl_2 + 2HgCl_2 =\!=\!= SnCl_4 + Hg_2Cl_2\downarrow（白色）$$
$$SnCl_2 + Hg_2Cl_2 =\!=\!= SnCl_4 + 2Hg\downarrow（黑色）$$

据此反应，可鉴定 Sn^{2+} 或 Hg^{2+}。

$[Sn(OH)_4]^{2-}$ 也可作还原剂与 Bi^{3+} 反应，生成黑色 Bi 的沉淀。

$$3[Sn(OH)_4]^{2-} + 2Bi^{3+} + 6OH^- =\!=\!= 3[Sn(OH)_6]^{2-} + 2Bi\downarrow（黑色）$$

据此反应，可鉴定 Bi^{3+}。

$NaBiO_3$ 和 PbO_2 在酸性介质中是强氧化剂，可以氧化 Mn^{2+}，生成 MnO_4^-。

$$2Mn^{2+} + 5NaBiO_3 + 14H^+ =\!=\!= 2MnO_4^- + 5Na^+ + 5Bi^{3+} + 7H_2O$$
$$2Mn^{2+} + 5PbO_2 + 4H^+ =\!=\!= 2MnO_4^- + 5Pb^{2+} + 2H_2O$$

依据溶液中 MnO_4^- 特征的紫红色可以鉴定 Mn^{2+}。

4. 水解性

Sn^{2+}、Sb^{3+}、Bi^{3+} 的盐都易水解：

$$SnCl_2 + H_2O =\!=\!= Sn(OH)Cl\downarrow（白色）+ HCl$$
$$SbCl_3 + H_2O =\!=\!= SbOCl\downarrow（白色）+ 2HCl$$
$$Bi(NO_3)_3 + H_2O =\!=\!= BiONO_3\downarrow（白色）+ 2HNO_3$$
$$BiCl_3 + H_2O =\!=\!= Bi(OH)_2Cl + 2HCl$$
$$\xrightarrow{\ +H_2O\ } BiOCl\downarrow（白色）$$

因此，在配制这些盐溶液时，通常要加些相应的酸以抑制水解作用。

5. 铅的某些难溶盐

铅盐中除 $Pb(NO_3)_2$ 和 $Pb(Ac)_2$ 易溶外，一般均难溶于水，并具特征的颜色。

难溶盐	颜色	$K_{sp}^{\ominus}$	热水	饱和 NH4Ac	KI	NaOH（6mol·L^{-1}）
$PbCl_2$	白色	1.6×10^{-5}	溶解			
$PbSO_4$	白色	1.3×10^{-8}		$[PbAc]^+$		
PbI_2	黄色	8.3×10^{-9}			$[PbI_4]^{2-}$	
$PbCrO_4$	黄色	2.8×10^{-13}				$[Pb(OH)_3]^-$ 或 PbO_2

$PbCl_2$ 溶于热水、浓 HCl 等；$PbSO_4$ 溶于浓 H_2SO_4、饱和 NH_4Ac；$PbCrO_4$ 溶于稀 HNO_3、浓 HCl、浓 $NaOH$；PbI_2 溶于浓 KI。

$$PbCl_2 + 2HCl =\!=\!= H_2[PbCl_4]$$
$$2PbSO_4 + 2NH_4Ac =\!=\!= [PbAc]_2SO_4 + (NH_4)_2SO_4$$
$$2PbCrO_4 + 2HNO_3 =\!=\!= PbCr_2O_7 + Pb(NO_3)_2 + H_2O$$
$$PbCrO_4 + 4NaOH =\!=\!= Na_2PbO_2 + Na_2CrO_4 + 2H_2O$$
$$PbI_2 + 2KI =\!=\!= K_2[PbI_4]$$

$PbCrO_4$ 的 $K_{sp}^{\ominus}$ 最小，又有特征的颜色，故常用于鉴定 Pb^{2+}。

三、试剂与器材

固体：$SnCl_2$、$SbCl_3$、$Bi(NO_3)_3$、PbO_2、$NaBiO_3$、Sn 片。

酸碱溶液：HCl（$2mol \cdot L^{-1}$、$6mol \cdot L^{-1}$、浓）、H_2SO_4（$1mol \cdot L^{-1}$、$3mol \cdot L^{-1}$）、HNO_3（$0.5mol \cdot L^{-1}$、$2mol \cdot L^{-1}$、$6mol \cdot L^{-1}$）、HAc（$6mol \cdot L^{-1}$）、$NH_3 \cdot H_2O$（$6mol \cdot L^{-1}$）、NaOH（$2mol \cdot L^{-1}$、$6mol \cdot L^{-1}$）。

$0.1mol \cdot L^{-1}$ 溶液：$Al_2(SO_4)_3$、$SnCl_2$、$Pb(NO_3)_2$、$SbCl_3$、$BiCl_3$、KI、K_2CrO_4、$HgCl_2$、$MnSO_4$。

其他溶液：NH_4Ac（饱和）、KI（$2mol \cdot L^{-1}$）、NaClO、铝试剂。

器材：pH 试纸、离心机。

四、实验方法

1. 掌握铝、锡、铅、锑、铋的氢氧化物酸碱性

取实验室常用试剂自制少量 $Al(OH)_3$、$Sn(OH)_2$、$Pb(OH)_2$、$Sb(OH)_3$ 和 $Bi(OH)_3$，检验它们的酸碱性，由此得出结论［检验 $Pb(OH)_2$ 的碱性时用什么酸］。将上述实验所观察到的现象及反应产物填入表内，并对其酸碱性作出讨论。

试验项目		Al^{3+}	Sn^{2+}	Pb^{2+}	Sb^{3+}	Bi^{3+}
M^{n+}＋NaOH		$Al(OH)_3 \downarrow$（白色）				
$M(OH)_n$	＋NaOH	溶解 $Na[Al(OH)_4]$				
	＋酸	溶解 $AlCl_3$				
结论		两性				

2. 铝、锡、锑、铋盐的水解性

取 $SnCl_2$、$SbCl_3$、$Bi(NO_3)_3$ 固体少量，分别加水，测定 pH 值，观察其水解情况。在水解产物中加酸，会产生何种现象？铝盐的水解性如何试验？

3. 铅的难溶性盐的生成和溶解

（1）制取少量 $PbCl_2$、$PbSO_4$、PbI_2、$PbCrO_4$ 沉淀，观察沉淀颜色。离心分离后，沉淀按下表进行溶解性实验，并将实验结果填入下表。

难溶盐	颜 色	溶 解 性		反应方程式
$PbCl_2$		热水		
		HCl（浓）		
$PbCrO_4$		HNO_3（$6mol \cdot L^{-1}$）		
		NaOH（$6mol \cdot L^{-1}$）		
$PbSO_4$		NH_4Ac（饱和）		
PbI_2		KI（$2mol \cdot L^{-1}$）		

（2）请设计由 $Pb^{2+} \rightarrow PbCl_2 \rightarrow PbSO_4 \rightarrow PbCrO_4$ 转化的实验方案，记录实验现象，写出转化反应方程式，并比较铅的难溶盐的溶解度大小。

4. 氧化还原性

（1）选择合适的试剂，验证 Sn(Ⅱ) 在不同介质中的还原性，观察现象，写出反应方程式。

（2）PbO_2、$NaBiO_3$ 的氧化性

① 取少量 $NaBiO_3$ 固体于另一试管中，加入 1～2 滴 $0.1 mol \cdot L^{-1}$ $MnSO_4$ 溶液及 $6 mol \cdot L^{-1}$ HNO_3，加热，观察实验现象，并写出反应方程式（此处能否用 HCl 来代替 HNO_3 酸化？）。

② 选择合适的试剂，设计两个实验，验证在酸性介质中 PbO_2 具有强的氧化性。观察现象，写出反应方程式。

5. Al^{3+}、Sn^{2+}、Pb^{2+}、Sb^{3+}、Bi^{3+} 的鉴定

Al^{3+} 的鉴定：取试液数滴于一离心试管中，加铝试剂 2 滴，再加 $6 mol \cdot L^{-1}$ $NH_3 \cdot H_2O$ 调节至碱性，水浴加热，若有红色絮状沉淀出现示有 Al^{3+}。

Sn^{2+} 的鉴定：取试液数滴于一离心试管中，加 $0.1 mol \cdot L^{-1}$ $HgCl_2$ 溶液 1 滴，若生成白色沉淀并逐渐变成灰黑色沉淀示有 Sn^{2+}。

Pb^{2+} 的鉴定：取试液数滴于一离心试管中，加 $6 mol \cdot L^{-1}$ HAc 2～3 滴，加 $0.1 mol \cdot L^{-1}$ K_2CrO_4 溶液 2 滴，若有黄色沉淀生成并能溶于 $6 mol \cdot L^{-1}$ NaOH 溶液中则示有 Pb^{2+}。

Sb^{3+} 的鉴定：取试液数滴于一离心试管中，加入 Sn 片一块，若 Sn 片上出现黑色斑点，用 NaBrO 或 NaClO 洗涤 Sn 片，黑色沉淀不褪去则示有 Sb^{3+}。

Bi^{3+} 的鉴定：取试液数滴于一离心试管中，加入自制的 $[Sn(OH)_4]^{2-}$ 溶液，若有黑色沉淀出现示有 Bi^{3+}。

五、实验注意事项

1. 氢氧化物的酸碱性实验时，先自制各自的氢氧化物，离心分离，弃去上层清液后，分成两份，在氢氧化物沉淀上直接加酸（HCl）、加碱（NaOH），观察两性。$Pb(OH)_2$ 两性鉴定时，不用 HCl 和 H_2SO_4，应用 HAc（或 HNO_3）和 NaOH。由于 Sn、Pb、Sb 的氢氧化物呈两性，所以在自制氢氧化物时，加入的 NaOH 必须适量，且 NaOH 必须逐滴加入，并不断振荡试管。

2. $Bi(OH)_3$ 为白色沉淀，容易脱水生成 BiO(OH) 而使沉淀转变为黄色。

3. 水解性试验时。$SnCl_2$、$SbCl_3$、$BiCl_3$ 不能溶于水，需加浓酸才溶解，所以溶液的酸度较高，水解试验时需加过量 H_2O，可产生 $M(OH)_n$ 沉淀。Al^{3+} 盐的水解性试验为：$AlCl_3$ 溶液加 $(NH_4)_2S$ 溶液得到白色 $Al(OH)_3$ 沉淀。

4. 如选用 $HgCl_2$ 与 $SnCl_2$ 反应来验证 $SnCl_2$ 的还原性，$SnCl_2$ 用量的多少对反应产物及现象有影响。$HgCl_2$ 逐滴加入，可观察到先白色沉淀后灰黑色沉淀的变化过程。若 $HgCl_2$ 加入量不足，则可能只观察到白色的 Hg_2Cl_2 沉淀。如现象不明显，可放置一段时间。

5. 选用 Mn^{2+} 验证 PbO_2、$NaBiO_3$ 的强氧化性，应避免用 HCl 酸化，且 Mn^{2+} 的用量宜少（1～2 滴），如现象不明显，可增加酸度或加热、离心沉降后，观察上层清液中溶液的颜色。

6. Bi^{3+} 鉴定时，$Sn(OH)_4^{2-}$ 试剂的自制方法为：$SnCl_2$ 溶液中加入过量的 NaOH，使白色沉淀溶解。

7. 铅的化合物对环境有污染，对人体有害，使用后的废液要统一回收处理，切不可倒入下水道中。

8. 汞及其化合物可经呼吸道、消化道和皮肤侵入人体，在机体内汞离子和酶蛋白的巯基结合而抑制多种酶的功能，妨碍细胞正常的代谢功能，带来消化道和肾的损害。所以做该类实验应在通风橱中进行，并戴好防护手套。

六、思考题

1. 铝、锡、铅、锑、铋的化合物有哪些主要的化学性质？如何应用铝、锡、铅、锑、铋的化合物在性质上的差异进行离子的分离？

2. 实验室配制 $SnCl_2$ 溶液时，为什么既要加 HCl，又要加锡粒？

3. 在 Al^{3+} 的溶液中加入 $(NH_4)_2S$ 是否有沉淀生成？是 Al_2S_3 沉淀吗？

4. Pb^{2+}、Ba^{2+} 的硫酸盐、铬酸盐有何区别？二者如何分离？

5. 如何分离 SnS、Sb_2S_3、PbS？

6. PbS 能否被 H_2O_2 氧化为 $PbSO_4$？如能进行，写出反应方程式，并说明这一反应有何实际意义。

实验十一　d区元素（铬、锰、铁、钴、镍）化合物的性质与应用

一、实验目的

1. 熟悉 d 区元素主要氢氧化物的酸碱性及氧化还原性。
2. 掌握 d 区元素主要化合物氧化还原性。
3. 掌握 Fe、Co、Ni 配合物的生成和性质及其在离子鉴定中的应用。
4. 掌握 Cr、Mn、Fe、Co、Ni 混合离子的分离及鉴定方法。

二、实验原理

Cr、Mn 和铁系元素 Fe、Co、Ni 为第四周期的ⅥB、ⅦB、ⅧB 元素。它们的重要化合物性质如下。

1. Cr 重要化合物的性质

$Cr(OH)_3$（蓝绿色）是典型的两性氢氧化物，$Cr(OH)_3$ 与过量 NaOH 反应得到绿色的 $NaCrO_2$，$NaCrO_2$ 具有还原性，易被 H_2O_2 氧化成黄色 Na_2CrO_4。

$$Cr(OH)_3 + NaOH \Longrightarrow NaCrO_2 + 2H_2O$$
$$2NaCrO_2 + 3H_2O_2 + 2NaOH \Longrightarrow 2Na_2CrO_4 + 4H_2O$$

铬酸盐与重铬酸盐互相可以转化，溶液中存在下列平衡关系：

$$2CrO_4^{2-} + 2H^+ \Longrightarrow Cr_2O_7^{2-} + H_2O$$

酸性溶液中，$Cr_2O_7^{2-}$ 与 H_2O_2 反应时，产生蓝色的双过氧化铬 $CrO(O_2)_2$，它在有机试剂乙醚中较稳定。

$$Cr_2O_7^{2-} + 4H_2O_2 + 2H^+ \Longrightarrow 2CrO(O_2)_2 + 5H_2O$$

上述一系列反应可以用来鉴定 Cr^{3+}、CrO_2^-、CrO_4^{2-}、$Cr_2O_7^{2-}$。

$BaCrO_4$、Ag_2CrO_4、$PbCrO_4$ 的 $K_{sp}^{\ominus}$ 值分别为 1.17×10^{-10}、1.12×10^{-12} 和 2.80×10^{-13}，均为难溶盐。因 CrO_4^{2-} 和 $Cr_2O_7^{2-}$ 在溶液中存在平衡关系，又 Ba^{2+}、Ag^+、Pb^{2+} 的重铬酸盐的溶解度比铬酸盐的溶解度大，故向 $Cr_2O_7^{2-}$ 溶液中加入 Ba^{2+}、Ag^+、Pb^{2+} 时，根据平衡移动规则，可得到铬酸盐沉淀：

$$2Ba^{2+}+Cr_2O_7^{2-}+H_2O \Longrightarrow 2BaCrO_4\downarrow(柠檬黄色)+2H^+$$
$$4Ag^++Cr_2O_7^{2-}+H_2O \Longrightarrow 2Ag_2CrO_4\downarrow(砖红色)+2H^+$$
$$2Pb^{2+}+Cr_2O_7^{2-}+H_2O \Longrightarrow 2PbCrO_4\downarrow(铬黄色)+2H^+$$

在酸性条件下，$Cr_2O_7^{2-}$ 具有强氧化性，可氧化乙醇，反应式如下：

$$2Cr_2O_7^{2-}(橙色)+3C_2H_5OH+16H^+ \Longrightarrow 4Cr^{3+}(绿色)+3CH_3COOH+11H_2O$$

根据颜色变化，可定性检查人呼出的气体和血液中是否含有酒精，判断是否酒后驾车或酒精中毒。

2. Mn 重要化合物的性质

$Mn(OH)_2$（白色）是中强碱，具有还原性，易被空气中的 O_2 所氧化，

$$2Mn(OH)_2+O_2 \Longrightarrow 2MnO(OH)_2(褐色)$$

$MnO(OH)_2$ 不稳定，分解生成 MnO_2 和 H_2O。

在酸性溶液中，Mn^{2+} 很稳定，与强氧化剂如 $NaBiO_3$、PbO_2、$S_2O_8^{2-}$ 等作用时，可生成紫红色 MnO_4^-。

$$2Mn^{2+}+5NaBiO_3+14H^+ \Longrightarrow 2MnO_4^-+5Bi^{3+}+5Na^++7H_2O$$

此反应可用来鉴定 Mn^{2+}。

MnO_4^{2-}（绿色）能稳定存在于强碱溶液中，而在中性或微碱性溶液中易发生歧化反应。

$$3MnO_4^{2-}+2H_2O \Longrightarrow 2MnO_4^-+MnO_2\downarrow+4OH^-$$

K_2MnO_4 可被强氧化剂如 Cl_2 氧化为 $KMnO_4$。

MnO_4^- 具有强氧化性，它的还原产物与溶液的酸碱性有关。在酸性、中性或碱性介质中，MnO_4^- 分别被还原为 Mn^{2+}、MnO_2 和 MnO_4^{2-}。

$$2MnO_4^-+6H^++5SO_3^{2-} \Longrightarrow 2Mn^{2+}+5SO_4^{2-}+3H_2O$$
$$2MnO_4^-+H_2O+3SO_3^{2-} \Longrightarrow 2MnO_2+3SO_4^{2-}+2OH^-$$
$$2MnO_4^-+2OH^-+SO_3^{2-} \Longrightarrow 2MnO_4^{2-}+SO_4^{2-}+H_2O$$

3. Fe、Co、Ni 重要化合物的性质

$Fe(OH)_2$（白色）和 $Co(OH)_2$（粉色）除具碱性外，均具还原性，易被空气中的 O_2 所氧化。

$$4Fe(OH)_2+O_2+2H_2O \Longrightarrow 4Fe(OH)_3$$
$$4Co(OH)_2+O_2+2H_2O \Longrightarrow 4Co(OH)_3$$

$Co(OH)_3$（褐色）和 $Ni(OH)_3$（黑色）具强氧化性，可将盐酸中的 Cl^- 氧化成 Cl_2。

$$2M(OH)_3+6HCl(浓) \Longrightarrow 2MCl_2+Cl_2+6H_2O(M 为 Ni、Co)$$

铁系元素是良好的配合物的形成体，能形成多种配合物。常见的有氨的配合物，如 Fe^{2+}、Co^{2+}、Ni^{2+} 与 NH_3 能形成配离子，它们的稳定性依次递增。

在无水状态下，$FeCl_2$ 与液 NH_3 形成 $[Fe(NH_3)_6]Cl_2$，此配合物不稳定，遇水即分解：

$$4[Fe(NH_3)_6]Cl_2 + O_2 + 10H_2O == 4Fe(OH)_3\downarrow + 16NH_3 + 8NH_4Cl$$

Co^{2+} 与过量氨水作用，生成淡黄色 $[Co(NH_3)_6]^{2+}$ 配离子。

$$Co^{2+} + 6NH_3 \cdot H_2O == [Co(NH_3)_6]^{2+} + 6H_2O$$

$[Co(NH_3)_6]^{2+}$ 配离子不稳定，放置在空气中即被氧化成棕黄色的 $[Co(NH_3)_6]^{3+}$。

$$4[Co(NH_3)_6]^{2+} + O_2 + 2H_2O == 4[Co(NH_3)_6]^{3+} + 4OH^-$$

Ni^{2+} 与过量氨水反应，生成浅蓝色 $[Ni(NH_3)_6]^{2+}$ 配离子。

$$Ni^{2+} + 6NH_3 \cdot H_2O == [Ni(NH_3)_6]^{2+} + 6H_2O$$

铁系元素还有一些配合物，不仅很稳定，而且具有特殊颜色，根据这些特性，可用来鉴定铁系元素离子，如 Fe^{3+} 与黄血盐 $K_4[Fe(CN)_6]$ 溶液反应，生成深蓝色 $Fe_4[Fe(CN)_6]_3$ 配合物沉淀：

$$4Fe^{3+} + 3[Fe(CN)_6]^{4-} == Fe_4[Fe(CN)_6]_3\downarrow（普鲁士蓝）$$

Fe^{2+} 与赤血盐 $K_3[Fe(CN)_6]$ 溶液反应，生成深蓝色 $Fe_3[Fe(CN)_6]_2$ 配合物沉淀：

$$3Fe^{2+} + 2[Fe(CN)_6]^{3-} == Fe_3[Fe(CN)_6]_2\downarrow（滕氏蓝）$$

Co^{2+} 与 SCN^- 作用，生成艳蓝色配离子：

$$Co^{2+} + 4SCN^- == [Co(SCN)_4]^{2-}（蓝色）$$

当 Co^{2+} 溶液中混有少量 Fe^{3+} 时，Fe^{3+} 与 SCN^- 作用生成血红色配离子：

$$Fe^{3+} + nSCN^- == [Fe(SCN)_n]^{3-n}（n=1\sim6）$$

少量 Fe^{3+} 的存在，干扰 Co^{2+} 的检出，可采用加掩蔽剂 NH_4F（或 NaF）的方法，F^- 可与 Fe^{3+} 结合形成更稳定、且无色的配离子 $[FeF_6]^{3-}$，将 Fe^{3+} 掩蔽起来，从而消除 Fe^{3+} 的干扰。

$$[Fe(SCN)_n]^{(3-n)} + 6F^- == [FeF_6]^{3-} + nSCN^-$$

Ni^{2+} 在氨性或 $NaAc$ 溶液中，与丁二酮肟（即二乙酰二肟）反应生成鲜红色螯合物沉淀。

Cr^{3+}、Mn^{2+}、Fe^{3+}、Fe^{2+}、Co^{2+} 和 Ni^{2+} 的鉴定方法列表如下：

离子	鉴定试剂	现象及产物
Cr^{3+}	$NaOH$，H_2O_2，HNO_3，乙醚	乙醚层中呈深蓝色 $[CrO(O_2)_2]$
Mn^{2+}	HNO_3，$NaBiO_3$(s)	紫红色(MnO_4^-)
Fe^{2+}	$K_3[Fe(CN)_6]$	蓝色沉淀($K[Fe^{III}(CN)_6Fe^{II}]$)
Fe^{3+}	(1) $K_4[Fe(CN)_6]$ (2) $KSCN$	(1) 蓝色沉淀($K[Fe^{II}(CN)_6Fe^{III}]$) (2) 血红色($[Fe(SCN)_n]^{3-n}$)($n=1\sim6$)
Co^{2+}	$KSCN$(饱和)，丙酮	丙酮中呈蓝色($[Co(SCN)_4]^{2-}$)
Ni^{2+}	二乙酰二肟，$NH_3 \cdot H_2O$	鲜红色沉淀(螯合物)

三、试剂与器材

固体：MnO_2、$FeSO_4 \cdot 7H_2O$、NaF 或 NH_4F、$NaBiO_3$。

酸碱溶液：H_2SO_4（3mol·L^{-1}）、HNO_3（6mol·L^{-1}）、HCl（浓）、$NaOH$（2mol·L^{-1}、6mol·L^{-1}、40%）、$NH_3 \cdot H_2O$（6mol·L^{-1}）。

0.1mol·L^{-1} 溶液：Na_2SO_3、$KSCN$、KI、$KMnO_4$、$K_2Cr_2O_7$、$K_4[Fe(CN)_6]$、$K_3[Fe(CN)_6]$、$CrCl_3$、$MnSO_4$、$FeCl_3$、$CoCl_2$、$NiSO_4$。

0.5mol·L⁻¹溶液：$CoCl_2$、$NiSO_4$。

其他试剂和溶液：乙醚、丙酮、丁二酮肟、氯水、乙醇、淀粉、NH_4Cl（1mol·L⁻¹）、H_2O_2（3%）、（Fe^{3+}、Cr^{3+}、Mn^{2+}）混合液、（Fe^{3+}、Co^{2+}、Ni^{2+}）混合液、（Cr^{3+}、Mn^{2+}、Fe^{2+}、Co^{2+}、Ni^{2+}）混合液。

器材：滤纸条、点滴板、离心机。

四、实验方法

1. 低价氢氧化物的酸碱性及还原性

用 0.1mol·L⁻¹ $MnSO_4$、0.5mol·L⁻¹ $CoCl_2$ 溶液、少量 $FeSO_4·7H_2O$ 固体及 2mol·L⁻¹ NaOH 溶液，试验 Mn^{2+}、Fe^{2+} 及 Co^{2+} 氢氧化物的酸碱性及在空气中的稳定性。观察沉淀的颜色，写出有关反应方程式。

实验项目		Mn^{2+}	Fe^{2+}	Co^{2+}
	$M^{n+}+OH^-$			
$M(OH)_n$	$+H^+$			
	$+OH^-$			
酸碱性				
$M(OH)_2+O_2$				
在空气中的稳定性				

2. 高价氢氧化物的氧化性

取 0.1mol·L⁻¹ $FeCl_3$、$CoCl_2$、$NiSO_4$ 溶液，加 6mol·L⁻¹ NaOH 溶液和 NaClO 溶液制备高价氢氧化物，观察沉淀的颜色，然后向沉淀中滴加浓盐酸，检查是否有氯气产生？写出有关反应方程式。

实验项目		$Fe(OH)_3$	$Co(OH)_3$	$Ni(OH)_3$
	制备	$Fe^{3+}+OH^-$	$Co(OH)_2+NaClO$	$Ni(OH)_2+NaClO$
$M(OH)_3$	颜色			
	+浓 HCl 反应式			

3. 低价盐的还原性

（1）碱性介质中 Cr(Ⅲ) 的还原性　取少量 0.1mol·L⁻¹ $CrCl_3$ 溶液，滴加 2mol·L⁻¹ NaOH 溶液，观察沉淀的颜色，继续滴加 NaOH 至沉淀溶解，再加入 3% H_2O_2 溶液，加热，观察溶液颜色的变化，写出有关反应方程式。

（2）Mn^{2+} 在酸性介质中的还原性　取少量 0.1mol·L⁻¹ $MnSO_4$ 溶液，滴加 6mol·L⁻¹ HNO_3 酸化，再加少量 $NaBiO_3$ 固体，微热，观察溶液颜色的变化，写出有关反应方程式。

4. 高价盐的氧化性

（1）Cr(Ⅵ) 的氧化性

① 取数滴 0.1mol·L⁻¹ $K_2Cr_2O_7$ 溶液，滴加 3mol·L⁻¹ H_2SO_4 溶液，再加入少量 0.1mol·L⁻¹ Na_2SO_3 溶液，观察溶液颜色的变化，写出有关反应方程式。

② 取 1mL 0.1mol·L^{-1} K$_2$Cr$_2$O$_7$ 溶液，用 1mL 3mol·L^{-1}H$_2$SO$_4$ 酸化，再滴入少量乙醇，微热，观察溶液由橙色变为何色，写出反应方程式。

（2）Mn(Ⅶ)的氧化性

取三支试管，各加入少量 KMnO$_4$ 溶液，然后分别加入 3mol·L^{-1}H$_2$SO$_4$、H$_2$O 和 6mol·L^{-1}NaOH 溶液，再在各试管中分别滴加 0.1mol·L^{-1}Na$_2$SO$_3$ 溶液，观察紫红色溶液分别变为何色。写出有关反应方程式。

（3）Fe^{3+} 的氧化性

取数滴 0.1mol·L^{-1} FeCl$_3$ 于试管中，加 0.1mol·L^{-1} KI 数滴，观察现象并写出反应方程式。

5. 锰酸盐的生成及不稳定性

取 10 滴 0.01mol·L^{-1}KMnO$_4$ 溶液，加入 1mL 40% NaOH，再加入少量 MnO$_2$ 固体，微热，搅拌，静置片刻，离心沉降，取出上层绿色清液（K$_2$MnO$_4$ 溶液）。

（1）取少量绿色清液，滴加 3mol·L^{-1}H$_2$SO$_4$，观察溶液颜色变化和沉淀的颜色，写出反应方程式。

（2）取数滴绿色清液，加入氯水，加热，观察溶液颜色的变化，写出反应方程式。

6. 钴和镍的氨配合物

（1）取数滴 0.5mol·L^{-1}CoCl$_2$ 溶液，滴加少量 1mol·L^{-1}NH$_4$Cl 和过量 6mol·L^{-1}NH$_3$·H$_2$O。观察溶液颜色的变化，写出有关反应方程式。

（2）取数滴 0.5mol·L^{-1}NiSO$_4$ 溶液，滴加少量 1mol·L^{-1}NH$_4$Cl 和过量 6mol·L^{-1}NH$_3$·H$_2$O。观察溶液颜色，写出反应方程式。

7. Cr^{3+}、Mn^{2+}、Fe^{3+}、Co^{2+}、Ni^{2+} 混合离子的分离和鉴定

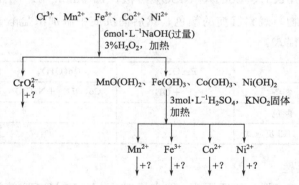

（1）写出鉴定各离子所选用的试剂及浓度，完成上述流程图。

（2）写出各步分离与鉴定的反应方程式。

（3）鉴定结果。

五、实验注意事项

1. 为制备 Fe(OH)$_2$ 白色沉淀，操作时应注意将 NaOH 溶液煮沸，赶尽所溶的氧；将 FeSO$_4$·7H$_2$O(s) 溶于煮沸的冷却的水中（无氧）；然后用一支细长的滴管吸取经煮沸冷却的 NaOH 溶液，插入 FeSO$_4$ 溶液的试管底部，缓慢放出，静置观察，切勿振荡试管。

2. 在制备 Co(OH)$_2$ 时，用 0.5mol·L^{-1}CoCl$_2$ 和 NaOH 作用，先生成蓝色的 Co(OH)Cl，

加入过量 NaOH 溶液，才制得粉红色 $Co(OH)_2$ 沉淀。

3. 在碱性介质中试验 Cr^{3+} 溶液中加 H_2O_2 生成黄色的 CrO_4^{2-} 实验时，必须严格控制 H_2O_2 的用量，并加热。若 H_2O_2 过量会生成褐红色的过铬酸钠。

$$2Na_2CrO_4 + 2NaOH + 7H_2O_2 = 2Na_3CrO_8 + 8H_2O$$

但过铬酸钠不稳定，加热易分解，溶液由褐红色再转为黄色。

$$4Na_3CrO_8 + 2H_2O \xrightarrow{\triangle} 4NaOH + 7O_2 + 4Na_2CrO_4$$

4. $KMnO_4$ 的还原产物与介质有关，所以在验证 $KMnO_4$ 还原产物与介质的关系时，必须先加介质，后加还原剂。

5. 自制的 K_2MnO_4 溶液中加酸观察现象时，所加酸的浓度应大些。因为 K_2MnO_4 溶液碱性较强，若中和碱所加酸的体积过大，溶液浓度稀释，会导致现象不明显。

6. Co^{2+}、Ni^{2+} 在形成氨配合物的过程中为防止形成碱式盐沉淀，加入一定量的 NH_4Cl，其作用在于产生同离子效应，抑制 $NH_3 \cdot H_2O$ 的解离，降低溶液中的 OH^-，提供大量 NH_3。

7. Co^{2+} 鉴定时 Fe^{3+} 的存在将产生干扰。因为 Fe^{3+} 和 SCN^- 作用产生的血红色会掩盖 Co^{2+} 和 SCN^- 作用产生的蓝色。为消除干扰，加入 NH_4F，使 Fe^{3+} 与 F^- 作用产生无色稳定的 $[FeF_6]^{3-}$。

8. Cr^{3+} 鉴定时，观察在酸性溶液中由 $Cr_2O_7^{2-}$ 与 H_2O_2 反应产生蓝色的双过氧化铬 $CrO(O_2)_2$，此时溶液的酸度不宜太大，当 pH<1 时，则 $CrO(O_2)_2$ 按下式分解：

$$4CrO(O_2)_2 + 12H^+ = 4Cr^{3+} + 7O_2 + 6H_2O$$

9. 铬的化合物对环境和人体都有害，尤其是六价铬，因此，含铬废液必须回收后集中处理，切勿倒入下水道。

六、思考题

1. 分离 Mn^{2+}、Fe^{3+}、Co^{2+}、Ni^{2+} 与 Cr^{3+} 时，加入过量的 NaOH 和 H_2O_2 溶液，是利用了氢氧化铬的哪些性质？写出反应方程式。反应完全后，过量的 H_2O_2 为何要完全分解？

2. 溶解 $Fe(OH)_3$、$Co(OH)_3$、$Ni(OH)_2$、$MnO(OH)_2$ 等沉淀时，除加 H_2SO_4 外，为什么还要加入 KNO_2 固体？

3. 鉴定 Mn^{2+} 时，下列情况对鉴定反应产生什么影响？

(1) 若与较多的 Cr^{3+} 共存；

(2) 介质用盐酸，而不用硝酸；

(3) 溶液中的 Mn^{2+} 浓度太高；

(4) 多余的 H_2O_2 没有全部分解。

4. 鉴定 Co^{2+} 时，除加 KSCN 饱和溶液外，为何还要加入 NaF(s) 和丙酮？什么情况下可以不加 NaF？

5. $FeCl_3$ 的水溶液呈黄色，当它与什么物质作用时，可以呈现下列现象：

(1) 血红色的溶液；

(2) 红棕色沉淀；

(3) 先呈血红色溶液，后变为无色溶液；

(4) 深蓝色沉淀。写出有关反应方程式。

6. 为什么 Cr(Ⅲ) 离子在水溶液中可呈蓝紫色、蓝绿色或绿色等不同的颜色？

实验十二　ds区元素（铜、银、锌、镉）化合物的性质与应用

一、实验目的

1. 掌握 Cu、Ag、Zn、Cd 氧化物或氢氧化物的酸碱性和稳定性。
2. 掌握 Cu、Ag、Zn、Cd 重要配合物的性质。
3. 掌握 Cu^+ 和 Cu^{2+} 的相互转化条件及 Cu^{2+}、Ag^+ 的氧化性。
4. 掌握 Cu^{2+}、Ag^+、Zn^{2+}、Cd^{2+} 混合离子的分离和鉴定方法。

二、实验原理

在周期系中 Cu、Ag 属ⅠB族元素，Zn、Cd、Hg 为ⅡB族元素。Cu、Zn、Cd 常见氧化值为 +2，Ag 为 +1，Cu 的氧化值还有 +1。它们化合物的重要性质如下。

1. 氢氧化物的酸碱性和脱水性

在它们的氢氧化物或氧化物中，$Zn(OH)_2$ 属典型两性，$Cu(OH)_2$ 两性偏碱，呈较弱的酸性。其他均呈碱性。

Ag^+ 与适量 NaOH 反应时，产物是氧化物，因为它们的氢氧化物极不稳定，在常温下易脱水。$Cu(OH)_2$（浅蓝色）也不稳定，加热至 90℃时脱水产生黑色 CuO。

2. 配合性

Cu^{2+}、Cu^+、Ag^+、Zn^{2+}、Cd^{2+} 等离子都有较强的接受配体的能力，能与多种配体（如 X^-、CN^-、$S_2O_3^{2-}$、SCN^-、NH_3 等）形成配离子。

Cu^{2+}、Ag^+、Zn^{2+}、Cd^{2+} 与过量 $NH_3 \cdot H_2O$ 反应均生成氨的配离子，与过量 KI 反应时，除 Zn^{2+} 以外，均与 I^- 形成配离子。但由于 Cu^{2+} 的氧化性，产物是 Cu^+ 的配离子 $[CuI_2]^-$。

项目	Cu^{2+}	Ag^+	Zn^{2+}	Cd^{2+}
适量 $NH_3 \cdot H_2O$	$Cu_2(OH)_2SO_4$ 蓝色	Ag_2O 褐色	$Zn(OH)_2$ 白色	$Cd(OH)_2$ 白色
过量 $NH_3 \cdot H_2O$	$[Cu(NH_3)_4]^{2+}$ 蓝色	$[Ag(NH_3)_2]^+$ 无色	$[Zn(NH_3)_4]^{2+}$ 无色	$[Cd(NH_3)_4]^{2+}$ 无色
适量 KI	$CuI\downarrow+I_2$ 白色	$AgI\downarrow$ 黄色		$CdI_2\downarrow$ 绿黄色
过量 KI	$[CuI_2]^-$	$[AgI_2]^-$		$[CdI_4]^{2-}$ 无色

铜盐与过量 Cl^- 能形成黄色 $[CuCl_4]^{2-}$ 配离子。

$$Cu^{2+} + 4Cl^- \Longrightarrow [CuCl_4]^{2-}（黄色）$$

银盐与过量 $Na_2S_2O_3$ 溶液反应形成无色 $[Ag(S_2O_3)_2]^{3-}$ 配离子。

$$Ag^+ + 2S_2O_3^{2-} \Longrightarrow [Ag(S_2O_3)_2]^{3-}（无色）$$

有机物二苯硫腙（HDZ）（绿色）在碱性条件下与 Zn^{2+} 反应生成粉红色的 $[Zn(DZ)_2]$，常用来鉴定 Zn^{2+} 的存在。反应式为：

$$Zn^{2+}+2HDZ \Longrightarrow [Zn(DZ)_2]+2H^+$$

3. 氧化性

从标准电极电势值可知 Cu^{2+}、Ag^+ 和相应的化合物都具有氧化性，均为中强氧化剂。

Cu^{2+} 溶液中加入 KI 时，I^- 被氧化为 I_2，Cu^{2+} 被还原为白色 CuI 沉淀，CuI 能溶于过量 KI 中形成配离子。

$$2Cu^{2+}+4I^- \Longrightarrow 2CuI \downarrow （白色）+I_2$$

$$CuI+I^- \Longrightarrow [CuI_2]^-$$

$CuCl_2$ 溶液中加入 Cu 屑，与浓 HCl 共煮得到棕黄色 $[CuCl_2]^-$ 配离子。

$$CuCl_2+Cu(s)+2HCl(浓) \overset{共煮}{=\!=\!=} 2H[CuCl_2]（棕黄色）$$

生成的配离子 $[CuCl_2]^-$ 不稳定，加水稀释时，可得到白色的 CuCl 沉淀。

碱性介质中，Cu^{2+} 与葡萄糖共煮，Cu^{2+} 被还原成 Cu_2O 红色沉淀。

$$2Cu^{2+}+4OH^-（过量）+C_6H_{12}O_6 \Longrightarrow Cu_2O \downarrow （红色）+2H_2O+C_6H_{12}O_7$$

或 $\quad 2[Cu(OH)_4]^{2-}+C_6H_{12}O_6 \Longrightarrow Cu_2O \downarrow （红色）+4OH^-+2H_2O+C_6H_{12}O_7$

此反应称为"铜镜反应"，可用于定性鉴定糖尿病。

银盐溶液中加入过量 $NH_3 \cdot H_2O$，再与葡萄糖或甲醛反应，Ag^+ 被还原为金属银：

$$2Ag^++6NH_3（过量）+2H_2O \Longrightarrow 2[Ag(NH_3)_2]^++2NH_4^++2OH^-$$

$$2[Ag(NH_3)_2]^++C_6H_{12}O_6+2OH^- \Longrightarrow 2Ag \downarrow +C_6H_{12}O_7+4NH_3+H_2O$$

$$2[Ag(NH_3)_2]^++HCHO+2OH^- \Longrightarrow 2Ag \downarrow +HCOONH_4+3NH_3+H_2O$$

此反应称"银镜反应"，曾用于制造镜子和保温瓶夹层上的镀银。

4. 离子鉴定

（1）Cu^{2+}：在中性或弱酸性（HAc）介质中，与亚铁氰化钾 $K_4[Fe(CN)_6]$ 反应生成红棕色沉淀。

$$2Cu^{2+}+[Fe(CN)_6]^{4-} \Longrightarrow Cu_2[Fe(CN)_6] \downarrow （红棕色）$$

（2）Ag^+：在 $AgNO_3$ 溶液中，加入 Cl^-，形成 AgCl 白色沉淀，AgCl 溶于 $NH_3 \cdot H_2O$ 生成无色 $[Ag(NH_3)_2]^+$ 配离子，继续加 HNO_3 酸化，白色沉淀又析出，此法用于鉴定 Ag^+ 的存在。

另外银盐与 K_2CrO_4 反应生成 Ag_2CrO_4 砖红色沉淀

$$2Ag^++CrO_4^{2-} \Longrightarrow Ag_2CrO_4 \downarrow （砖红色）$$

（3）Cd^{2+}：镉盐与 Na_2S 溶液反应生成黄色沉淀。

$$Cd^{2+}+S^{2-} \Longrightarrow CdS \downarrow （黄色）$$

（4）Zn^{2+}：与二苯硫腙生成红色配合物。

三、试剂与器材

固体：NaCl。

酸碱溶液：HCl（$2mol \cdot L^{-1}$）、HNO_3（$2mol \cdot L^{-1}$、$6mol \cdot L^{-1}$）、NaOH（$2mol \cdot L^{-1}$、$6mol \cdot L^{-1}$）、$NH_3 \cdot H_2O$（$2mol \cdot L^{-1}$、$6mol \cdot L^{-1}$）。

$0.1mol \cdot L^{-1}$ 溶液：KI、KBr、$Na_2S_2O_3$、Na_2S、NaCl、$CuSO_4$、$AgNO_3$、$ZnSO_4$、$CdSO_4$。

$0.5mol \cdot L^{-1}$ 溶液：$CuCl_2$、KI。

其他试剂和溶液：甲醛（2%）、葡萄糖（10%）、二苯硫腙溶液、硫代乙酰胺（TAA）、（Cu^{2+}、Ag^+、Zn^{2+}、Cd^{2+}）混合液。

器材：试纸、点滴板、离心机。

四、实验方法

1. 氢氧化物的酸碱性和稳定性

使用 $0.1mol \cdot L^{-1}$ $CuSO_4$、$AgNO_3$、$CdSO_4$、$ZnSO_4$ 溶液和 $2mol \cdot L^{-1}$ NaOH、$2mol \cdot L^{-1}$ HNO_3，设计一个实验方案，通过实验比较氢氧化物的酸碱性、氢氧化物在室温和沸水中的稳定性。

记录实验现象（沉淀、溶解、颜色），写出相应的反应方程式。

2. 配合物

（1）银的配合物

① 取数滴 $0.1mol \cdot L^{-1}$ $AgNO_3$，加入等量 $0.1mol \cdot L^{-1}$ NaCl 溶液，静置片刻，弃去清液。将沉淀分装于两支试管，一支试管中先加入 2mL $6mol \cdot L^{-1}$ $NH_3 \cdot H_2O$，沉淀溶解，再滴加 $6mol \cdot L^{-1}$ HNO_3，又产生白色沉淀，在另一支试管中加入少量 $0.1mol \cdot L^{-1}$ $Na_2S_2O_3$ 溶液，沉淀溶解。解释现象并写出反应方程式。

② 制取少量 AgBr 沉淀，同上试验 AgBr 在 $NH_3 \cdot H_2O$ 和 $Na_2S_2O_3$ 溶液中的溶解情况，解释现象并写出有关反应方程式。

（2）铜的配合物

① 取数滴 $0.1mol \cdot L^{-1}$ $CuSO_4$ 溶液，加入适量 $6mol \cdot L^{-1}$ $NH_3 \cdot H_2O$，生成天蓝色沉淀，加入过量 $6mol \cdot L^{-1}$ $NH_3 \cdot H_2O$，沉淀溶解，得到深蓝色 $[Cu(NH_3)_4]SO_4$ 溶液，将溶液分装于两试管中，在一支试管中加入数滴 $2mol \cdot L^{-1}$ NaOH 溶液；在另一支试管中加入数滴 $0.1mol \cdot L^{-1}$ Na_2S 溶液，记录现象，写出离子反应方程式。

② 取 1mL $0.5mol \cdot L^{-1}$ $CuCl_2$ 溶液，加入固体 NaCl，振荡试管使之溶解，观察溶液颜色变化，再加水稀释，观察溶液颜色的变化。写出离子反应方程式。

3. 氧化性

（1）Cu^{2+} 的氧化性

① 取数滴 $0.1mol \cdot L^{-1}$ $CuSO_4$ 溶液，滴加 $0.1mol \cdot L^{-1}$ KI 溶液，观察溶液颜色变化。分离和洗涤沉淀，且观察其颜色，往沉淀中滴加 $0.5mol \cdot L^{-1}$ KI，观察其溶解情况，写出反应方程式。

② 取少量 $0.1mol \cdot L^{-1}$ $CuSO_4$ 溶液，加入过量 $6mol \cdot L^{-1}$ NaOH 溶液，至蓝色沉淀溶解，再往此溶液中加入少量的葡萄糖溶液，振荡，微热。观察沉淀的颜色，写出反应方程式。

（2）Ag^+ 的氧化性

在洁净的试管中加入 2mL $0.1mol \cdot L^{-1}$ $AgNO_3$，滴加 $2mol \cdot L^{-1}$ $NH_3 \cdot H_2O$，使褐色沉淀溶解，再多加数滴 $NH_3 \cdot H_2O$，然后加入少量 10% 葡萄糖溶液（或 2% 甲醛溶液）摇匀后于水浴中加热，观察在管壁上银镜的生成，写出反应方程式（管壁上的银要回收，银镜如何清洗?)。

4. Cu^{2+}、Ag^+、Zn^{2+}、Cd^{2+} 的个别鉴定及混合离子的分离鉴定

（1）Cu^{2+}、Ag^+、Zn^{2+}、Cd^{2+} 混合离子的分离

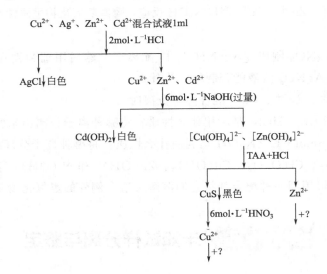

（2）Cu^{2+}、Ag^+、Zn^{2+}、Cd^{2+} 的个别鉴定

Cu^{2+} 鉴定：取试液 2～3 滴，加入 HAc 酸化后，加入 $K_4[Fe(CN)_6]$ 溶液 1～2 滴，生成红棕色（豆沙色）沉淀，表示有 Cu^{2+} 存在。

Ag^+ 鉴定：在含 Ag^+ 的溶液中，加入 Cl^-，形成 AgCl 沉淀，AgCl 溶于 $NH_3 \cdot H_2O$ 生成无色的 $[Ag(NH_3)_2]^+$ 配离子，继续滴加 HNO_3 酸化，如有白色沉淀产生，表示有 Ag^+ 存在。

Zn^{2+} 鉴定：取试液 5 滴，加入二苯硫腙 10 滴，振荡试管，水溶液呈粉红色，表示有 Zn^{2+} 存在。

Cd^{2+} 鉴定：取试液 2～3 滴，加入 Na_2S 溶液，如有黄色沉淀生成，表示有 Cd^{2+} 存在。

五、实验注意事项

1. 验证氢氧化物的酸碱性时，用 HNO_3 而不能用 HCl 或 H_2SO_4，因为 AgCl 和 Ag_2SO_4 都难溶于水。

2. 银镜实验时试管壁应洗净，在 $AgNO_3$ 中加入 $2mol \cdot L^{-1} NH_3 \cdot H_2O$ 至形成的 Ag_2O 刚溶解就在水浴中加热方能观察到银镜。$NH_3 \cdot H_2O$ 加入量太多，会产生黑色沉淀。

3. $[Ag(NH_3)_2]^+$ 的强碱性溶液在放置过程中，逐渐形成具有爆炸性的 Ag_3N、Ag_2NH 和 $AgNH_2$ 等物质，因此 $[Ag(NH_3)_2]^+$ 溶液用毕后不宜久置，应及时加少量 HCl 或 HNO_3 进行处理。

4. 二苯硫腙是溶于 CCl_4 中配制而成（呈绿色）的，在强碱性条件下与 Zn^{2+} 反应生成合物，在水层中呈粉红色，在 CCl_4 层中呈棕色。

5. 镉的化合物对人体有害，严重的镉中毒会引起全身疼痛及椎骨畸形等极其痛苦的

"骨痛病"，因此，含镉废液必须回收后集中处理。

六、思考题

1. Cu^{2+}、Ag^+、Zn^{2+}、Cd^{2+} 等与 NaOH 反应，哪些氢氧化物呈两性？如何验证？Ag_2O 呈何性？

2. 为何先将 $AgNO_3$ 制成 $[Ag(NH_3)_2]^+$ 配离子，然后用葡萄糖还原制取银镜。若用葡萄糖直接还原 $AgNO_3$ 溶液能否制得，为什么？

3. Cu^{2+}、Ag^+、Zn^{2+}、Cd^{2+} 混合离子分离时：

(1) 加入 $2mol \cdot L^{-1}$ HCl，是利用什么性质？将哪种离子分离出来？

(2) 加入过量 $6mol \cdot L^{-1}$ NaOH 是利用什么性质？将哪种离子分离出来？

4. 在 $Cu(OH)_2$、$Cr(OH)_3$、$Cd(OH)_2$、$Zn(OH)_2$ 和 $Ni(OH)_2$ 等氢氧化物中，除一种之外，其余均可用同一种配合剂将它们溶解，这个例外的氢氧化物是什么？

实验十三　未知试样分离与鉴定

一、实验目的

1. 掌握用两酸三碱系统分析法对常见阳离子进行分组分离的原理和方法。

2. 掌握元素分离、鉴定的基本操作与实验技能。

3. 学会固体试样的溶解方法。

二、实验原理

对于未知固体试样的组成鉴定，一般分四步进行，先进行初步试验，观察试样的颜色、光泽、结晶形状和均匀程度，是否易潮解、风化等；再进行溶解性试验，依次以水、稀 HCl、浓 HCl、稀 HNO_3、浓 HNO_3、王水等溶剂溶解试样；然后选择合适的溶剂将试样完全溶解制备成分析试液；最后分析试液的组成。本实验主要鉴定未知试样中的阳离子。

未知试样中若干种离子共存，往往会存在相互干扰，需要先分离再鉴定。本实验采用两酸三碱分组分离法，以 HCl、H_2SO_4、$NH_3 \cdot H_2O$、NaOH、$(NH_4)_2S$ 为组试剂将离子逐组沉淀下来，具体分离方法见"两酸三碱分析法"。

每组分出后，继续再进行组内分离，直至鉴定时相互不发生干扰为止。在实际分析中，如发现某组离子整组不存在（无沉淀产生），这组离子的分析就可省去，从而大大简化了分析的步骤。

1. 第一组——盐酸组阳离子的分析

本组阳离子包括 Ag^+、Hg_2^{2+}、Pb^{2+}，它们的氯化物难溶于水，故称盐酸组。其中 $PbCl_2$ 可溶于 NH_4Ac 和热水中，而 AgCl 可溶于 $NH_3 \cdot H_2O$ 中，因此检验这三种离子时，可先把这些离子沉淀为氯化物，然后再进行鉴定反应。

第一组的阳离子分析步骤见表 3-12。

表 3-12　第一组阳离子分析

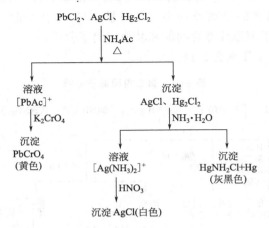

2. 第二组——硫酸组阳离子的分析

本组阳离子包括 Ba^{2+}、Ca^{2+}、Pb^{2+}，它们的硫酸盐都难溶于水，故称硫酸组。但在水中的溶解度差异较大，在溶液中生成沉淀的情况也不同，Ba^{2+} 能立即析出 $BaSO_4$ 沉淀，Pb^{2+} 缓慢地生成 $PbSO_4$ 沉淀，$CaSO_4$ 溶解度稍大，Ca^{2+} 只有在浓的 Na_2SO_4 中生成 $CaSO_4$ 沉淀，但加入乙醇后溶解度能显著降低。

第二组的阳离子分析步骤见表 3-13。

表 3-13　第二组阳离子分析

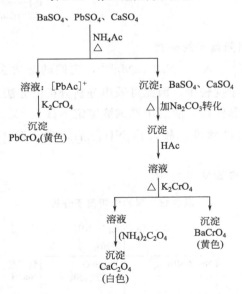

3. 第三组——氨合物组阳离子的分析

本组阳离子包括 Cu^{2+}、Cd^{2+}、Zn^{2+}、Co^{2+}、Ni^{2+} 等，它们和过量的氨水都能生成相应的氨合物，故本组称为氨合物组。Fe^{3+}、Al^{3+}、Mn^{2+}、Cr^{3+}、Bi^{3+}、Sb^{3+}、Sn^{2+}、Sn^{4+} 等在过量氨水中因生成氢氧化物沉淀而与本组阳离子分离。由于 $Al(OH)_3$ 是典型的两性氢氧化物，能部分溶解在过量氨水中，因此加入铵盐如 NH_4Cl 使 OH^- 的浓度降低，可以防止 $Al(OH)_3$ 的溶解。但是由于降低了 OH^- 的浓度，Mn^{2+} 形成氢氧化物沉淀不完全，如在溶液中加入 H_2O_2，则 Mn^{2+} 可被氧化而生成溶解度较小的 $MnO(OH)_2$ 棕色沉淀。因此本组阳离子的分离条件为：在适量 NH_4Cl 存在时，加入过量氨水和适量 H_2O_2，这时本组阳离子因形成氨合物而和其他阳离子分离。

第三组阳离子分析步骤见表 3-14。

表 3-14 第三组阳离子分析

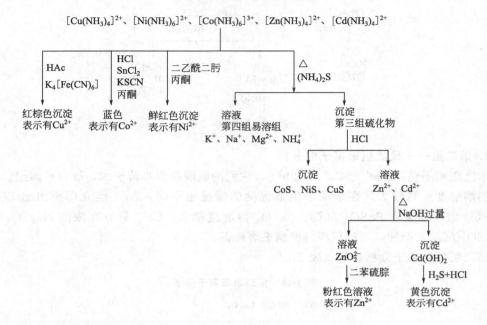

4. 第四组——易溶组阳离子的分析

本组阳离子包括 NH_4^+、K^+、Na^+、Mg^{2+}，它们的盐大多数可溶于水，故称易溶组。由于本组离子间相互干扰较少，因此可采用分别分析的方法进行个别鉴定。在系统分析过程中，多次加入氨水和铵盐，故要用原试液鉴定 NH_4^+。又因 NH_4^+ 干扰 K^+ 的鉴定，同时要降低 Mg^{2+} 的检出灵敏度，故检出 NH_4^+ 后，应先除 NH_4^+，然后再鉴定 K^+、Na^+、Mg^{2+}。

第四组的阳离子分析步骤见表 3-15。

表 3-15 第四组阳离子分析

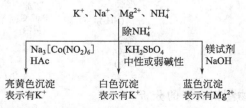

5. 第五组（两性组）和第六组（氢氧化物组）阳离子的分析

第五组阳离子有 Al、Cr、Sb、Sn 元素的离子，第六组阳离子有 Fe、Mn、Bi、Hg 元素的离子。这两组离子存在于分离第三、四组阳离子后的沉淀中，利用 Al、Cr、Sb、Sn 的氢氧化物的两性，用过量的 NaOH 溶液可将这两组阳离子进行分离。

第五组和第六组阳离子的分析步骤见表 3-16。

表 3-16 第五组和第六组阳离子分析

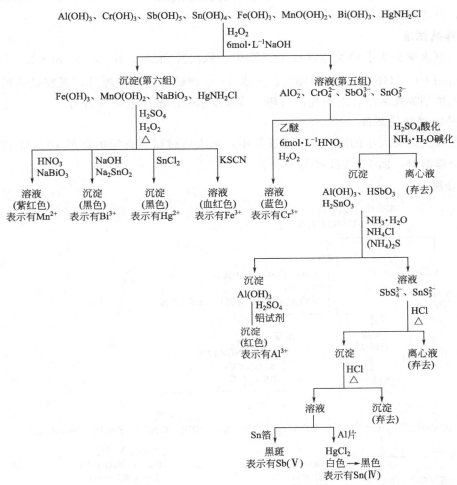

三、试剂与器材

固体：$NaBiO_3$、锡片、固体样品。

酸碱溶液：HCl（2mol·L^{-1}、6mol·L^{-1}、浓）、HNO$_3$（6mol·L^{-1}、浓）、H$_2$SO$_4$（1mol·L^{-1}、3mol·L^{-1}）、NaOH（6mol·L^{-1}）、NH$_3$·H$_2$O（2mol·L^{-1}、6mol·L^{-1}、浓）。

0.1mol·L^{-1}溶液：K$_2$CrO$_4$、K$_4$[Fe(CN)$_6$]、SnCl$_2$、KSCN（0.1mol·L^{-1}，饱和）、NH$_4$Cl（0.1mol·L^{-1}，3mol·L^{-1}）。

其他试剂和溶液：H$_2$O$_2$（3%）、NH$_4$Ac（3mol·L^{-1}）、NaClO溶液、硫代乙酰胺（5%）、乙醇（95%）、丙酮、乙醚、镁试剂、铝试剂、奈斯勒试剂。

器材：离心机、点滴板。

四、实验步骤

向教师领取混合离子固体样品一份。固体样品中可能含 Mg^{2+}、Al^{3+}、Pb^{2+}、Sb^{3+}、Cr^{3+}、Mn^{2+}、Fe^{3+}、Co^{2+}、Cu^{2+}、Ag$^+$ 10 种离子，按分离原理列表表示 10 种离子的

分析过程，写出分离和鉴定的具体试剂、试剂量及反应条件。分离完毕将分析结果交给指导教师，并注明未知样品号。

1. 样品试溶

取一颗火柴头大小的固体试样于试管中，依次分别加入 H_2O、$6mol \cdot L^{-1}$ HCl、浓 HCl、$6mol \cdot L^{-1}$ HNO_3、浓 HNO_3、王水 4～5 滴试溶，微热搅拌，观察是否溶解。试溶时加入试剂先稀后浓，溶液先冷后热。溶解要求是溶液完全澄清透明。

2. 分析试液的制备

取三颗火柴头大小的固体试样于试管中，加入通过试溶选定的试剂 10～12 滴，水浴加热至全部溶解，加 H_2O 稀释到 1mL。

3. 分离

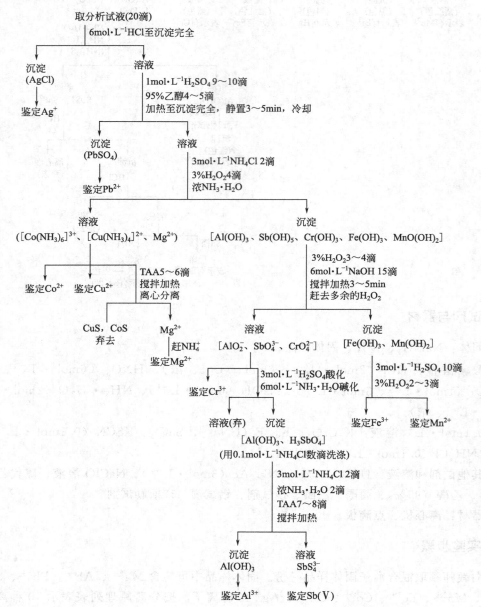

取配制的分析试液 20 滴，加入 $6mol \cdot L^{-1}$ HCl 至沉淀完全，离心分离。沉淀用 $1mol \cdot L^{-1}$ HCl 数滴洗涤后，鉴定 Ag^+，离心液中含二～六组阳离子，应保留。必须注意的是 $PbCl_2$ 也会沉淀，为使 Pb^{2+} 不在此处沉淀，利用 $PbCl_2$ 能溶于热水的性质，水浴加热并搅拌，使 Pb^{2+} 全部进入溶液。

将分离第一组后保留的溶液在水浴中加热，逐滴加入 $1mol \cdot L^{-1}$ H_2SO_4 9～10 滴，$PbSO_4$ 沉淀生成较缓慢，可用玻璃棒摩擦管壁，搅拌并加 95％乙醇 4～5 滴，静置 3～5min 后会出现沉淀，离心分离。离心液中含三～六组阳离子，应予保留。沉淀用混合溶液（10 滴 $1mol \cdot L^{-1}$ H_2SO_4 加入乙醇 3、4 滴）洗涤 1～2 次后，离心分离弃去洗涤液，在沉淀中加入 $3mol \cdot L^{-1}$ NH_4Ac 7～8 滴，加热搅拌，离心分离，离心液可鉴定 Pb^{2+}。

在分离第二组后保留的离心液（含三～六组阳离子）中，加入 $3mol \cdot L^{-1}$ NH_4Cl 2 滴，3％ H_2O_2 3～4 滴（若加入量控制不当，Cr^{3+} 可能形成 CrO_4^{2-} 进入溶液），用浓氨水碱化后，在水浴中加热，并不断搅拌，继续滴加浓氨水，直至沉淀完全后再过量 4～5 滴，在水浴上继续加热 1min，取出冷却后离心分离，离心液含三、四组阳离子，沉淀中含五、六组阳离子，应予保留。

直接取少量离心液鉴定 Cu^{2+}、Co^{2+}。

另取离心液 15 滴，加入硫代乙酰胺（TAA）溶液 5～6 滴，搅拌，加热 5～10min，离心分离，沉淀为第三组硫化物，弃去。离心液为第四组离子，鉴定 Mg^{2+}，鉴定 Mg^{2+} 前需除 NH_4^+。

除 NH_4^+ 的方法：将离心液移入坩埚中蒸发至 4～5 滴时，滴加浓 HNO_3 10 滴（因 NH_4NO_3 分解温度较低），于石棉网上小火加热蒸发至干，然后用强火灼烧至不冒白烟，冷却后加水 8～10 滴制成溶液后，从溶液中鉴定 Mg^{2+}。

NH_4^+ 是否除尽的检验方法：取制成的溶液 1 滴，置于点滴板上，加入奈斯勒试剂 1 滴，如生成棕色沉淀或溶液呈现黄色，应重复前述除 NH_4^+ 步骤。即再加 HNO_3 加热灼烧，直到检验除尽 NH_4^+ 为止。

在分离第三、四组阳离子后保留的沉淀中加入 3％ H_2O_2 溶液 3～4 滴、$6mol \cdot L^{-1}$ NaOH 15 滴，搅拌后，在沸水浴中加热搅拌 3～5min，使 CrO_2^- 氧化为 CrO_4^{2-}，并破坏过量的 H_2O_2，离心分离，离心液作鉴定第五组阳离子用，沉淀作鉴定第六组阳离子用。

在第五组阳离子的离心液中，取少量离心液鉴定 Cr^{3+}。将剩余离心液用 $3mol \cdot L^{-1}$ H_2SO_4 酸化，中和上述所加的过量的碱，然后用 $6mol \cdot L^{-1}$ 氨水碱化并多加几滴，离心分离，弃去离心液，沉淀用 $0.1mol \cdot L^{-1}$ NH_4Cl 数滴洗涤，加入 $3mol \cdot L^{-1}$ NH_4Cl 及浓氨水各 2 滴，硫代乙酰胺（TAA）溶液 7～8 滴，在水浴中加热至沉淀凝聚，离心分离，取沉淀鉴定 Al^{3+}，离心液鉴定 $Sb(V)$。

在第六组沉淀中，加入 $3mol \cdot L^{-1}$ H_2SO_4 10 滴，3％ H_2O_2 2～3 滴，在充分搅拌下，加热 3～5min，以溶解沉淀，然后加热除去过量的 H_2O_2，离心分离，弃去不溶物，取离心液分别鉴定 Mn^{2+} 和 Fe^{3+}。

4. 鉴定

（1）Ag^+ 鉴定：在上述 AgCl 沉淀上滴加 $6mol \cdot L^{-1}$ $NH_3 \cdot H_2O$ 并搅拌，沉淀溶解，滴加 HNO_3 酸化，沉淀又产生，表示有 Ag^+ 存在。

（2）Pb^{2+} 鉴定：在上述 $PbSO_4$ 沉淀中加入 $3mol \cdot L^{-1}$ NH_4Ac 5 滴，在水浴中加热

搅拌至沉淀溶解，加入 K_2CrO_4 2～3 滴，出现黄色沉淀表示有 Pb^{2+} 存在。

（3）Co^{2+} 鉴定：取离心液 2～3 滴，用 HCl 酸化，加入 $SnCl_2$ 2～3 滴，饱和 KSCN 溶液 2～3 滴，丙酮 5～6 滴，搅拌后，有机层显蓝色，表示有 Co^{2+} 存在。

（4）Cu^{2+} 鉴定：取离心液 2～3 滴，加入 HAc 酸化后，加入 $K_4[Fe(CN)_6]$ 溶液 1～2 滴，生成红棕色（豆沙色）沉淀，表示有 Cu^{2+} 存在。

（5）Mg^{2+} 鉴定：取上述溶液 1～2 滴，加入 $6mol \cdot L^{-1}$ NaOH 及镁试剂各 1～2 滴，搅匀后，如有天蓝色沉淀生成，表示有 Mg^{2+} 存在。

（6）Cr^{3+} 鉴定：取离心液 2 滴，加入乙醚 5 滴，逐滴加入 $6mol \cdot L^{-1}$ HNO_3 酸化，加 3% H_2O_2 2～3 滴，振荡试管，乙醚层出现蓝色，表示有 Cr^{3+} 存在。

（7）Al^{3+} 鉴定：沉淀用 $0.1mol \cdot L^{-1}$ NH_4Cl 溶液洗涤 1～2 次后，加入 H_2SO_4 2～3 滴，加热使沉淀溶解，然后加入 $6mol \cdot L^{-1}$ 氨水数滴，铝试剂溶液 2 滴，搅拌，在沸水浴中加热 1～2min，如有红色絮状沉淀出现，表示有 Al^{3+} 存在。

（8）Sb（V）离子的鉴定：离心液用 HCl 逐滴中和至呈酸性后，离心分离，弃去离心液。在沉淀中加入浓 HCl 15 滴，在沸水浴中加热充分搅拌，除尽 H_2S 后，离心分离，弃去不溶物（可能为硫）。取上述离心液 1 滴，于光亮的锡箔上放置 2～3min，如锡片上出现黑色斑点，用 NaBrO 或 NaClO 洗涤 Sn 片，黑色沉淀不褪去，表示有 Sb（V）存在。

（9）Fe^{3+} 鉴定：取离心液 1 滴，加入 KSCN 溶液，如溶液显红色，表示有 Fe^{3+} 存在。

（10）Mn^{2+} 鉴定：取离心液 2 滴，加入 HNO_3 数滴，加少量 $NaBiO_3$ 固体，加热搅拌，离心沉降，如溶液呈现紫红色，表示有 Mn^{2+} 存在。

五、实验注意事项

1. 为提高分析的正确性，防止离子"失落"和"过度检出"，必须严格操作，沉淀要完全，沉淀与溶液要分离清，沉淀要洗涤干净；严格控制试剂的用量与浓度；严格控制加热温度与加热时间；防止试剂的污染与变质，进行空白试验及对照试验。

2. 注意保存分离出的各组样品，贴上标签，以免丢失或混淆。

3. 及时记录实验现象，以免遗忘。

4. 加热搅拌时要小心，不要把试管底戳穿。

5. 有关分离鉴定时的实验操作

（1）$PbCl_2$ 溶于热水，所以沉淀第一组离子时，不能加热。但由于 $PbCl_2$ 溶解度较大，也可以在沉淀第一组离子时进行水浴加热，并搅拌，使 Pb^{2+} 全部进入溶液，然后在第二组中进行分析。

（2）$PbSO_4$ 沉淀生成较缓慢，应用玻璃棒摩擦试管壁，搅拌并加乙醇，静置片刻才出现沉淀。

（3）如加入试剂量控制不当，Cr^{3+} 可能形成 CrO_4^{2-} 进入第三、四组，可在第三组中进行分析。

（4）鉴定 Mn^{2+} 前，之前为还原 $MnO(OH)_2$ 所加的 H_2O_2 必须除去，否则将影响 Mn^{2+} 鉴定时 MnO_4^- 紫红色颜色的判断。

（5）Co^{2+} 的鉴定时加入 $SnCl_2$ 起两方面作用，其一将 $[Co(NH_3)_6]^{3+}$ 还原为 Co^{2+}；其二溶液中有 Cu^{2+} 时，Cu^{2+} 与 KSCN 形成 $[Cu(SCN)_4]^{2-}$，在丙酮中呈红褐色，会干

扰 Co^{2+} 的鉴定，$SnCl_2$ 可将 Cu^{2+} 还原为 Cu^+，遇 KSCN 形成 CuSCN 白色沉淀至无色 $[Cu(SCN)_2]^-$，避免了干扰。因此鉴定 Co^{2+} 时 KSCN 必须过量加入。

6. 实验中使用的硫代乙酰胺（CH_3CSNH_2，简称 TAA）的水溶液用于代替 H_2S、$(NH_4)_2S$，可大大减少 H_2S 的臭味和毒性。

硫代乙酰胺的水溶液在不同介质中的水解反应如下：

在酸性介质中：$CH_3CSNH_2 + H^+ + 2H_2O == CH_3COOH + NH_4^+ + H_2S$

在碱性介质中：$CH_3CSNH_2 + 3OH^- == CH_3COO^- + NH_3 + H_2O + S^{2-}$

溶液酸碱度影响 S^{2-} 的浓度，温度影响水解反应的速率。因此控制适当的酸度，可调节 S^{2-} 的浓度，加热促使水解反应加快。

六、思考题

1. 溶解固体试样时，应如何选择溶剂？
2. 为什么要用稀的 NH_4Cl 溶液洗涤沉淀？
3. 除 NH_4^+、Fe^{2+}、Fe^{3+} 可用"个别分析法"进行鉴定外，还有哪些离子可以进行个别鉴定？它们个别进行鉴定的条件是什么？
4. 试述在定性分析中，过度检出与漏检的原因？

实验十四　纸色谱法分离与鉴定Fe^{3+}、Co^{2+}、Ni^{2+}、Cu^{2+}

一、实验目的

1. 掌握用纸色谱分离 Fe^{3+}、Co^{2+}、Ni^{2+}、Cu^{2+} 的基本原理及操作技术。
2. 掌握相对比移值 R_f 值的计算及其应用。

二、实验原理

纸色谱法又称纸上色谱，简称 PC。它是在滤纸上进行的色层分析。在滤纸的下端滴上 Fe^{3+}、Co^{2+}、Ni^{2+}、Cu^{2+} 的混合液，将滤纸放入盛有适量盐酸和丙酮的容器中。滤纸纤维素所吸附的水是固定相，盐酸、丙酮溶液是流动相，又称展开剂。由于毛细作用展开剂沿着滤纸上升，当它经过所点的试液时，试液的每个组分向上移动。由于 Fe^{3+}、Co^{2+}、Ni^{2+}、Cu^{2+} 各组分在固定相和流动相中具有不同的分配系数，即在两相中具有不同的溶解度，在水中溶解度较大的组分倾向于滞留在某个位置，向上移动的速度缓慢，在盐酸丙酮溶剂中溶解度较大的组分倾向于随展开剂向上流动，向上流动的速度较快，通过足够长的时间后所有组分可以得到分离。然后，分别用氨水和硫化钠溶液喷雾。氨与盐酸反应生成氯化铵；硫化钠与各组分生成黑色硫化物（Fe_2S_3、CoS、NiS、CuS）。

应用各组分在纸层中的相对比移值 R_f 的不同可鉴定各物质。

$$R_f = \frac{斑点中点移动距离}{溶剂前沿移动距离} = \frac{h}{H}$$

R_f 值与溶质在固定相和流动相间的分配系数有关，当色谱纸、固定相、流动相和温度一定时，每种物质的 R_f 值为一定值。但由于影响 R_f 值的因素较多，要严格控制比较困难，在作定性鉴定时，可用纯组分 Fe^{3+}、Co^{2+}、Ni^{2+}、Cu^{2+} 作对照试验。

三、试剂与器材

酸碱溶液：HCl（6mol·L^{-1}）、氨水（浓）。

0.03mol·L^{-1}溶液：$CoCl_2$、$NiCl_2$、$CuCl_2$、$FeCl_3$。

其他试剂和溶液：（$CoCl_2$、$NiCl_2$、$CuCl_2$、$FeCl_3$）混合液、未知溶液（含 $CoCl_2$、$NiCl_2$、$CuCl_2$、$FeCl_3$）、丙酮、Na_2S（0.5mol·L^{-1}）。

器材：滤纸、烧杯（800mL）。

四、实验方法

1. 取一张 13cm×16cm 的滤纸作色谱纸。以 16cm 长的边为底边，距离底边 2cm 处用铅笔画一条与其底边平行的基线，按图 3-5 将纸叠成 8 片，除左右最外两片以外，在每片铅笔线的中心位置上依次写上 Co^{2+}、Ni^{2+}、Cu^{2+}、Fe^{3+}、混合物和未知物。

2. 分别配制浓度为 0.03mol·L^{-1} 的 $CoCl_2$、$NiCl_2$、$CuCl_2$、$FeCl_3$ 溶液和它们的混合液，用干净的专用的毛细管分别在色谱纸上按上述指定的位置上点样，最后用专用毛细管点未知样品，每试液的斑点直径应小于 0.5cm。自然干燥色谱纸上试液的斑点。

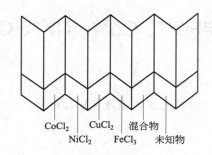

CoCl₂　NiCl₂　CuCl₂　FeCl₃　混合物　未知物

图 3-5　滤纸折叠示意

图 3-6　纸色谱简易装置示意

3. 在 800mL 烧杯中加丙酮 35mL、6mol·L^{-1} 盐酸 10mL，盖上塑料纸轻轻振摇烧杯，充分混合展开剂，揭开塑料纸，按图 3-6 所示把色谱纸放入烧杯内，展开剂液面应略低于色谱纸上铅笔线，盖上塑料纸用橡皮筋固定。

4. 仔细观察与记录在展开过程中产生的现象。当展开剂前沿上升离色谱纸顶部 2cm 处时，取出色谱纸，及时用铅笔画下展开剂前沿位置。

5. 在通风橱内自然干燥色谱纸，干燥后用浓氨水喷雾，使之润湿，再喷 0.5mol·L^{-1} 硫化钠溶液，自然干燥色谱纸。

五、数据处理

（1）记录各组分在展开时显示的颜色。

（2）用铅笔画下各黑斑点的轮廓，测量斑点中心位置至基线的垂直距离 h；测量展开剂前沿至基线垂直距离 H（精确至 0.1cm），记录测量结果。

（3）计算 R_f 值。

（4）根据对照试验（颜色、R_f 值），试判断未知组分中是何种物质。

色谱物质名称	CoCl$_2$	NiCl$_2$	CuCl$_2$	FeCl$_3$	混合物	未知物
色谱纸颜色						
喷雾氨水显色						
喷雾硫化钠显色						
h/cm						
H/cm						
R_f 值						

六、实验注意事项

1. 试样的阴离子应与展开剂中无机盐的阴离子相同。例如展开剂有 HCl，则试样应选氯化物。

2. 由于试样中的 Fe^{3+} 易水解，故试样溶液应呈酸性。

3. 点样所用的毛细管内径应小于 0.1cm，点样应在瞬间完成，点样斑点的直径应小于 0.5cm，否则展开后斑点畸形或拉长，影响 R_f 值的准确测量。点样完毕，点在纸上的试样必须完全风干后才能展开。为确保展开剂组成不变，展开剂应在使用前新鲜配制。

4. 展开完毕后，$NH_3 \cdot H_2O$ 和 Na_2S 的喷雾要均匀，以润湿滤纸为适中。$NH_3 \cdot H_2O$ 用于中和滤纸上的 HCl，Na_2S 是显色剂。

5. 展开剂中含易燃有机溶剂丙酮，实验应在无火源的环境中进行。

七、思考题

1. CoCl$_2$ 在丙酮溶液中应显示何种颜色？
2. 若在展开剂中改用 $12mol \cdot L^{-1}$ 的盐酸 5mL，试估计各组分 R_f 值的变化。

3.3 化 学 分 析

3.3.1 化学分析原理与方法

化学分析是以物质化学性质为基础的分析方法，包括滴定分析和重量分析。滴定分析是一种简便、快速、准确度较高（相对误差可在±0.1％范围之内）的分析方法，在化学、化工、医药、食品、农业等领域中均被广泛应用，成为对各种原料、成品以及生产过程中产品质量监控的常用检测手段之一。重量分析是常量分析中准确度好、精密度高的分析方法，但操作相对较繁琐、费时，常用于科研和计量标准，作为标准方法和基础分析方法。

（1）滴定分析法

① 滴定分析概述　用滴定的方式测定物质含量的分析方法称滴定分析，滴定中必须有一种已知准确浓度的试剂（标准溶液）和指示滴定终点的指示剂或仪器。当标准溶液与被测组分按化学计量关系完全反应时的点称为化学计量点。但是，化学计量点在滴定过程

中很难直接根据溶液的外观进行判断，当借助指示剂颜色的变化或仪器显示的某种信号（pH 值、电阻、电导值等）发生突变时，终止滴定的这一点称为滴定终点。因此滴定终点与化学计量点不一定完全吻合，它们的差值称为终点误差或滴定误差，是滴定分析中误差的主要来源。

② 滴定分析的基本条件　滴定按化学反应类型分为酸碱滴定法、氧化还原滴定法、配位滴定法和沉淀滴定法。无论哪一类滴定分析法，滴定反应必须满足下列条件：

a. 滴定反应按化学计量关系定量进行，无副反应；

b. 反应必须进行完全，即当滴定达到终点时，反应至少已完成了 99.9%；

c. 滴定速率与反应速率基本一致；

d. 能选择合适的指示剂或仪器简便可靠地确定滴定终点。

由于各类滴定反应的性质特点不同，所以在满足上述 4 个条件时会有所侧重。

对酸碱滴定来说，酸碱反应能快速进行，一般都能满足滴定速率的要求，酸碱反应的完全程度与酸碱强弱、浓度等因素有关。当被分析组分的浓度 c 和其解离常数 $K_a^{\ominus}$ 或 $K_b^{\ominus}$ 满足 $cK_a^{\ominus} \geqslant 10^{-8}$ 或 $cK_b^{\ominus} \geqslant 10^{-8}$ 时，可直接滴定。当被测组分是多元酸（或多元碱）时，若满足 $cK_a^{\ominus} \geqslant 10^{-9}$（或 $cK_b^{\ominus} \geqslant 10^{-9}$）和 $\dfrac{K_{a_1}^{\ominus}}{K_{a_2}^{\ominus}} \geqslant 10^4$（或 $\dfrac{K_{b_1}^{\ominus}}{K_{b_2}^{\ominus}} \geqslant 10^4$），可分步滴定。酸碱滴定一般采用强酸或强碱作滴定剂，常用酸碱指示剂确定滴定终点。

对于氧化还原反应，欲满足滴定反应的完全条件，则氧化剂和还原剂的电极电势差应满足 $K' \geqslant 10^{3(n_1+n_2)}$，其中 n_1、n_2 是氧化剂、还原剂的电子转移数。若 $n_1 = n_2 = 1$，则 $K' \geqslant 10^6$。此时滴定反应可以达到完全。由于氧化还原反应是电子转移的反应，反应机理比较复杂，反应速率一般较慢，常有副反应发生，所以常常通过控制反应温度、溶液酸度、加催化剂等措施，加快反应速率和抑制副反应发生。

配位滴定中为了使金属离子与 EDTA 的配位反应完全，被分析的金属离子浓度 c 与其条件稳定常数的乘积应满足 $\lg cK'_{MY} \geqslant 6$。当测定多组分时，应满足 $\lg cK'_{MY} \geqslant 6$ 和 $\Delta \lg K \geqslant 5$ 的分步滴定条件。否则应采用化学掩蔽或分离的方法减小或消除其他离子的干扰，使待测离子的滴定能准确进行。

③ 标准溶液和基准物

a. 基准物　在滴定分析中，为确定一个未知溶液的浓度 c_A，必须用一个已知准确浓度的溶液作滴定剂——标准溶液，标准溶液浓度一般用物质的量浓度 c_B 或滴定度 $T_{A/B}$ 来表示。

能用于直接配制标准溶液或标定未知溶液浓度的物质称为基准物质。常用基准物质的制备和保存方法见附录 15，基准物质应该具备以下条件。

（a）物质的纯度高，杂质的总含量一般应低于 0.01%～0.02%，或至少低于滴定分析所允许的误差限度。市售的基准试剂或优级纯（一级）试剂均可用作基准物。

（b）物质的化学组成（包括结晶水）应与化学式表达的完全相符。

（c）物质的性质要稳定，不易被空气氧化，不吸收空气中的 CO_2 和水分等。

（d）为减少称量误差，基准物的相对分子质量应尽可能大。

b. 标准溶液的配制与标定

（a）直接配制法　凡具备基准物条件的试剂均可直接配制标准溶液，具体方法如下：

准确称取一定量的基准试剂，溶解后定量转移至容量瓶中并定容，根据基准试剂的质量和容量瓶的容积，即可计算出标准溶液的准确浓度。

（b）间接配制法（标定法）　当配制标准溶液的物质不完全符合基准物质条件时，就必须采用间接配制法，即先配制近似浓度的标准溶液，再用基准物或已知准确浓度的另一标准溶液通过滴定的方式确定其准确浓度，这一过程称为标定。

标定时，滴定管中消耗的体积、称取基准物的质量等都要从误差角度考虑。在滴定分析中，一般用 50mL 滴定管，滴定管读数的绝对误差是 ±0.01mL，若要满足滴定分析相对误差 ≤±0.1%，滴定剂消耗的体积 V 必须满足 $\frac{\pm 0.01\text{mL} \times 2}{V} \leqslant \pm 0.1\%$，所以滴定管消耗的体积 $V \geqslant 20\text{mL}$，一般为 20~30mL。称量时一般使用分度值为 0.1mg 的分析天平，即称量的绝对误差为 ±0.1mg，当用去皮称重法时，要满足称量时的相对误差 ≤±0.1%，则称取的质量 $m_{试样}$ 必须满足 $\frac{\pm 0.1\text{mg}}{m_{试样}} \leqslant \pm 0.1\%$，所以称量值 $m_{试样} \geqslant 0.1\text{g}$。

在标定时，称取基准物的质量范围由滴定管中消耗体积为 20~30mL 计算所得。设标准溶液的浓度为 c_A，基准物 B 的相对分子质量是 M_B，滴定反应如下：

$$a\text{A} + b\text{B} = c\text{C} + d\text{D}$$

根据反应的计量关系，计算 m_B 为：

$$m_B = \frac{b}{a} c_A V_A M_B \times 10^{-3} \tag{3-1}$$

将标准溶液体积分别以 20mL 和 30mL 代入上式，即得基准物的称量范围。若 $m_B > 0.1\text{g}$ 时，可以称 3 份基准物进行平行标定；若 $m_B < 0.1\text{g}$ 时，可以扩大称量范围 5 倍或 10 倍，然后用容量瓶按相应倍数配成稀释液，准确吸取 3 份稀释液再进行平行标定。各次标定的结果与平均值的相对偏差应符合滴定分析的要求。

c. 标准溶液标定时的注意事项

（a）一般标定需要进行 3 次平行实验，为提高标定的准确度，尽可能采用基准物标定。若用已知准确浓度的标准溶液来标定，会再次引入误差。

（b）当标定用的基准物不止一个时，应选易于制备、性质稳定、相对分子质量较大的一个。如标定 NaOH 标准溶液时，基准物可以是邻苯二甲酸氢钾、草酸及草酸氢钾等。其中邻苯二甲酸氢钾具有纯度高、不含结晶水、不吸潮、性质稳定、相对分子质量较大等性质，常选它作为基准物。

（c）选择标定条件时，应考虑样品的测定条件，尽可能使标定条件与测定条件一致。如配位滴定中标定 EDTA 溶液的基准物有 Zn、ZnO、$CaCO_3$、Bi、Cu、$MgSO_4 \cdot 7H_2O$、Ni、Pb 等，选用被测元素的纯金属或化合物作基准物，可减少系统误差，提高测定准确度。

（d）标定标准溶液时，还应注意标准溶液已达到稳定后再标定其浓度。如标定 $KMnO_4$ 溶液时，由于 $KMnO_4$ 具有强氧化性，会与空气和水中的还原性物质反应，使 $KMnO_4$ 溶液不稳定，一般需将 $KMnO_4$ 溶液暗置 7~10 天，过滤除去 $KMnO_4$ 的还原产物 MnO_2 后，再标定。

④ 滴定终点判断　无论哪一类滴定分析，在滴定过程中，随着标准溶液的加入，溶液的性质不断发生变化，且遵循从量变到质变的规律。实验或计算表明，在化学计量点前

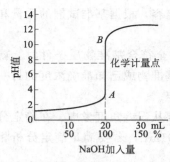

图 3-7　酸碱滴定曲线

后很小范围内（±0.02mL），被测组分浓度突然减小，致使溶液的 pH 值、电势值或 pM 值发生最大变化，如图 3-7 中 AB 段所示。通常把化学计量点前后±0.1%范围内 pH 值（酸碱滴定）、pM 值（配位滴定）或电位值（氧化还原滴定）的急剧变化范围称滴定突跃范围。当通过仪器或指示剂指示滴定突跃时，就可以终止滴定。

a. 酸碱滴定指示剂　酸碱滴定中所用指示剂一般是有机弱酸或有机弱碱，当溶液的酸度发生变化时，引起它们的结构变化，显示出不同的颜色。如甲基橙是一种有机碱，在 pH＞4.4 时，主要为碱式的偶氮结构，显黄色；当 pH＜3.1 时，主要是酸式的醌式结构，显红色。

$$^-O_3S-\!\!\!\left\langle\!\!\!\begin{array}{c}\end{array}\!\!\!\right\rangle\!\!-N\!=\!N-\!\!\!\left\langle\!\!\!\begin{array}{c}\end{array}\!\!\!\right\rangle\!\!-N(CH_3)_2 \underset{-H^+}{\overset{+H^+}{\rightleftharpoons}} {}^-O_3S-\!\!\!\left\langle\!\!\!\begin{array}{c}\end{array}\!\!\!\right\rangle\!\!-\overset{H}{N}-N\!=\!\!\!\left\langle\!\!\!\begin{array}{c}\end{array}\!\!\!\right\rangle\!\!=\!\overset{+}{N}(CH_3)_2$$

　　　　　　　　黄色　　　　　　　　　　　　　　　　　　　红色

以 HIn 表示指示剂的酸式结构，In⁻ 表示其碱式结构，它们在溶液中存在下述平衡：

$$HIn+H_2O \rightleftharpoons H_3O^++In^-$$

$$K_{HIn}^{\ominus}=\frac{[H_3O^+][In^-]}{[HIn]}$$

即

$$[H^+]=\frac{[HIn]}{[In^-]}K_{HIn}^{\ominus} \qquad\qquad (3\text{-}2)$$

两边取对数得：

$$pH=pK_{HIn}^{\ominus}-\lg\frac{[HIn]}{[In^-]} \qquad\qquad (3\text{-}3)$$

式中，$K_{HIn}^{\ominus}$ 为指示剂常数。

溶液的颜色由指示剂酸式结构 HIn 和碱式结构 In⁻ 的相对浓度决定。按人眼对颜色的判别能力，这两种结构浓度相差 10 倍以上时，看到的是浓度较高结构的颜色。随着 pH 值变化，使两者浓度之比处于 [HIn] / [In⁻] 在 1/10～10 之间时，溶液呈现由碱色到酸色的变化，即当溶液的 pH 值由 $pK_{HIn}^{\ominus}-1$ 变化至 $pK_{HIn}^{\ominus}+1$，指示剂的颜色发生明显变化，反之亦然。通常把 $pH=pK_{HIn}^{\ominus}\pm1$ 称为指示剂的变色范围，把 $pH=pK_{HIn}^{\ominus}$ 时称为变色点。

在酸碱滴定中，选择指示剂的原则是指示剂的变色范围应全部或部分处于酸碱滴定突跃范围之内。在滴定时，当加入的指示剂颜色发生突变时，即意味着滴定终点的到达。酸碱滴定中常用的指示剂见附录 4。选用指示剂时还应注意指示剂的变色要敏锐，颜色变化由浅至深。例如 NaOH 滴定 HCl 时，应选用酚酞作指示剂，颜色从无色到粉红色。若选用甲基橙作指示剂，则颜色从红色到橙色，肉眼的观察不敏锐，往往使滴定过量。

b. 配位滴定指示剂　在配位滴定中广泛采用金属指示剂指示滴定终点。金属指示剂（In）本身是配合剂，在滴定开始时，指示剂与金属离子（M）配位形成有色配合物（MIn）。在滴定终点时，滴定剂（Y）置换与金属离子配位的指示剂，使指示剂游离，游离的金属指示剂与其形成金属配合物时颜色明显不同，根据溶液的变色可以指示终点。指示剂变色的反应如下：

$$MIn + Y \Longrightarrow MY + In$$

（A色） （B色）

配位滴定常用的指示剂有铬黑 T、二甲酚橙、PAN 等。

金属指示剂本身一般是有机弱酸，颜色与 pH 值有关，在不同 pH 值条件下，指示剂显示不同的颜色。如铬黑 T 指示剂（简写 EBT）在水溶液中存在下列平衡：

$$H_2In^- \xrightleftharpoons[]{pK_{a_2}=6.3} HIn^{2-} \xrightleftharpoons[]{pK_{a_3}=11.6} In^{3-}$$

红色 蓝色 橙色

当 pH<6.3 时，铬黑 T 呈红色；pH 在 7～11 时呈蓝色；pH>11.6 时呈橙色，铬黑 T 与金属离子形成的配合物（MIn）均为酒红色，为使滴定终点颜色变化明显，铬黑 T 只能在 pH=7～11 范围内使用。

为减少滴定误差，满足滴定分析要求，所选择的指示剂应该满足：指示剂与金属形成的配合物颜色与指示剂自身的颜色明显不同；在一定的 pH 值条件下，金属离子与指示剂配合的稳定性比滴定剂配合的稳定性略小一些。

c. 氧化还原滴定指示剂　氧化还原滴定指示剂可分为 3 种类型。

（a）自身指示剂　这一类指示剂是利用标准溶液（滴定剂）或被测物质的氧化态与还原态离子颜色有明显差异直接指示终点。如滴定剂 $KMnO_4$ 溶液是深紫红色的，在酸性介质中，它的还原产物 Mn^{2+} 几乎是无色的，当用 $KMnO_4$ 滴定 Fe^{2+}、$C_2O_4^{2-}$ 等离子时，可以利用化学计量点后稍过量 $KMnO_4$ 的颜色指示滴定终点。

（b）专属（特殊）指示剂　淀粉在 I^- 存在下能与 I_2 形成深蓝色的吸附配合物，而与 I^- 不发生显色反应，所以在碘量法中用淀粉作指示剂，蓝色生成或消失指示滴定终点。

（c）氧化还原指示剂　指示剂本身是氧化剂或还原剂，氧化态与还原态有不同的颜色，在滴定中，指示剂被氧化或还原导致颜色变化而指示终点。选择这类指示剂时，指示剂变色的电势变化范围应处于滴定曲线的电势突跃范围之内。

⑤ 滴定分析结果的计算

a. 溶液浓度的表示　溶液浓度可以用物质的量浓度 c（$mol \cdot L^{-1}$）表示，也可用质量分数和滴定度表示。

（a）物质的量浓度　物质的量浓度是指 B 物质的量 n_B 与溶液体积之比，用 c_B 表示。

$$c_B = \frac{n_B}{V} \tag{3-4}$$

其单位是 $mol \cdot m^{-3}$，在滴定分析中，习惯用 L（升，$1L = 1 dm^3$）表示体积，故 c_B 的单位常用 $mol \cdot L^{-1}$ 表示。

（b）B 的质量分数　质量分数是指 B 的质量与混合物的质量之比，用 w_B 表示。

$$w_B = \frac{m_B}{\sum_B m_B} \tag{3-5}$$

w_B 是无量纲量，是一个纯数。用某一数乘以 10^{-n}（n 为正整数）或用％表示。

（c）滴定度　滴定度是指每毫升标准溶液（滴定剂）相当于被滴定物质的质量。用 $T_{B/A}$ 表示，其中 T 为滴定度，B 为被滴定物质，A 为标准溶液。

b. 分析结果计算　在滴定分析中，分析结果是根据滴定剂的浓度和所消耗体积来计算的。设滴定剂为 A，被测组分为 B，反应通式为：

$$aA + bB \!=\!\!=\!\!= cC + dD$$

每种物质前的系数称为化学反应计量数。当滴定到反应化学计量点时，滴定剂物质的量 n_A 与被测物 B 的物质的量 n_B 之比等于它们的化学计量数之比：

$$\frac{n_A}{n_B} = \frac{a}{b}$$

即可得：

$$n_B = \frac{b}{a} n_A \tag{3-6}$$

根据滴定剂的浓度 c_A 和所有消耗的体积 V_A 以及被测 B 物质的体积 V_B，可得到被测 B 物质的量浓度为

$$c_B = \frac{b}{a} \frac{c_A V_A}{V_B} \tag{3-7}$$

若已知 B 物质样品的总质量 m，就可计算 B 的质量分数为

$$w_B = \frac{\frac{b}{a} c_A V_A M_B \times 10^{-3}}{m} \tag{3-8}$$

（2）重量分析法

① 重量分析法概述　重量分析法是将被测组分从试样中分离出来，并转化为固定组成的化合物或单质，然后用称量的方法测出被测组分含量的分析方法。该方法的优点是准确度高，因为在测定中通过称量直接计算物质含量，不需要基准物。其缺点是操作繁琐、费时，不适合低含量组分的测定。但在科研及制订计量标准时，将其视作标准方法与基础分析方法之一。

被测组分与试样中其他组分的分离有多种方法，通常以沉淀反应为基础，将待测组分以难溶化合物的形式沉淀出来，再将沉淀过滤、洗涤、烘干或灼烧成为组成一定的物质，然后称其质量，再计算待测组分的含量，此法称为沉淀重量法。在沉淀重量法中选择合理的沉淀条件至关重要，沉淀的溶解度、晶形和纯净程度直接影响分析结果的准确度，因此对沉淀具有一定的要求。

② 重量分析对沉淀的要求　重量分析中的沉淀有沉淀形式和称量形式，二者有时相同有时不同。沉淀形式是加入沉淀剂后，使待测组分形成沉淀的组成形式。称量形式是沉淀经洗涤、烘干、灼烧后的组成形式。

对沉淀形式的要求：

a. 沉淀完全且溶解度小；

b. 沉淀应纯净，夹带杂质少；

c. 沉淀要易于分离、过滤和洗涤；

d. 易于转化为称量形式。

对称量形式的要求：

a. 组成与化学式相符；

b. 化学性质稳定；

c. 摩尔质量大。

重量分析的关键在于获得完全而纯净的沉淀。了解影响沉淀完全程度的因素、影响沉淀纯净的因素和合理控制沉淀形成的条件，是获得尽可能完全且纯净的沉淀的必备条件。

③ 影响沉淀完全程度的因素　沉淀完全程度主要取决于沉淀的溶解度，影响沉淀溶

解度的因素有同离子效应、盐效应、酸效应、配位效应等。在重量分析中，利用同离子效应通过加入过量的沉淀剂能促使沉淀完全。沉淀剂加入量视具体情况而定。若沉淀剂在烘干或灼烧时能挥发除去，可过量 $50\%\sim100\%$，若沉淀剂在烘干或灼烧时不能挥发除去，可过量 $20\%\sim30\%$。沉淀剂过量太多，有时可能会引起盐效应、配位效应等副反应，使沉淀的溶解度升高。对弱酸盐的沉淀，酸效应影响较大，因此对于弱酸盐的沉淀应在适当低的酸度下进行。

影响沉淀溶解度的其他因素还包括温度、溶剂、沉淀的颗粒和结构等。由于大多数溶解过程吸热，温度升高沉淀溶解度增大。一般无机盐沉淀在有机溶剂中溶解度比在水中小。对相同量的沉淀，若沉淀颗粒小，则比表面积大，在同样条件下溶解度大。

④ 影响沉淀纯度的因素　当沉淀从溶液中析出时，杂质的存在直接影响沉淀的纯净程度。因此，必须了解沉淀生成过程中混入杂质的各种原因，找出提高沉淀纯度的方法，以获得符合重量分析要求的沉淀。

a. 共沉淀　在进行沉淀时，把溶液中少许原不该沉淀的离子共同沉淀下来的现象叫共沉淀。共沉淀是重量分析中误差的主要来源之一。产生的原因有以下几个方面。

（a）表面吸附　由沉淀表面的吸附作用引起的共沉淀。在沉淀的晶格中，构晶离子按照同电荷相互排斥、异电荷相互吸引的原则进行排列，由于沉淀表面离子电荷的作用力未完全平衡，在静电作用下，会吸附溶液中其他带相反电荷的离子，吸附时优先吸附与构晶离子形成溶解度小的物质。表面吸附的影响因素表现为沉淀的总表面积越大，吸附量越大；溶液中杂质的浓度越大，吸附越多；温度升高，吸附量减少。表面吸附可通过洗涤沉淀的方法减小。

（b）混晶　杂质离子与构晶离子半径相近、晶体结构相似时，就会生成混晶共沉淀。影响混晶共沉淀的因素有杂质的种类、浓度、形成晶体的速率等。混晶一旦形成，杂质进入沉淀内部，用洗涤和陈化的方法净化沉淀时，效果不显著。因此最好先将这类杂质分离除去。

（c）包藏　在快速沉淀时，沉淀中包藏一些溶液里的杂质的现象叫包藏。被包藏在沉淀内部的杂质很难用洗涤的方法除去，但可以通过陈化或重结晶的方法减少杂质。

b. 后沉淀　在已形成的沉淀中再慢慢形成其他沉淀的现象叫做后沉淀。后沉淀随着沉淀放置时间的延长而增多。

为了提高沉淀的纯度，应选择适当的分析步骤，适宜的沉淀条件，沉淀后通过洗涤、陈化或重结晶等方式提高沉淀的纯度。

⑤ 沉淀的形成和沉淀的条件　沉淀分为晶形沉淀和非晶形沉淀。晶形沉淀的结构紧密，颗粒较大，吸附包藏的杂质少，沉淀较纯净；非晶形沉淀的结构疏松，颗粒较小，吸附包藏杂质多，体积庞大，不易洗净。因此，在实际操作中尽可能选用晶形沉淀，以提高沉淀纯度。

晶体的形成可分为晶核的生成和晶核成长两个过程。所得沉淀颗粒的大小取决于这两个过程的相对速度。如果晶核形成的速度（称为聚集速度）比晶体成长速度（称为定向速度）慢，那么形成晶核少，构晶离子有足够的时间在晶核上按一定的晶格有规则地排列，晶核逐渐长大，形成大颗粒晶形沉淀。当聚集速度大于定向速度时，则形成晶核多，并不断形成新的晶核，这样便来不及有规则地排列成晶体，得到的是颗粒细小、结构疏松、体积庞大的非晶形沉淀。可见改变形成晶体的速率，可以改变晶形。在实际操作中改变沉淀条件，可以改变晶形，提高沉淀纯度。

a. 晶形沉淀条件的选择　稀：沉淀需在稀溶液中进行，沉淀剂与被沉淀溶液都是稀溶液，因为稀溶液中，构晶离子形成晶核少，有利于晶体长大，且包藏与吸附杂质少。

慢：沉淀剂加入速度要慢，防止局部过浓，减少晶核形成，有利于晶体定向生长。

热：在加热条件下沉淀，温度高溶解度增大，减少晶核的形成。

搅：沉淀时，应边加沉淀剂边搅拌，防止局部过浓形成较多的晶核，有利于晶核长大。

陈：即"陈化"，将沉淀剂和溶液放置一段时间或加热搅拌一定时间，让沉淀中小晶体溶解、大晶体长大。当溶液中同时存在小晶体和大晶体时，小晶体的比表面积较大，溶解度较大，同一溶液中，对大晶体是饱和溶液，对小晶体则是不饱和溶液，这样小晶体溶解后又增加了溶液的浓度，对大晶体来说是过饱和溶液，使构晶离子又沉淀在大晶体上。转化过程可使包藏在小晶体中的杂质转入溶液中，但不能改善混晶与后沉淀。

b. 非晶形沉淀的沉淀条件

浓：沉淀剂与被沉淀物应取较高浓度，减少水分。

快：沉淀剂应快速一次加入。

热：在热溶液中进行，减少杂质吸附及水合程度。

搅：搅拌有利于沉淀的快速形成。

电解质：加入电解质，促进胶体凝聚。

在含有适当电解质的热溶液中，快速加入较浓的沉淀剂，并不断搅拌进行沉淀，这样形成的沉淀水合程度小，结构紧密而易过滤。沉淀后立即过滤，不需陈化。

小体积沉淀法适用于非晶形沉淀，常用于沉淀除去杂质离子，被测组分留在溶液中。

均相沉淀法用于晶形沉淀中，沉淀剂通过缓慢的化学过程逐渐产生，然后均匀地生成沉淀，有利于晶形沉淀长大。

⑥ 沉淀的过滤、洗涤、干燥和灼烧　沉淀形成后，过滤、洗涤、烘干（或灼烧）沉淀各项操作也会影响分析结果的准确度。

a. 沉淀的过滤和洗涤　过滤沉淀常用滤纸或玻璃砂芯坩埚。对于需要高温灼烧的沉淀须用滤纸过滤。重量分析用的滤纸称为"定量滤纸"或无灰滤纸（每张滤纸灰分不超过 0.1mg，可以忽略不计），滤纸按其紧密程度分为快速、中速和慢速三种规格。一般非晶形沉淀如 $Fe(OH)_3$ 等选用快速滤纸；细小的晶形沉淀如 $BaSO_4$ 等，用慢速滤纸。

重量分析用的漏斗一般用颈部较细的长颈漏斗，过滤时容易形成水柱，加快过滤速度。过滤时为了使滤纸的小孔不致很快被沉淀堵塞，应采用倾析法过滤，即将沉淀上层清液沿玻璃棒小心倾入漏斗并尽可能使沉淀留在烧杯内。不管滤液是否有用，一定要用洗净的烧杯承接滤液。过滤时还应观察滤液是否澄清，若有浑浊，应找出原因，重新过滤。

沉淀洗涤是为了洗去沉淀表面吸附的杂质和混在沉淀中的母液。洗涤时要尽量减少沉淀的溶解损失和避免形成胶体溶液，因此需选用合适的洗涤液。选择洗涤液的原则是：溶解度小而不易成胶体的沉淀，可用蒸馏水洗涤；溶解度较大的晶形沉淀，可用沉淀剂稀溶液洗涤。但沉淀剂必须易在烘干和灼烧时挥发或分解除去；溶解度较小而又可能分散成胶体的沉淀，宜用易挥发的电解质稀溶液洗涤（如 NH_4NO_3 等）。

洗涤沉淀时，既要将沉淀洗净，又不能用过多的洗涤液，以免增加沉淀的溶解损失。为此，应采用"少量、多次"的洗涤原则，即每次使用适当少量的洗涤液，分多次洗涤。

而且还应特别注意，在前次洗涤液从滤纸上滤尽之前，不要进行下次洗涤，这样便可得到良好的洗涤效果。洗涤必须连续进行，中途不要间断，否则沉淀干涸黏结，不能完全洗净。

b. 沉淀的烘干或灼烧　烘干是为了除去沉淀中的水分和可挥发物质，使沉淀组成固定。灼烧除了具有上述作用外，有时还是为了使沉淀在高温下分解为组成固定的称量形式。

用滤纸过滤的沉淀，一般在瓷坩埚中进行干燥和灼烧。为了保证在灼烧沉淀时，坩埚的质量变化很小，应将空坩埚事先灼烧至恒重（坩埚灼烧前后两次质量之差小于0.2mg）。将洗净的沉淀连同滤纸，放入已恒重的坩埚中，烘干，并加热使滤纸"炭化"和"灰化"后，灼烧至恒重。

灼烧沉淀的温度和时间，随沉淀的不同而异。灼烧温度一般为 800～1000℃，每次灼烧的时间多为 15～40min。

⑦ 重量分析的计算　重量分析中根据称量形式的质量计算结果。当被测组分与称量形式不同时，分析结果应进行换算，例如称量形式是 $BaSO_4$，被测组分是 S 时，则换算因子是 S 与 $BaSO_4$ 摩尔质量的比值 M_S/M_{BaSO_4}，通过换算因子，可求出 S 的质量分数：

$$w_S = \dfrac{m_{BaSO_4}\dfrac{M_S}{M_{BaSO_4}}}{m_{试样}} \tag{3-9}$$

换算因子又称重量因子。沉淀的称量形式质量增大，换算因子减小，有利于减少称量误差，提高重量分析的准确度。

3.3.2　化学分析实验

实验十五　容量器皿的校准

一、实验目的

1. 学习容量器皿滴定管、容量瓶和移液管的使用方法。
2. 学习容量器皿校准的意义和方法。

二、实验原理

滴定管、移液管和容量瓶是滴定分析中主要使用的容量器皿。容量器皿的容积与其所标出的体积并非完全相符，因此，在准确度要求较高的分析工作中，必须对容量器皿进行校准。

由于玻璃具有热胀冷缩的特性，在不同的温度下，容量器皿的容积也有所不同。因此，校准玻璃容量器皿时，必须规定一个共同的温度。这一规定温度称为标准温度，国际上规定玻璃容量器皿的标准温度为 20℃，即在校准时都将玻璃容量器皿的容积校准到 20℃时的实际容积。容量器皿常采用两种校准方法，分别为相对校准法和绝对校准法。

1. 相对校准法

当两种容量器皿体积之间有一定的比例关系时，常采用相对校准法。例如，25mL 移液管量取液体的体积应等于 250mL 容量瓶量取体积的 1/10。此法简单易行，但必须在容量器皿配套使用时才有意义。

2. 绝对校准法

绝对校准法是测定容量器皿的实际容积。常用的校准方法为衡量法，又称称量法，即用天平称量被校准的容量器皿量入或量出纯水的质量，然后根据当时水温时的密度，计算出该容量器皿在标准温度 20℃ 时的实际体积。由质量换算成容积时，需要考虑以下三方面的影响：

① 温度对水的密度的影响；

② 温度对玻璃器皿容积胀缩的影响；

③ 在空气中称量时空气浮力对质量的影响。

为了便于计算，将上述三种因素综合考虑，得到一个总校准值。不同温度下的纯水密度列于表 3-17 中。

表 3-17　不同温度下纯水的密度

(空气密度为 $0.0012g \cdot cm^{-3}$，钠钙玻璃体胀系数为 $2.6 \times 10^{-5}℃^{-1}$)

温度/℃	密度/$g \cdot mL^{-1}$	温度/℃	密度/$g \cdot mL^{-1}$	温度/℃	密度/$g \cdot mL^{-1}$
0	0.9982	12	0.9982	24	0.9964
1	0.9983	13	0.9981	25	0.9961
2	0.9984	14	0.9980	26	0.9959
3	0.9984	15	0.9979	27	0.9957
4	0.9985	16	0.9978	28	0.9954
5	0.9985	17	0.9977	29	0.9952
6	0.9985	18	0.9975	30	0.9949
7	0.9985	19	0.9973	31	0.9947
8	0.9985	20	0.9972	32	0.9943
9	0.9984	21	0.9970	33	0.9940
10	0.9984	22	0.9968	34	0.9937
11	0.9983	23	0.9966	35	0.9934

实际应用时，只要称取被校准的容量器皿量入或量出的纯水质量，再除以该温度时纯水的密度，便是该容量器皿在 20℃ 时的实际容积。

【例1】 在 18℃ 时，某一 50mL 容量瓶量入纯水的质量为 49.87g，计算该容量瓶在 20℃ 时的实际体积。

解 查表 3-17 得 18℃ 时纯水的密度为 $0.9975g \cdot mL^{-1}$，因此 20℃ 时容量瓶的实际容积 V_{20} 为：

$$V_{20} = \frac{49.87g}{0.9975g \cdot mL^{-1}} = 49.99mL$$

3. 溶液体积对温度的校准

容量器皿是以 20℃ 为标准来校准的，使用时不一定在 20℃，因此，容量器皿的容积以及溶液的体积都会发生改变。由于玻璃的膨胀系数很小，在温度相差不太大时，容量器皿的容积改变可以忽略。溶液的体积与密度有关，因此，可以通过溶液密度来校准温度对溶液体积的影响。稀溶液的密度一般可用相应温度下水的密度代替。

【例 2】 在 10℃时滴定用去 25.00mL 0.1mol·L⁻¹ 标准溶液，问 20℃时其体积应为多少？

解
$$V_{20}=25.00\text{mL}\times\frac{0.9984\text{g}\cdot\text{mL}^{-1}}{0.9972\text{g}\cdot\text{mL}^{-1}}=25.03\text{mL}$$

三、器材

电子天平（0.1g、0.1mg）、酸式滴定管（50mL）、移液管（25mL）、容量瓶（250mL 和 50mL）、温度计（0~50℃或0~100℃，公用）、洗耳球。

四、实验方法

1. 酸式滴定管的校准

（1）准确称量洁净且外壁干燥的 50mL 容量瓶（精确至 0.01g），记录空容量瓶的质量。

（2）将待校准的酸式滴定管充分洗净，加入去离子水调节液面至滴定管的"0.00"刻度处（加入水的温度应与室温相同）。记录水的温度，然后以 10mL·min⁻¹ 的流速放出 10mL（要求在 10mL±0.1mL 范围内）水至已准确称量的容量瓶中，盖上容量瓶塞，称重并记录容量瓶和水的质量，两次质量之差即为放出水的质量；用同样的方法，称量滴定管从 10~20mL、20~30mL、30~40mL 及 40~50mL 刻度间水的质量，用实验温度时的密度除每次得到的水质量，即可得到滴定管各部分的实际容积。表 3-18 列出了 25℃时滴定管校准的实验数据的范例。

表 3-18 滴定管校准表

（水的温度为 25℃，水的密度为 0.9961g·mL⁻¹）

滴定管读数	容积/mL	瓶和水的质量/g	水的质量/g	实际容积/mL	校准值/mL	累积校准值/mL
0.03		29.20(空瓶)				
10.13	10.10	39.28	10.08	10.12	+0.02	+0.02
20.10	9.97	49.19	9.91	9.95	−0.02	0.00
30.08	9.98	59.18	9.99	10.03	+0.05	+0.05
40.03	9.95	69.13	9.95	9.99	+0.04	+0.09
49.97	9.94	79.01	9.88	9.92	−0.02	+0.07

例如：25℃时由滴定管放出 10.10mL 水，其质量为 10.08g，计算得这一段滴定管的实际体积为：

$$V_{20}=\frac{10.08\text{g}}{0.9961\text{g}\cdot\text{mL}^{-1}}=10.12\text{mL}$$

故滴定管这段容积的校准值为 10.12mL−10.10mL＝+0.02mL。

2. 移液管的校准

（1）准确称量洁净且外壁干燥的 50mL 容量瓶（精确至 0.01g），记录空容量瓶质量。

（2）将 25mL 移液管洗净，吸取去离子水并调节至刻度，将吸取的水放入到已称量的容量瓶中，再称取瓶和水的质量，两次质量之差即为放出水的质量，根据水的质量计算在此温度时的实际容积。每支移液管校准两次，且两次称量差不得超过 20mg，否则重新校准。测量数据按表 3-19 记录和计算。

表 3-19　移液管校准表

（水的温度＝　　　℃,密度＝　　　g·mL^{-1}）

校准次数	移液管容积/mL	容量瓶质量/g	瓶和水的质量/g	水的质量/g	实际容积/mL	校准值/mL
1						
2						

3. 容量瓶与移液管的相对校准

用 25mL 移液管吸取去离子水，注入洁净、干燥的 250mL 容量瓶中（操作时切勿让水碰到容量瓶的磨口）。重复操作 10 次，然后观察溶液弯月面下缘是否与容量瓶刻度线相切，若不相切，另做新标记，经相互校准后的容量瓶与移液管均做上相同记号，可配套使用。

五、实验注意事项

1. 在进行器皿校准实验前，应先训练滴定管、移液管与容量瓶的基本操作。
2. 滴定管或移液管校准时，每次称量需使用同一天平。
3. 容量瓶与移液管的相对校准中，250mL 容量瓶需提前清洗、沥干。
4. 测量水温时，必须将温度计插入水中 5～10min 后再读数，尽可能使水温与室温一致。

六、思考题

1. 称量水的质量时，为什么只要精确至 0.01g？
2. 为什么要进行容量器皿的校准？影响容量器皿体积刻度不准确的主要因素有哪些？
3. 利用称量水法进行容量器皿校准时，为何要求水温和室温一致？若两者稍微有些差异时，以哪一温度为准？
4. 从滴定管中放去离子水到称量的容量瓶中时，应注意些什么？
5. 滴定管有气泡存在时对滴定管有何影响？应如何除去滴定管中的气泡？
6. 使用移液管的操作要领是什么？最后留于管尖的液体如何处理，为什么？

实验十六　酸碱标准溶液的配制和浓度比较

一、实验目的

1. 了解直接法和间接法两种配制标准溶液的方法。
2. 学习滴定管的正确使用与滴定操作。
3. 熟悉甲基橙和酚酞指示剂的使用和滴定终点的确定。

二、实验原理

酸碱滴定中常用 HCl 和 NaOH 溶液作为标准溶液。但由于浓 HCl 易挥发，NaOH 易吸收空气中的水分和 CO_2，不符合直接法配制的要求，只能先配制近似浓度的溶液，然后用基准物质标定其准确浓度，即间接法配制。也可以用已知准确浓度的标准溶液来标定其浓度。通过滴定得到它们的体积比 V_{HCl}/V_{NaOH}，由标定出的 NaOH 浓度 c_{NaOH} 可算出 HCl 的浓度 c_{HCl}。

当强酸和强碱相互滴定时，其 pH 突跃范围为 4.3～9.7，因此可用甲基橙、甲基红、中性红、酚酞等指示剂指示终点。

三、试剂与器材

试剂：NaOH（s，A.R.）、浓盐酸（A.R.）、甲基橙水溶液（0.1%）、酚酞乙醇溶液（0.2%）。

器材：电子天平（0.1g）、滴定管（酸式、碱式，50mL）。

四、实验方法

1. 0.1mol·L⁻¹ HCl 标准溶液和 0.1mol·L⁻¹ NaOH 标准溶液的配制

HCl 溶液的配制：用量筒量取浓盐酸 4～4.5mL，倒入溶液瓶中，用水稀释至 500mL，盖上玻璃塞，摇匀，贴上标签备用。

NaOH 溶液的配制：在电子天平上称取 4g NaOH 于小烧杯中，加水溶解，然后将溶液倾入溶液瓶中，用水稀释至 1L，盖上橡皮塞，摇匀，贴上标签备用。

2. 酸碱标准溶液浓度的比较

（1）滴定管的准备

将酸式滴定管和碱式滴定管分别洗涤干净并检漏。用 5～10mL HCl 标准溶液润洗酸式滴定管 3 次；用 5～10mL NaOH 标准溶液润洗碱式滴定管 3 次。再将 HCl 和 NaOH 标准溶液分别装满酸式滴定管及碱式滴定管。驱除活塞及橡皮管下端的空气泡，调节液面于"0.00"刻度或"0.00"刻度以下，静置 1min 后读数，精确至 0.01mL，记录读数并列于表 3-20。

（2）酸碱标准溶液浓度的比较

从碱式滴定管中放出约 20mL NaOH 溶液于 250mL 锥形瓶内，加入 1～2 滴甲基橙指示剂，然后从酸式滴定管中将 HCl 溶液渐渐滴入锥形瓶中，同时不断摇动锥形瓶，使溶液混匀，待滴定近终点时（若在 HCl 加入的瞬间，锥形瓶中溶液出现红色并逐渐呈黄色，表示接近终点），可用少量水淋洗锥形瓶内壁，使溅起而附于瓶壁上的溶液流下，继续逐滴或半滴滴定，直到溶液恰由黄色转变为橙黄色，即为滴定终点。

如果颜色观察有疑问或终点已过，可继续由碱式滴定管滴入少量 NaOH 溶液，使被滴液再显黄色，然后再以 HCl 溶液滴定至橙黄色（如此反复进行，直至能较为熟练地判断滴定终点）。读取酸、碱滴定管的最终读数，精确到 0.01mL，记录数据并计算出体积比 V_{HCl}/V_{NaOH}（列于表 3-20）。

再次将标准溶液分别装满两滴定管，如上操作重复滴定 2 次。根据滴定结果计算体积比。3 次滴定结果与平均值的相对偏差应小于 ±0.2%，否则应重做。

酸碱标准溶液浓度的比较也可采用酚酞为指示剂，以碱滴定酸的方式进行，当溶液由无色变为浅红色，并摇动后 30s 内不褪色即为终点。求出它们的体积比，将所得结果与甲基橙为指示剂的结果进行比较，试说明原因。

实验记录及报告示例如表 3-20 所示。

表 3-20　酸碱标准溶液浓度的比较

(指示剂：甲基橙)

编号		I	II	III
HCl	终读数/mL	21.20	22.48	23.18
	初始读数/mL	0.06	0.55	2.25
V_{HCl}	/mL	21.14	21.93	20.93
NaOH	终读数/mL	20.08	20.76	20.38
	初始读数/mL	0.08	0.04	0.56
V_{NaOH}	/mL	20.00	20.72	19.82
V_{HCl}/V_{NaOH}		1.057	1.058	1.056
平均值			1.057	
相对偏差/%		0	+0.1	−0.1

五、实验注意事项

1. 固体 NaOH 或浓盐酸均为腐蚀性试剂，实验中应佩戴防护眼镜和手套。浓盐酸为挥发性试剂，实验应在通风条件下进行。

2. 溶液配制完成后，需立即贴上标签，标签上应注明试剂名称、配制日期、使用者姓名，并留一空位以填入溶液的准确浓度。

3. HCl 或 NaOH 标准溶液使用时一定要摇匀，并直接装入滴定管中，不得用其他器皿转移到滴定管中，滴定结束后，滴定管内残余液不准倒回原容量瓶中。

4. 固体 NaOH 试剂中常含有少量 CO_2，可能会影响滴定分析结果。当测量准确度要求比较高时，应在配制 NaOH 溶液时除去 CO_3^{2-}。可加入数毫升 20% 的 $BaCl_2$ 溶液，使 CO_3^{2-} 完全沉淀，再取上清液放入容量瓶中，并装上石灰管防止与 CO_2 接触。

六、思考题

1. 配制酸碱标准溶液时，为什么可直接用量筒取盐酸和用台秤称量固体 NaOH，而不用移液管和分析天平？

2. 如何检验玻璃器皿是否洗净？当用去离子水润洗滴定管后，为什么还要用待装溶液润洗 3 次？本实验中锥形瓶是否应烘干？为什么？

3. 滴定时，指示剂用量为什么不能太多？用量与什么因素有关？

4. 当进行平行滴定时，为什么每次必须添加溶液至零刻度附近，而不继续用滴定管中剩余的溶液进行滴定？

5. 如何通过观察溶液中指示剂颜色的变化来正确确定滴定终点？

实验十七　酸碱标准溶液浓度的标定

一、实验目的

1. 学习酸碱标准溶液浓度标定的原理和方法。

2. 初步掌握酸碱指示剂的选择方法。

3. 进一步练习滴定操作和天平使用，学习减量法称量。

二、实验原理

酸碱标准溶液是采用间接法配制的，其准确浓度必须依靠基准物进行标定。也可根据酸碱溶液中已标定出的其中之一的浓度，再按它们的体积比 V_{HCl}/V_{NaOH} 来计算出另一种标准溶液的浓度。

1. 标定酸溶液的基准物常用无水碳酸钠（Na_2CO_3）或硼砂（$Na_2B_4O_7 \cdot 10H_2O$）。以无水碳酸钠为基准物标定酸时，应采用甲基橙作为指示剂，反应式如下：

$$Na_2CO_3 + 2HCl = 2NaCl + H_2CO_3$$
$$\qquad\qquad\qquad\qquad\quad \llcorner\!\!\rightarrow CO_2 \uparrow + H_2O$$

以硼砂作为基准物时，反应产物是硼酸（$K_a^{\ominus} = 5.7 \times 10^{-10}$），溶液呈微酸性，因此选用甲基红为指示剂，反应式如下：

$$Na_2B_4O_7 \cdot 10H_2O + 2HCl = 2NaCl + 4H_3BO_3 + 5H_2O$$

2. 标定碱溶液的基准物常用的有邻苯二甲酸氢钾（$C_6H_4COOHCOOK$）或草酸，水溶性的有机酸也可选用，如苯甲酸（C_6H_4COOH）、琥珀酸（$H_2C_4H_4O_4$）和氨基磺酸（H_2NSO_3H）等。

邻苯二甲酸氢钾是一种二元弱酸的共轭碱，它的酸性较弱，$K_{a_2}^{\ominus} = 2.9 \times 10^{-6}$，与 NaOH 反应式如下：

反应产物是邻苯二甲酸钾钠，在水溶液中显微碱性，化学计量点 $pH = 9.1$，pH 突跃范围在 $8.1 \sim 10.1$，因此可用酚酞作指示剂。

草酸（$H_2C_2O_4 \cdot 2H_2O$）是二元酸，由于 $K_{a_1}^{\ominus}$ 与 $K_{a_2}^{\ominus}$ 的值相近，不能分步滴定，反应产物为 $Na_2C_2O_4$，在水溶液中显微碱性，也可采用酚酞作指示剂。

三、试剂与器材

试剂：HCl 标准溶液（$0.1mol \cdot L^{-1}$）、NaOH 标准溶液（$0.1mol \cdot L^{-1}$）、邻苯二甲酸氢钾（基准级）、无水碳酸钠（优级纯）、甲基橙水溶液（0.1%）、酚酞指示剂（0.2%）。

器材：电子天平（0.1mg）、滴定管（酸式、碱式，50mL）。

四、实验方法

1. $0.1mol \cdot L^{-1}$ HCl 溶液浓度的标定

（1）用减量法准确称取 Na_2CO_3 三份，每份为 0.13g 左右，置于 250mL 锥形瓶中。

（2）加入 50mL 去离子水溶解，加入 $1 \sim 2$ 滴甲基橙，用待标定的 HCl 溶液滴定，近终点时，应逐滴加入或半滴加入，直至被滴定的溶液由黄色恰变为橙色为终点，记录读数。重复上述操作，滴定其余两份基准物。

根据 Na_2CO_3 的质量 $m_{Na_2CO_3}$ 和消耗 HCl 溶液的体积 V_{HCl}，可按下式计算 HCl 溶液的浓度 c_{HCl}：

$$c_{HCl} = \frac{m_{Na_2CO_3} \times 2000}{M_{Na_2CO_3} V_{HCl}}$$

式中，$M_{Na_2CO_3}$ 为 Na_2CO_3 的摩尔质量。

每次标定的结果与平均值的相对偏差不得大于 $\pm 0.3\%$，否则应重新标定。

2. $0.1mol \cdot L^{-1}$ NaOH 标准溶液浓度的标定

（1）用减量法准确称取邻苯二甲酸氢钾三份，每份为 0.5g 左右，置于 250mL 锥形瓶。

（2）加入 50mL 去离子水溶解，必要时可用小火加热溶解。冷却后，加酚酞指示剂 1~2 滴。用欲标定的 NaOH 溶液滴定，近终点时，应逐滴加入或半滴加入，直至被滴定的溶液由无色变为浅红色为终点，记录读数。重复上述操作，滴定其余两份基准物。

根据邻苯二甲酸氢钾的质量 m 和所用 NaOH 标准溶液的体积 V_{NaOH}，按下式计算 NaOH 标准溶液的浓度 c_{NaOH}。

$$c_{NaOH} = \frac{1000m}{M_{KHC_8H_4O_4} V_{NaOH}}$$

式中，$M_{KHC_8H_4O_4}$ 为邻苯二甲酸氢钾的摩尔质量。

各次标定的结果与平均值的相对偏差不得大于 $\pm 0.3\%$，否则应重做。数据记录与结果列于表 3-21。

表 3-21　NaOH 标准溶液的标定
（指示剂：酚酞）

内容		Ⅰ	Ⅱ	Ⅲ
邻苯二甲酸氢钾质量 m/g		0.5352	0.5256	0.5288
NaOH	末读数/mL	26.25	24.91	24.88
	初读数/mL	1.04	0.12	0.03
V_{NaOH}	/mL	25.21	24.79	24.85
c_{NaOH}/mol·L^{-1}		0.1040	0.1038	0.1042
平均值			0.1040	
相对偏差/%		0	−0.2	+0.2

五、实验注意事项

1. 溶解基准物时不得用玻璃棒搅拌溶解，以免造成基准物损失。

2. 标定 NaOH 溶液时，滴定至溶液呈现浅红色 30s 不褪色即为终点。若 30s 后褪色是由于溶液吸收空气中的 CO_2，溶液碱性减弱，使酚酞红色褪去。

六、思考题

1. 标定 HCl 溶液时，需准确称取基准物 Na_2CO_3 约 0.13g，标定 NaOH 溶液时，需准确称取基准物邻苯二甲酸氢钾约 0.5g，这些称量要求是如何估算的？称太多或太少对标定有何影响？

2. 标定用的基准物应该具备哪些条件？

3. 溶解基准物时需加入 50mL 去离子水，使用何种量器加水，为什么？

4. 用邻苯二甲酸氢钾标定 NaOH 溶液时，为什么选用酚酞作指示剂？用甲基橙可以吗？为什么？

5. $Na_2C_2O_4$ 能否作为标定酸的基准物？为什么？

实验十八 白醋中醋酸含量的测定

一、实验目的

1. 掌握白醋中醋酸含量测定的原理和方法。
2. 了解强碱滴定弱酸时指示剂的选择。
3. 学习容量瓶、移液管的正确使用方法。

二、实验原理

白醋中主要成分是醋酸（含 3‰～5‰），醋酸（HAc）为一弱酸，其解离常数 $K_a=1.75\times10^{-5}$，因此可用 NaOH 标准溶液直接滴定。HAc 与 NaOH 反应如下：

$$HAc+NaOH \Longrightarrow NaAc+H_2O$$

反应产物是 NaAc，若用 $0.1mol\cdot L^{-1}$ NaOH 滴定 $0.1mol\cdot L^{-1}$ HAc，化学计量点 pH＝8.7，pH 突跃范围在 7.7～9.7，可用酚酞作指示剂。

三、试剂与器材

试剂：NaOH 标准溶液（$0.1mol\cdot L^{-1}$），酚酞指示剂（0.2%），食用白醋。

器材：碱式滴定管（50mL）、移液管（25mL）、容量瓶（250mL）。

四、实验方法

1. 试液配制

自拟试液配制方案（提示：先粗略确定白醋中醋酸的浓度，然后确定配制 $0.1mol\cdot L^{-1}$ 白醋中醋酸溶液的方案）。

2. 白醋中醋酸含量的测定

用移液管移取 25mL 白醋试液一份，置于 250mL 容量瓶中，用去离子水稀释至刻度，摇匀。

用移液管吸取稀释后的白醋溶液 25mL 于 250mL 锥形瓶中，加入酚酞指示剂 1～2 滴，用 NaOH 标准溶液滴定，直到溶液呈浅红色，且摇动后在 30s 内不褪色，即为终点。根据 NaOH 标准溶液的浓度 c_{NaOH} 和滴定时消耗的体积 V_{NaOH}，可以计算食醋中醋酸含量。

三次平行测定的结果与平均值的相对偏差不得大于±0.2%，否则应重做。

五、实验注意事项

1. 白醋中醋酸含量的粗估方法：取一定量白醋，加酚酞指示剂，滴加 NaOH 标准溶液，当指示剂变色时，由 NaOH 标准溶液的加入量推算白醋中醋酸的浓度。
2. 用容量瓶配制溶液时，若稀释超过了容量瓶的标示线，应重配溶液并充分摇匀。

3. 移液管放完溶液后，用去离子水淋洗锥形瓶内壁，将试液洗入溶液中。

六、思考题

1. 测定白醋中的醋酸为什么要用酚酞作为指示剂？用甲基橙或中性红是否可以？说明理由。

2. 应如何正确地使用移液管？若移液管中的溶液放出后，在管的尖端尚残留一滴溶液，应怎样处理？

3. 列出结果的计算式（以 25mL 白醋中含 HAc 的质量表示）。

4. 如何初步确定白醋中的醋酸浓度？

实验十九　碱灰中总碱度的测定

一、实验目的

1. 掌握碱灰中总碱度测定的原理和方法。
2. 熟悉酸碱滴定法中指示剂的选择原则。
3. 巩固滴定操作和电子天平的使用。

二、实验原理

碱灰为不纯的 Na_2CO_3，其中混有少量的 NaOH 或 $NaHCO_3$ 杂质，因此可用 HCl 标准溶液滴定，以甲基橙为指示剂，当指示剂变色时以上组分均被中和，测定的结果是碱的总量，常用 Na_2O 含量来表示。HCl 滴定 Na_2CO_3 的反应如下：

$$Na_2CO_3 + HCl \longrightarrow NaHCO_3 + NaCl$$
$$NaHCO_3 + HCl \longrightarrow NaCl + H_2CO_3$$
$$\downarrow\!\!\!\longrightarrow CO_2 + H_2O$$

可见反应到第一化学计量点生成 $NaHCO_3$，pH 值约为 8.3；第二化学计量点生成 H_2CO_3，pH 值约为 3.9。滴定时，在第一化学计量点附近滴定突跃范围小，终点变色不敏锐，因此测定总碱度时，滴定至第二化学计量点，以甲基橙为指示剂。

三、试剂与器材

试剂：HCl 标准溶液（0.1mol·L^{-1}）、甲基橙指示剂（0.1%）、碱灰试样。
器材：电子天平（0.1mg）、酸式滴定管（50mL）。

四、实验方法

1. 准确称取碱灰试样（自行计算称量范围）三份于 250mL 锥形瓶中。
2. 加去离子水 50mL，使之溶解。加入甲基橙指示剂 1~2 滴，用 HCl 标准溶液滴定至溶液由黄色变为橙色，即为终点。根据试样的质量 m、HCl 标准溶液的浓度 c_{HCl} 及消耗的体积 V_{HCl}，计算碱灰的总碱度（以 Na_2O 的质量分数表示）。

每次测定的结果与平均值的相对偏差不得大于 0.3%。如时间允许，可在一份试样中先加酚酞，用 HCl 滴定到红色褪去，再加甲基橙指示剂，观察和比较两种指示剂变色的敏锐程度，说明理由。

五、实验注意事项

1. 碱灰试样的称量范围可以碱灰中含 Na_2O 为 50% 的量来计算。

2. 纯碱易吸水，称量时要快速、准确。

3. 以甲基橙为指示剂时，用 HCl 标准溶液滴定至溶液由黄色变为橙色即为终点。但在终点前，由于溶液中的 H_2CO_3 与 HCO_3^- 组成了缓冲体系，终点不易判断，因此可先用 HCl 滴定至刚显橙色，再将溶液煮沸除去 CO_2 使溶液变为黄色，待溶液冷却后，再用极少量 HCl 滴定至显橙色作为正式终点。本实验省略了除 CO_2 步骤，为防止结果偏低，控制终点的橙色应稍微偏红一点。

六、思考题

1. 测定碱灰的总碱度能否用酚酞指示剂？为什么？

2. 如果需测定碱灰中各组分的含量，而且要求准确度稍高一些，应采用什么办法？

3. 假设试样含 95% 的 Na_2CO_3，则以 Na_2O 表示的总碱度为多少？

4. 碱灰的称量范围是多少？试列式计算。

实验二十　EDTA标准溶液的配制与标定

一、实验目的

1. 掌握配位滴定的原理，了解配位滴定的特点。

2. 掌握标定 EDTA 溶液的基本原理及方法。

3. 熟练掌握容量瓶、移液管的正确使用方法。

二、实验原理

乙二胺四乙酸二钠盐简称 EDTA，是有机配合剂，能与大多数金属离子形成稳定的 $1:1$ 型的配合物，计量关系简单，故常用作配位滴定的标准溶液。

通常采用间接法配制 EDTA 标准溶液。标定 EDTA 溶液的基准物有 Zn、ZnO、$CaCO_3$、Bi、Cu、$MgSO_4 \cdot 7H_2O$、Ni、Pb 等。通常标定条件应尽可能与测定条件一致，以减小系统误差。如果用被测元素的纯金属或化合物作基准物质，就更为理想。本实验采用纯金属锌作基准物标定 EDTA，以铬黑 T（EBT）为指示剂，以 $pH \approx 10$ 的 $NH_3 \cdot H_2O$-NH_4Cl 作缓冲溶液。

在 $pH \approx 10$ 的溶液中，EBT 与 Zn^{2+} 形成较稳定的酒红色配合物（Zn-EBT），而 EDTA 与 Zn^{2+} 能形成更为稳定的无色配合物。因此，滴定至终点时，EBT 被 EDTA 从 Zn-EBT 中置换出来，游离出的 EBT 在 $pH=8\sim11$ 的溶液中呈纯蓝色。其反应为

$$Zn\text{-}EBT + EDTA = Zn\text{-}EDTA + EBT$$

酒红色　　　　　　　　　　　　纯蓝色

此外，也可用二甲酚橙（XO）为指示剂，用六亚甲基四胺控制溶液的酸度，在 pH＝5～6 条件下，以 EDTA 溶液滴定至溶液由红紫色（Zn-XO）变为亮黄色（游离 XO）为终点。

三、试剂与器材

试剂：EDTA（s，A.R.）、金属 Zn（A.R.）、氨水（1∶1）、$NH_3 \cdot H_2O$-NH_4Cl 缓冲溶液（pH≈10）、HCl（6mol·L^{-1}）、铬黑 T（s，1%）、二甲酚橙（0.2%）、六亚甲基四胺（20%）。

器材：电子天平（0.1mg）、移液管（25mL）、酸式滴定管（50mL）。

四、实验步骤

1. 0.01mol·L^{-1} EDTA 标准溶液的配制

称取所需的 EDTA 溶于 300～400mL 温水中，稀释至 1L，摇匀，如浑浊过滤后使用。储存于聚乙烯塑料瓶中为佳。

2. 0.01mol·L^{-1} 锌标准溶液的配制

准确称取纯锌若干（自行计算）于 150mL 小烧杯中，盖上表面皿，从烧杯嘴处滴加 6mol·L^{-1} HCl 溶液 3mL，必要时可加热，待锌完全溶解后，淋洗表面皿，将锌溶液定量转移到 250mL 容量瓶中，加水稀释至刻度，摇匀。

3. EDTA 标准溶液的标定

（1）用铬黑 T 作指示剂　用移液管吸取锌标准溶液 25mL，置于 250mL 锥形瓶中，滴加 1∶1 氨水至开始出现白色沉淀，再加 10mL pH≈10 的 $NH_3 \cdot H_2O$-NH_4Cl 缓冲液，加水 20mL，加入铬黑 T 指示剂少许，用 EDTA 标准溶液滴定至溶液由酒红色恰变为纯蓝色，即达终点。根据消耗的 EDTA 标准溶液的体积，计算其浓度 c_{EDTA}。

（2）用二甲酚橙作指示剂　用移液管吸取锌标准溶液 25mL 于 250mL 锥形瓶中，加水 20mL，加二甲酚橙指示剂 2～3 滴，然后滴加 20% 的六亚甲基四胺溶液至溶液呈现稳定的红紫色，再多加 3mL。用 EDTA 标准溶液滴定至溶液由红紫色恰变为亮黄色，即达终点，按滴定消耗 EDTA 溶液的体积，计算其浓度 c_{EDTA}。

五、实验注意事项

1. 称量 Zn 粒时，为使称量误差＜0.1%，将 Zn 的实际称取量扩大 10 倍，即 0.15～0.20g（如何确定？），用 HCl 溶解后，定容至 250mL，再取 25mL 滴定。

2. 配制锌标准溶液时，由于锌与盐酸反应较为激烈，有气体产生，为防止溶液被带出，必须盖上表面皿，待锌完全溶解后（不再产生微小气泡），必须用去离子水淋洗表面皿。

3. 在锌标准溶液中滴加 1∶1 $NH_3 \cdot H_2O$ 时必须边滴边摇，滴至刚出现白色沉淀，若滴加速度太快过量加入 $NH_3 \cdot H_2O$，则白色沉淀会溶解，就观察不到应有的现象。

4. 铬黑 T 在水中不稳定，易聚合而变质。通常将铬黑 T 与干燥的 NaCl 固体以 1∶100 研磨均匀后放入干燥器中备用。滴定时，滴定一份加一份指示剂，不要过早预先加入。铬黑 T 的加入量必须适当（一小匙），太多色深，太少色浅，都会影响终点的观察，若色太浅，近终点时可补加。

5. 滴定接近终点时，滴定速度要减慢，并不断进行摇动，滴定至红色消失，呈纯蓝色即为终点。

6. 去离子水的纯度要高（检查方法：加 $NH_3 \cdot H_2O\text{-}NH_4Cl$ 缓冲液，使水的 $pH \approx 10$，再加铬黑 T，若呈蓝色，此水可用）。

六、思考题

1. EDTA 标准溶液和锌标准溶液的配制方法有何不同？

2. 配制锌标准溶液时应注意哪些问题？

3. 试解释以铬黑 T 为指示剂标定 EDTA 实验中的几个现象：

（1）向 Zn 溶液中滴加氨水至开始出现白色沉淀；

（2）加入缓冲溶液后沉淀又消失；

（3）用铬黑 T 指示剂，从 EDTA 标准溶液开始滴入至滴定终点时溶液由酒红色变为纯蓝色。

4. 用锌作基准物，二甲酚橙为指示剂，标定 EDTA 溶液浓度，溶液的酸度应控制在什么范围？如何控制？如果溶液中含酸量较多，怎么办？

5. 配位滴定法与酸碱滴定法相比，有哪些不同？操作中应注意哪些问题？

6. 配位滴定中为什么要加入缓冲溶液？

实验二十一　水的总硬度测定

一、实验目的

1. 学习配位滴定法测定水的总硬度的原理和方法。

2. 学习用配位掩蔽和沉淀掩蔽提高配位滴定选择性的方法。

二、实验原理

水的硬度是水质的一个重要监测指标，主要是描述钙离子和镁离子的含量。它分为水的总硬度和 Ca^{2+}、Mg^{2+} 硬度两种，前者是指 Ca^{2+}、Mg^{2+} 总量，后者则指 Ca^{2+}、Mg^{2+} 的分别含量。

用 EDTA 配位滴定法测定水的硬度时，可在 $pH=10$ 的缓冲溶液中，以铬黑 T 为指示剂，水中共存的 Fe^{3+}、Al^{3+} 等用三乙醇胺掩蔽，Cu^{2+}、Zn^{2+}、Pb^{2+} 等可用 Na_2S 掩蔽，用 EDTA 标准溶液直接滴定水中的 Ca^{2+}、Mg^{2+} 总量。其计算式为：

$$\text{水的总硬度} = \frac{c_{\text{EDTA}} V_{\text{EDTA}} M_{\text{CaCO}_3} \times 1000}{V_{\text{水样}}}$$

各国表示水硬度的方法不尽相同，我国采用 $mmol(CaCO_3) \cdot L^{-1}$ 或 $mg(CaCO_3) \cdot L^{-1}$ 为单位表示水的硬度。

三、试剂与器材

试剂：EDTA 标准溶液（$0.01mol \cdot L^{-1}$，实验二十中所得）、三乙醇胺水溶液（1:2）、

$NH_3 \cdot H_2O$-NH_4Cl 缓冲溶液 （pH $\approx$ 10）、铬黑 T （1%）、水样。

器材：电子天平 （0.1mg）、移液管 （25mL）、酸式滴定管 （50mL）、锥形瓶 （250mL）。

四、实验方法

取 100mL 水样置于 250mL 锥形瓶中，加三乙醇胺 3mL，再加 $NH_3 \cdot H_2O$-NH_4Cl 缓冲溶液 5mL （pH $\approx$ 10），摇匀。加入铬黑 T 指示剂少许，用 EDTA 标准溶液滴定至溶液由酒红色恰变为纯蓝色，即为终点。再根据计算式计算水的总硬度。

五、实验注意事项

1. 若所取水样不清，则必须过滤除去固体杂质，过滤所用器皿和滤纸必须是干燥的，并弃去初滤液。

2. 水样的硬度较大时，可适当减少取样量。

3. 若水样含有较多 CO_2，可先加入 1～2 滴 HCl 酸化水样，再煮沸数分钟以除去 CO_2。

六、思考题

1. 试说明配位滴定法测定水中钙、镁含量的原理。

2. 测定钙、镁含量时为何要加入三乙醇胺？可否在加入缓冲溶液以后再加入三乙醇胺？为什么？

3. 测定水的总硬度时，为何要控制溶液的 pH 值为 10？

实验二十二 高锰酸钾标准溶液的配制与标定

一、实验目的

1. 掌握高锰酸钾标准溶液的配制及保存方法。

2. 掌握标定高锰酸钾标准溶液的原理、方法及滴定条件。

二、实验原理

由于高锰酸钾 （$KMnO_4$） 试剂中常含有少量 MnO_2 和其他杂质，配成的标准溶液易在杂质的作用下分解；$KMnO_4$ 是强氧化剂，易与水中的有机物、空气中的尘埃等还原性物质作用，因此 $KMnO_4$ 标准溶液不能用直接法配制，只能先配制成近似浓度，再用基准物进行标定。

$KMnO_4$ 溶液也不稳定，光、热、酸碱、Mn^{2+}、MnO_2 等都加速其分解。因此配制与保存 $KMnO_4$ 溶液时必须保持中性、避光及防尘。待 $KMnO_4$ 溶液的浓度稳定后才能标定，且使用一段时间后仍需要定期标定。

标定 $KMnO_4$ 溶液的基准物很多，如 $Na_2C_2O_4$、$H_2C_2O_4 \cdot 2H_2O$、$(NH_4)_2Fe(SO_4)_2 \cdot 6H_2O$ 等，其中 $Na_2C_2O_4$ 因不含结晶水、性质稳定、容易提纯及操作简便，常用作标定 $KMnO_4$ 溶液的基准物。$Na_2C_2O_4$ 标定 $KMnO_4$ 的反应如下：

$$2MnO_4^- + 5C_2O_4^{2-} + 16H^+ \longrightarrow 2Mn^{2+} + 10CO_2\uparrow + 8H_2O$$

$KMnO_4$ 本身具有的紫红色可用作"自身"指示剂，在滴定至终点时，稍微过量的 $KMnO_4$ 显示的浅红色即可指示滴定的完成。

$KMnO_4$ 标定反应的速率较慢，必须从温度、酸度及催化剂等方面控制反应条件，加快反应速率。

为加快反应速率，溶液酸度控制在 $0.5\sim1.0mol\cdot L^{-1}$。酸度过低，会有部分 MnO_4^- 还原为 MnO_2；酸度过高，会促使 $H_2C_2O_4$ 分解。常用 H_2SO_4 控制酸度，不宜用 HCl 和 HNO_3。因为 Cl^- 有一定的还原性，可被 MnO_4^- 氧化，而 HNO_3 又有一定的氧化性，可干扰 MnO_4^- 与还原物质的反应。

由于在常温下滴定反应较慢，故控制温度在 $75\sim85℃$ 以加快反应速率。温度低于 $60℃$ 时，反应速率较慢；超过 $90℃$ 时，草酸按下式分解：

$$H_2C_2O_4 \xrightarrow{>90℃} CO_2\uparrow + CO\uparrow + H_2O$$

MnO_4^- 与 $C_2O_4^{2-}$ 的反应为自催化反应，反应产物 Mn^{2+} 具有催化作用，使反应速率加快。因此滴定速度应先慢后快，开始滴定时，应逐滴加入，在第一滴 $KMnO_4$ 溶液紫红色没有褪去时，不要加入第二滴 $KMnO_4$ 溶液，否则过多的 $KMnO_4$ 溶液不能及时和 $H_2C_2O_4$ 反应，在热的酸性溶液中会分解：

$$4MnO_4^- + 12H^+ \longrightarrow 4Mn^{2+} + 5O_2\uparrow + 6H_2O$$

三、试剂与器材

试剂：$KMnO_4$（s，A. R.）、$Na_2C_2O_4$（基准级）、H_2SO_4（$3mol\cdot L^{-1}$）。

器材：电子天平（0.1mg）、酸式滴定管（50mL）。

四、实验方法

1. $0.01mol\cdot L^{-1} KMnO_4$ 标准溶液的配制

称取 0.8g $KMnO_4$ 固体置于 1000mL 烧杯中，加 500mL 去离子水，盖上表面皿，加热至沸并保持 $20\sim30min$，注意加水补充蒸发损失。冷却后，在暗处放置 $7\sim10$ 天，然后用玻璃棉过滤除去 MnO_2 等杂质。滤液储存于棕色瓶中，摇匀，放置暗处保存。若溶液煮沸后在水浴上保持 1h，冷却后过滤，可立即标定其浓度。

2. $0.01mol\cdot L^{-1} KMnO_4$ 标准溶液浓度的标定

准确称取计算量的 $Na_2C_2O_4$ 于 250mL 锥形瓶中，加 $20\sim30mL$ 去离子水及 10mL $3mol\cdot L^{-1} H_2SO_4$ 溶液，摇匀后加热至 $75\sim85℃$（锥形瓶口开始冒热气），趁热用待标定的 $KMnO_4$ 溶液进行滴定，至溶液呈浅红色，且 30s 内不褪色即为终点（$KMnO_4$ 既是滴定剂又是指示剂，由于 $KMnO_4$ 易被空气中还原性物质还原而褪色，所以终点应以 30s 不褪色为准）。平行测定 3 次。根据 $Na_2C_2O_4$ 的质量和消耗的 $KMnO_4$ 体积，计算 $KMnO_4$ 标准溶液的准确浓度。

五、实验注意事项

1. $KMnO_4$ 为氧化剂，实验时需佩戴防护眼镜和防护手套；实验需加热，应在通风条件下进行。

2. $KMnO_4$ 溶液为氧化剂会腐蚀滤纸，过滤 $KMnO_4$ 溶液一般用玻璃砂芯漏斗或玻璃棉过滤，以除去 MnO_2 沉淀。留于玻璃砂芯漏斗或玻璃棉上的 MnO_2 沉淀应先用亚铁盐或草酸等溶解，再用清水洗涤，玻璃棉要回收。

3. 滴定前，$Na_2C_2O_4$ 的酸溶液应加热到 75～85℃，但溶液切不可沸腾。若溶液沸腾了，则 $H_2C_2O_4$ 会分解，必须重称一份 $Na_2C_2O_4$。

4. 由于 $KMnO_4$ 与 $Na_2C_2O_4$ 的反应速率较慢，滴定速度必须与反应速率相适应，滴定速率应控制为慢→快→慢。开始时，只能加一滴 $KMnO_4$，待 $KMnO_4$ 褪色后才能滴入第二滴 $KMnO_4$，之后反应产生的 Mn^{2+} 作催化剂，加快了反应的速率，滴定速度也可随之加快，近终点时，滴定速度再减慢，以防滴定过量。整个滴定过程中滴定速度不能过快，否则会出现副反应，有 MnO_2 棕色沉淀出现。

5. 在滴定过程中，若 $KMnO_4$ 溶液被溅在或留靠在锥形瓶内壁上，应立即用去离子水将其淋洗下来，否则 $KMnO_4$ 溶液在空气中会分解产生 MnO_2，影响滴定结果。

6. $KMnO_4$ 的滴定终点不太稳定，因为空气中含有还原性气体和尘埃等杂质能使 $KMnO_4$ 分解褪色，所以 $KMnO_4$ 滴定至溶液呈浅红色并在 30s 内不褪色即为终点。

7. 由于 $KMnO_4$ 溶液呈紫红色，滴定管弯月面看不清，读数时应读液面的上缘。

8. $KMnO_4$ 废液切勿直接倒入水槽。

六、思考题

1. 配制 $KMnO_4$ 标准溶液时，为什么要把 $KMnO_4$ 溶液煮沸 20～30min 或放置数天？过滤后为什么要置于暗处或棕色瓶中保存？

2. $KMnO_4$ 溶液能否用滤纸过滤？滴定时用酸式滴定管还是碱式滴定管？如何读数？

3. 用 $Na_2C_2O_4$ 标定 $KMnO_4$ 溶液时，为什么要加热到 75～85℃才能进行？温度太高或太低对滴定有什么影响？

4. 本实验的滴定速度应如何控制？为什么？

5. 在标定 $KMnO_4$ 溶液的过程中，如出现棕色浑浊（为何物质?），试分析此现象产生的原因及如何消除？

6. $KMnO_4$ 溶液放置久了，在器壁上会吸附一层不溶于水的物质，该物质是什么？如何洗涤？

实验二十三 水中化学耗氧量（COD）的测定

一、实验目的

1. 了解水中化学耗氧量（COD）与水体污染的关系。
2. 学习和掌握高锰酸钾法测定水中 COD 的原理和方法。

二、实验原理

化学耗氧量（COD）是度量水体受还原性物质（主要是有机物）污染程度的综合性指标。它是指在特定条件下，用强氧化剂处理水样时，水样所消耗的氧化剂的量，常用每

升水消耗 O_2 的量来表示（$mg \cdot L^{-1}$）。COD 的测定结果与测试条件有关，因此应严格控制反应条件，按照规定的操作步骤进行测定。

测定 COD 的方法有重铬酸钾法、酸性高锰酸钾法和碱性高锰酸钾法。本实验采用酸性高锰酸钾法，其原理为在酸性条件下，用过量的 $KMnO_4$（V_1）将水样中还原性物质氧化，剩余的 $KMnO_4$ 用过量的 $Na_2C_2O_4$ 标准溶液进行反应，剩余的 $Na_2C_2O_4$ 再用 $KMnO_4$（V_2）溶液返滴定，根据 $KMnO_4$ 的浓度和水样所消耗 $KMnO_4$ 的体积，计算求得水样的 COD 值。该方法适用于污染不十分严重的地表水和河水等的 COD 测定。若水样中 Cl^- 含量较高，可加入 Ag_2SO_4 消除干扰，也可改用碱性高锰酸钾法进行测定。有关反应如下：

$$4MnO_4^- + 5C + 12H^+ == 4Mn^{2+} + 5CO_2 \uparrow + 6H_2O$$

$$2MnO_4^- + 5C_2O_4^{2-} + 16H^+ == 2Mn^{2+} + 10CO_2 \uparrow + 8H_2O$$

据此，测定结果（高锰酸盐指数）的计算式为

$$COD(O_2, mg \cdot L^{-1}) = \frac{\left[\frac{5}{4} c_{MnO_4^-}(V_1 + V_2)_{MnO_4^-} - \frac{1}{2}(cV)_{C_2O_4^{2-}} \right] \times 32.00 \times 1000}{V_{水样}}$$

式中，V_1 为第一次加入 $KMnO_4$ 溶液的体积；V_2 为第二次加入 $KMnO_4$ 溶液的体积。

三、试剂与器材

试剂：$KMnO_4$ 标准溶液（$0.01mol \cdot L^{-1}$，实验二十二中所得）、$Na_2C_2O_4$（基准级）、H_2SO_4（1+3）、水样。

器材：电子天平（0.1mg）、酸式滴定管（50mL）、锥形瓶（250mL）。

四、实验方法

1. $0.001mol \cdot L^{-1}$ $KMnO_4$ 标准溶液的配制

准确移取实验二十二所得 $0.01mol \cdot L^{-1}$ $KMnO_4$ 标准溶液 25mL 于 250mL 容量瓶中，以水稀释至刻度，摇匀，即得 $0.001mol \cdot L^{-1}$ $KMnO_4$ 标准溶液。

2. $0.005mol \cdot L^{-1}$ $Na_2C_2O_4$ 标准溶液的配制

准确称取 0.17g $Na_2C_2O_4$ 基准物于 150mL 烧杯中，用少量水溶解后，定量转移至 250mL 容量瓶中，用水稀释至刻度，摇匀即得。

3. 水样 COD 值的测定

取 100mL 水样于 250mL 锥形瓶中，加入 10mL H_2SO_4（1+3）溶液，再准确加入 10mL $0.001mol \cdot L^{-1}$ $KMnO_4$ 标准溶液，加热至沸 5min，此时溶液颜色应变成浅红色（若此时红色褪尽，说明水样中有机物含量较多，应再加适量 $KMnO_4$ 溶液至溶液颜色变成浅红色）。趁热准确加入 10mL $0.005mol \cdot L^{-1}$ $Na_2C_2O_4$ 标准溶液，摇匀，此时溶液颜色由红色转为无色。立即用 $0.001mol \cdot L^{-1}$ $KMnO_4$ 标准溶液进行滴定至浅红色，且 30s 不褪色即为终点，计算 COD 值。

五、实验注意事项

1. 溶液加热时易暴沸，实验中应佩戴防护眼镜和手套，并不断摇动锥形瓶。

2. 水样取后应及时测定，若不能及时测定，需加入 H_2SO_4 调至 pH<2 以抑制微生

物繁殖，再加以保存。测定所需水样量视水样污染情况而定，如洁净透明的水样可取100mL，污染严重、浑浊水样可取 10～30mL。

3. 做平行实验时，试样与 $KMnO_4$ 溶液共热的时间应尽可能一致。

六、思考题

1. 水样加入 $KMnO_4$ 后加热，紫红色消失，为什么？

2. 当水样中 Cl^- 含量高时，能否用酸性高锰酸钾法测定 COD 值？为什么？

实验二十四 硫代硫酸钠标准溶液的配制与标定

一、实验目的

1. 掌握硫代硫酸钠标准溶液的配制与标定方法。
2. 掌握碘量法的原理及测定条件。
3. 学习使用碘量瓶和正确判断淀粉指示剂的终点。

二、实验原理

$Na_2S_2O_3 \cdot 5H_2O$ 容易风化和潮解，通常还含有少量杂质，如 S、Na_2SO_3、Na_2SO_4 等，因此不能直接配制成准确浓度的溶液，只能用间接法配制。$Na_2S_2O_3$ 溶液易受空气、水中 CO_2 和微生物等的作用而分解，因此配制溶液时，应用新煮沸并冷却的去离子水，并加入少量 Na_2CO_3（浓度为 0.02%），保持溶液呈微碱性，以防 $Na_2S_2O_3$ 在酸性溶液中分解。日光能促进 $Na_2S_2O_3$ 溶液分解，所以 $Na_2S_2O_3$ 溶液应贮存在棕色瓶中，放置暗处，经 7～14 天再标定。长期使用的溶液，应定期标定。

标定 $Na_2S_2O_3$ 的基准物可以用 $KBrO_3$、KIO_3 或 $K_2Cr_2O_7$，通常选用 $KBrO_3$ 作为基准物，$KBrO_3$ 先定量将 I^- 氧化为 I_2，再根据碘量法用 $Na_2S_2O_3$ 溶液滴定 I_2，反应如下：

$$BrO_3^- + 6I^- + 6H^+ = 3I_2 + Br^- + 3H_2O$$
$$I_2 + 2S_2O_3^{2-} = 2I^- + S_4O_6^{2-}$$

上述反应在中性或弱酸性条件下进行，以淀粉为指示剂，当淀粉与 I_2 作用的蓝色消失时，即指示 I_2 被 $Na_2S_2O_3$ 反应完全了。

三、试剂与器材

试剂：$Na_2S_2O_3 \cdot 5H_2O$（A. R.）、$KBrO_3$（基准级）、Na_2CO_3(s)、H_2SO_4（$1mol \cdot L^{-1}$）、KI（20%）、淀粉溶液（0.2%）

器材：电子天平（0.1mg）、碱式滴定管（50mL）、移液管（25mL）、容量瓶（250mL）、碘量瓶（250mL）。

四、实验方法

1. $0.1mol \cdot L^{-1} Na_2S_2O_3$ 的配制

称取 12.5g $Na_2S_2O_3 \cdot 5H_2O$ 置于小烧杯中，加入约 0.1g Na_2CO_3，用新煮沸经冷却的去离子水溶解并稀释至 500mL，保存于棕色瓶中，在暗处放置 7 天后再标定。

2. $Na_2S_2O_3$ 的标定

准确称取一定量的 $KBrO_3$ 基准物置于小烧杯中，加少量水溶解后，定量转移至 250mL 容量瓶中，稀释至刻度，摇匀。

准确移取 25mL $KBrO_3$ 溶液于 250mL 的碘量瓶中，加入 5mL 20% KI、5mL $1mol \cdot L^{-1}$ H_2SO_4，摇匀，在暗处放置 2～5min 后，立即用待标定的 $Na_2S_2O_3$ 溶液滴定至淡黄色，再加入 5mL 0.2%淀粉溶液，继续用 $Na_2S_2O_3$ 溶液滴定至蓝色恰好消失，即为终点。计算 $Na_2S_2O_3$ 溶液的浓度。

五、实验注意事项

1. 由于碘量法的主要误差来源于 I_2 的挥发和 I^- 在酸性介质中的氧化，所以 $KBrO_3$ 加 KI 和酸化后必须加盖摇匀，并在暗处放置 2～5min 使反应完全，滴定前需淋洗盖上的 I_2 到锥形瓶内，以防止 I_2 的损失；为防止放置时间过长，I_2 挥发损失，应滴定一份反应一份。

2. 滴定开始时，I_3^- 的浓度较高，易解离成 I_2 挥发，同时 I^- 易被空气中的 O_2 氧化，所以开始的滴定速度要快，但是滴定速度与反应速率必须相符，旋摇溶液不能太激烈。

3. 标定 $Na_2S_2O_3$ 的指示剂是淀粉，I_2 遇淀粉形成一种蓝色的复合物，当 I_2 大量存在时，复合物中的 I_2 较难被 $Na_2S_2O_3$ 全部迅速地还原。为准确确定滴定终点，应在大部分 I_2 已被 $Na_2S_2O_3$ 还原，即溶液由棕红色转为淡黄色时加入淀粉溶液，此时溶液呈深蓝色。由于滴定已接近终点，$Na_2S_2O_3$ 应逐滴加入，并激烈旋摇锥形瓶，使复合物中的 I_2 迅速充分地被 $Na_2S_2O_3$ 还原，防止 $Na_2S_2O_3$ 滴加过量。

4. 滴定至终点后，在空气中放置几分钟，有时溶液又会出现蓝色，这是由于空气氧化 I^- 所引起的，不需再补加 $Na_2S_2O_3$ 溶液。

六、思考题

1. 配制 $Na_2S_2O_3$ 所使用的去离子水为什么要先煮沸再冷却后才能使用？

2. 为什么要用强氧化剂与 KI 反应产生 I_2 来标定 $Na_2S_2O_3$，而不用氧化剂直接与 $Na_2S_2O_3$ 反应来标定 $Na_2S_2O_3$？

3. 淀粉指示剂为什么不宜早加，也不宜太晚加入？

实验二十五　食用碘盐中碘含量的测定

一、实验目的

1. 学习间接碘量法测定食用碘盐中碘含量的原理和方法。
2. 巩固滴定分析的基本操作。

二、实验原理

碘是人体必需的微量元素，可维持人体甲状腺的正常功能。它与人的生长发育和新陈代谢密切相关，特别是对大脑的发育起着重要作用。人体碘的摄入量过低会导致甲状腺疾病的产生，因此每天必须摄入一定量的碘以满足身体的需要。研究证明，食盐加碘是预防碘缺乏病的有效方法。我国规定，食盐中必须加入一定的碘，其含量为（35±15）mg/kg（以 I^- 计）。

目前，食盐中碘的添加形式主要是 KIO_3，测定其含量是在酸性条件下，IO_3^- 与 I^- 发生氧化还原反应生成 I_2，当以淀粉为指示剂时，I_2 遇淀粉变蓝色，用 $Na_2S_2O_3$ 标准溶液对其进行滴定，当达到滴定终点时蓝色消失。它们的反应式如下：

$$IO_3^- + 5I^- + 6H^+ \Longrightarrow 3I_2 + 3H_2O$$

$$2S_2O_3^{2-} + I_2 \Longrightarrow S_4O_6^{2-} + 2I^-$$

三、试剂与器材

试剂：市售食盐、$Na_2S_2O_3$ 标准溶液（0.002mol·L^{-1}）、HCl（1mol·L^{-1}）、KI（5%）、淀粉溶液（0.2%）。

器材：电子天平（0.1mg）、碱式滴定管（50mL）、移液管（5mL）、容量瓶（250mL）、碘量瓶（250mL）。

四、实验方法

1. $Na_2S_2O_3$ 标准溶液（0.002mol·L^{-1}）**的配制**

将实验二十四所得 $Na_2S_2O_3$ 标准溶液进行稀释，即准确移取 5.00mL 0.1mol·L^{-1} $Na_2S_2O_3$ 标准溶液于 250mL 容量瓶中，用加热煮沸已除 CO_2 的去离子水定容，摇匀，即得 0.002mol·L^{-1} $Na_2S_2O_3$ 标准溶液。

2. 食盐中碘含量的测定

准确称取 20g 加碘食盐（准确至 0.01g），置于 250mL 碘量瓶中，加入 80mL 去离子水，加入 2mL 1mol·L^{-1} HCl 及 5mL 5% KI 溶液，摇匀，在暗处放置 2～5min 后，立即用 $Na_2S_2O_3$ 标准溶液滴定至淡黄色，再加入 0.2% 淀粉溶液 5mL，继续用 $Na_2S_2O_3$ 溶液滴定至蓝色恰好消失，即为终点，根据消耗的 $Na_2S_2O_3$ 体积，计算食盐中的碘含量（以 I^- 计）。

五、实验注意事项

1. 测定时食盐溶液的酸度应为弱酸性，如酸度太高，I^- 易被空气中的 O_2 氧化，影响测定的准确度。

2. 为防止放置时间过长生成的 I_2 挥发损失，应滴定一份反应一份。

六、思考题

1. 本实验中，选用 1mol·L^{-1} HCl 作为酸性介质，能否用 1mol·L^{-1} H_2SO_4？为什么？

2. 淀粉指示剂能否在滴定前加入？为什么？

实验二十六 硫酸钠中硫含量的测定（$BaSO_4$重量法）

一、实验目的

1. 了解测定硫酸钠中硫含量的原理及方法。

2. 了解晶形沉淀的沉淀条件和沉淀方法。

3. 学习沉淀过滤、洗涤和灼烧及恒重等基本操作。

二、实验原理

BaSO_4 重量分析法是测定可溶性盐中硫或钡含量的经典方法。测定硫酸钠中硫的含量时，在酸性条件下，硫酸钠中的硫酸根可与 $BaCl_2$ 沉淀剂形成 $BaSO_4$ 晶形沉淀，$BaSO_4$ 溶解度较小（25℃时溶解度为 0.25mg/100mL H_2O），且其性质非常稳定，组成与化学式相符，因此 $BaSO_4$ 重量法可用于可溶性硫酸盐中硫或硫酸根含量的测定。

为了使 $BaSO_4$ 沉淀完全，并获得颗粒较大和纯净的 $BaSO_4$ 晶形沉淀，一般加入过量（过量20%～30%）的 $BaCl_2$ 沉淀剂，以降低 $BaSO_4$ 的溶解度。同时以盐酸酸化，防止其他弱酸盐，如 $BaCO_3$ 沉淀生成。由于 $BaSO_4$ 沉淀初生成时，形成的晶体细小，过滤时易穿透滤纸造成损失，应当在热的酸性稀溶液中，并在不断搅拌下缓慢滴加热的沉淀剂 $BaCl_2$ 溶液。形成的 $BaSO_4$ 沉淀经陈化、过滤、洗涤、灼烧后，以 $BaSO_4$ 形式称量，通过如下换算因子计算即可求得硫酸钠中硫的含量。

$$Na_2SO_4 \longleftrightarrow S \longleftrightarrow BaSO_4$$

$$m_S = m_称 \times \frac{M_S}{M_{BaSO_4}} = m_称 \times \frac{32.065}{233.4}$$

$$w_S = \frac{m_S}{m_{试样}} \times 100\%$$

三、试剂与器材

试剂：Na_2SO_4 试样、$BaCl_2$ 溶液（0.1mol·L^{-1}，含 2% HCl）、$AgNO_3$ 溶液（0.1mol·L^{-1}）。

器材：瓷坩埚、泥三角、长颈漏斗、慢速定量滤纸。

四、实验方法

1. 空坩埚恒重

洗净两个瓷坩埚，在燃气灯的氧化焰下灼烧，第一次灼烧约 45min，取出稍冷后，放入干燥器中冷却至室温，称重。第二次灼烧约 30min，取出稍冷后，放入干燥器中冷却至室温，再次称重。如此操作直至两次称量相差不超过 0.3mg，空坩埚即已恒重。

2. 沉淀制备

准确称量 0.25～0.35g Na_2SO_4 试样，置于 150mL 烧杯中，加入 20mL 水溶解试样，盖上表面皿加热近沸，但勿使溶液沸腾以防溅失。另取 30～40mL 已加热近沸的 0.1mol·L^{-1} $BaCl_2$ 的 HCl 溶液，逐滴加到 Na_2SO_4 溶液中，并用玻璃棒不断搅拌，搅拌时玻璃棒不要触及杯壁和杯底，以免划伤烧杯，使沉淀黏附在烧杯划痕内难于洗下。沉淀完毕，待溶液澄清后，于上清液中滴加 $BaCl_2$ 1～2 滴，检验沉淀是否完全，若上清液中有浑浊现象，需继续滴加 $BaCl_2$，直至不再产生沉淀。沉淀完全后，盖上表面皿，将玻璃棒靠在烧杯嘴边（勿将玻璃棒拿出杯外），放置过夜陈化，也可置于水浴上加热 0.5～1h 陈化。

3. 沉淀的过滤与洗涤

陈化好的 $BaSO_4$ 沉淀用慢速定量滤纸过滤，过滤时先倾泻上清液，再用少量热水洗涤沉淀 3～4 次后，将沉淀定量转移到滤纸上，并用一小片滤纸擦净烧杯壁，将滤纸片放于漏斗内的滤纸上，再用水洗涤沉淀至无 Cl^- 为止（用 $AgNO_3$ 溶液检查）。

4. 沉淀的灼烧和恒重

将盛有沉淀的滤纸折成小包，层数多的一面朝上放入已恒重的坩埚中，在燃气灯上烘干、炭化和灰化，继续在 800～850℃ 的高温中灼烧 1h 后，取下稍冷后置于干燥器中冷却至室温，称重。第二次灼烧约 30min，取出稍冷后，放入干燥器中冷却至室温，再次称重。如此操作直至两次称量相差不超过 0.3mg，即为恒重。根据计算式即可计算出硫酸钠中硫的含量。

五、实验注意事项

1. 本实验需要加热、灼烧，需在通风条件下进行，且应佩戴防护眼镜及手套。

2. 恒重坩埚时，坩埚在干燥器中冷却的时间要一致，并按前次称量的次序进行称量。

3. 制备 $BaSO_4$ 沉淀中，加热时盖上表面皿避免溶液沸腾溅出，滴加沉淀剂的滴管离溶液面不能太高，以免溶液溅起，造成损失；沉淀剂的滴加速度应慢，若加入太快，局部瞬时浓度大，生成很多颗粒极细的 $BaSO_4$ 沉淀，会增加沉淀的表面积，导致吸附杂质多，且过滤困难，甚至穿漏。

4. 沉淀洗涤中，淋洗沉淀应轻缓，防止沉淀溅出，洗涤液洗涤时应少量多次。

5. $BaSO_4$ 在灰化和灼烧时温度不宜太高，尤其在灰化时应控制坩埚呈暗红色为宜。在 800～850℃ 灼烧 $BaSO_4$ 沉淀至恒重（两次称量≤0.3mg），若温度超过 900℃，空气又不充足，$BaSO_4$ 可被由滤纸炭化而产生的炭粒还原生成 BaS（可从白色沉淀中略带黄绿色看出），若温度高于 1000℃，部分 $BaSO_4$ 会发生分解反应（$BaSO_4 \!=\!\!=\! BaO + SO_3$），将使结果偏低。

六、思考题

1. 称取硫酸钠试样为 0.25～0.35g 是如何计算得来的？

2. 为什么要在一定酸度的盐酸介质中制备 $BaSO_4$ 沉淀？所用试剂为什么要预先加热？

3. 沉淀生成后，为什么要陈化？陈化的方法有哪几种？

4. 为什么要用慢速定量滤纸过滤 $BaSO_4$ 沉淀？

5. 沉淀烘干和灰化时，应注意什么？

实验二十七　丁二酮肟镍重量法测定钢样中镍含量

一、实验目的

1. 学习有机沉淀剂在重量分析中的应用。

2. 学习重量分析法基本操作技能。

二、实验原理

丁二酮肟分子式为 $C_4H_8O_2N_2$，摩尔质量为 116.2g·moL^{-1}，是二元弱酸，以 H_2D

表示，在氨性溶液中以 HD^- 为主，能与 Ni^{2+} 发生如下配位反应：

$$\text{Ni}^{2+}+2\ \begin{array}{c}CH_3-C-NOH\\ |\\ CH_3-C-NOH\end{array}+2NH_3\cdot H_2O \Longrightarrow \begin{array}{c}\text{（红色结构式）}\end{array}\!\!\downarrow \begin{array}{c}\text{(红色)}\end{array}+2NH_4^+ +2H_2O$$

生成的红色沉淀经过滤、洗涤，在 120℃ 下烘干恒重，称得丁二酮肟镍沉淀的质量为 $m_{\text{Ni(HD)}_2}$，则 Ni 的质量分数为：

$$w_{\text{Ni}}=\dfrac{m_{\text{Ni(HD)}_2}\times\dfrac{M_{\text{Ni}}}{M_{\text{Ni(HD)}_2}}}{m_{\text{试样}}}\times100\%$$

丁二酮肟镍沉淀的条件为 pH＝8～9 的氨性溶液，pH 值过低则沉淀易溶解，pH 值过高易形成 $[\text{Ni(NH}_3)_4]^{2+}$，同样增加沉淀的溶解度。

由于 Fe^{3+}、Al^{3+}、Cr^{3+}、Ti^{3+} 在氨水中也生成沉淀，对镍的测定有干扰；Cu^{2+}、Cr^{3+}、Fe^{2+}、Pd^{2+} 亦可以与 H_2O 形成配合物，产生共沉淀，若 Ni^{2+} 与上述离子共存时，应加入柠檬酸或酒石酸掩蔽干扰离子。

三、试剂与器材

试剂：$HCl\text{-}HNO_3\text{-}H_2O$ 混合酸（3：1：2）、丁二酮肟乙醇溶液（1％）、氨水（1：1）、HNO_3（$2mol\cdot L^{-1}$）、HCl（1：1）、$AgNO_3$（$0.1mol\cdot L^{-1}$）、氨水-氯化铵洗涤液（1mL 氨水与 1g 氯化铵溶于 100mL 水中）、酒石酸溶液（2％、50％），钢样。

器材：电子天平（0.1mg）、G_4 微孔玻璃坩埚 2 个、烘箱。

四、实验方法

称取钢样（含 Ni 30～80mg）两份，分别置于 400mL 烧杯中，加入 20～40mL 混合酸，盖上表面皿，低温加热溶解后，煮沸除去氮的氧化物，加入 5～10mL 50％酒石酸溶液（每克试样加 10mL）。然后，在不断搅拌下，滴加 1：1 氨水至溶液 pH＝8～9，此时溶液转变为蓝绿色。如有不溶物，应将沉淀过滤，并用热的氨水-氯化铵洗涤液洗涤 3 次，洗涤液与滤液合并。滤液用 1：1 HCl 酸化，用热水稀释至 300mL，加热至 70～80℃。在搅拌下，加入 1％丁二酮肟乙醇溶液（每毫克 Ni 约需 1mL 1％丁二酮肟溶液），最后再多加 20～30mL，但所加试剂总量不要超过试液体积的 1/3，以免增大沉淀的溶解度。然后在不断搅拌下，滴加 1：1 氨水至 pH＝8～9（在酸性溶液中，逐步中和而形成均相沉淀，有利于大晶体产生）。在 60～70℃下加热 30～40min（加热陈化），取下并冷却，用 G_4 微孔玻璃坩埚进行抽滤，用微氨性的 2％酒石酸洗涤烧杯和沉淀 8～10 次，再用温水洗涤沉淀至无 Cl^-（用 $AgNO_3$ 检验），将沉淀与微孔玻璃坩埚在 130～150℃烘箱中烘 1h，冷却，称重，再烘干，冷却称量至恒重，计算镍的质量分数。

五、实验注意事项

1. 本实验在消解钢样和沉淀制备时，需使用多种酸、碱、加热等，会产生大量的含氮挥发性化合物，实验应在通风条件下进行，并需佩戴防护眼镜和防护手套。

2. 钢样溶解后，必须先除杂后再沉淀镍，以防止杂质离子与 Ni^{2+} 共沉淀。

3. 用丁二酮肟（H_2D）沉淀 Ni^{2+} 时，溶液的 pH 值应在 $8\sim9$ 之间，因为在此酸度下，下列化学平衡向右移动：

$$H_2D+H_2O \Longrightarrow HD^- + H_3O^+$$
$$2HD^- + Ni^{2+} \Longrightarrow Ni(HD)_2$$

4. 丁二酮肟在水中溶解度很小，配成乙醇溶液可增加其溶解度，在沉淀反应时，沉淀剂丁二酮肟不能过量太多，此时乙醇含量也增加了，会使丁二酮肟镍沉淀不完全。

5. 在 $70\sim80℃$ 进行沉淀可以减少 Cu^{2+}、Fe^{3+} 共沉淀。温度太高，部分 Fe^{3+} 可能被酒石酸还原成 Fe^{2+}，干扰测定，且温度太高时，丁二酮肟乙醇溶液中乙醇挥发过多，会使丁二酮肟析出。

6. 本法适用于镍含量达 10％以上的试样。若镍含量达 10％～15％，为满足测量误差 $\leqslant\pm0.1\%$，则称样量应为 0.5g 左右。

六、思考题

1. 溶解试样时加氨水起什么作用？

2. 用丁二酮肟沉淀应控制的条件是什么？

3. 实验中，也可灼烧丁二酮肟沉淀，试比较灼烧与烘干的利弊。

4. 简述测量结果的计算方法。

3.4 化学基本常数测定及常用仪器分析

3.4.1 化学基本常数测定及常用仪器分析的原理与方法

化学基本常数包括化学平衡常数、酸碱解离常数、沉淀解离平衡常数、配位平衡常数等。各类平衡常数都可以通过实验的方法进行测定。本节介绍通过电位法、分光光度法和电导法测定平衡常数。

本节也介绍通过电位法、分光光度法和气相色谱法进行物质定性和定量分析的方法。

（1）电位分析法

① 基本原理　电位分析法是将测量电极与参比电极一起浸入被测溶液中，组成一个原电池，通过测定电动势求出被测组分含量的方法。在原电池中，参比电极的电极电势与被测组分无关，在一定温度下是一定值。而测量电极的电极电势随被测组分的变化而改变，所以它们组成的电池电动势也随被测组分的变化而变化。

以测定溶液 pH 值为例，由甘汞电极和玻璃电极与被测溶液组成原电池，设电池的电动势为 E，在 25℃时：

$$E=E_{甘汞}-E_{玻璃}=K+0.059pH \tag{3-10}$$

在一定条件下，式中 K 为常数。E 与被测溶液的 pH 值呈直线关系。

电位分析法分直接电位法和电位滴定法。直接电位法是通过测量电池电动势，利用电动势与被测组分活（浓）度之间的函数关系，直接测定样品溶液中被测组分活（浓）度的方法。常分为溶液 pH 值的测定和其他离子浓度的测定。溶液 pH 值的测定通常采用 pH 复合电极，通过二次定位法测定溶液的 pH 值。其他离子浓度的测定常用标准曲线法。标准曲线法是通过配制一系列浓度不同的标准溶液，在相同的实验条件下分别测定各溶液的 E，绘制 E-浓度曲线，然后在同样的实验条件下，测定待测溶液的 E，从标准曲线上查出相应的浓度。

电位滴定法是在滴定过程中通过测量电位变化以确定滴定终点的方法，在滴定反应进行到化学计量点附近时，由于被测物质浓度发生突变，导致电极电位发生突变，这样就可以利用电极电位的突变来确定滴定反应的终点。相比于普通滴定法，电位滴定法更适用于滴定突跃不明显或试液有色、浑浊、用指示剂指示终点有困难时的滴定分析。

② 常用电极

a. 甘汞电极　实验室中最常用的参比电极是甘汞电极。作为商品出售的甘汞电极有单液接与双液接的两种，它们的结构如图 2-59 所示。

甘汞电极的电极反应为：

$$Hg_2Cl_2(s) + 2e^- \rlap{=\!=\!=}{} 2Hg(l) + 2Cl^-(a_{Cl^-})$$

它的电极电势可表示为：

$$E_{Hg_2Cl_2(s)/Hg} = E^{\ominus}_{Hg_2Cl_2(s)/Hg} - \frac{RT}{F}\ln a_{Cl^-} \tag{3-11}$$

由上式可知，当温度 T 和氯离子活度 a_{Cl^-} 一定时，$E_{Hg_2Cl_2(s)/Hg,Cl^-}$ 是定值。甘汞电极中 KCl 溶液浓度通常为 $0.1 mol \cdot L^{-1}$、$1.0 mol \cdot L^{-1}$ 或 KCl 饱和溶液，其中最常用的是饱和甘汞电极。不同 KCl 浓度的甘汞电极电势与温度的关系见表 3-22。

表 3-22　不同 KCl 浓度的甘汞电极电势与温度的关系

KCl 浓度/mol·L^{-1}	饱和	1.0	0.1
电极电势 $E_{甘汞}$/V	$0.2412 - 7.6 \times 10^{-4}(t-25)$	$0.2801 - 2.4 \times 10^{-4}(t-25)$	$0.3337 - 7.0 \times 10^{-5}(t-25)$

b. 银-氯化银电极　银-氯化银电极与甘汞电极相似，都是属于金属-微溶盐-负离子型的电极。它的电极反应和电极电势表示如下：

$$AgCl(s) + e^- \rlap{=\!=\!=}{} Ag(s) + Cl^-(a_{Cl^-})$$

$$E_{AgCl/Ag} = E^{\ominus}_{AgCl/Ag} - \frac{RT}{F}\ln a_{Cl^-} \tag{3-12}$$

可见，$E_{AgCl/Ag}$ 只与温度和氯离子活度有关。银-氯化银电极的电极电势在高温下较甘汞电极稳定。但 $AgCl(s)$ 是光敏性物质，见光易分解，故应避免强光照射。

c. 玻璃电极　玻璃电极如图 2-60 所示，其主要部分是头部的球泡，它由厚度约为 0.2mm 的敏感玻璃薄膜组成，对氢离子有敏感作用。当它浸入被测溶液中，被测溶液的氢离子与电极球泡外表面水化层进行离子交换、迁移，达到平衡时产生相界面电势；同理，球泡内表面也会产生相界面电势；这样在玻璃膜的内外表面上会出现电势差。由于内水化层氢离子浓度不变，而外水化层氢离子浓度随被测液的氢离子浓度的变化而改变，因此玻璃膜两侧的电势差 ΔE_M 的大小决定于膜外层溶液的氢离子浓度。

$$\Delta E_M = K - \frac{2.303RT}{F}pH_{试液} \tag{3-13}$$

玻璃电极可用于测量有色的、浑浊的或胶态溶液的 pH 值；测定时，pH 值不受氧化剂或还原剂的影响；不破坏溶液本身性质，测量后溶液仍能使用。它的缺点是头部球泡非常薄，容易破损。

d. 复合电极　由玻璃电极（测量电极）和银-氯化银电极（参比电极）组合在一起的电极，如图 2-61 所示。玻璃电极通过球泡和银-氯化银电极组成半电池，球泡外通过银-氯化银电极组成另一个半电池。两个半电池组成一个完整的化学原电池，其电极电势仅与被测溶液氢离子浓度有关。

（2）分光光度法

① 基本原理　分光光度法是根据物质对光的选择性吸收及光的吸收定律，对物质进行定性、定量的方法。光吸收原理如图 3-8 所示，当光照射在溶液上时，溶液中的物质选择性地吸收一定波长的光，使透过光的强度减弱，物质吸收光的程度可以用吸光度（光密度）A 或透光度 T 表示，其定义为：

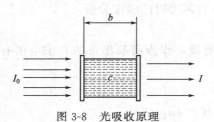

图 3-8　光吸收原理

$$A = \lg \frac{I_0}{I} \tag{3-14}$$

$$T = \frac{I}{I_0} \tag{3-15}$$

$$A = -\lg T \tag{3-16}$$

式中，I_0 为入射光强度；I 为透射光强度。

物质对光的吸收程度与溶液的浓度和液层的厚度有关，当波长一定时，其相互关系符合朗伯-比耳定律。

$$A = \varepsilon b c \tag{3-17}$$

式中，c 为溶液的浓度，$mol \cdot L^{-1}$；b 为液层厚度，cm；ε 为摩尔吸光系数，$L \cdot mol^{-1} \cdot cm^{-1}$。从式(3-17) 可见，当入射光、摩尔吸光系数和溶液液层厚度不变时，吸光度随溶液的浓度而变化。因此根据朗伯-比耳定律，通过测量吸光度可以求得物质的浓度。

应用分光光度法测量物质浓度时，要求待测组分是有色溶液，对于无色或浅色的试样，需加入显色剂发生显色反应，使待测组分形成有色化合物，在显色反应中需考虑合适的显色剂和反应条件。

② 测定步骤　分光光度法测量有色物质浓度基本包括三步：首先测定溶液对不同波长光的吸收情况，得到吸收曲线，从中找出测定时的入射光，一般在无干扰的情况下，选择最大吸收波长 λ_{max}，然后以此波长的光为光源，测定一系列已知浓度 c 溶液的吸光度 A，作出 A-c 标准曲线。再测定待测组分的吸光度 A，查标准曲线即可确定相应的浓度。

（3）电导率法

电解质溶液具有导电的性能，溶液的浓度越高，导电性越强。电解质溶液的导电能力可用电导率表示。电解质溶液中电导率（κ）与浓度（c）间存在下列关系：

$$\kappa = \Lambda_m c \tag{3-18}$$

式中，Λ_m 为摩尔电导率，通过测量电导率可以求得电解质溶液的浓度。

测定电解质溶液的电导率，通常是用两个金属片（即电极）插入溶液中，测量两极间电阻率大小来确定。电导率是电阻率的倒数，其定义是电极截面积为 $1cm^2$、极间距离为 1cm 时溶液的电导，电导率的单位为西·厘米$^{-1}$（$S·cm^{-1}$）。溶液的电导率与电解质的性质、浓度、溶液温度有关。一般情况下，溶液的电导率是指 25℃时的电导率。

实验室常用的电导电极为白金电极或铂黑电极。每一电极有各自的电导常数，它可分为四种类型，分别为 0.01、0.1、1.0、10，根据测量的电导率范围选择相应常数的电导电极。

3.4.2　化学基本常数的测定及常用仪器分析实验

实验二十八　醋酸解离平衡常数的测定

Ⅰ　电位滴定法

一、实验目的

1. 学习测定弱酸酸常数的原理和方法，巩固弱酸解离平衡的基本概念。
2. 通过醋酸的电位滴定，掌握电位滴定的基本操作和滴定终点的计算方法。
3. 掌握酸式滴定管和 pH 酸度计的使用方法。

二、实验原理

电位滴定法是在滴定过程中根据指示电极和参比电极的电位差或溶液的 pH 值的突跃来确定滴定终点的一种方法。在酸碱电位滴定过程中，随着滴定剂的不断加入，被测物与滴定剂发生反应，溶液的 pH 值不断变化，在化学计量点附近发生 pH 值突跃。因此，测量溶液 pH 值的变化，就能确定滴定终点。滴定过程中，每加一次滴定剂，测一次 pH 值，在接近化学计量点时，每次滴定剂加入的量要小到 0.10mL，滴定到超过化学计量点为止。这样就得到一系列滴定剂用量 V 和相应的 pH 值数据。

常用的确定滴定终点的方法有以下几种。

（1）绘 pH 值-V 曲线法

以滴定剂用量 V 为横坐标，以 pH 值为纵坐标，绘制 pH 值-V 曲线。作两条与滴定曲线相切的 45°倾斜的直线，等分线与曲线的交点即为滴定终点，如图 3-9(a) 所示。

（2）绘 $\Delta pH/\Delta V$-V 曲线法

$\Delta pH/\Delta V$ 代表 pH 的变化值一阶微商与对应的加入滴定剂体积的增量（ΔV）的比。绘制 $\Delta pH/\Delta V$-V 曲线，曲线的最高点即为滴定终点，如图 3-9(b) 所示。

（3）二阶微商法

绘制 （$\Delta^2 pH/\Delta V^2$）-V 曲线。它是依据曲线上的极大值对应 $\Delta^2 pH/\Delta V^2$ 等于零的关系以确定滴定终点，如图 3-9(c) 所示。该法也可不经绘图而直接由内插法计算确定滴定终点。

醋酸在水溶液中存在下列解离平衡：

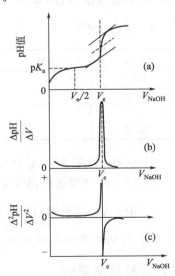

图 3-9　NaOH 滴定 HAc 的
3 种滴定曲线示意

$$HAc \Longrightarrow H^+ + Ac^-$$

其解离平衡常数的表达式为：

$$K^{\ominus}_{HAc} = \frac{c_{H^+} c_{Ac^-}}{c_{HAc}}$$

当醋酸被中和了一半时，溶液中：$c_{Ac^-} = c_{HAc}$

根据以上平衡式，此时 $K^{\ominus}_{HAc} = c_{H^+}$，即 $pK^{\ominus}_{HAc} = pH$。因此，pH-V 图中 $\frac{1}{2}V_e$ 处所对应的 pH 值即为 $pK^{\ominus}_{HAc}$，从而可求出醋酸的酸常数。

三、试剂与器材

试剂：HAc（0.6mol·L^{-1}）、NaOH 标准溶液（0.1mol·L^{-1}）、KCl（1mol·L^{-1}）、标准缓冲溶液（25℃时，pH=4.00，pH=6.86）。

器材：pHS-3C 酸度计、电磁搅拌器、复合电极、半微量碱式滴定管（10mL）、酸式滴定管（50mL）、烧杯（100mL，洁净，干燥）、移液管（10mL）、容量瓶（100mL）。

四、实验方法

1. 酸度计的调节。用 pH=6.86 和 pH=4.00 的标准缓冲溶液分别对酸度计的"定位"和"斜率"进行校正。

2. 准确吸取醋酸试液 10.00mL 于 100mL 容量瓶中，加水至刻度摇匀，吸 10.00mL 于小烧杯中，加 1mol·L^{-1}KCl 5.00mL，再加水 35.00mL。放入搅拌磁子，浸入复合玻璃电极。开启电磁力搅拌器，用 0.1000mol·L^{-1} NaOH 标准溶液进行滴定，每间隔 1.0mL 读数一次，记录相应的 pH 值，至 pH 值出现明显的突跃。

3. 重复步骤 2，当 NaOH 滴加至 pH 突跃附近时，每间隔 0.10mL 读数一次，记录 pH 值。

五、实验结果及数据处理

1. 记录数据

V/mL	pH	ΔV	ΔpH	$\Delta pH/\Delta V$	$\Delta^2 pH/\Delta V^2$
1.00		1.00			
2.00		1.00			
...		...			
10.00		1.00			

2. 绘制 pH-V 和（$\Delta pH/\Delta V$）-V 曲线，分别确定滴定终点 V_e。

3. 用二阶微商法由内插法确定终点 V_e。

4. 由 $\frac{1}{2}V_e$ 法计算 HAc 的电离常数 $K^{\ominus}_{HAc}$，并与文献值比较（$K^{\ominus}_{HAc,文献} = 1.76 \times 10^{-5}$），分析产生误差的原因。

六、实验注意事项

1. 复合玻璃电极的正确使用和酸度计的正确使用参见第 2 章第 2.13 节。

2. 仪器校正时，先用 pH=6.86 的缓冲液定位校正，再用 pH=4.00 斜率校正。

3. 滴定时，滴定管中 NaOH 溶液应调节到零刻度，每次准确滴加 1.00mL 或 0.10mL。

4. 滴定应重复进行两次，分别称"粗滴"与"细滴"。"粗滴"时，10mL NaOH 标准溶液分 10 次滴完，每次滴加 1.00mL，找出 pH 突跃的大致范围；第二次"细滴"，开始每次滴加 1.00mL 的 NaOH 标准溶液，接近终点时，每次滴加 0.10mL，过了滴定终点范围，恢复每次滴加 1.00mL。

七、思考题

1. 用电位滴定法确定终点与指示剂法相比有何优缺点？
2. 实验中为什么要加入 5.00mL 1mol·L^{-1} KCl 溶液？
3. 当醋酸完全被氢氧化钠中和时，反应终点的 pH 值是否等于 7？为什么？
4. 如何正确获得实验结果？

Ⅱ　直接 pH 值法

一、实验目的

1. 学习测定弱酸解离平衡常数的原理和方法。
2. 掌握酸式滴定管和 pH 酸度计的使用方法。

二、实验原理

醋酸在水溶液中存在下列解离平衡：

$$HAc \Longleftrightarrow H^+ + Ac^-$$

其解离平衡常数的表达式为：

$$K_{HAc}^{\ominus} = \frac{c_{H^+} c_{Ac^-}}{c_{HAc}} \tag{3-19}$$

设醋酸的起始浓度为 c，平衡时 $c_{H^+} = c_{Ac^-} = x$，代入上式，可以得到：

$$K_{HAc}^{\ominus} = \frac{x^2}{c - x} \tag{3-20}$$

在一定温度下，用酸度计测定一系列已知浓度的 HAc 溶液的 pH 值，根据 pH=$-\lg c_{H^+}$ 换算出 c_{H^+}，代入式(3-19)中，可求得一系列对应的 $K_{HAc}^{\ominus}$ 值，取其平均值，即为该温度下醋酸的解离平衡常数。

三、试剂与器材

试剂：HAc（0.1mol·L^{-1} 标准溶液）、标准缓冲溶液（25℃时，pH=4.00，pH=6.86）。

器材：pHS-3C 酸度计、电磁搅拌器、复合电极、酸式滴定管（50mL）、烧杯（50mL，洁净，干燥）。

四、实验方法

1. 酸度计的调节

用 pH=6.86 和 pH=4.00 的标准缓冲溶液分别对酸度计的"定位"和"斜率"进行校正。

2. 配制不同浓度的 HAc 溶液

将 4 只洁净、干燥的烧杯编成 1～4 号，然后按下表的烧杯编号，用两支滴定管分别准确放入已知浓度的 HAc 溶液和去离子水。

3. HAc 溶液 pH 值的测定

用酸度计由稀到浓测定 1～4 号 HAc 溶液的 pH 值，将测定数据填入下表。

五、实验结果及数据处理

烧杯编号	HAc 的体积/mL	H_2O 的体积/mL	HAc 的浓度 c/mol·L^{-1}	pH 值	c_{H^+}	$K_{HAc}^{\ominus} = \dfrac{x^2}{c-x}$
1	3.00	45.00				
2	6.00	42.00				
3	12.00	36.00				
4	24.00	24.00				

测定时温度_____℃，HAc 标准溶液的浓度_____，HAc 的解离平衡常数 $K_{HAc(平均值)}^{\ominus}$ _____。

六、实验注意事项

同上述方法 I 中的六、实验注意事项。

七、思考题

1. 改变被测 HAc 溶液的浓度或温度，则电离度和解离平衡常数有无变化？若有变化，会有怎样的变化。

2. 配制不同浓度的 HAc 溶液时，玻璃器皿是否要干燥，为什么？

3. 若 HAc 溶液的浓度极稀，能否用 $K_{HAc}^{\ominus} \approx \dfrac{c_{H^+}^2}{c}$ 求解离平衡常数？为什么？

4. 如何正确使用酸度计？

5. 试比较电位滴定法和直接 pH 值法的优缺点。

实验二十九 硼酸解离平衡常数的测定（线性滴定法）

一、实验目的

1. 学习用线性滴定法确定极弱酸的滴定终点的方法。
2. 学会用微机进行数据处理。

二、实验原理

常规的酸碱滴定曲线（pH-V 曲线）都是呈"S"形的，在化学计量点附近出现 pH 值突跃，由此可以确定滴定终点。但对于极弱酸或极弱碱，它们的解离常数很小，化学计量点附近没有明显的 pH 值突跃，确定终点十分困难，甚至不可能。线性滴定法可将滴定曲线改变为直线，使上述问题得到解决。滴定剂可以分步等体积地加入，避免在化学计量点附近逐点进行滴定，简便了操作，有利于实现计算机自动控制滴定，为分析仪器的智能化创造了有利条件。欲用强碱滴定极弱酸，例如硼酸（$K_a^\ominus = 5.75 \times 10^{-10}$；$K_{HA}^H = \dfrac{1}{K_a^\ominus}$，$\lg K_{HA}^H = 9.24$），根据电离平衡、质量平衡、电中性平衡和当量平衡可以导出 Ingman 公式如下：

$$V_e - V = V K_{HA}^H \{H\} + \frac{V_0 + V}{c_B}([H] - [OH])(1 + K_{HA}^H \{H\}) \tag{3-21}$$

式中，V_e 为化学计量点时消耗的滴定剂体积，mL；V_0 为滴定溶液的初始体积，mL；V 为加入滴定剂的体积，mL；c_B 为滴定剂的浓度，mol·L^{-1}；K_{HA}^H 为弱酸的稳定常数；$\{H\}$、$[H]$、$[OH]$ 为氢离子的活度、浓度、氢氧根离子的浓度，为了简便起见，公式中的电荷符号均已省略。

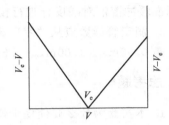

图 3-10　线性滴定 0.1mol·L^{-1} NaOH 滴定 0.1mol·L^{-1} H$_3$BO$_3$

根据滴定所得的 pH 值和 V 的数据，由 Ingman 公式计算出相应的 $V_e - V$ 值，再以 $V_e - V$ 值为纵坐标，V 为横坐标，绘出滴定曲线，如图 3-10 所示，图中两条直线与 V 轴的交点即为滴定终点时消耗滴定剂的体积。

三、试剂与器材

试剂：H$_3$BO$_3$（0.1mol·L^{-1}）、NaOH 标准溶液（0.1mol·L^{-1}）、KCl（1mol·L^{-1}）、标准缓冲溶液（25℃时，pH=6.86，pH=9.18）。

器材：pHS-3C 酸度计、电磁搅拌器、复合电极、半微量碱式滴定管（10mL）、酸式滴定管（50mL）、烧杯（100mL，洁净，干燥）、移液管（5mL）。

四、实验方法

1. 用 pH=6.86 和 pH=9.18 的标准缓冲溶液分别对酸度计的"定位"和"斜率"进行校正。

2. 准确吸取 0.1mol·L^{-1} H$_3$BO$_3$ 溶液 5.00mL 于干燥的 100mL 烧杯中，加 1mol·L^{-1} KCl 5.00mL，再用滴定管加水 40.00mL（此时被滴定溶液的总体积为 50.00mL，溶液离子强度为 0.1）。插入复合电极，开启电磁搅拌器，读出初始的 pH 值，然后以间隔为 0.50mL 分步等体积加入 0.1mol·L^{-1} NaOH 标准溶液，每加入一次滴定剂，读出相应的 pH 值。

用滴定取得的 V 和 pH 值数据代入公式(3-21)计算出相应的 $V_e - V$ 值。由于本实验中预先调节离子强度使之恒定，因而活度系数基本保持不变，故公式中的氢离子活度 $\{H\}$ 可以近似地用氢离子浓度 $[H]$ 代替。

在坐标纸上绘出 $(V_e - V)$-V 曲线，找出 V_e 值为滴定终点。计算求得的 $V_e - V$ 值在化学计量点后均为负值，因此化学计量点后的纵坐标可改为 $V - V_e$。

五、实验结果及数据处理

1. 自行设计表格记录实验数据。

2. 绘制 pH-V 滴定曲线，由 $\frac{1}{2}V_e$ 法求 H_3BO_3 的解离平衡常数，并与文献值比较。

3. 绘制 (V_e-V)-V 曲线，求出 V_e 后，计算 H_3BO_3 试液的准确浓度和含量（g·L^{-1}）。

六、实验注意事项

1. 参见实验二十八、方法Ⅰ的实验注意事项。

2. 本实验是测定硼酸的酸常数，其理论值为 9.24。所以用 pH＝6.86 和 pH＝9.18 的标准缓冲溶液对酸度计进行校正。

3. 滴定管读数应从"零"刻度开始。滴定剂分步等体积加入，每次滴加 0.50mL 读数应是 0.50mL、1.00mL、1.5mL……。

七、思考题

1. 本实验为什么要使用干燥的小烧杯？
2. 滴定剂采用等步长加入法有何优越性？
3. 试比较线性滴定法和滴定曲线法确定终点的异同点和各自的优越性？
4. 本实验是否可以只取一点或两点来计算化学计量点？

实验三十　氯离子选择性电极法测定氯化铅的溶度积常数

一、实验目的

1. 掌握直接电位法测定氯离子含量及溶度积常数的原理和方法。
2. 学会使用 pHS-3C 型精密酸度计。

二、实验原理

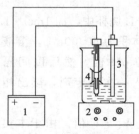

以氯离子选择性电极为指示电极，双液接甘汞电极为参比电极，插入试液中组成工作电池（见图 3-11）。当氯离子浓度在 $10^{-4}\sim1\text{mol·L}^{-1}$ 范围内时，在一定条件下，电池电动势与氯离子活度的对数呈线性关系。

$$E=K-\frac{2.303RT}{nF}\lg a_{Cl^-}$$

分析工作中要求测定的是离子的浓度 c_i，根据 $\alpha_i=\gamma_i c_i$ 的关系，可以在标准溶液和被测溶液中加入总离子强度调节缓冲液（TISAB），使溶液的离子强度保持恒定，从而使活度系数 γ_i 为一常数，$\lg\gamma_i$ 可并入 K 项中以 K' 表示，设 $T=298K$，则上式可变为：

$$E=K'-0.059\lg c_{Cl^-}$$

则电池电动势与被测离子浓度的对数呈线性关系。

图 3-11　氯离子测定的
工作电池示意图
1—酸度计；2—电磁搅拌器；
3—氯离子选择性电极；
4—双液接甘汞电极

一般的离子选择性电极都有其特定的 pH 值使用范围，本实验所用的 301 型氯离子选择性电极的最佳 pH 值范围为 2～7，这个 pH 值范围由加入总离子强度调节缓冲液来控制。

在含有难溶盐 $PbCl_2$ 固体的饱和溶液中，存在着下列平衡反应：

$$PbCl_2(s) \rightleftharpoons Pb^{2+} + 2Cl^-$$

$$c_{Pb^{2+}} = \frac{1}{2}c_{Cl^-}$$

按溶度积规则：$K_{sp,PbCl_2}^{\ominus} = \frac{1}{2}c_{Cl^-} \cdot c_{Cl^-}^2 = \frac{1}{2}c_{Cl^-}^3$

由氯离子选择性电极测得饱和溶液中的 c_{Cl^-} 后，即可求得 $K_{sp,PbCl_2}^{\ominus}$。

三、试剂与器材

试剂：NaCl 标准溶液（$1.00 mol \cdot L^{-1}$）、总离子强度调节缓冲剂（TISAB）（由 $NaNO_3$ 加 HNO_3 组成 pH 值为 2～3 的溶液）。

器材：pHS-3C 型酸度计、301 型氯离子选择性电极、217 型双液接甘汞电极（内盐桥为饱和 KCl 溶液、外盐桥为 $0.1 mol \cdot L^{-1} KNO_3$ 溶液）、电磁搅拌器。

四、实验方法

1. 标准曲线的制作

（1）氯离子系列标准溶液的配制

吸取 $1.00 mol \cdot L^{-1}$ 氯离子标准溶液 10.00mL，置于 100mL 容量瓶中，加入 TISAB 10mL，用去离子水稀释至刻度，摇匀，得 $pCl_1 = 1$。

吸取 $pCl_1 = 1$ 的溶液 10.00mL，置于另一个 100mL 容量瓶中，加入 TISAB 9mL，用去离子水稀释至刻度，摇匀，得 $pCl_2 = 2$。

吸取 $pCl_2 = 2$ 的溶液 10.00mL，置于 100mL 容量瓶中，加入 TISAB 9mL，配得 $pCl_3 = 3$，用同样的方法依次配制 $pCl_4 = 4$、$pCl_5 = 5$ 的溶液。

（2）氯离子系列标准溶液电动势 E 的测定

用去离子水清洗电极，至氯电极和双液接甘汞电极浸入水所测得电位值大于 260mV。

用 pCl_5 标准溶液洗净两电极和小烧杯，溶液转入小烧杯中，电极浸入被测溶液中，加入搅拌珠，开动电磁搅拌器，调节至适当搅拌速度。按酸度计的 pH/mV 键，使仪器进入 mV 测量状态，待 E 显示稳定后，读出 E 值（mV 值）。

重复上述操作，由稀至浓依次测量 $pCl_4 = 4$、pCl_3 ……氯离子标准溶液。

2. 饱和 $PbCl_2$ 溶液电动势 E 的测定

用移液管吸取 10mL $PbCl_2$ 饱和溶液至 100mL 容量瓶中，加入 10mL TISAB，用去离子水稀释至刻度，摇匀，测定其电位值 E_x，计算 $PbCl_2$ 的溶度积。

五、实验结果及数据处理

1. 记录实验数据

pCl	$pCl_1 = 1$	$pCl_2 = 2$	$pCl_3 = 3$	$pCl_4 = 4$	$pCl_5 = 5$	pCl_x
E/mV						

2. 按照氯离子系列标准溶液的数据，以电位值 E 为纵坐标，pCl 为横坐标绘制标准曲线。

3. 在标准曲线上找出 E_x 相应的 pCl_x，求出饱和 $PbCl_2$ 中的 c_{Cl^-}，计算 $K_{sp,PbCl_2}^{\ominus}$。

4. 可用 Excel 绘图，并求出工作曲线的回归方程，同时得到相关系数 γ。由相关系数检验工作曲线的线性相关性（一般 $\gamma > 0.995$）。

六、实验注意事项

1. 氯离子选择性电极在使用前应用去离子水反复清洗，至空白电势值达 260mV 以上才可使用。

2. 电极安装时，注意参比电极和指示电极不要彼此接触或碰到烧杯壁、底。

3. 双液接甘汞电极在使用前应拔去加在装 KCl 溶液小孔处的橡皮塞，以保持足够的液压差；为防止电极中的 Cl^- 渗入待测 Cl^- 的溶液中而影响测定，需要加 $0.1mol \cdot L^{-1}$ KNO_3 溶液作为外盐桥。由于甘汞电极中的 Cl^- 会不断渗入 KNO_3 溶液，累积至一定浓度，Cl^- 从 KNO_3 溶液渗入到被测液中的量就不可忽略。所以为了提高测量准确度，每次实验时，应更换 KNO_3 溶液。

4. 测量前电极和小烧杯要用去离子水、被测液各淋洗三次。测定时，应依次从低浓度逐步到高浓度。

七、思考题

1. 为什么要加入总离子强度调节缓冲剂？

2. 本实验中与电极响应的是氯离子的活度还是浓度？为什么？

3. 本实验为什么要用双液接甘汞电极，而不用一般的甘汞电极？使用双液接甘汞电极时应注意什么？

实验三十一　分光光度法测定化学平衡常数

一、实验目的

1. 学习用分光光度法测定化学反应平衡常数的原理和方法。
2. 学习可见分光光度计的使用方法。
3. 学习吸量管的使用方法。

二、实验原理

有色物质溶液颜色的深浅与浓度有关，溶液越浓，颜色越深。因而可以用比较溶液颜色的深浅来测定溶液中该有色物质的浓度，这种测定方法叫做比色分析。用分光光度计进行比色分析的方法称为分光光度法。

根据朗伯-比耳定律，有色溶液对光的吸收程度（即吸光度 A）与溶液中有色物质的浓度 c 和液层厚度 b 的乘积呈正比。其数学表达式为

$$A = \varepsilon b c$$

当溶液浓度以 mol·L^{-1} 为单位，液层厚度以 cm 为单位时，式中 ε 称为摩尔吸光系数。当波长一定时，它是有色物质的一个特征常数。

在液层厚度相同时，若同一种有色物质的两种不同浓度的溶液，则可得：

$$\frac{A_1}{A_2} = \frac{c_1}{c_2} \quad \text{或} \quad c_2 = c_1 \times \frac{A_2}{A_1} \tag{3-22}$$

如果已知标准溶液中有色物质的浓度为 c_1，并测得标准溶液的吸光度为 A_1，未知溶液的吸光度为 A_2，则从式（3-22）即可求出未知溶液中有色物质的浓度 c_2。

本实验通过分光光度法测定下列化学反应的平衡常数：

$$Fe^{3+} + HSCN \Longrightarrow [Fe(SCN)]^{2+} + H^+$$

$$K_c^{\ominus} = \frac{c_{[Fe(SCN)]^{2+}} \, c_{H^+}}{c_{Fe^{3+}} \, c_{HSCN}}$$

由于反应中 Fe^{3+}、HSCN 和 H^+ 都是无色的，只有 $[Fe(SCN)]^{2+}$ 呈红色，所以平衡时溶液中 $[Fe(SCN)]^{2+}$ 的浓度可以用已知浓度的 $[Fe(SCN)]^{2+}$ 标准溶液通过比色测得，然后根据反应方程式和 Fe^{3+}，HSCN、H^+ 的初始浓度，求出平衡时各物质的浓度，根据上式可算出化学平衡常数 $K_c^{\ominus}$。本实验中，已知浓度的 $[Fe(SCN)]^{2+}$ 标准溶液可以根据下面的假设配制：当 $c_{Fe^{3+}} \gg c_{HSCN}$ 时，反应中 HSCN 可以假设全部转化为 $[Fe(SCN)]^{2+}$。因此 $[Fe(SCN)]^{2+}$ 的标准浓度就是所用 HSCN 的初始浓度，实验中作为标准溶液的初始浓度为：

$$c_{Fe^{3+}} = 0.100 \text{mol·L}^{-1} \qquad c_{HSCN} = 0.00200 \text{mol·L}^{-1}$$

由于 Fe^{3+} 的水解会产生一系列有色离子，例如棕色 $[Fe(OH)]^{2+}$，因此溶液必须保持较大的 c_{H^+}，以阻止 Fe^{3+} 的水解。较大的 c_{H^+} 还可以使 HSCN 基本上保持未电离状态。本实验中的溶液用 HNO_3 保持 $c_{H^+} = 0.5 \text{mol·L}^{-1}$。

三、试剂和器材

试剂：Fe^{3+} 溶液 [0.200mol·L^{-1}、$0.00200 \text{mol·L}^{-1}$；用 $Fe(NO_3)_3 \cdot 9H_2O$ 溶解在 $1 \text{mol·L}^{-1} HNO_3$ 中配成，HNO_3 的浓度必须标定]、KSCN（$0.00200 \text{mol·L}^{-1}$）。

器材：722s 型分光光度计、1cm 比色皿、吸量管（10mL）、烧杯（50mL，洁净、干燥）。

四、实验方法

1. [FeSCN]$^{2+}$ 标准溶液的配制

在 1 号干燥、洁净的烧杯中加入 10.00mL $0.200 \text{mol·L}^{-1} Fe^{3+}$ 溶液、2.00mL $0.00200 \text{mol·L}^{-1}$ KSCN 溶液和 8.00mL H_2O，充分混合，得 $c_{[Fe(SCN)]^{2+}, 标准} = 0.000200 \text{mol·L}^{-1}$。

2. 待测溶液的配制

在 2~5 号烧杯中，分别按下表中的用量配制，并混合均匀。

烧杯编号	$0.00200 \text{mol·L}^{-1} Fe^{3+}/\text{mL}$	$0.00200 \text{mol·L}^{-1}$ KSCN/mL	H_2O/mL
2	5.00	5.00	0
3	5.00	4.00	1.00
4	5.00	3.00	2.00
5	5.00	2.00	3.00

3. 测定

在 722s 型分光光度计上，以去离子水为参比液，在波长 447nm 下用 1cm 比色皿测定 1～5 号溶液的吸光度。

五、实验结果及数据处理

将溶液的吸光度、初始浓度和计算得到的各平衡浓度和 K_c 值记录在下表中。

烧杯编号	吸光度 A	初始浓度/mol·L^{-1}		平衡浓度/mol·L^{-1}				K_c	$K_{c平}$
		$c_{Fe^{3+},始}$	$c_{HSCN,始}$	$c_{H^+,平}$	$c_{[Fe(SCN)]^{2+},平}$	$c_{Fe^{3+},平}$	$c_{HSCN,平}$		
1									
2									
3									
4									
5									

1. 求各平衡浓度：$c_{H^+,平衡} = \frac{1}{2} c_{HNO_3}$、$c_{[Fe(SCN)]^{2+},平衡} = \frac{A_n}{A_1} c_{[Fe(SCN)]^{2+},标准}$、$c_{Fe^{3+},平衡} = c_{Fe^{3+},初始} - c_{[Fe(SCN)]^{2+},平衡}$、$c_{HSCN,平衡} = c_{HSCN,初始} - c_{[Fe(SCN)]^{2+},平衡}$

2. 计算 $K_c^{\ominus}$ 值。

将上面求得的各平衡浓度代入平衡常数公式，求出 $K_c^{\ominus}$。

$$K_c^{\ominus} = \frac{c_{[Fe(SCN)]^{2+}} c_{H^+}}{c_{Fe^{3+}} c_{HSCN}}$$

六、实验注意事项

1. 比色皿装液不宜太满，一般为比色皿容积的 4/5。溢在外面的液体用滤纸吸干，勿反复擦拭。手不要接触比色皿的透光面。洁净的比色皿使用前应先用去离子水淋洗三次，再用试液淋洗三次。

2. 为了减少误差，标准溶液与被测试液应使用同一个比色皿。

3. 测量时，由低浓度到高浓度逐一测定其吸光度。

4. 吸量管吸取铁标准溶液时，必须每次从"零"刻度开始定量放液。

5. 分光光度计的使用与实验注意事项参见第 2 章 2.14.1 节。

七、思考题

1. 配制溶液时，应用吸量管吸取溶液，各支吸量管应严格区分，若不这样做将对实验产生什么影响。

2. 在配制 Fe^{3+} 溶液时，用纯水和用 HNO_3 溶液来配有何不同？本实验中 Fe^{3+} 溶液为何要维持很大的 c_{H^+}？

3. 如何正确使用 722s 型分光光度计？

4. 为什么计算所得的 $K_c^{\ominus}$ 为近似值？怎样求得精确的 $K_c^{\ominus}$？

5. $K_c^{\ominus}$ 文献值为 104，分析产生误差的原因。

附注：

上面计算所得的 $K_c^\ominus$ 只是近似值。在精确计算时，平衡时的 c_{HSCN} 应考虑 HSCN 的电离部分，所以：

$$c_{HSCN,初始} = c_{HSCN,平衡} + c_{[Fe(SCN)]^{2+},平衡} + c_{SCN^-,平衡}$$

由于 $HSCN \rightleftharpoons H^+ + SCN^-$，$K_{HSCN}^\ominus = \dfrac{c_{H^+} c_{SCN^-}}{c_{HSCN}}$，故

$$c_{SCN^-,平衡} = K_{HSCN}^\ominus \times \dfrac{c_{HSCN,平衡}}{c_{H^+,平衡}}$$

因此，

$$c_{HSCN,初始} = c_{HSCN,平衡} + c_{[Fe(SCN)]^{2+},平衡} + K_{HSCN}^\ominus \times \dfrac{c_{HSCN,平衡}}{c_{H^+,平衡}}$$

移项后得

$$c_{HSCN,初始} - c_{[Fe(SCN)]^{2+},平衡} = c_{HSCN,平衡} + K_{HSCN}^\ominus \times \dfrac{c_{HSCN,平衡}}{c_{H^+,平衡}}$$

$$c_{HSCN,平衡}\left(1 + \dfrac{K_{HSCN}^\ominus}{c_{H^+,平衡}}\right) = c_{HSCN,初始} - c_{[Fe(SCN)]^{2+},平衡}$$

$$c_{HSCN,平衡} = \dfrac{c_{HSCN,初始} - c_{[Fe(SCN)]^{2+},平衡}}{\left(1 + \dfrac{K_{HSCN}^\ominus}{c_{H^+,平衡}}\right)}$$

式中，$K_{HSCN}^\ominus = 0.141$ （25℃）

实验三十二 分光光度法测定 $[Ti(H_2O)_6]^{3+}$、$[Cr(H_2O)_6]^{3+}$ 和 $[Cr(EDTA)]^-$ 的分裂能 Δ_o

一、实验目的

1. 学习应用分光光度法测定配合物的分裂能 Δ_o。
2. 掌握可见分光光度计的使用。

二、实验原理

依据晶体场理论，中心离子在八面体场力的作用下，原来能量相等的 5 个简并的 d 轨道分裂为两组，一组为能量较高的二重简并的 d_γ 轨道，另一组为能量较低的三重简并的 d_ε 轨道。轨道 d_γ 和轨道的 d_ε 能量差等于分裂能 Δ_o（见图 3-12）。

由于中心离子 Ti^{3+} 和 Cr^{3+} 的 3d 轨道上的电子没有充满，d 电子吸收了近紫外和可见光的能量后，就有可能从能量较低的轨道 d_ε 向能量较高的 d_γ 轨道发生 d-d 跃迁，此跃迁的能量就是 d 轨道的分裂能 Δ_o。在八面体场中，具有 d^1、d^3 电子的 d 轨道分裂能 Δ_o 可以用分光光度法测量。

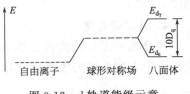

图 3-12　d 轨道能级示意

在可见光区，测量不同波长下的吸光度，以波长 λ 为横坐标，吸光度 A 为纵坐标作图，得吸收曲线。在八面体场中当 d 电子数为 1 时，只有一个简单的吸收峰，就直接由吸

收峰的波长计算 Δ_o 值。当 d 电子数为 3 时，它的吸收曲线中有 3 个吸收峰，由最大波长的吸收峰的位置来计算 Δ_o 值。

根据

$$E_{\text{光}} = E_{d_\gamma} - E_{d_\epsilon} = \Delta_o$$

$$E_{\text{光}} = h\nu = \frac{hc}{\lambda}$$

$$\Delta_o = E_{\text{光}} = \frac{hc}{\lambda} = \frac{6.626 \times 10^{-34} \text{J} \cdot \text{s} \times 2.9989 \times 10^8 \text{m} \cdot \text{s}^{-1}}{\lambda}$$

$$= \frac{1}{\lambda} \times 1.986 \times 10^{-25} \text{J} \cdot \text{m} = 1.986 \times 10^{-23} \times 10^7 \frac{1}{\lambda} \text{J} \cdot \text{nm} \qquad (3\text{-}23)$$

式中，h 为普朗克常数，$6.626 \times 10^{-34} \text{J} \cdot \text{s}$；$c$ 为光速，$2.9989 \times 10^8 \text{m} \cdot \text{s}^{-1}$；$E_{\text{光}}$ 为可见光光能，J；ν 为频率，s^{-1}；λ 为波长，nm。

Δ_o 也常用单位 cm^{-1} 表示 $(1/\lambda)$，由式(3-23) 可知，1cm^{-1} 相当于 $1.986 \times 10^{-23} \text{J}$，所以当 λ 的单位为 nm，而 Δ_o 用 cm^{-1} 表示时，经换算则可表示为：$\Delta_o = \frac{1}{\lambda} \times 10^7$ (cm^{-1})。

三、试剂与器材

试剂：$TiCl_3$ （15%）、$CrCl_3 \cdot 6H_2O$ （s）、EDTA 二钠盐 （s）、HCl （$2\text{mol} \cdot \text{L}^{-1}$）。

器材：电子天平 （0.1g）、722s 型分光光度计、容量瓶 （50mL）、移液管 （5mL）、烧杯 （50mL）。

四、实验方法

1. $[Cr(H_2O)_6]^{3+}$ 溶液的配制

称取 0.3g $CrCl_3 \cdot 6H_2O$ 于 50mL 烧杯中，加少量去离子水溶解，转移至 50mL 容量瓶中，稀释至刻度，摇匀。

2. $[Cr(EDTA)]^-$ 溶液的配制

称取 0.5g EDTA 二钠盐于 50mL 烧杯中，加 30mL 去离子水加热溶解后，用稀盐酸调节溶液 pH 值为 3~5，加入约 0.05g $CrCl_3 \cdot 6H_2O$，稍加热得紫色的 $[Cr(EDTA)]^-$ 溶液。

3. $[Ti(H_2O)_6]^{3+}$ 溶液的配制

用移液管吸取 5mL $TiCl_3$ 水溶液于 50mL 容量瓶中，以 $2\text{mol} \cdot \text{L}^{-1}$ HCl 溶液稀释至刻度，摇匀。

4. 测定吸光度

在分光光度计的波长范围内 （420~600nm） 内，以去离子水为参比液，每隔 10nm 波长测定上述溶液的吸光度 （在吸收峰最大值附近，波长间隔可适当减少）。

五、实验结果及数据处理

1. 以表格形式记录 λ-A 的测量值。

2. 由实验测得的波长 λ 和相应的吸光度 A 绘制 $[Ti(H_2O)_6]^{3+}$、$[Cr(H_2O)_6]^{3+}$ 和 $[Cr(EDTA)]^-$ 的吸收曲线。

3. 分别计算出上述配离子的 Δ_o 值。

六、实验注意事项

1. 分光光度计的使用参见实验三十一实验注意事项中的 1、5。

2. 由于 $TiCl_3$ 较易水解，故在配制 $[Ti(H_2O)_6]^{3+}$ 溶液时要用 $2mol \cdot L^{-1}$ 的 HCl 溶液作稀释液。但 Cl^- 的加入，易形成 $[Ti(H_2O)_5Cl]^{2+}$、$[Ti(H_2O)_4Cl_2]^+$ 等配离子，使 $[Ti(H_2O)_6]^{3+}$ 的浓度降低，使实验测得的 λ_{max} 有可能增大，最后导致分裂能的值会偏小。

3. 实验用过的玻璃器皿应及时洗涤干净。因 $TiCl_3$ 易水解和氧化，使 TiO_2 沉淀在玻璃器皿上，而使器皿内壁呈白色。

七、思考题

1. 配合物的分裂能 Δ_o 受哪些因素的影响？

2. 本实验测定吸收曲线时，溶液浓度的高低对测量 Δ_o 值是否有影响？

实验三十三 邻菲啰啉分光光度法测微量铁和配合物的稳定常数

一、实验目的

1. 掌握分光光度法测定试样中的微量铁含量的原理和方法。

2. 学习由吸收曲线选择单色光波长，由标准曲线定量的方法，学习摩尔吸光系数和配合稳定常数的计算。

3. 巩固可见分光光度计的使用。

二、实验原理

邻菲啰啉（简写 phen，又称邻二氮杂菲）是测定微量铁的一种较好的显色试剂。在 pH 值为 2～9 的条件下，Fe^{2+} 与邻菲啰啉生成稳定的橙红色配合物，反应式如下：

$$Fe^{2+} + 3phen = [Fe(phen)_3]^{2+}$$

该配合物的 $lgK_{稳}^{\ominus} = 21.3$，摩尔吸光系数 $\varepsilon_{510} = 11000$。

大部分样品中铁的主要存在形式是 Fe^{3+}，因此应预先用还原剂如盐酸羟胺（$NH_2OH \cdot HCl$）或抗坏血酸将 Fe^{3+} 还原为 Fe^{2+}，其反应为：

$$4Fe^{3+} + 2NH_2OH = 4Fe^{2+} + N_2O + H_2O + 4H^+$$

然后进行显色反应。显色时，酸度过高（pH＜2），反应进行较慢；酸度太低，则 Fe^{2+} 水解，影响显色。

Bi^{3+}、Ca^{2+}、Hg^{2+}、Ag^+ 和 Zn^{2+} 与显色剂生成沉淀，Cu^{2+}、Co^{2+}、Ni^{2+} 则形成有色配合物。当以上离子与 Fe^{3+} 共存时，应注意消除它们的干扰。

利用分光光度法测定试样中微量铁的含量、摩尔吸光系数和配合稳定常数时，定量关系是朗伯-比耳定律，即

$$A = \varepsilon bc$$

当溶液浓度以 $mol \cdot L^{-1}$ 为单位，液层厚度以 cm 为单位时，式中 ε 称为摩尔吸光系

数。当波长一定时，它是有色物质的一个特征常数。

测定时首先要选择入射光波长，一般是选择与待测物质（或经显色反应后产生的新物质）最大吸收峰值相应的单色光波长作为入射光波长，即最大吸收波长 λ_{max}。显然，该波长下的摩尔吸光系数 ε 最大，测定的灵敏度也最高。为此需通过实验测定不同波长下 $[Fe(phen)_3]^{2+}$ 的吸光度，并绘制波长-吸光度曲线，即吸收曲线，从中找出最大吸收波长。定量时通常可采用标准曲线法，即先配制一系列已知铁浓度的标准溶液，在选定的反应条件下显色，并在选定的波长下测得相应的吸光度，以浓度为横坐标，吸光度为纵坐标，绘制标准曲线。再取试液经适当处理后，按照与绘制标准曲线时相同的操作条件进行显色，测得其吸光度，由测得的吸光度从标准曲线上找出相应的浓度，由此求得试样中微量铁的含量。

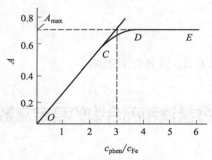

图 3-13　吸光度 A-c_{phen}/c_{Fe} 曲线

采用摩尔比法（又称饱和法）是测定配合物摩尔吸光系数的方法之一，即配制一系列已知铁浓度（c_{Fe}）但不断改变 phen 浓度（c_{phen}）的标准溶液，显色后测定相应溶液的吸光度。以吸光度 A 对 c_{phen}/c_{Fe} 作图，根据曲线上前后两部分延长线的交点位置，确定反应的配位比 n，如图 3-13 所示。交点位置的 A 为 A_{max}，当已知比色皿厚度 b 和铁浓度 c_{Fe} 时，即可计算求得摩尔吸光系数 ε。

$$\varepsilon = \frac{A_{max}}{c_{Fe}b}$$

根据所求得的 ε 值，应用朗伯-比耳定律可求出每份溶液中铁与 phen 平衡时的浓度。

$$[Fe(phen)_3] = \frac{A_i}{\varepsilon b}$$

$$[phen] = c_{phen} - 3[Fe(phen)_3]$$

$$[Fe] = c_{Fe} - [Fe(phen)_3]$$

根据以上平衡浓度，可以计算配合物的稳定常数 $K_稳^{\ominus}$。即

$$K_稳^{\ominus} = \frac{[Fe(phen)_3]}{[Fe][phen]^3}$$

求出各份溶液的 $K_稳^{\ominus}$ 后取其平均值，即为测定结果。应该注意，在图 3-13 中 CD 段呈曲线，此时配合物解离度较大，上述计算结果误差很大，实际计算式只能使用 OC 段直线部分的数据。

三、试剂与器材

试剂：1%盐酸羟胺水溶液。

铁标准溶液（含铁 $0.010 mg \cdot mL^{-1}$，浓度约为 $1.79 \times 10^{-4} mol \cdot L^{-1}$）：准确称取 $0.216g$ 分析纯的铁铵矾 $NH_4Fe(SO_4)_2 \cdot 12H_2O$ 溶于水，加 $6 mol \cdot L^{-1}$ HCl 5mL 酸化后转移到 250mL 容量瓶中，稀释到刻度。所得溶液含铁 $0.100 mg \cdot mL^{-1}$；然后吸取上述溶液 25.00mL 于 250mL 容量瓶中，加 $6 mol \cdot L^{-1}$ HCl 5mL，用水稀释到刻度，摇匀。

0.1%邻菲啰啉溶液（$1.79 \times 10^{-3} mol \cdot L^{-1}$）：称取 $0.355g$ 邻菲啰啉于小烧杯中，加

入 2～5mL 95％乙醇溶液，再用水稀释至 1L。

醋酸-醋酸钠缓冲溶液（pH＝4.6）：称取 136g 分析纯醋酸钠，加 120mL 冰醋酸，加水溶解后，稀释至 500mL。

器材：722s 型分光光度计、3cm 比色皿、吸量管（5mL）、容量瓶（50mL）。

四、实验方法

1. 邻菲啰啉亚铁吸收曲线的绘制

用吸量管分别吸取铁标准溶液 0mL（0 号）、1.0mL、2.0mL 于 3 个 50mL 容量瓶中，依次分别加入盐酸羟胺溶液 2.5mL、HAc-NaAc 溶液 5mL、0.1％邻菲啰啉溶液 5mL，用去离子水稀释至刻度，摇匀。放置 10min 后用 3cm 比色皿，以 0 号溶液作参比溶液，在分光光度计中从波长 580～440nm 每间隔 20nm 测定其吸光度，在 510nm 附近间隔 10nm 测定其吸光度。

以波长为横坐标，吸光度为纵坐标，绘制邻菲啰啉铁（Ⅱ）的吸收曲线，求出最大吸收峰的波长。

2. 标准曲线的绘制

用吸量管分别吸取铁标准溶液 0mL（0 号）、1.0mL、2.0mL、3.0mL、4.0mL、5.0mL 于 6 个 50mL 容量瓶中，依次分别加入盐酸羟胺 2.5mL、HAc-NaAc 溶液 5mL、0.1％邻菲啰啉溶液 5mL，用去离子水稀释至刻度，摇匀。放置 10min 后用 3cm 比色皿，以 0 号溶液作参比溶液，用分光光度计在其最大吸收波长处，分别测定吸光度 A。

以吸光度 A 为纵坐标，铁含量（mg·50mL^{-1}）为横坐标，绘制标准曲线。

3. 试样中铁含量的测定

准确称取试样若干于小烧杯中，加少量去离子水使之湿润，滴加 3mol·L^{-1} HCl 至试样完全溶解，转移试样溶液于 50mL 容量瓶中，按绘制标准曲线的操作，加入各种试剂使之显色，用去离子水稀释至刻度，摇匀。放置 10min，以 0 号溶液作参比，用 3cm 比色皿，用分光光度计测定其吸光度。然后由标准曲线求出相应的铁含量，并计算试样中的含量。

4. 摩尔比法测定摩尔吸光系数和配合物的稳定常数

取 50mL 容量瓶 10 只，吸取铁标准溶液 10.0mL 于容量瓶中，分别加入盐酸羟胺 2.5mL、HAc-NaAc 溶液 5mL、0.1％邻菲啰啉溶液 0mL（0 号）、1.0mL、1.5mL、2.0mL、2.5mL、3.0mL、3.5mL、4.0mL、4.5mL、5.0mL，用水稀释到刻度，摇匀。放置 10min 后在最大吸收波长处用 3cm 比色皿，以 0 号溶液为参比液，测定各浓度的吸光度 A。

五、实验结果及数据处理

1. 列表记录数据，绘制吸收曲线，并找出最大吸收波长 λ_{max}。

波长 λ/nm	440	460	480	500	510	520	540	560	580
1.0mL 铁标准溶液的 A									
2.0mL 铁标准溶液的 A									

2. 列表记录数据，绘制标准曲线。

$V_{铁标}$/mL	1.0	2.0	3.0	4.0	5.0
吸光度 A					

3. 根据试样的吸光度，从标准曲线上求出 50mL 容量瓶中铁的质量，进而求出试样中铁的质量分数。记录试样质量：_____（g），测得的吸光度：_____，计算铁的质量_____，铁的质量分数_____%。

4. 列表记录数据，绘制吸光度 A-c_{phen}/c_{Fe} 曲线，计算摩尔吸光系数和配合物的稳定常数。

V_{phen}/mL	1.0	1.5	2.0	2.5	3.0	3.5	4.0	4.5	5.0
吸光度 A									

计算时取图 3-13 中 OC 段直线部分 5 个点的数据，计算相应的配合物稳定常数 K_i，再取 K_i 的平均值即为测定结果。

六、实验注意事项

1. 分光光度计的使用参见实验三十一实验注意事项中的 1、5。

2. 每次改变波长后，都要调节 $T=0$ 和 $T=\infty$。

3. 用盐酸溶解 $CaCO_3$ 时，$3mol \cdot L^{-1} HCl$ 不能加太多，酸度过高，会影响显色反应的进行。故滴加 HCl 至恰好溶解为止，再加少量水稀释。定量转移时，每次用约 5mL 去离子水淋洗烧杯，以防止总体积超过 50mL。

4. HCl 具有一定的刺激性和腐蚀性，与 $CaCO_3$ 反应剧烈，放出气体。使用时注意个人安全防护。

七、思考题

1. 邻菲啰啉分光光度法测定铁含量的原理是什么？用该法测得的铁含量是否为试样中的亚铁含量？为什么？

2. 为什么绘制工作曲线和测定试样应在相同的条件下进行？这里主要指哪些条件？

3. 样品称太多或太少有何不好？可以从哪些方面进行调节，以适应比色测定的要求？

4. 本实验测得的 n、ε、K 值准确度如何？与文献值比较有无差异？为什么？

5. 如何计算实验结果？

实验三十四 **硫酸钡溶度积的测定**（电导率法）

一、实验目的

1. 学习电导法测定溶度积的方法。

2. 学习电导率仪的使用。

二、实验原理

在难溶电解质 $BaSO_4$ 的饱和溶液中，存在下列平衡：

$$BaSO_4(s) \Longleftrightarrow Ba^{2+} + SO_4^{2-}$$

其溶度积为：

$$K_{sp,BaSO_4}^{\ominus} = c_{Ba^{2+}} \cdot c_{SO_4^{2-}} = c_{BaSO_4}^2$$

由此可见，只要测定出 $c_{Ba^{2+}}$、$c_{SO_4^{2-}}$、c_{BaSO_4} 其中之一，即可求出 $K_{sp,BaSO_4}^{\ominus}$。由于难溶电解质的溶解度很小，因此可把饱和溶液看作无限稀释的溶液，离子的活度与浓度近似相等。因此，利用浓度与电导率的关系，通过测定溶液的电导率，计算 $BaSO_4$ 的浓度 c_{BaSO_4}，从而计算其溶度积。

电解质溶液中摩尔电导率（Λ_m）、电导率（κ）与浓度（c）间存在着下列关系：

$$\Lambda_m = \frac{\kappa}{c} \tag{3-24}$$

对于难溶电解质来说，它的饱和溶液可近似地看成无限稀释的溶液，正、负离子间的影响趋于零，这时溶液的摩尔电导率 Λ_m 为无限稀释摩尔电导率 Λ_m^{∞}，即 $\Lambda_{m,BaSO_4} = \Lambda_{m,BaSO_4}^{\infty}$。$\Lambda_{m,BaSO_4}^{\infty}$ 可由物理化学手册查得，25℃时，无限稀释的 $\Lambda_{m,BaSO_4}^{\infty} = 286.88 \times 10^{-4} S \cdot m^2 \cdot mol^{-1}$。因此，只要测得 $BaSO_4$ 饱和溶液的电导率（κ），根据式（3-24），就可计算出 $BaSO_4$ 的 c_{BaSO_4}。

$$c_{BaSO_4} = \frac{\kappa_{BaSO_4}}{\Lambda_{m,BaSO_4}^{\infty}} (mol \cdot m^{-3}) = \frac{\kappa_{BaSO_4}}{1000\Lambda_{m,BaSO_4}^{\infty}} (mol \cdot L^{-1})$$

则

$$K_{sp,BaSO_4}^{\ominus} = \left(\frac{\kappa_{BaSO_4}}{1000\Lambda_{m,BaSO_4}^{\infty}} \right)^2$$

三、试剂与器材

试剂：$BaCl_2$（$0.05mol \cdot L^{-1}$）、H_2SO_4（$0.05mol \cdot L^{-1}$）、$AgNO_3$（$0.1mol \cdot L^{-1}$）。
器材：DDS-307A 型电导率仪、烧杯、量筒。

四、实验内容

1. $BaSO_4$ 饱和溶液的制备

量取 20mL $0.05mol \cdot L^{-1}$ H_2SO_4 溶液和 20mL $0.05mol \cdot L^{-1}$ $BaCl_2$ 溶液，分别置于 100mL 烧杯中，加热近沸（到刚有气泡出现），在搅拌下趁热将 $BaCl_2$ 慢慢滴入到（每秒约 2～3 滴）H_2SO_4 溶液中，然后将盛有沉淀的烧杯放置于沸水浴中加热，并搅拌 10min，静置冷却 20min，用倾析法去掉清液，再用近沸的去离子水洗涤 $BaSO_4$ 沉淀 3～4 次，直到检验清液中无 Cl^- 为止。最后在洗净的 $BaSO_4$ 沉淀中加入 40mL 去离子水，煮沸 3～5min，并不断搅拌，冷却至室温。

2. 测量电导率

用电导率仪测定上面制得的 $BaSO_4$ 饱和溶液的电导率 κ_{BaSO_4}，仪器使用见第 2 章 2.15 节。

五、实验结果及数据处理

室温/℃ _____。

$\kappa_{BaSO_4}(S \cdot m^{-1})$ _____。

$K_{sp,BaSO_4}^{\ominus}$ _____。

六、实验注意事项

1. 实验所用去离子水其电导率应在 5×10^{-4} S $\cdot$ m^{-1}左右,这样才可使 $K_{sp,BaSO_4}^{\ominus}$ 能较好地接近文献值。

2. 在洗涤 $BaSO_4$ 沉淀时,为提高洗涤效果,不仅要进行搅拌,而且每次应尽量将洗涤液倾净。

3. 为了保证 $BaSO_4$ 饱和溶液的饱和度,在测定 κ_{BaSO_4} 时,盛有 $BaSO_4$ 饱和溶液的小烧杯下层一定要有 $BaSO_4$ 晶体,上层为清液。

七、思考题

1. 为什么在制得的 $BaSO_4$ 沉淀中要反复洗涤至溶液中无 Cl$^-$ 存在?如果不这样洗对实验结果有何影响?

2. 使用电导率仪要注意哪些操作?

附注:

上面计算所得的 $K_{sp,BaSO_4}^{\ominus}$ 只是近似值,因为测得的 $BaSO_4$ 饱和溶液电导率 κ_{BaSO_4} 包括了 H_2O 的电导率 κ_{H_2O}。精确计算时,应在测得 κ_{BaSO_4} 的同时,还应测定制备 $BaSO_4$ 饱和溶液所用的去离子水的电导率 κ_{H_2O},然后按下式进行计算:

$$K_{sp,BaSO_4}^{\ominus} = \left(\frac{\kappa_{BaSO_4} - \kappa_{H_2O}}{1000 \Lambda_{m,BaSO_4}^{\infty}} \right)^2$$

实验三十五 气相色谱法测定烷烃混合物的组成及含量

一、实验目的

1. 学习气相色谱的原理及气相色谱仪的使用。
2. 掌握气相色谱的定性、定量方法。

二、实验原理

气相色谱法是一种现代分离和分析技术。它是以气体为流动相(载体)、液体或固体为固定相(分别称为气液色谱或气固色谱),根据不同物质在气-液相间的分配系数不同或在气-固相间的吸附能力不同,当固定相和流动相做相对运动时,不同物质在两相间反复溶解-挥发或吸附-脱附而得以分离。分离后的各组分经检测器检测,从而实现定性和定量分析。气相色谱的流程如图 3-14 所示。

载气(流动相)经减压阀、净化器后以某一稳定的流量进入汽化室,将注射入汽化室的样品带进色谱柱中分离,不同的成分被分离后先后进入检测器,检测器将各组分的浓度或质量转化成电信号(电压、电流),并将随时间变化的信号强度输出或记录下来,即得组分流出时间和信号强度的关系图——气相色谱流出曲线图（简称色谱图）。其示意图如图 3-15 所示。

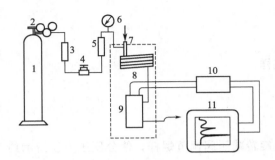

图 3-14　气相色谱流程

1—载气钢瓶；2—减压阀；3—净化干燥管；4—针形阀；

5—稳流阀；6—压力表；7—进样器和汽化室；8—色谱柱；

9—检测器；10—放大器；11—色谱工作站

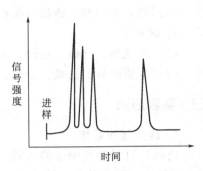

图 3-15　气相色谱流出曲线

由色谱流出曲线可实现物质的定性和定量分析。在恒定条件下，根据保留时间可以对物质进行定性分析，根据峰高或峰面积可以进行定量分析。

经理论分析和实验证明，当固定相和操作条件严格固定不变时，每种物质都有确定的保留时间，因此保留时间可用作定性鉴定的指标。如待测组分的保留时间与在相同条件下测得的纯物质的保留时间相同，则初步可认为它们是同一物质。

定量分析的依据是组分的质量 m_i 与检测器的检测信号（峰面积 A_i 或峰高 h_i）呈正比，其关系式可表示为：

$$m_i = f_i A_i \text{ 或 } m_i = f_i h_i \tag{3-25}$$

因此可由组分的峰面积或峰高实现组分含量的计算。组分含量的计算方法有归一化法、外标法和内标法。本实验采用归一化法。

当待测试样中所有组分都能流出色谱柱，并在色谱图中有完整的色谱峰时，可用归一化法定量。计算 i 组分的质量分数为：

$$w_i = \frac{m_i}{m} \times 100\% = \frac{f_i A_i}{\sum f_i A_i} \times 100\% \tag{3-26}$$

式中，f_i 是定量校正因子。当待测试样中各组分的 f_i 很接近时，式中的 f_i 可以相约。例如，同系物中沸点接近的混合组分的各质量分数的测定可简化为：

$$w_i = \frac{m_i}{m} \times 100\% = \frac{A_i}{\sum A_i} \times 100\% \tag{3-27}$$

本实验选择分离条件时，依据试样是烷烃混合物，选用弱极性物质 SE-30（甲基聚硅氧烷）作固定液。烷烃与固定相之间作用力主要是色散力，分子质量越大，色散力越大，沸点越高，所以非极性试样的各组分按沸点由低到高依次流出色谱柱。

三、试剂和器材

1. GC-7890T 气相色谱仪

色谱柱：SE-30，2m×2mm 填充柱。

载气：氮气，3.0 圈（约 8.0mL·min⁻¹）。

温度：柱温 80℃，检测器 80℃，汽化室（进样口）110℃。

检测器：热导池，桥流（量程）80mA。

2. 试剂

(1) 纯试剂：己烷、庚烷、辛烷、丙酮。

(2) 待测样品：己烷、庚烷、辛烷混合试样。

四、实验方法

1. 连接气路系统

逆时针打开载气钢瓶的总阀，顺时针方向旋转减压阀调节螺杆，使分压压力表指示约为 0.5MPa，通入载气，检查是否漏气。

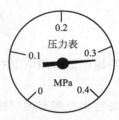

图 3-16 GC-7890T
型气相色谱仪载气
接口处压力表

调压、调节流速：打开净化器截止阀，载气到色谱仪入口处供压为 0.3～0.4MPa，如图 3-16 所示。调节稳流阀旋钮到 3.0 圈（欲知准确流速，可用皂膜流量计在热导池出口处测定或查流量关系手册），旋钮上方压力表显示柱前压力值，如图 3-17 所示。

2. 接通电源

通入的载气稳定后，接通色谱仪电源，仪器液晶显示屏上有提示信息出现。

3. 设置分析条件

温度条件：分别设定柱温 80℃、进样口温度 110℃、热导池检测器温度 80℃；以设定柱温为例，先按控制面板上的"柱温"键，再输入"8"、"0"数字键，最后按"输入"键实现柱温的设定，如图 3-18 所示。设定完成后，液晶显示屏将显示设定温度（左）和实际温度（右）。

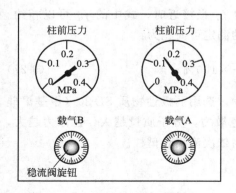

图 3-17 GC-7890T 型气相色谱仪
柱前载气压力表

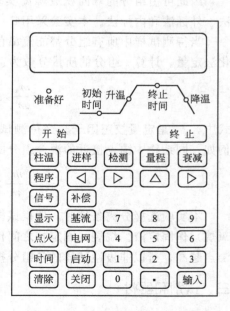

图 3-18 GC-7890T 型气相色谱仪
气路控制系统面板

检测条件：按"量程"键、数字键及输入键，设定热导电流值为 80mA，电流极性由"量程＋▷"改变。

当各温度等条件达到设定条件并稳定后，用色谱仪右侧的调零电位器调节基线至 0mV 附近（检测器输出范围要大于－5mV）；基线稳定后，即可用进样器注入样品测定，并记录色谱图。

4. 进样

微量注射器用丙酮洗涤 5～10 次后，再用待测样洗涤 5～10 次，取纯试剂 0.2μL、待测样品取 0.5μL 进样。进样时，注射器垂直插入进样口，在快速将样品注入汽化室的同时，开始运行数据采集程序。

归一化法定量测定时，每台仪器进 3 个纯样品，每人进一个待测样品。

5. 色谱图记录及数据处理

本实验采用"T2000P 色谱工作站"进行数据采集与处理，色谱图中各组分都出峰，数据采集完毕后，编辑报告并打印色谱图。具体步骤见本实验的附注："T2000P 色谱工作站"数据采集与处理程序的应用。

6. 关机

实验完毕后，关闭计算机，将柱温、检测器温度和进样器温度设定到 20℃，将热导电流设置到 0.0mA，待色谱仪冷却后，关闭仪器电源开关。

7. 关气

旋松减压阀调节螺杆，关闭载气钢瓶的总阀。

五、实验结果及数据处理

1. 记录标准样品保留时间

标准样品组成	正己烷	正庚烷	正辛烷
保留时间/min			

2. 定量分析（归一化法）

记录待测试样各峰的保留时间和峰面积，与上表标准样品的各组分对应的保留时间比较，确定样品中各峰所属的物质，再根据归一化法计算待测样品中各组分的质量分数。

成分	正己烷	正庚烷	正辛烷
保留时间/min			
峰面积/μV·s			
质量分数/%			

六、实验注意事项

1. 使用热导池检测器，开机时应先开载气，后开电源；关机时应先关电源，后关载气。

2. 在关闭气路时，调节刻度旋钮不能小于 1.0 圈，以免损坏稳流阀、针形阀，影响刻度指示。

3. 微量注射器进样手势如图 3-19 所示，进样时要求注射器垂直于进样口，左手扶着

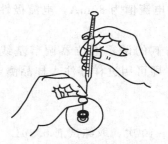

图 3-19　微量注射器进样手势

针头，以防弯曲，右手拿注射器，右手食指卡在注射器芯子和注射器管的交界处，这样可以避免当进针到气路中由于载气压力较高把芯子顶出，影响正确进样。注射器取样时，应先用被测试液洗涤5～10次，然后缓慢抽取一定量试液，若仍有空气带入注射器内，可将针头朝上，待空气排除后，再排去多余试液便可进样。进样要求操作稳当、连贯、迅速；进针位置及速度，针尖停留和拔出速度都会影响进样的重现性，一般进样相对误差为 2%～5%。

4. 要注意经常更换进样器上硅橡胶密封垫片，该垫片经 20～50 次穿刺进样后，气密性降低，容易漏气。

七、思考题

1. 用峰面积归一化法定量适用于什么情况？样品中如有在检测器上无响应的成分存在是否影响定量结果？为什么？

2. 何谓色谱峰、峰（底）宽、峰高、半峰宽、峰面积、保留时间。

3. 本实验中，为什么能略去定量校正因子？

附注："T2000P 色谱工作站" 数据采集与处理程序的应用

1. 启动

打开计算机及显示器电源，双击"T2000P 色谱工作站"图标，启动 T2000P 色谱工作站，如图 3-20 所示。双击仪器条件图标，输入实验所用仪器型号及条件（可打印于报告上），点击关闭按钮。单击主工作桌面中的采集卡设置菜单选择通讯口，可以选择通道 1 或通道 2，然后单击确定，进入实时采样界面。

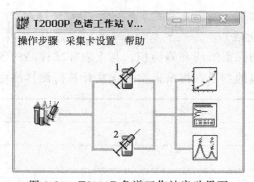

图 3-20　T2000P 色谱工作站启动界面

2. 实时采样

T2000P 色谱工作站的实时采样界面如图3-21所示，进入实时采样界面，建立分析项目表，建立样品项，然后实时采样，结束采样，样品项自动存盘。

样品项建立：新建或打开一个已存在的"分析项目"，保存或另存为分析项目。在分析项目中，可以新建或选择已有的"样品项"，并新建或修改样品项的名称和谱图分析条件。

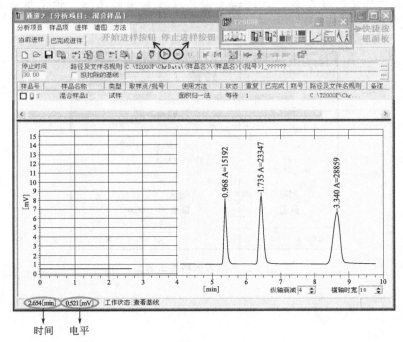

图 3-21　实时采样界面

实时采样：在分析项目表中选中对应的样品项，图谱上有向右延伸的基线出现，当左下方显示时间和电平的数字在变化时，表示可正常记录检测器的信号。基线稳定后即可用微量注射器进样，进样的同时鼠标单击"开始进样"按钮或按下移动的触发开关开始实时采集数据，即记录检测器信号与时间的关系，同时积分标出出峰时间和峰面积。当各组分都出峰后，鼠标点击"停止进样"按钮（或到达预先设定分析时间），即回到"查看基线"状态，数据自动存盘。如需测定其他样品，可重复上述操作：选中样品项，进样，立即用鼠标单击"开始进样按钮"或按下触发开关。

3. 数据处理

点击快捷按钮面板上的"再处理"按钮，将实时采样的工作界面切换到"再处理"工作界面。单击其中的"谱图"按钮打开或关闭样品谱图。单击"显示"按钮，可修改积分参数及显示积分结果，特别注意是改变积分参数中的"噪声"值，设置峰宽、最小峰高、最小峰面积，删除噪声峰或不需要的峰，以获得最佳结果。也可用"手动积分"按钮进行再处理，如调整峰的起始及结束点、移动添加删除分割线等。

4. 报告的编辑与输出

完成谱图采集和数据处理后，可单击"报告预览"图标进行谱图编辑，单击"报告预览"窗口中的"打开"按钮，选择待处理的谱图。或者从"已完成进样"窗口中的文件列表里直接单击选中待处理的谱图，再单击"报告预览"按钮，即可进行谱图编辑。

单击"风格"菜单，选择"报告内容"、"实验信息"、"谱图显示"、"谱图注释"、"分析结果"等编辑选项，如图 3-22 所示。例如，点击"谱图显示"选项改变报告中谱图显示的属性，单击电压轴范围选择最高峰适应、次高峰适应或自定义来调整谱图在报告中的显示范围。单击时间轴范围选择全部时间或自定义来调整谱图在报告中的显示范围。单击"确定"按钮后，系统调整谱图在报告中的属性。设定报告风格后可打印实验报告。

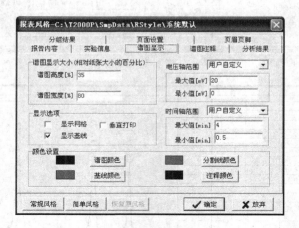

图 3-22　报告风格编辑界面

第 4 章

综合性实验

本章是以化合物的制备、组分分析为主线进行的综合性实验技能训练，是将上一章所进行的各单元实验的方法和操作合理地贯穿于一体，使学生通过运用已学知识和技能解决化学问题，进而提高学生运用化学知识解决实际问题的综合能力。

关于本章实验报告的书写，要求以小论文的形式完成，格式如下：

一、前言；二、实验原理；三、实验方法；四、实验结果；五、讨论；六、参考文献。

4.1 食品中某些组分的测定

实验三十六 酸奶中总酸度的测定

一、实验目的

1. 掌握乳浊液滴定终点的判断方法。
2. 掌握用酸碱滴定法和电位滴定法测定酸奶总酸度的原理和方法。
3. 掌握电位滴定法标定 NaOH 浓度的原理和方法。
4. 巩固电位滴定法的基本操作和数据处理方法。
5. 了解实际样品的分析方法。

二、实验原理

酸奶中的酸是由多种有机酸组成的，这些有机酸是优质鲜牛奶经消毒后加入乳酸链球菌发酵而成的，可用酸碱滴定法或电位滴定法测定其总酸度，以检测酸奶的发酵程度，继而通过控制发酵时间和发酵程度以改善产品的风味和口感等。

酸碱滴定法是以酚酞作指示剂指示滴定终点，电位滴定法是根据化学计量点附近的pH 值的突跃，经数据处理后确定滴定终点。两种方法都是确定滴定终点时 NaOH 标准溶液消耗的体积，由此来计算酸奶中的总酸度。

三、试剂与器材

试剂：NaOH（0.1mol·L^{-1}）、酚酞指示剂（0.2%）、标准缓冲溶液（pH＝6.86、9.18）、邻苯二甲酸氢钾（KHP）（基准级）、市售酸奶。

器材：酸式滴定管、锥形瓶、pHS-3C型酸度计、电磁搅拌器、pH复合电极（玻璃电极与Ag-AgCl电极）、10mL半微量碱式滴定管、洗瓶、小烧杯、量筒等。

四、实验方法

1. 酸碱滴定法测定酸奶总酸度

（1）利用酸碱滴定法标定0.1mol·L^{-1}的NaOH标准溶液。

配制0.1mol·L^{-1}的NaOH标准溶液500mL，并标定。参见实验十六和实验十七。

（2）拟定用酸碱滴定法分析时酸奶的称量范围。

取250mL酸奶充分搅拌均匀，称5～6g，加15mL温热的（约30～40℃）去离子水并搅拌均匀，加指示剂酚酞2～3滴，用0.1mol·L^{-1}NaOH标准溶液滴定至试液呈粉红色，并30s内不褪色。根据NaOH消耗体积重新确定酸奶的称量范围。

（3）准确称取消耗20～30mL 0.1mol·L^{-1}NaOH标准溶液所需的酸奶质量，加50mL温热去离子水。重复上述滴定操作。平行测定三次。

2. 电位滴定法标定0.1mol·L^{-1}NaOH标准溶液的浓度

（1）安装pH复合电极，用pH＝6.86和pH＝9.18的标准缓冲溶液校准仪器。参见第2章2.13酸度计的使用。

（2）准确称量邻苯二甲酸氢钾0.11～0.13g于100mL小烧杯中，加去离子水50mL，电磁搅拌下溶解。

（3）将待标定的NaOH溶液装入半微量滴定管中，将pH复合电极插入邻苯二甲酸氢钾溶液，开启电磁搅拌器。滴加NaOH，每加入1.00mL NaOH溶液，记录相应的pH值，至NaOH标准溶液滴加完毕。初步确定pH突跃范围。

（4）按上述（2）重新称取邻苯二甲酸氢钾并溶解，重复（3）操作，开始滴加NaOH时，每次加1.00mL，当pH值接近突跃范围时，改加0.10mL NaOH并记录相应的pH值，出现pH突跃后继续滴加3～5次，再恢复至每次加1.00mL NaOH，记录V-pH数据。重复测定三次。

3. 电位滴定法测定酸奶总酸度

按消耗5～7mL 0.1mol·L^{-1}NaOH标准溶液确定酸奶的称量范围。准确称取适量酸奶，加入30～40℃去离子水50mL，开启磁力搅拌器将之搅拌均匀。插入pH复合电极，用NaOH标准溶液滴定，重复2（3）初步确定pH突跃范围，重复2（4）的操作滴定三次，记录V-pH数据。

五、实验结果及数据处理

1. 酸碱滴定法分析酸奶总酸度

（1）由实验数据计算NaOH标准溶液的浓度。

（2）以100g酸奶消耗NaOH的质量表示酸奶的酸度。

2. 电位测定法测定酸奶总酸度

（1）合理设计表格，记录 V 和 pH 值的实验数据，并作相关计算。

（2）由实验数据分别绘制标定 NaOH 浓度、测定酸奶总酸度的 pH 值-V 和（$\Delta pH / \Delta V$）-V 曲线，确定相应的滴定终点。

（3）用二阶微商法分别计算标定 NaOH 浓度、测定酸奶总酸度的滴定终点 V_e。

（4）计算 NaOH 标准溶液的浓度与酸奶的总酸度（100g 酸奶消耗 NaOH 的质量表示）。

六、实验注意事项

1. 由于酸奶是较稠的乳浊液，影响与碱的充分反应，如果用酸奶原液直接测量，测量精密度不够理想。加水稀释酸奶可提高测量精度。稀释时要边加水边充分搅拌均匀。

2. 使用 pH 复合电极的注意事项参见第二章 2.13.1 节。

3. 电位滴定时滴定管读数应从"零"刻度开始，无论是每间隔 1.00mL 或 0.10mL 滴加标准溶液，读数都应恰好指示在刻度线，这样有利于数据处理。

4. $\Delta^2 pH / \Delta V^2$ 值是表中 $\Delta pH / \Delta V$ 一列中后一数减前一数的差值除以相应的 ΔV（若按实验指定要求滴加标准溶液，则 $\Delta V = 0.10mL$ 或 1.00mL）。

七、思考题

1. 如何确定酸奶的称量范围？
2. 如何由二阶微商内插法计算滴定终点 V_e？
3. 比较指示剂法和电位滴定法确定终点的优缺点。

实验三十七　蛋壳中Ca、Mg含量的测定

蛋壳中的主要成分是 $CaCO_3$，其次为 $MgCO_3$、蛋白质、色素以及少量 Fe、Al。有关测定蛋壳中钙镁含量的方法包括配位滴定法、酸碱滴定法、高锰酸钾法（氧化还原滴定法）、原子吸收法等。

在进行定量分析时，常需要对蛋壳进行预处理。目前，常用的预处理方法有干式灰化法（干法）、湿式消化法（湿法）、直接酸溶法等。其中，直接酸溶法简便、快速，在实验室经常被采用。

Ⅰ　配位滴定法测定蛋壳中 Ca、Mg 含量

一、实验目的

1. 进一步巩固和掌握配位滴定分析的方法和原理。
2. 学习使用配位掩蔽法排除干扰离子影响的方法。
3. 了解对实物试样中某组分含量测定的一般步骤。

二、实验原理

控制溶液的 pH = 10，用铬黑 T 作指示剂，用 EDTA 标准溶液直接滴定 Ca^{2+}、

Mg^{2+} 总量。为提高配合选择性，在 pH=10 时加入三乙醇胺，掩蔽 Fe^{3+}、Al^{3+} 等，以排除对 Ca^{2+}、Mg^{2+} 测定结果的干扰以及对指示剂的封闭作用。

三、试剂与器材

试剂：HCl（6mol·L^{-1}）、铬黑 T 指示剂、三乙醇胺水溶液（1∶2）、NH_3·H_2O-NH_4Cl 缓冲液（pH=10）、EDTA 标准溶液（0.01mol·L^{-1}）、鸡蛋壳。

器材：电子天平（0.1g）、分析天平（0.1mg）、烧杯、锥形瓶、移液管（25mL）、容量瓶（250mL）、洗瓶、酸式滴定管（50mL）、胶头滴管、玻璃棒、称量瓶（干燥）。

四、实验方法

1. 0.01mol·L^{-1}EDTA 标准溶液的配制与标定

配制 0.01mol·L^{-1}EDTA 标准溶液 500mL，并标定，参见实验二十。

2. 蛋壳预处理

先将蛋壳洗干净，加水煮沸 5～10min，去除蛋壳内表层的蛋白薄膜，然后将蛋壳置于烧杯中用小火烘烤干，稍冷，研成粉末，装入称量瓶，备用。

3. 自拟定蛋壳称量范围的试验方案

4. 钙、镁总量的测定

准确称取一定量的蛋壳粉于小烧杯中，加几滴水润湿，盖上表面皿，从烧杯嘴尖处小心滴加 6mol·L^{-1} HCl 溶液 4～5mL，微火加热至完全溶解（少量蛋白膜不溶），冷却，用少量水小心淋洗表面皿 3 次于小烧杯，将溶液定量转移至 250mL 容量瓶中，稀释至接近刻度线，若有泡沫，滴加 2～3 滴 95% 乙醇，泡沫消除后，继续滴加水至刻度，摇匀。

准确吸取上述试液 25mL 于 250mL 锥形瓶中，分别加去离子水 20mL、三乙醇胺 5mL，摇匀，再加 NH_3·H_2O-NH_4Cl 缓冲液 10mL，摇匀，加入少许铬黑 T 指示剂，溶液呈鲜亮的酒红色。用 EDTA 标准溶液滴定至溶液由酒红色恰变纯蓝色，即达终点。根据 EDTA 消耗的体积计算 Ca、Mg 总量，以 CaO 的质量分数表示。

五、实验结果及数据处理

合理设计表格，记录数据，计算 w_{CaO}，相对偏差应小于 0.2%。

六、实验注意事项

1. 确定蛋壳称量范围的方法是假设蛋壳中 CaO 含量为 50%，以消耗 20～30mL 0.01mol·L^{-1}EDTA 为基准，计算蛋壳粉的称量值 $m_{试}$。

2. 为尽可能除去蛋壳内表面的蛋白膜，可将已经过预处理的蛋壳粉用 80～100 目筛网过筛，然后准确称量。

3. 蛋壳的主要成分是 $CaCO_3$，加酸溶解蛋壳粉时会产生大量气泡，为防止粉末随泡沫外溢，应盖上表面皿，HCl 应逐滴加入。在定量转移前要用去离子水淋洗表面皿。

4. 在将蛋壳粉溶液定量转移及定量稀释之前，不要振摇溶液，加水时应沿容量瓶壁加入，否则将产生大量泡沫，影响准确定容。

5. 当蛋壳中检出微量的 Al^{3+}、Fe^{3+} 时，应加掩蔽剂三乙醇胺，防止它们封闭铬黑 T 指示剂。三乙醇胺要先在酸性溶液中加入，然后再加 NH_3·H_2O-NH_4Cl 缓冲液调节溶液至 pH＝10，若两者加入顺序颠倒，将产生 Al^{3+}、Fe^{3+} 水解，影响掩蔽效果。

七、思考题

1. 如何确定蛋壳粉末的称量范围？
2. 蛋壳粉溶解稀释时为何加 95％乙醇可以消除泡沫？
3. 试列出求钙镁总量的计算式（以 CaO 的质量分数表示）

Ⅱ 酸碱滴定法测定蛋壳中 Ca、Mg 总量

一、实验目的

1. 学习用酸碱滴定法测定蛋壳中 Ca、Mg 总量的原理和指示剂的选择。
2. 巩固滴定分析基本操作。

二、实验原理

蛋壳中的主要成分是碳酸钙，可以与盐酸（过量）发生如下反应：

$$CaCO_3 + 2H^+ = Ca^{2+} + CO_2\uparrow + H_2O$$

当加入定量并过量的盐酸后，$CaCO_3$ 与盐酸完全反应，多余的酸用 NaOH 标准溶液回滴，因此由盐酸加入的总量减去多余的盐酸量可以得到实际与 $CaCO_3$ 反应的盐酸量，由此可求得蛋壳中 $CaCO_3$ 的含量，以 CaO 的质量分数表示。

三、试剂与器材

试剂：浓盐酸（A.R.）、NaOH（A.R.）、甲基橙（0.1％）、邻苯二甲酸氢钾（基准物）、酚酞（0.5％的 90％乙醇溶液）、鸡蛋壳。

器材：电子天平（0.1g）、分析天平（0.1mg）、烧杯、锥形瓶、移液管（25mL）、容量瓶（250mL）、洗瓶、酸式滴定管（50mL）、胶头滴管、玻璃棒、称量瓶（干燥）。

四、实验方法

1. 溶液的配制及标定

配制 $0.2mol \cdot L^{-1}$ NaOH 标准溶液和 $0.2mol \cdot L^{-1}$ HCl 标准溶液各 500mL 并标定，参见实验十六和实验十七。

2. 蛋壳预处理

同Ⅰ 配位滴定法测定蛋壳中 Ca、Mg 含量。

3. 蛋壳中 Ca、Mg 总量的测定

准确称取经预处理的蛋壳粉约 0.12g（精确到 0.1mg）于锥形瓶内，用酸式滴定管逐滴加 HCl 标准溶液 40mL 左右（需精确计数），小火加热溶解。冷却，加甲基橙指示剂 1～2 滴，以 NaOH 标准溶液回滴至橙黄色，平行测定三次。

五、实验结果及数据处理

合理设计表格，记录数据，按下式计算 w_{CaO}（质量分数），相对偏差应小于 0.3％。

$$w_{CaO}=\frac{(c_{HCl}V_{HCl}-c_{NaOH}V_{NaOH})\times\frac{56.08}{2000}}{m_s}\times100\%$$

六、实验注意事项

1. 蛋壳预处理、蛋壳粉的称量范围确定、溶解参考本实验Ⅰ中实验注意事项。

2. 当用基准物 Na_2CO_3 标定 HCl 浓度时，为提高标定 HCl 浓度的准确度应注意两点：其一，用于溶解基准物 Na_2CO_3 的溶剂应是新煮沸除去 CO_2 并冷却的去离子水；其二，滴定终点的准确判断，参见实验十七的实验注意事项 2。

3. w_{CaO} 是表示 Ca 与 Mg 的总量。

七、思考题

1. 蛋壳称量值与标准 HCl 溶液的加入量如何估算？

2. 溶解蛋壳时应注意哪些问题？

3. 为什么说 w_{CaO} 是表示 Ca 和 Mg 的总量？

Ⅲ 氧化还原滴定法测定蛋壳中 Ca 的含量

一、实验目的

1. 学习间接氧化还原滴定法测定蛋壳中 Ca 的含量。

2. 巩固沉淀分离、过滤洗涤与滴定分析基本操作。

二、实验原理

利用蛋壳中的 Ca^{2+} 与草酸盐能形成难溶的草酸钙沉淀的性质，将 Ca^{2+} 与蛋壳中的其他组分分离，将经过处理的沉淀酸溶，再用高锰酸钾法测定 $C_2O_4^{2-}$ 的含量，进而换算出 CaO 的含量。主要反应如下：

$$Ca^{2+}+C_2O_4^{2-}\Longrightarrow CaC_2O_4\downarrow$$
$$CaC_2O_4+H_2SO_4\Longrightarrow CaSO_4+H_2C_2O_4$$
$$5H_2C_2O_4+2MnO_4^-+6H^+\Longrightarrow 2Mn^{2+}+10CO_2\uparrow+8H_2O$$

某些金属离子（Ba^{2+}、Sr^{2+}、Mg^{2+}、Pb^{2+}、Cd^{2+}）与 $C_2O_4^{2-}$ 能形成沉淀对测定 Ca^{2+} 有干扰。

三、试剂与器材

试剂：$KMnO_4$（$0.01mol\cdot L^{-1}$）、$(NH_4)_2C_2O_4$（5%）、$NH_3\cdot H_2O$（10%）、H_2SO_4（$1mol\cdot L^{-1}$）、HCl（1:1、浓）、甲基橙指示剂（0.2%）、$AgNO_3$（$0.1mol\cdot L^{-1}$）。

器材：电子天平（0.1g）、分析天平（0.1mg）、烧杯、锥形瓶、洗瓶、酸式滴定管（50mL）、胶头滴管、玻璃棒、称量瓶（干燥）。

四、实验方法

准确称取蛋壳粉三份（每份含钙约 0.025g），分别放入 250mL 烧杯中，加 1:1 HCl

3mL，加 H_2O 20mL，加热溶解，加入 5% $(NH_4)_2C_2O_4$ 溶液 50mL，若出现沉淀，滴加浓 HCl 至沉淀溶解，然后加热至 70～80℃，加入 2～3 滴甲基橙指示剂，溶液呈红色，再逐滴加入 10% 氨水，不断搅拌，至溶液呈黄色并有氨味逸出。溶液放置陈化（或在水浴上加热陈化 30min）。过滤，洗涤沉淀至无 Cl^-。将带有沉淀的滤纸铺在原进行沉淀的烧杯内壁上。用 50mL 1mol·L^{-1} H_2SO_4 将沉淀由滤纸洗入烧杯中，再用洗瓶吹洗 1～2次，加水稀释至溶液体积约为 100mL，加热至 70～80℃，用 $KMnO_4$ 标准溶液滴定至溶液至浅红色时把滤纸推入溶液中，继续滴加 $KMnO_4$ 至浅红色在 30s 内不消失为止。根据所消耗高锰酸钾标准溶液的量计算蛋壳中 Ca 的含量（以 CaO 的质量分数表示）。

五、实验结果及数据处理

合理设计表格，记录数据，计算 w_{CaO}，相对偏差应小于 0.3%。

六、实验注意事项

1. 蛋壳预处理、溶解参考本实验 I 中实验注意事项。确定蛋壳粉的称量范围时要按消耗 25mL 0.01mol·L^{-1} $KMnO_4$ 及在蛋壳中 $CaCO_3$ 的质量分数约为 0.9 估算，同时注意 Ca^{2+} 与 $KMnO_4$ 的化学计量关系（5：2，如何确定？）。

2. 0.01mol·L^{-1} $KMnO_4$ 标准溶液的间接配制与标定的实验注意事项参见实验二十二。

3. 当蛋壳中检出微量的 Al^{3+}、Fe^{3+} 时，在沉淀 CaC_2O_4 时可加柠檬酸铵配位进行掩蔽，以防止 Al^{3+}、Fe^{3+} 生成胶体和共沉淀。

4. 要使 CaC_2O_4 沉淀完全，MgC_2O_4 不沉淀，关键是调节溶液的 pH 值至 3.5～4.5。酸度过高，则 $C_2O_4^{2-}$ 浓度下降，使 CaC_2O_4 沉淀不完全；过低，则会产生 $Ca(OH)_2$ 或碱式草酸钙沉淀。

5. 在洗涤 CaC_2O_4 沉淀时，为减少 CaC_2O_4 沉淀损失，利用同离子效应，先用 0.1% $(NH_4)_2C_2O_4$ 溶液洗涤三次，再用去离子水洗涤，直至无 Cl^-。注意洗涤次数及洗涤液量不能太多。

6. 在滤纸上的 CaC_2O_4 沉淀经 H_2SO_4 溶解后，还有部分 $C_2O_4^{2-}$ 仍残留在滤纸上。需在接近终点时把滤纸推入溶液中，使 $C_2O_4^{2-}$ 被滴定完全。同时可忽略滤纸所消耗的 $KMnO_4$ 体积。

7. $KMnO_4$ 溶液呈紫红色，滴定管弯月面可能看不清，读数时可读液面的上缘。

七、思考题

1. 用 $(NH_4)_2C_2O_4$ 沉淀 Ca^{2+}，为什么要先在酸性溶液中加入沉淀剂，然后在 70～80℃时滴加氨水至甲基橙变黄色，使 CaC_2O_4 沉淀完全？

2. 为什么沉淀要洗至无 Cl^- 为止？

3. 如果将带有 CaC_2O_4 沉淀的滤纸一起投入烧杯，经 H_2SO_4 处理后再用 $KMnO_4$ 滴定，这样操作对结果有什么影响？

4. 试比较三种方法滴定蛋壳中 CaO 含量的优缺点？

实验三十八　茶叶中微量元素的鉴定与定量测定

一、实验目的

1. 学习实样定性、定量分析的预处理方法。
2. 掌握鉴定茶叶中某些微量元素的方法。
3. 掌握测定茶叶中钙、镁、铁含量的原理和方法。
4. 提高综合运用化学知识的能力。

二、实验原理

茶叶属植物类有机体，主要由 C、H、N 和 O 等元素组成，还含有微量金属元素 Fe、Al、Ca、Mg 等。实验要求定性鉴定茶叶中的 Fe、Al、Ca 和 Mg 等元素及测定 Fe、Ca、Mg 的含量。

先进行茶叶的预处理，即"干灰化"，将试样置于敞口的蒸发皿或坩埚中加热，把有机物经高温氧化分解而烧成灰烬。这一方法特别适合于生物和食品的预处理。灰化后，经酸溶解，即得分析测定用的试液。

定性鉴定茶叶中的铁、铝、钙、镁可由下列反应的现象来观察。

$$Fe^{3+} + nKSCN(饱和) = \left[Fe(SCN)_n\right]^{3-n}(血红色) + nK^+$$

$$Al^{3+} + 铝试剂 + OH^- = 红色絮状沉淀$$

$$Mg^{2+} + 镁试剂 + OH^- = 天蓝色沉淀$$

$$Ca^{2+} + C_2O_4^{2-} \xrightarrow{HAc 介质} CaC_2O_4(白色沉淀)$$

在铁、铝混合液中 Fe^{3+} 对 Al^{3+} 的鉴定有干扰。利用 Al^{3+} 的两性，加入过量的碱，使 Al^{3+} 转化为 AlO_2^- 留在溶液中，Fe^{3+} 则生成 $Fe(OH)_3$ 沉淀，经分离后消除干扰。

茶叶中钙、镁含量的测定，可采用配位滴定法。在 pH=10 的条件下，以铬黑 T 为指示剂，EDTA 为标准溶液，直接滴定可测得 Ca、Mg 总量。Fe^{3+}、Al^{3+} 的存在会干扰 Ca^{2+}、Mg^{2+} 的测定，分析时，可用三乙醇胺掩蔽 Fe^{3+}、Al^{3+}。

茶叶中铁含量较低，可用分光光度法测定。在 pH=2~9 的条件下，以盐酸羟胺为还原剂，邻菲啰啉为显色剂，在 $\lambda=510nm$ 波长处测定。

三、试剂与器材

试剂：HCl（6mol·L^{-1}）、HAc（2mol·L^{-1}）、(NH$_4$)$_2$C$_2$O$_4$（0.25mol·L^{-1}）、NaOH（6mol·L^{-1}）、KSCN（饱和溶液）、EDTA（0.01mol·L^{-1}自配并标定）、Fe 标准溶液（0.01mg·mL^{-1}）、铝试剂、镁试剂、三乙醇胺水溶液（25%）、NH$_3$·H$_2$O-NH$_4$Cl 缓冲液（pH=10）、铬黑 T（1%）、HAc-NaAc 缓冲溶液（pH=4.6）、邻菲啰啉水溶液（0.1%）、盐酸羟胺水溶液（1%）、NH$_3$·H$_2$O（6mol·L^{-1}）。

器材：研钵、中速定量滤纸、长颈漏斗、称量瓶、容量瓶（50mL）、吸量管（5mL、10mL）、3cm 比色皿、722s 型分光光度计及其他常用玻璃器皿。

四、实验方法

1. 茶叶的灰化和试液的制备

取在 100~105℃ 下烘干的茶叶研细，准确称取 7~8g 置于蒸发皿中，加热使茶叶完全灰化（在通风橱中进行），冷却后，加 6mol·L^{-1} HCl 10mL，搅拌溶解（可能有少量不溶物）。将溶液完全转移至 150mL 烧杯中，加水 20mL，再适量加入 6mol·L^{-1} NH$_3$·H$_2$O 调节溶液 pH 值为 6～7，使沉淀析出，并于沸水浴上加热 30min，常压过滤，滤液收集至 100mL 容量瓶中，稀释至刻度，摇匀，得 Ca^{2+}、Mg^{2+} 试液（1 号试液），待测。

另取 100mL 容量瓶一只于长颈漏斗之下，用 6mol·L^{-1} HCl 溶液重新溶解滤纸上的沉淀，并少量多次地洗涤滤纸。完毕后，稀释容量瓶中的滤液至刻度线，摇匀，贴上标签，标明为 Fe^{3+} 试液（2 号试液），待测。

2. Fe、Al、Ca、Mg 元素的鉴定

（1）倒出 1 号试液 1mL 于一洁净试管 A 中，然后从 A 试管中取试液 2 滴于点滴板上，加镁试剂 1 滴，再加 6mol·L^{-1} NaOH 碱化，观察现象，鉴定 Mg^{2+}。

（2）从 A 试管中取少量试液滴于另一试管中，加入 1～2 滴 2mol·L^{-1} HAc 酸化，再加 2 滴 0.25mol·L^{-1} (NH$_4$)$_2$C$_2$O$_4$，观察现象，鉴定 Ca^{2+}。

（3）倒出 2 号试液 1mL 于一洁净试管 B 中，然后从 B 试管中取试液 2 滴于点滴板上，加饱和 KSCN 1 滴，观察现象，鉴定 Fe^{3+}。

（4）在 B 试管剩余的 2 号试液中，加 6mol·L^{-1} NaOH 直至白色沉淀溶解为止，离心分离，取上层清液，加 6mol·L^{-1} HAc 酸化，加铝试剂 3～4 滴，放置片刻后，加 6mol·L^{-1} NH$_3$·H$_2$O 碱化，在水浴中加热，观察现象，鉴定 Al^{3+}。

3. 茶叶中 Ca、Mg 总量的测定

从 1 号容量瓶中准确吸取试液 25mL，置于 250mL 锥形瓶中，依次加入三乙醇胺 5mL、NH$_3$·H$_2$O-NH$_4$Cl 缓冲液 10mL，分别摇匀，最后加入铬黑 T 指示剂少许至溶液呈鲜亮的酒红色，用 0.01mol·L^{-1} EDTA 标准溶液滴定至溶液由酒红色恰变为纯蓝色，即达滴定终点。

4. 茶叶中 Fe 含量的测量

（1）标准溶液的配制

用吸量管分别吸取铁标准溶液 0mL、1.0mL、2.0mL、3.0mL、4.0mL、5.0mL、6.0mL 于 7 只 50mL 容量瓶中，分别加入 5mL 盐酸羟胺溶液，摇匀，再加入 5mL HAc-NaAc 缓冲溶液和 5mL 邻菲啰啉溶液，用去离子水稀释至刻度，摇匀。放置 10min。

（2）邻菲啰啉亚铁吸收曲线的绘制

参见实验三十七实验方法Ⅱ。

（3）标准曲线的绘制

参见实验三十七实验方法Ⅲ。

（4）茶叶中 Fe 含量测定

准确吸取 2 号试液 5mL 于 50mL 容量瓶中，加入同 4（1）的各种试剂，用水稀释至刻度，摇匀，放置 10min。以不加铁的空白溶液为参比溶液，在同一波长处测其吸光度。

五、实验结果及数据处理

1. 记录定性鉴定的结果。

2. 根据 EDTA 的消耗量，计算茶叶中 Ca、Mg 的总量，并以 MgO 的质量分数表示。

3. 以 50mL 溶液中铁含量为横坐标，相应的吸光度为纵坐标，绘制邻菲啰啉亚铁的标准曲线。并从标准曲线上求出未知液中 Fe 的含量，并换算出茶叶中 Fe 的含量，以

Fe_2O_3 的质量分数表示。

六、实验注意事项

1. 茶叶应尽量研磨细碎，利于灰化。

2. 灰化时应先小火加热至烟雾散尽，再强热灰化至灰白色，灰化过程必须在通风橱中进行，以防烟雾污染空气。

3. 灰化时，不能使茶叶着火燃烧，以防茶叶细小颗粒飞散而损失，一旦着火应盖上坩埚盖，关于滤纸的干燥及滤纸的炭化和灰化中相应的方法处理参见第2章2.12.3节。

4. 用酸溶解灰化产物可小火加热，加快酸溶速度。灰化应完全，若酸溶后仍有未灰化物，应定量过滤后重新灰化后再酸溶，然后一并进行后续处理。

5. 欲测定 Ca、Mg 的各自含量，可先按实验三十七测定茶叶中 Ca、Mg 的总量，再另取试液，调节溶液的 pH＞12.5，使镁生成氢氧化物沉淀后，用 EDTA 滴定，以钙指示剂指示终点，得茶叶中钙的含量，并用差减法得镁的含量。若茶叶中 Ca、Mg 含量较低，可用半微量的 10mL 滴定管进行测定。

6. 分光光度计测定 Fe 含量，吸取的试样量与茶叶中的 Fe 含量多少有关，一般以试样的吸光度数值所对应的 Fe 标样在 3～5mL 为依据。

7. 分光光度法测铁的实验注意事项参见实验三十一的实验注意事项。

七、思考题

1. 如何选择茶叶灰化的温度？

2. 测定 Ca^{2+}、Mg^{2+} 含量时加入三乙醇胺的作用是什么？

3. 分光光度法测得的铁含量是否为茶叶中亚铁含量，为什么？

4. 在本实验中如何确定邻菲啰啉显色剂的用量？

5. 为什么 pH＝6～7 时，能将 Fe^{3+}、Al^{3+} 与 Ca^{2+}、Mg^{2+} 分离完全。

4.2 化合物的制备和测试

实验三十九　由工业氧化铜制备五水硫酸铜及其组成测定

I　$CuSO_4 \cdot 5H_2O$ 的制备

一、实验目的

1. 掌握用工业 CuO 制备 $CuSO_4 \cdot 5H_2O$ 的原理和方法。

2. 掌握利用氧化还原、水解反应等化学原理控制溶液的 pH 值去除杂质离子的方法。

3. 巩固无机制备基本操作。

4. 掌握碘量法测铜的原理和方法。

二、实验原理

五水合硫酸铜俗称蓝矾、胆矾或铜矾，溶于水和氨水，可用作纺织品的媒染剂、农业杀虫剂、水的杀菌剂等。本实验是以工业 CuO 为原料。工业 CuO 是工业废铜、废电线及废铜合金高温焙烧而成，混有不少杂质，主要是铁的氧化物如 Fe_2O_3 及泥沙，因此制备过程一般需经过溶解、除杂与结晶才能制得硫酸铜。

溶解的过程是在 CuO 中加入硫酸，使 CuO 溶解，同时制得粗硫酸铜，化学反应为：

$$CuO + H_2SO_4 \Longrightarrow CuSO_4 + H_2O$$

铁的氧化物等杂质也生成可溶性硫酸盐。

除杂的过程包括除去泥沙等不溶性杂质和铁的硫酸盐等可溶性杂质。酸溶后的粗硫酸铜溶液经过滤可除去不溶性杂质。在粗硫酸铜溶液中存在的 Fe^{2+}、Fe^{3+} 等可溶性杂质，通过氧化水解的方法除去，即用氧化剂 H_2O_2 将 Fe^{2+} 氧化成 Fe^{3+}，然后调节溶液的 pH 值至 3.5～4.0，使 Fe^{3+} 水解成为 $Fe(OH)_3$ 沉淀而除去。反应如下：

$$2Fe^{2+} + H_2O_2 + 2H^+ \Longrightarrow 2Fe^{3+} + 2H_2O$$

$$Fe^{3+} + 3H_2O \Longrightarrow Fe(OH)_3 \downarrow + 3H^+$$

其他微量杂质可在硫酸铜结晶时留在母液中而除去。

三、试剂与器材

试剂：CuO（工业级）、H_2SO_4（1mol·L^{-1}、3mol·L^{-1}）、HCl（2mol·L^{-1}）、$NH_3·H_2O$（2mol·L^{-1}、6mol·L^{-1}）、KSCN（1mol·L^{-1}）、H_2O_2（3%）。

器材：电子天平（0.1g）、布氏漏斗、吸滤瓶等。

四、实验方法

1. 粗制硫酸铜

称取 4g CuO（工业级），放在小烧杯中，加入 17～18mL 3mol·L^{-1} H_2SO_4，小火加热 5min 后，加入 20mL H_2O，继续加热 20min，保持溶液体积在 50mL 左右。趁热抽滤，将滤液转入蒸发皿中，小火加热，蒸发浓缩至表面出现晶膜，冷却结晶，抽滤，将晶体吸干，称重，保存作精制用。

2. 精制硫酸铜

在粗硫酸铜中加入 40mL 去离子水，加热溶解，冷却，滴加 3mL 3% H_2O_2，同时在不断搅拌下滴加 2mol·L^{-1} $NH_3·H_2O$，至溶液的 pH 值为 3.5～4.0，再加热 10min，趁热抽滤，滤液转入蒸发皿中，用 1mol·L^{-1} H_2SO_4 酸化，调节 pH 值至 1～2，然后加热，蒸发浓缩至表面出现晶膜，冷却结晶，抽滤，即可得到精制 $CuSO_4·5H_2O$，称重，计算产率。

3. 硫酸铜纯度的检验

称取 1g 精制的硫酸铜晶体，用 10mL 去离子水溶解，加入 1mL 1mol·L^{-1} H_2SO_4 酸化，然后加入 2mL 3% H_2O_2，搅拌，煮沸赶去多余的 H_2O_2，待溶液冷却后，在搅拌下逐滴加入 6mol·L^{-1} 氨水，最初生成浅蓝色的 $Cu_2(OH)_2SO_4$ 沉淀，继续加入 6mol·L^{-1} 氨水直至沉淀全部溶解，溶液呈深蓝色，此时 Fe^{3+} 水解成为 $Fe(OH)_3$ 沉淀，而 Cu^{2+} 则成

为配离子 $[Cu(NH_3)_4]^{2+}$。常压过滤，并用 $6mol \cdot L^{-1}$ 氨水洗涤滤纸，直至蓝色洗去，此时红棕色 $Fe(OH)_3$ 沉淀留在滤纸上。用滴管将 $3mL$ $2mol \cdot L^{-1}$ HCl 滴加在滤纸上，以溶解 $Fe(OH)_3$ 沉淀。将滤液接入 $25mL$ 比色管中，滴入 2 滴 $1mol \cdot L^{-1}$ KSCN，再加去离子水至 $25mL$ 刻度线，摇匀，观察溶液的颜色。

$$Fe^{3+} + nSCN^- =\!=\!= [Fe(SCN)_n]^{3-n} \quad (血红色)(n = 1 \sim 6)$$

用目视比色法与 Fe^{3+} 的标准溶液进行比较，评定产品的级别。

Fe^{3+} 标准溶液的配制：依次量取 Fe^{3+} 含量为 $0.01mg \cdot mL^{-1}$ 的溶液 $0.50mL$、$1.00mL$、$2.00mL$，分别置于三个 $25mL$ 比色管中，并各加入 $1.0mL$ $3mol \cdot L^{-1}$ H_2SO_4 和 2 滴 $1mol \cdot L^{-1}$ KSCN，最后用去离子水稀释至刻度，摇匀，配成如下表所示的不同等级的标准溶液。

不同等级 $CuSO_4 \cdot 5H_2O$ 中 Fe^{3+} 的含量

规格	Ⅰ级	Ⅱ级	Ⅲ级
Fe^{3+} 含量/mg	0.005	0.01	0.02

五、实验结果及数据处理

1. 记录原料、粗制及精制 $CuSO_4 \cdot 5H_2O$ 的质量，产品颜色。
2. 计算 $CuSO_4 \cdot 5H_2O$ 的产率。
3. 确定产品的等级。

六、实验注意事项

1. 粗制硫酸铜

(1) 加硫酸酸解时，应边加热边搅拌。

(2) 在加热 5min 以后再加水，并注意不断地补充水，要使溶液的体积维持在 $40 \sim 50mL$ 之间，以防硫酸铜结晶，并通过搅拌防止飞溅。

(3) 抽滤时，应用双层滤纸，以防杂质穿透滤纸进入硫酸铜的溶液。

(4) 浓缩时，须小火加热，适当搅拌，以防止飞溅。

(5) 因 $CuSO_4 \cdot 5H_2O$ 的溶解度在室温时较小且随温度变化较大，故只要浓缩到出现晶膜即可。

2. 精制硫酸铜

(1) 滴加双氧水时，先将溶液冷却到室温。因为双氧水不稳定，受热易分解，多余的双氧水可通过加热除去。

(2) 控制 pH＝3.5～4.0，是为了使 Fe^{3+} 形成 $Fe(OH)_3$ 沉淀，又不使 Cu^{2+} 沉淀。

(3) 蒸发浓缩时，应控制 pH＝1～2，如果 pH 值太高，$CuSO_4$ 易水解生成 $Cu(OH)_2$ 或生成 $Cu_2(OH)_2SO_4$，使产品呈现绿色。

(4) 浓缩结晶时，禁用大火，以防蒸干。否则产品失水，晶体呈现白色。

3. 硫酸铜纯度的检验

(1) 加双氧水的目的是使 Fe^{2+} 转化为 Fe^{3+}。

(2) 多余的双氧水要煮沸赶净。

(3) 用目视比色法测定时，目光自上而下透过溶液观察。

七、思考题

1. 设计一实验，由 Cu 制备 $CuSO_4 \cdot 5H_2O$，要求产率高，纯度高，"三废"少。

2. 硫酸铜中杂质 Fe^{2+} 为什么要氧化为 Fe^{3+} 后再除去？除去 Fe^{3+} 时，为什么要调节溶液的 pH 值在 3.5～4.0？pH 值太大或太小有什么影响？

3. $KMnO_4$、$K_2Cr_2O_7$、Br_2、H_2O_2，你认为选用哪一种氧化剂氧化 Fe^{2+} 较为合适，为什么？

4. 调节溶液的 pH 值为什么常选用稀酸、稀碱，而不用浓酸、浓碱？

5. 精制后的硫酸铜为什么要滴稀硫酸调节 pH 值至 1～2，然后再加热蒸发？

Ⅱ 硫酸铜中铜含量的测定

一、实验目的

1. 掌握间接碘量法测定铜含量的原理和方法。
2. 掌握 $Na_2S_2O_3$ 标准溶液的配制与标定。

二、实验原理

硫酸铜中铜含量的测定采用间接碘量法，即 Cu^{2+} 在酸性溶液中与过量 KI 反应：
$$2Cu^{2+} + 4I^- =\!=\!= 2CuI \downarrow + I_2$$
形成 CuI 沉淀并生成与铜有确定化学计量关系的 I_2。然后以淀粉为指示剂，用硫代硫酸钠标准溶液滴定析出的 I_2，由此可以间接计算铜含量。

由于滴定过程中存在 CuI 沉淀，沉淀表面容易吸附 I_2，造成终点变色不敏锐，会使测定结果偏低，故在终点到达之前加入 KSCN，发生沉淀的转化反应：
$$CuI + SCN^- =\!=\!= CuSCN + I^-$$

生成溶度积更小的 CuSCN 沉淀，使 CuI 沉淀表面吸附的碘释放出来，促使滴定反应趋于完全，同时释放出 I^-，减少了 KI 的用量。

三、试剂与器材

试剂：$Na_2S_2O_3$（A.R.）、$KBrO_3$（基准试剂）、Na_2CO_3（s）、H_2SO_4（$1mol \cdot L^{-1}$）、KI（20%）、KSCN（10%）、淀粉溶液（0.2%）。

器材：分析天平（0.1mg）、酸式滴定管（50mL）、移液管（25mL）、容量瓶（250mL）、碘量瓶（250mL）。

四、实验方法

1. $0.1mol \cdot L^{-1}$ 硫代硫酸钠标准溶液的配制和标定

配制 $0.1mol \cdot L^{-1}$ 硫代硫酸钠标准溶液 500mL，并标定，参见实验二十四。

2. 硫酸铜中铜含量的测定

准确称取硫酸铜试样于 250mL 锥形瓶中，加 $1mol \cdot L^{-1}$ H_2SO_4 5mL 和水 100mL，使之溶解。加入 20% KI 5mL，立即用 $Na_2S_2O_3$ 标准溶液滴定至淡黄色，然后加入 0.2% 淀粉溶液 5mL，继续滴定至浅蓝色，再加入 10% KSCN 溶液 10mL，振摇 15s，溶液又转为深蓝色，继续用 $Na_2S_2O_3$ 标准溶液滴定至蓝色恰好消失，即为终点，此时溶液呈米色悬浮液。计算试样中铜的含量。

五、实验结果及数据处理

1. 列表记录滴定消耗的 $Na_2S_2O_3$ 标准溶液的体积，计算 $Na_2S_2O_3$ 的浓度。
2. 根据 $Na_2S_2O_3$ 标准溶液的浓度及滴定消耗的体积，计算硫酸铜中铜含量。

六、实验注意事项

1. $Na_2S_2O_3$ 标准溶液的配制与标定及其实验注意事项参见实验二十四。

2. 测定时滴定体系应为弱酸性。若溶液酸度太高，I^- 易被空气中的氧气氧化；若溶液酸度太低，Cu^{2+} 易发生水解。

3. 开始滴定时，由于 I_2 的浓度很高，为防止 I_2 挥发，不要剧烈摇动溶液，但要快速滴定，即轻摇快滴。

4. 淀粉指示剂应在近终点时（即溶液呈淡黄色）加入，若淀粉过早加入，大量 I_2 与其形成复合物，使 $Na_2S_2O_3$ 不能与 I_2 充分反应，影响终点的正确判断。在近终点时加入淀粉后，$Na_2S_2O_3$ 标准溶液应逐滴加入，并充分旋摇溶液，滴至溶液呈淡蓝色时，加入 KSCN。

5. KSCN 不能在滴定开始时加。因为当 Cu^{2+} 大量存在时将发生下列反应：

$$Cu^{2+} + 2SCN^- \Longrightarrow Cu(SCN)_2$$
$$2Cu(SCN)_2 \Longrightarrow Cu_2(SCN)_2 \downarrow + (SCN)_2$$

消耗 Cu^{2+} 使结果偏高。

七、思考题

1. 溶解硫酸铜时，为什么要加入硫酸，可否用盐酸或硝酸替代？
2. 已知 $E^{\ominus}_{Cu^{2+}/Cu^+} = 0.158V$，$E^{\ominus}_{I_2/I^-} = 0.535V$，为什么本实验中 Cu^{2+} 却能使 I^- 氧化为 I_2？
3. 实验中酸度过高或过低对测定结果有何影响？
4. 为什么要加入 KSCN？如果在酸化后立即加入 KSCN 溶液，会产生什么后果？

实验四十　三草酸合铁（Ⅲ）酸钾的制备及其组成测定t

Ⅰ　三草酸合铁（Ⅲ）酸钾的制备

一、实验目的

1. 掌握制备 $K_3Fe[(C_2O_4)_3] \cdot 3H_2O$ 的基本原理和方法。
2. 进一步掌握溶解、加热、沉淀、过滤等基本操作。

二、实验原理

三草酸合铁（Ⅲ）酸钾，即 $K_3Fe[(C_2O_4)_3] \cdot 3H_2O$，为绿色单斜晶体，溶于水，难

溶于乙醇。110℃下失去三分子结晶水而成为 $K_3Fe[(C_2O_4)_3]$，230℃时分解。该配合物对光敏感，光照下即发生分解。

三草酸合铁（Ⅲ）酸钾是制备负载型活性铁催化剂的主要原料，也是一些有机反应很好的催化剂，因而具有工业生产价值。

制备三草酸合铁（Ⅲ）酸钾的工艺路线有多种。例如：以铁为原料制得硫酸亚铁铵，加草酸钾制得草酸亚铁后经氧化制得三草酸合铁（Ⅲ）酸钾；以硫酸亚铁为原料，加草酸钾制得草酸亚铁后经氧化制得三草酸合铁（Ⅲ）酸钾；或以三氯化铁或硫酸铁为原料，与草酸钾直接制备三草酸合铁（Ⅲ）酸钾等。

本实验采用第二种方法，以硫酸亚铁为原料，与草酸在酸性溶液中先制得草酸亚铁沉淀，然后再用草酸亚铁在草酸钾和草酸的存在下，以过氧化氢为氧化剂，得到三草酸合铁（Ⅲ）酸钾配合物。主要反应如下：

$$FeSO_4 + H_2C_2O_4 + 2H_2O \longrightarrow FeC_2O_4 \cdot 2H_2O \downarrow (黄色) + H_2SO_4$$
$$2FeC_2O_4 \cdot 2H_2O + H_2O_2 + 3K_2C_2O_4 + H_2C_2O_4 \longrightarrow 2K_3[Fe(C_2O_4)_3] \cdot 3H_2O$$

三、试剂与器材

试剂：$FeSO_4 \cdot 7H_2O(s)$、H_2SO_4（$1mol \cdot L^{-1}$）、$H_2C_2O_4$（$1mol \cdot L^{-1}$）、$K_2C_2O_4$（饱和）、H_2O_2（3%）。

器材：电子天平（0.1g）、布氏漏斗、吸滤瓶、干燥器、称量瓶等。

四、实验方法

称取 4.0g $FeSO_4 \cdot 7H_2O$ 晶体于 150mL 烧杯中，加入 $1mol \cdot L^{-1} H_2SO_4$ 1mL，加去离子水 15mL，加热使其溶解。然后加入 $1mol \cdot L^{-1} H_2C_2O_4$ 20mL，搅拌并加热煮沸，形成 $FeC_2O_4 \cdot 2H_2O$ 黄色沉淀，冷却，静置沉降后用倾析法弃去上层清液，洗涤该沉淀 3 次，每次使用少量去离子水。

在盛有黄色晶体 $FeC_2O_4 \cdot 2H_2O$ 的烧杯中，加入饱和 $K_2C_2O_4$ 溶液 10mL，水浴加热至 40℃ 左右，边搅拌边滴加 3% H_2O_2 溶液 20mL，当 Fe^{2+} 充分氧化为 Fe^{3+} 后，此时沉淀转化为红棕色，加热溶液至沸，分解过量的 H_2O_2。在近沸状态下，先加入 $1mol \cdot L^{-1}$ $H_2C_2O_4$ 6mL，然后在小火加热状态下，边搅拌边滴加 $1mol \cdot L^{-1} H_2C_2O_4$ 适量（1～2mL），使沉淀溶解，溶液的 pH 值为 3.5～4，此时溶液呈翠绿色。加热浓缩至溶液体积为 25～30mL，冷却，即有翠绿色三草酸合铁（Ⅲ）酸钾晶体析出。抽滤，称量，计算产率。并将晶体置于称量瓶中，放入干燥器内避光保存。

若 $K_3[Fe(C_2O_4)_3]$ 溶液未达饱和，冷却时不析出晶体，可以继续加热浓缩或加 95% 乙醇 5mL，即可析出晶体。

五、实验结果及数据处理

1. 记录原料和三草酸合铁（Ⅲ）酸钾的质量，并评价其表观质量。
2. 计算三草酸合铁（Ⅲ）酸钾的理论产量和实际产率。

六、实验注意事项

1. 要使 $FeC_2O_4 \cdot 2H_2O$ 被 H_2O_2 充分氧化，反应温度应维持在 40℃ 左右，要边搅

拌边滴加 H_2O_2 至黄色沉淀全部转为红棕色沉淀。然后将溶液加热至沸，分解过量的 H_2O_2，以防后续加入的 $H_2C_2O_4$ 被氧化。

2. 在加入 $H_2C_2O_4$ 配合的过程中，溶液应保持近沸，同时分两次加入 $H_2C_2O_4$，先加入 6～7mL，其余 $H_2C_2O_4$ 应逐滴加入，并不断进行搅拌至沉淀完全溶解，pH≈3.5，溶液呈翠绿色。

3. 若加入 $H_2C_2O_4$ 配合时，溶液呈黄绿色，说明黄色的 Fe^{3+} 与翠绿色配离子共存，此时若 pH 值偏高，应继续滴加 $H_2C_2O_4$；若 pH 值偏低，可滴加 $K_2C_2O_4$ 调节。但要避免反复使用 $H_2C_2O_4$ 与 $K_2C_2O_4$ 调节溶液的 pH 值。因为 $H_2C_2O_4$ 和 $K_2C_2O_4$ 的溶解度都不大，当 $C_2O_4^{2+}$ 大大过量时，结晶时就与三草酸合铁（Ⅲ）酸钾晶体同时析出，影响产品的纯度。

4. 若加入 $H_2C_2O_4$ 配合时，溶液呈黄色浑浊，可能还有少量的 $FeC_2O_4 \cdot 2H_2O$ 未氧化，此时可补加 H_2O_2，进一步氧化 $Fe(Ⅱ)$，使沉淀完全溶解。

5. 将 $K_3[Fe(C_2O_4)_3] \cdot 3H_2O$ 晶体放入称量瓶中，然后交给教师统一保存在干燥器内，注意避光。

6. 加热有沉淀的溶液时，切记必须搅拌，防止暴沸。戴好防护眼镜和手套。

七、思考题

1. 试比较讨论三种制备三草酸合铁（Ⅲ）酸钾的工艺路线的优缺点。

2. 如何提高产品的质量与产量。

3. 在制备的最后一步能否用蒸干溶液的办法来提高产量？为什么？

4. 根据 $K_3[Fe(C_2O_4)_3] \cdot 3H_2O$ 的性质，应如何保存该化合物？

Ⅱ 三草酸合铁（Ⅲ）酸钾配离子组成测定

一、实验目的

1. 掌握用高锰酸钾法测定 $C_2O_4^{2-}$ 和 Fe^{3+} 的原理和方法。

2. 掌握高锰酸钾法滴定的条件。

3. 巩固滴定分析的基本操作。

二、实验原理

三草酸合铁（Ⅲ）酸钾配离子的组成测定采用氧化还原滴定法。在酸性溶液中，用 $KMnO_4$ 标准溶液直接滴定 $C_2O_4^{2-}$，滴定反应如下：

$$5C_2O_4^{2-} + 2MnO_4^- + 16H^+ =\!=\!= 10CO_2 \uparrow + 2Mn^{2+} + 8H_2O$$

测铁时，要先做预处理，将 Fe^{3+} 全部还原为 Fe^{2+}，实验中用 $SnCl_2$-$TiCl_3$ 联合还原法，先用 $SnCl_2$ 将大部分 Fe^{3+} 还原，然后用 Na_2WO_4 作指示剂，用 $TiCl_3$ 将剩余的 Fe^{3+} 还原为 Fe^{2+}，反应如下：

$$2Fe^{3+} + Sn^{2+} =\!=\!= 2Fe^{2+} + Sn^{4+}$$

$$Fe^{3+} + Ti^{3+} + H_2O =\!=\!= Fe^{2+} + TiO^{2+} + 2H^+$$

Fe^{3+} 定量还原为 Fe^{2+} 后，过量一滴 $TiCl_3$ 溶液即可使无色 Na_2WO_4 还原为"钨蓝"（钨的五价化合物），同时过量的 Ti^{3+} 被氧化为 TiO^{2+}。为进一步消除"钨蓝"的蓝色，

加入微量 Cu^{2+} 作催化剂，利用水中的溶解氧作氧化剂再将"钨蓝"氧化，使蓝色消失，此时可用 $KMnO_4$ 标准溶液滴定 Fe^{2+}，反应如下：

$$MnO_4^- + 5Fe^{2+} + 8H^+ \Longrightarrow Mn^{2+} + 5Fe^{3+} + 4H_2O$$

为了避免 Cl^- 存在下发生诱导反应，避免 Fe^{3+} 生成产生的黄色对终点颜色判断的影响，在滴定中需加入由一定量的 $MnSO_4$、H_3PO_4 和浓 H_2SO_4 组成的 $MnSO_4$ 滴定液，其中 $MnSO_4$ 可抑制 Cl^- 对 MnO_4^- 的还原作用，H_3PO_4 可将滴定过程中产生的 Fe^{3+} 配位掩蔽生成无色的 $[Fe(PO_4)_2]^{3-}$ 配阴离子，从而消除 Fe^{3+} 对滴定终点颜色的干扰。

上述预处理后，用 $KMnO_4$ 标准溶液滴定的实际是 Fe^{2+} 和 $C_2O_4^{2-}$ 的总量，根据同条件下单独滴定 $C_2O_4^{2-}$ 所测得的 $C_2O_4^{2-}$ 含量，可计算得到 Fe^{3+} 的含量，并由 Fe^{3+} 和 $C_2O_4^{2-}$ 的含量可计算配位比。

三、试剂与器材

试剂：$Na_2C_2O_4$（基准）、$KMnO_4$（s）、HCl（6mol·L^{-1}）、H_2SO_4（3mol·L^{-1}）、$SnCl_2$（15%）、$TiCl_3$（6%）、Na_2WO_4（2.5%）、$CuSO_4$（0.4%）、$MnSO_4$ 滴定液（称取 45g $MnSO_4$ 溶于 500mL 水中，缓慢加入浓 H_2SO_4 130mL，再加入 H_3PO_4（85%）300mL，稀释到 1L）。

器材：分析天平（0.1mg）、微孔玻璃漏斗、酸式滴定管（50mL）、移液管、容量瓶（250mL）。

四、实验方法

1. 0.01mol·L^{-1} 高锰酸钾标准溶液的配制与标定

配制 0.01mol·L^{-1} 高锰酸钾标准溶液 500mL，并标定，参见实验二十二。

2. 三草酸合铁（Ⅲ）酸钾组成测定

称取已干燥的三草酸合铁（Ⅲ）酸钾 1~1.5g 于 150mL 小烧杯中，加 H_2O 溶解，定量转移到 250mL 容量瓶中，稀释至刻度，摇匀，待测。

（1）$C_2O_4^{2-}$ 测定

从容量瓶中准确吸取 25.00mL 的试液于锥形瓶中，加入 $MnSO_4$ 滴定液 5mL 及 1mol·L^{-1} H_2SO_4 5mL，加热至 75~80℃（即瓶口冒热气），用已标定的 $KMnO_4$ 标准溶液滴定至淡粉红色并保持 30s 内不褪色，即达终点。记录消耗 $KMnO_4$ 的体积 V_1，平行测定三次，求得 $\overline{V}_1$，计算 $C_2O_4^{2-}$ 的质量分数。

（2）Fe^{3+} 的测定

从容量瓶中准确吸取 25.00mL 试液于锥形瓶中，加入 6mol·L^{-1} HCl 10mL，加热至 70~80℃，溶液转至深黄色，趁热滴加 15% $SnCl_2$ 至淡黄色，此时大部分 Fe^{3+} 已被还原为 Fe^{2+}，再加入 2.5% Na_2WO_4 1mL，滴加 6% $TiCl_3$ 至溶液出现蓝色，再过量一滴，保证溶液中 Fe^{3+} 完全被还原。加入 0.4% $CuSO_4$ 溶液 2 滴，加 H_2O 20mL，冷却振荡，直至蓝色褪去，然后加入 $MnSO_4$ 滴定液 10mL，用 $KMnO_4$ 滴定约 4mL 后，加热溶液至 75~80℃，再继续滴定至溶液呈微红色并保持 30s 内不褪色，即达终点，记录消耗 $KMnO_4$ 的体积 V_2，平行测定三次，求得 $\overline{V}_2$，计算 Fe^{3+} 和 $C_2O_4^{2-}$ 的总量，再由差减法（$\overline{V}_2 - \overline{V}_1$）计算 Fe^{3+} 的质量分数。

五、实验结果及数据处理

1. 列表记录滴定中消耗的 $KMnO_4$ 标准溶液的体积，计算 $KMnO_4$ 标准溶液的浓度。

2. 列表记录滴定中消耗的 $KMnO_4$ 标准溶液的体积，并根据 $KMnO_4$ 标准溶液的浓度，计算三草酸合铁(Ⅲ)酸钾中 Fe^{3+} 与 $C_2O_4^{2-}$ 的质量分数，并确定 Fe^{3+} 与 $C_2O_4^{2-}$ 的配合比。

六、实验注意事项

1. 用 $KMnO_4$ 法测定三草酸合铁(Ⅲ)酸钾中的 $C_2O_4^{2-}$ 时，必须加入 $MnSO_4$ 滴定液，$MnSO_4$ 滴定液由 $MnSO_4$、H_3PO_4 和 H_2SO_4 组成。其中 $MnSO_4$ 起催化作用，并抑制 MnO_4^- 与 Cl^- 的诱导反应。H_3PO_4 与 Fe^{3+} 发生掩蔽反应，生成无色的 $[Fe(PO_4)_2]^{3-}$，去除 Fe^{3+} 的黄色对滴定终点颜色判断的干扰。H_2SO_4 控制溶液的酸度。

2. 用 $KMnO_4$ 法测定三草酸合铁(Ⅲ)酸钾中的 Fe^{3+} 时，必须将 Fe^{3+} 还原为 Fe^{2+}，还原过程中，加入 $SnCl_2$ 时应在热溶液中边旋摇试液边逐滴加入至试液呈淡黄色，若试液转为无色了，则表示 $SnCl_2$ 加过量了，此时可滴加少量 $KMnO_4$ 溶液使试液回到淡黄色（消耗的 $KMnO_4$ 体积不必计量），再加 $TiCl_3$ 继续还原 Fe^{3+} 至全部转化为 Fe^{2+}。$TiCl_3$ 尽量少加，加多了易发生水解生成白色沉淀，影响终点判断。故 $TiCl_3$ 不能全部替代 $SnCl_2$。

3. 为了防止被还原的 Fe^{2+} 在空气中氧化，应还原（预处理）一份试样，滴定一份。

4. $KMnO_4$ 滴定 Fe^{2+} 或 $C_2O_4^{2-}$ 时，滴定速度不能太快，应等滴入溶液的 $KMnO_4$ 褪色后再滴加（原因请参见 $KMnO_4$ 标准溶液的配制与标定中的实验注意事项）。

5. 在滴定过程中，若 $KMnO_4$ 溶液被溅在或留靠在锥形瓶内壁上，则应立即用去离子水将其吹洗下来，否则 $KMnO_4$ 溶液在空气中分解产生 MnO_2，影响滴定结果。

6. $KMnO_4$ 为强氧化剂，具有腐蚀性，实验时戴上防护眼镜和防护手套。废液倒入废液桶中回收处理，切不可倒入下水道中。

七、思考题

1. 为什么还原试样中的 Fe^{3+} 要用 $SnCl_2$、$TiCl_3$ 两个还原剂？单独用其中一种还原剂有何不好？

2. $MnSO_4$ 滴定液的组成和作用是什么？如果滴定至终点时溶液呈橙色而非粉红色可能是什么原因？

Ⅲ 三草酸合铁(Ⅲ)酸钾配离子电荷数的测定

一、实验目的

1. 学习配离子电荷数测定的原理与方法。
2. 学习离子交换的原理与实验技术。
3. 学习直接电位法测定氯离子的原理与方法。

二、实验原理

三草酸合铁（Ⅲ）酸钾配离子的电荷数可借助离子交换法进行测定。离子交换是指离子交换剂与溶液中某些离子发生交换的过程。离子交换树脂是人工合成的具有网状结构的高分子化合物。本实验所用的氯型阴离子交换树脂（以 RN^+Cl^- 表示），其网状结构上的 Cl^- 可与溶液中其他阴离子发生交换。当三草酸合铁（Ⅲ）酸钾溶液通过氯型阴离子交换柱时，三草酸合铁（Ⅲ）酸钾中的配阴离子 X^{z-} 被交换到树脂上，而树脂上的 Cl^- 就进入到流出液中，交换反应为：

$$zRN^+Cl^- + X^{z-} = (RN^+)_z X + zCl^-$$

收集交换出来的含 Cl^- 试液，测定 Cl^- 的含量，即可计算确定三草酸合铁（Ⅲ）酸钾配阴离子的电荷数 z：

$$z = \frac{n_{Cl^-}}{n_{配合物}}$$

测定 Cl^- 的含量采用直接电位法，以氯离子选择性电极为指示电极，双液接甘汞电极为参比电极，插入试液中组成工作电池，测定 Cl^- 的含量。当氯离子活度在 $1\sim10^{-4}\,mol\cdot L^{-1}$ 范围内，在一定条件下，电池的电动势 E 与溶液中氯离子活度 a_{Cl^-} 的对数值呈线性关系：

$$E = K - \frac{2.303RT}{nF}\lg a_{Cl^-}$$

测定时往往需要的是浓度（c_{Cl^-}），根据 $a_{Cl^-} = c_{Cl^-}\gamma_{Cl^-}$ 的关系，可在标准溶液和被测溶液中加入总离子强度调节缓冲液（TISAB），使溶液的离子强度固定，从而使活度系数 γ_{Cl^-} 为一常数，可并入 K 项以 K' 表示，则上式变为：

$$E = K' - \frac{2.303RT}{nF}\lg c_{Cl^-} = K' + \frac{2.303RT}{nF}pCl$$

即电池电动势与被测离子浓度的对数值呈线性关系。

一般的离子选择性电极都有其特定的 pH 值使用范围，氯离子选择性电极的最佳使用范围是 pH＝2～7，此 pH 值范围由加入的 TISAB 来控制。

三、试剂与器材

试剂：NaCl（1mol·L⁻¹）、氯标准溶液（1mol·L⁻¹）、氯型阴离子交换树脂。离子强度调节缓冲液（TISAB）：1mol·L⁻¹ NaNO₃ 溶液滴加 HNO₃ 调节到 pH＝2～3。

器材：分析天平（0.1mg）、pHS-3C 型酸度计、电磁搅拌器、氯离子选择性电极、双液接甘汞电极（内盐桥为饱和氯化钾溶液；外盐桥为 0.1mol·L⁻¹ KNO₃ 溶液）、离子交换柱（ϕ10～12mm，长 25～30cm 玻璃管）、移液管（10mL）、吸量管（10mL）、容量瓶（100mL）。

四、实验方法

1. 离子交换

（1）装柱

在交换柱底部填入少量玻璃棉，安装上螺旋夹，将 8mL 左右的氯型阴离子交换树脂和水的混合物注入交换柱内，用塑料通条将树脂间的气泡赶出，并保持液面略高于树脂层，防止树脂干涸产生缝隙和气泡。

(2) 洗涤

用去离子水淋洗树脂直至流出液中不含 Cl^- 为止，用螺旋夹夹紧交换柱的出口胶管，在洗涤过程中，始终保持液面高于树脂层。

(3) 交换

准确称取三草酸合铁（Ⅲ）酸钾试样 0.5g 左右，置于 150mL 小烧杯中，加去离子水 10~15mL，使之溶解，将溶液逐渐转入交换柱中，拧松螺旋夹，控制流出液的流速为 1mL·min^{-1}，用 100mL 容量瓶收集流出液。用约 5mL 去离子水洗涤小烧杯，洗涤液转入交换柱，重复操作三次，然后用去离子水继续洗涤，流速可逐渐适当加快。待收集的溶液达 60~70mL 时，可检验流出液中是否还有 Cl^-，直至洗涤至不含 Cl^- 为止，夹紧螺旋夹。取出容量瓶用去离子水稀释至刻度，摇匀，备用。

(4) 再生

用 1mol·L^{-1} NaCl 溶液淋洗交换树脂，流速以 1mL·min^{-1} 为宜，洗至流出液中无 Fe^{3+} 为止。

2. 用氯离子选择性电极测定氯离子浓度

(1) 氯离子系列标准溶液的配制

用移液管吸取 1mol·L^{-1} 氯标准溶液 10.00mL，置于 100mL 容量瓶中，加入 10.00mL 总离子强度调节缓冲液（TISAB），用去离子水稀释至刻度并摇匀，得到 $pCl_1 = 1$ 的溶液。

吸取 $pCl_1 = 1$ 的标准溶液 10.00mL，置于另一 100mL 容量瓶中，加入 9.00mL 总离子强度调节缓冲液，用去离子水稀释至刻度并摇匀，得到 $pCl_2 = 2$ 的溶液。

$pCl_3 = 3$、$pCl_4 = 4$ 的标准溶液用同样的方法依次配制。

(2) 氯离子标准溶液电动势的测定

打开酸度计预热 20min，按 pH/mV 键至 mV，将氯离子选择性电极和双液接甘汞电极浸入去离子水中，搅拌洗涤电极至电动势达 260mV 以上。必要时可多次换水洗涤。

用待测液清洗电极和小烧杯三次，按由稀到浓的顺序将氯标准溶液加入到小烧杯中，将氯离子选择性电极和双液接甘汞电极浸入被测溶液中，加入搅拌子，打开搅拌器搅拌，测定并记录各标准溶液的电动势（mV）。

(3) 试样中氯离子含量的测定

吸取离子交换后的试液 10.00mL 于 100mL 容量瓶中，加入 10.00mL 总离子强度调节缓冲液，用去离子水稀释至刻度并摇匀，待测。按氯离子标准溶液的测定步骤测定其电动势 E_x。

五、实验结果及数据处理

1. 列表记录氯离子标准溶液的电动势值，以电动势 E 为纵坐标，pCl 为横坐标，绘制标准曲线。

pCl	1	2	3	4	试液
E/mV					

2. 在标准曲线上找出 E_x 相应的 pCl_x，求出待测液中氯离子的物质的量。

3. 计算三草酸合铁（Ⅲ）酸钾配阴离子电荷数 z。

$K_3[Fe(C_2O_4)_3] \cdot 3H_2O$ 质量_____g，配合物的物质的量_____mol，交换出 Cl^- 物质的量_____mol，z_____。

六、实验注意事项

1. 在装柱前，应先放入少量玻璃棉，再加入 5mL 去离子水，并让水逐滴流出，然后用滴管注入树脂和水的混合物。在整个过程中要始终保持柱中的水略高于树脂，防止树脂干涸产生气泡。如有气泡或裂缝，应用塑料通条通实。

2. 在试样交换前，应调节好 $1mL \cdot min^{-1}$ 的流速，以滴数控制。应在交换柱出口处接上容量瓶。

3. 溶解试样的水应控制在 10～15mL 之内，否则将影响交换效果；试样必须定量转入交换柱内，烧杯与玻璃棒用去离子水洗涤 2～3 次，每次用水约 5mL。

4. 交换后的洗涤，流速可适当加快，但不能呈线状流下。

5. 树脂回收时，将交换柱倒放在有水的烧杯中，用洗耳球吹出，并用通条将玻璃棉推出。

6. 树脂再生时，流速尽量要慢，淋洗至流出液不含 Fe^{3+}。检验时应先用 H_2SO_4 酸化，破坏配离子后，再加 KSCN 溶液鉴定。

7. 氯离子测定时，配制标准溶液必须摇匀，然后再吸出配制下一个溶液。移液管每换另一浓度的溶液都要洗净。

8. 氯离子测定前，应先将氯离子选择性电极用去离子水反复清洗至空白电位为 250mV 左右，电极使用后，用去离子水淋洗干净。

9. 双液接甘汞电极的外盐桥 KNO_3 溶液，每次实验都应更换。

10. 氯离子测量前，电极、烧杯、搅拌子都要用少量待测液进行洗涤。洗涤方法为容量瓶中试液直接倒出淋洗，先淋洗小烧杯、搅拌子，然后将 30～40mL 左右的待测液倒入洗净的小烧杯中，余下的溶液淋洗电极。

11. 氯离子测定时应从稀溶液到浓溶液进行，溶液越稀，电极响应时间越长，达到稳定所需时间也越长。

12. 仪器使用可参见第 2 章 2.13.2 节。

七、思考题

1. 在进行离子交换过程中为何要控制流速？过快或过慢有何影响？
2. 本实验中为何选用双液接甘汞电极作参比电极而不用一般甘汞电极？
3. 结合标准曲线，试分析三草酸合铁（Ⅲ）酸钾的称量范围是如何确定的？
4. 造成电荷数测量值偏大或偏小的因素有哪些？

实验四十一　含锌药物的制备及其组成测定

一、实验目的

1. 学会根据不同的制备要求选择工艺路线。

2. 掌握制备含锌药物的原理和方法。

3. 进一步熟悉过滤、蒸发、结晶、灼烧、滴定等基本操作。

二、实验原理

1. ZnSO$_4$·7H$_2$O 的性质及制备原理

Zn 的化合物 ZnSO$_4$·7H$_2$O、ZnO、葡萄糖酸锌等都有药物作用。ZnSO$_4$·7H$_2$O 系无色透明、结晶状粉末，晶形为棱柱状或针状或颗粒状，易溶于水或甘油，不溶于乙醇。

医学上 ZnSO$_4$·7H$_2$O 内服做催吐剂，外用可配制滴眼液，利用其收敛性可防治沙眼病。在制药工业上，硫酸锌是制备其他含锌药物的原料。

ZnSO$_4$·7H$_2$O 的制备方法很多，工业上用闪锌矿为原料，在空气中煅烧氧化制备硫酸锌，然后热水提取而得；在制药业是由粗 ZnO（或闪锌矿焙烧的矿粉）与 H$_2$SO$_4$ 作用制得硫酸锌溶液；

$$ZnO + H_2SO_4 \Longrightarrow ZnSO_4 + H_2O$$

此时 ZnSO$_4$ 溶液含 Fe^{2+}、Mn^{2+}、Cd^{2+}、Ni^{2+} 等杂质，需除杂。

（1）KMnO$_4$ 氧化法除 Fe^{2+}、Mn^{2+}

$$MnO_4^- + 3Fe^{2+} + 7H_2O \Longrightarrow 3Fe(OH)_3 \downarrow + MnO_2 \downarrow + 5H^+$$

$$2MnO_4^- + 3Mn^{2+} + 2H_2O \Longrightarrow 5MnO_2 \downarrow + 4H^+$$

（2）Zn 粉置换法除 Cd^{2+}、Ni^{2+}

$$CdSO_4 + Zn \Longrightarrow ZnSO_4 + Cd$$

$$NiSO_4 + Zn \Longrightarrow ZnSO_4 + Ni$$

除杂后的精制 ZnSO$_4$ 溶液经浓缩、结晶得 ZnSO$_4$·7H$_2$O 晶体，可作药用。

2. ZnO 的性质及制备原理

ZnO 系白色或淡黄色，无晶形柔软的细微粉末，在潮湿空气中能缓缓吸收水分及二氧化碳变为碱式碳酸锌。它不溶于水或乙醇，但易溶于稀酸、氢氧化钠溶液。

ZnO 是缓和的收敛消毒药，其粉剂、洗剂、糊剂或软膏等广泛用于湿疹、癣等皮肤病的治疗。

工业用的 ZnO 是在强热时使锌蒸气进入耐火砖室中与空气混合燃烧而成。

$$2Zn + O_2 \Longrightarrow 2ZnO$$

其产品常含铅、砷等杂质，不得供药用。

药用 ZnO 的制备是硫酸锌溶液中加 Na$_2$CO$_3$ 溶液碱化产生碱式碳酸锌沉淀，将沉淀经 250～300℃ 灼烧得细粉状 ZnO，其反应式如下：

$$3ZnSO_4 + 3Na_2CO_3 + 4H_2O \Longrightarrow ZnCO_3 \cdot 2Zn(OH)_2 \cdot 2H_2O \downarrow + 3Na_2SO_4 + 2CO_2 \uparrow$$

$$ZnCO_3 \cdot 2Zn(OH)_2 \cdot 2H_2O \xrightarrow{250～300℃} 3ZnO + CO_2 \uparrow + 4H_2O$$

3. 葡萄糖酸锌的制备

葡萄糖酸锌无色无味，易溶于水，难溶于乙醇。

葡萄糖酸锌可以采用葡萄糖酸钙与硫酸锌直接反应：

$$[CH_2OH(CHOH)_4COO]_2Ca + ZnSO_4 \Longrightarrow [CH_2OH(CHOH)_4COO]_2Zn + CaSO_4 \downarrow$$

过滤除去 CaSO$_4$ 沉淀，溶液经浓缩可得葡萄糖酸锌结晶。

葡萄糖酸锌为补锌药，主要用于儿童及老年、妊娠妇女因缺锌引起的生长发育迟缓，营养不良，厌食症等。具有见效快、吸收率高、副作用小等优点。《中华人民共和国药典》（2005 年版）规定葡萄糖酸锌含量应在 97.0％～102％。

三、试剂与器材

试剂：粗 ZnO、纯 Zn 粉、葡萄糖酸钙、H_2SO_4（3mol·L^{-1}）、$KMnO_4$（0.5mol·L^{-1}）、Na_2CO_3（0.5mol·L^{-1}）、$NH_3·H_2O$（6mol·L^{-1}、1∶1）、$NH_3·H_2O$-NH_4Cl 缓冲液（pH＝10）、EDTA 标准溶液（0.01mol·L^{-1}）、铬黑 T 指示剂、95％乙醇。

器材：电子天平（0.1g）、分析天平（0.1mg）、烧杯、玻璃棒、减压过滤装置、滴管、蒸发皿、容量瓶（250mL）、移液管（25mL）、锥形瓶、酸式滴定管（50mL）。

四、实验方法

1. $ZnSO_4·7H_2O$ 的制备

（1）$ZnSO_4$ 溶液的制备

称取工业级 ZnO（或闪锌矿焙烧所得的矿粉）30g 在 250mL 烧杯中，加入 3mol·L^{-1} H_2SO_4 100～120mL，在不断搅拌下，加热并维持 90℃ 至 ZnO 溶解，再用 ZnO 调节溶液的 pH≈4，趁热抽滤，得滤液（1），置于 250mL 烧杯中。

（2）氧化除 Fe^{2+}、Mn^{2+} 杂质

将上述滤液（1）加热至 80～90℃ 后，滴加 0.5mol·L^{-1} $KMnO_4$ 至呈微红色，继续加热至溶液为无色，并维持溶液 pH＝4，趁热抽滤，弃去铁、锰化合物残渣，得滤液（2），置于 250mL 烧杯中。

（3）置换除 Cd^{2+}、Ni^{2+} 杂质

将上述滤液（2）加热至 80℃ 左右，在不断搅拌下分批加入 1g 纯锌粉，反应 10min 后，检查溶液中 Cd^{2+}、Ni^{2+} 是否除尽（如何检查？），如未除尽，可补加少量锌粉，直至 Cd^{2+}、Ni^{2+} 等杂质除尽为止，冷却，抽滤，得滤液（3），置于 250mL 烧杯中。

（4）$ZnSO_4·7H_2O$ 结晶

量取上述滤液（3）的 1/2 于 100mL 烧杯中，滴加 3mol·L^{-1} H_2SO_4 调节至溶液的 pH＝1，将溶液转移至洁净的蒸发皿中，水浴加热蒸发至液面出现晶膜后，停止加热，冷却，结晶，抽滤，称量，计算产率。

2. ZnO 的制备

量取上述剩余的滤液（3）于 150mL 烧杯中，边搅拌边慢慢加入 0.5mol·L^{-1} Na_2CO_3 溶液至 pH＝7，随后加热煮沸 15min，有颗粒状沉淀析出，用倾析法弃去上层溶液，用热水洗涤沉淀至无 SO_4^{2-}，滤干沉淀，于 50℃ 烘干制得碱式碳酸锌。

将上述碱式碳酸锌沉淀置于坩埚（或蒸发皿）中，于 250～300℃ 煅烧并不断搅拌，至取出少许反应物投入稀酸中而无气泡产生时，停止加热，放置冷却，得细粉状白色 ZnO 产品，称量，计算产率。

3. 葡萄糖酸锌的制备

量取 40mL 去离子水置于烧杯中，加热至 80～90℃，加入 6.7g $ZnSO_4·7H_2O$ 使完全溶解，将烧杯放在 90℃ 的恒温水浴中，再逐渐加入葡萄糖酸钙 10g，并不断搅拌。在 90℃ 水浴上保温 20min 后趁热抽滤（滤渣为 $CaSO_4$，弃去），滤液移至蒸发皿中并在沸水

浴上浓缩至黏稠状（体积约为 20mL，如浓缩液有沉淀，需过滤掉）。滤液冷至室温，加95％乙醇 20mL 并不断搅拌，此时有大量的胶状葡萄糖酸锌析出。充分搅拌后，用倾析法去除乙醇液。再在沉淀上加 95％乙醇 20mL，充分搅拌后，沉淀慢慢转变成晶体状，抽滤至干，即得粗品（母液回收）。再将粗品加水 20mL，加热至溶解，趁热抽滤，滤液冷至室温，加 95％乙醇 20mL 充分搅拌，结晶析出后，抽滤至干，即得精品，在 50℃烘干，称重并计算产率。

4. 葡萄糖酸锌的含量测定

（1）0.01mol·L^{-1} EDTA 标准溶液的配制与标定（参见实验二十）。

（2）葡萄糖酸锌含量的测定

准确称取本品约 0.12g，加水 25mL，微热使溶解，加 NH_3·H_2O-NH_4Cl 缓冲液（pH＝10）5mL 与铬黑 T 指示剂少许，用 0.01mol·L^{-1} EDTA 标准溶液滴定至溶液由酒红色恰变为蓝色，即达终点。平行测定三份，根据消耗的 EDTA 标准溶液的体积，计算葡萄糖酸锌的质量分数。

五、实验结果及数据处理

1. 合理设计表格，记录原始数据。
2. 计算 $ZnSO_4$·$7H_2O$、ZnO、葡萄糖酸锌的产率。
3. 计算葡萄糖酸锌的质量分数。

六、实验注意事项

1. $ZnSO_4$·$7H_2O$ 制备

（1）粗氧化锌常含不溶于水的硫酸铅，故用稀硫酸溶解粗氧化锌可除铅。硫酸应分批加入，反应约 5~6min。

（2）加热过程中要不断补充蒸发掉的水分，防止 $ZnSO_4$ 结晶析出。

（3）用 ZnO 调节 pH 值时 ZnO 要分批酌量加入至 pH≈4，偏高或偏低均不利于除 Fe^{3+}（Fe^{2+}）与 Mn^{2+}。

（4）用 $KMnO_4$ 氧化水解除 Fe^{3+}（Fe^{2+}）与 Mn^{2+} 时，若 $KMnO_4$ 过量，溶液的粉红色不褪时，可滴加 3％的 H_2O_2 至红色刚好褪去。

（5）药用 $ZnSO_4$·$7H_2O$ 化合物不应含 Cd^{2+}、Ni^{2+} 等杂质离子，必须除尽。鉴定 Cd^{2+}、Ni^{2+} 方法见表 3-7。

2. ZnO 制备

（1）由 $ZnSO_4$ 加 Na_2CO_3 得碱式碳酸锌沉淀，该沉淀呈颗粒状可用倾析法洗涤，但其颗粒很细小，故用热水洗涤时应少量多次，倾液时要小心，防止沉淀损失过多。

（2）加热分解碱式碳酸锌时要不断搅拌，当熔化至粉末后，缓慢升高温度使其逐步分解，但不宜超过 300℃，若温度太高会产生固体黏结，并呈黄色。

3. 葡萄糖酸锌的制备

（1）葡萄糖酸钙和硫酸锌反应时间不能过短，要保证充分生成硫酸钙沉淀。

（2）除去硫酸钙后的溶液若有色，可用活性炭脱色处理。

七、思考题

1. 在精制 $ZnSO_4$ 溶液中，为什么要把可能存在的 Fe^{2+} 氧化成为 Fe^{3+}？为何选 $KMnO_4$

做氧化剂？可用其他氧化剂替代吗？

2. 在除 Fe^{2+}、Fe^{3+} 过程中为什么要控制溶液的 pH＝4？如何调节溶液的 pH 值？pH 值过高、过低对本实验有何影响？

3. 煅烧碱式碳酸锌至取出少许投入稀酸中无气泡发生，说明了什么？

4. 在 $ZnSO_4$ 中加入 Na_2CO_3 使沉淀呈颗粒状析出后，为什么要反复洗涤该沉淀至无 SO_4^{2-}？

5. 制备葡萄糖酸锌时，如果选用葡萄糖酸为原料，以下四种含锌化合物应选择哪种？为什么？

(1) ZnO (2) $ZnCl_2$ (3) $ZnCO_3$ (4) $Zn(CH_3COO)_2$

6. 葡萄糖酸锌含量测定结果若不符合规定，可能由哪些原因引起？

实验四十二　环境友好产品过氧化钙的制备及产品质量分析

一、实验目的

1. 学习过氧化钙的制备方法。
2. 了解过氧化钙的性质和应用。
3. 学习过氧化钙的检验方法和滴定操作。

二、实验原理

环境友好产品是指在产品的整个生命周期内对环境友好的产品，也称为环境无害化产品或低公害产品。它包括低毒涂料、节水、节能设备、生态纺织服装、无污染建筑装饰材料、可降解塑料包装材料、低排放污染物的汽车、摩托车、绿色食品、有机食品等。

过氧化钙（CaO_2）是一种应用广泛的多功能无机过氧化物，本身无毒，不污染环境。广泛用于农业、水产、食品和环保，用作杀菌剂、防腐剂、发酵剂、漂白剂和废水的处理，还可用于日化行业做牙齿清洁剂、家用消毒除臭剂等。此外，过氧化钙也可用于应急供氧、香烟制造和涂料工业等。

过氧化钙在常温下是白色或淡黄色粉末，无臭、无毒，难溶于水，不溶于乙醇、丙酮等有机溶剂。在室温干燥条件下稳定，在湿空气或吸水过程中逐渐分解出氧气，其有效氧含量为 22.2%。

$$CaO_2 + 2H_2O = Ca(OH)_2 + H_2O_2$$

加热至 300℃，则分解成 O_2 和 CaO：

$$2CaO_2 \xrightarrow{\triangle} 2CaO + O_2$$

过氧化钙的水合物 $CaO_2 \cdot 8H_2O$ 在 0℃ 时稳定，加热到 130℃ 时就逐步分解为无水过氧化钙。

过氧化钙的制备方法主要有两种：

1. 以 $Ca(OH)_2$ 和 H_2O_2 反应生成过氧化钙，其反应为：

$$Ca(OH)_2 + H_2O_2 + 6H_2O = CaO_2 \cdot 8H_2O$$

2. 以 $CaCl_2$、H_2O_2 和 $NH_3 \cdot H_2O$ 反应生成过氧化钙，其反应为：

$$Ca^{2+} + H_2O_2 + 2NH_3 \cdot H_2O + 6H_2O = CaO_2 \cdot 8H_2O + 2NH_4^+$$

过氧化钙活性大，添加适量的稳定剂可制得稳定的产品，$MgSO_4$、$Ca_3(PO_4)_2$ 等均可作为稳定剂。

三、试剂与器材

试剂：$Ca(OH)_2$(s)、$CaCl_2$(s)、$MgSO_4$(s)、$Ca_3(PO_4)_2$(s)、H_2O_2（30%）、$NH_3 \cdot H_2O$（浓）、$KMnO_4$（0.01mol·L^{-1}）、H_2SO_4（1mol·L^{-1}）、$Na_2S_2O_3$（0.01mol·L^{-1}）、H_3PO_4（1+3）、36% HAc、1%淀粉试液。

器材：电子天平（0.1g）、布氏漏斗、吸滤瓶、微型滴定管、碘量瓶（25mL）。

四、实验方法

1. 以 Ca(OH)₂ 和 H₂O₂ 制备过氧化钙

将 10g $Ca(OH)_2$ 与 250mL 去离子水混合，剧烈搅拌至全部溶解，加入 $MgSO_4$ 0.1g，同时滴加 30% H_2O_2 16mL，在 20～25℃ 水浴下，持续搅拌 25min，静置，减压抽滤。用少量水洗涤，干燥即得产品。

2. 以 CaCl₂、H₂O₂ 和 NH₃·H₂O 制备过氧化钙

取 10g $CaCl_2$ 于 100mL 烧杯中，加 10mL 去离子水溶解，加入 0.1g $Ca_3(PO_4)_2$，用冰水将 $CaCl_2$ 溶液冷至约 0℃，在搅拌下，滴加 30% H_2O_2 溶液 30mL，并逐步加入 5mL 浓 $NH_3 \cdot H_2O$，再加水约 25mL，静置，减压抽滤，用少量冰水洗涤，干燥即得产品。

3. 过氧化钙的定性鉴定

取 1 滴 0.01mol·L^{-1} $KMnO_4$ 溶液，加水 10 滴，加 1 滴 1mol·L^{-1} H_2SO_4 酸化，加入少量产品 CaO_2 粉末，观察是否有气泡出现，并使 $KMnO_4$ 溶液褪色。

4. 过氧化钙的含量测定

（1）碘量法

准确称取 0.0300g CaO_2 晶体置于干燥的 25mL 碘量瓶中，加入 3mL 去离子水溶解后，加 0.4000g KI，摇匀、水封，在暗处放置 3min，加 4 滴 36% HAc，用已标定的 0.01mol·L^{-1} $Na_2S_2O_3$ 标准溶液滴定至溶液呈淡黄色时，加 3 滴 1%淀粉试液，继续滴定至蓝色消失。同时做空白实验。计算 CaO_2 的质量分数。

（2）高锰酸钾法

用电子天平准确称取 0.2g 样品于 250mL 锥形瓶中，加入 50mL 水和 15mL 2mol·L^{-1} HCl，振荡使溶解，再加入 1mL 0.05mol·L^{-1} $MnSO_4$，立即用 $KMnO_4$ 标准溶液滴定溶液呈微红色并且在 30s 内不褪色，即为终点。平行测定三次，计算 CaO_2%。

五、实验结果及数据处理

1. 记录实验数据，计算 $CaO_2 \cdot 8H_2O$ 的理论产量和产率。

2. 记录实验数据，计算 $CaO_2 \cdot 8H_2O$ 的质量分数，确定 $CaO_2 \cdot 8H_2O$ 的级别。

六、实验注意事项

1. 以 $CaCl_2$、H_2O_2 和 $NH_3 \cdot H_2O$ 制备过氧化钙时，反应温度以 0～8℃ 为宜，低于 0℃，液体易冻结，使反应困难。减压抽滤后，要用少量冰水洗涤产品。

2. 抽滤出的晶体是八水合物，先在 60℃下烘 30min 形成二水合物，再在 140℃下烘 30min，得无水 CaO_2。

3. 30% H_2O_2 有强烈的腐蚀性，切勿直接接触皮肤，使用时须戴上防护手套。

4. 碘量法测定 $CaO_2 \cdot 8H_2O$ 时，要用碘量瓶。其他注意事项参见实验二十四。

5. 高锰酸钾法测定 $CaO_2 \cdot 8H_2O$ 时，要用磷酸或盐酸调节溶液酸度。如用盐酸调节溶液的酸度，滴定时要加入硫酸锰，以抑制诱导反应的发生。

七、思考题

1. 以 $Ca(OH)_2$ 和 H_2O_2 制备过氧化钙的实验中，$Ca(OH)_2$ 和 H_2O_2 哪一个过量，为什么？

2. 以 $CaCl_2$、H_2O_2 和 $NH_3 \cdot H_2O$ 制备过氧化钙的实验中，如何提高产品的纯度？

3. 碘量法测定产品中 CaO_2 的质量分数时为何要做空白试验？如何做空白试验？

4. $KMnO_4$ 滴定常用 H_2SO_4 调节酸度，而用高锰酸钾法测定 CaO_2 产品时为什么要用 HCl，对测定结果会有影响吗？测定时加入 $MnSO_4$ 的作用是什么？不加可以吗？

附：CaO_2 产品质量指标

CaO_2 产品质量指标

名称		特级	I 级	II 级
CaO_2/%	≥	60%	50%	40%
水分/%	≤	3.0%	3.0%	3.0%
细度（40 目）		通过	通过	通过

实验四十三 纳米TiO₂的制备、表征及催化性能测试

一、实验目的

1. 掌握溶胶-凝胶法制备纳米材料的方法。
2. 掌握纳米材料的结构表征方法。
3. 掌握光催化反应的测定方法。

二、实验原理

纳米 TiO_2 是目前应用最广泛的一种纳米材料，由于其表面的电子结构及晶体结构与块状形态不同，导致其具有特殊的表面与界面效应、小尺寸效应、量子尺寸效应以及宏观量子隧道效应等特性，因而具有一系列优异的物理化学性质，使其在很多方面得到广泛的应用。在化妆品领域，纳米二氧化钛粉体作为物理防晒添加剂，具有化学性质稳定、无刺激性、无致敏性、全面防护紫外线等优点。在环境领域，由于纳米 TiO_2 具有生物无毒性、光催化活性高、无二次污染等特点，使其成为新兴的环保材料。在大于其带隙能的光照条件下，TiO_2 光催化剂不仅能降解环境中的有机污染物生成 CO_2 和 H_2O，而且可氧化除去大气中低浓度的氮氧化物 NO_x 和含硫化合物 H_2S、SO_2 等有毒气体。目前纳米

TiO$_2$ 作为光催化剂已得到广泛的研究和应用。

本实验采用溶胶-凝胶法制备纳米 TiO$_2$，对其进行结构表征，并测试其光催化性能。

三、试剂与器材

试剂：钛酸四丁酯、无水乙醇、浓硝酸、对硝基苯胺等。

器材：恒温磁力搅拌器、马弗炉、电热恒温干燥箱、离心机、紫外-可见分光光度计、烧杯、坩埚、容量瓶、移液管等。

四、实验方法

1. 纳米 TiO$_2$ 粉体的制备

在 100mL 烧杯中加入 6mL 去离子水和 58mL 无水乙醇，搅拌混合均匀，用硝酸调节 pH＝4，记为溶液 A，在 50mL 烧杯中，加入 2mL 无水乙醇和 2mL 钛酸四丁酯搅拌混合均匀，记为溶液 B。在剧烈搅拌下，向溶液 A 中滴加溶液 B，持续搅拌 60min，至出现白色溶胶，停止搅拌，静置陈化，封口；放置 5 天后，形成半透明的白色溶胶，放进电热恒温干燥箱，在 110℃下烘干 4h，转移至坩埚中，放入马弗炉，升温 30min 至 500℃，焙烧 4h，冷却后，在研钵中研成细粉，即得纳米 TiO$_2$。

2. 结构表征

(1) X 射线衍射（XRD）：使用 Cu 的 K$_\alpha$ 辐射源，入射波长为 0.15406nm，X 射线管的工作电压和电流分别为 36kV 和 20mA。将粉末样品于载玻片上加压制成片状。扫描范围（2θ）为 5°～75°。

(2) 高分辨电镜（HRTEM）：工作电压为 200kV。

3. 光催化性能测试

(1) 准确称取 0.0346g 对硝基苯胺，用 400mL 去离子水加热溶解，然后转移至 500mL 容量瓶中，稀释至刻度；再用移液管分别量取 2.00mL、4.00mL、6.00mL、8.00mL、10.00mL 至 250mL 容量瓶中，稀释至刻度，标号为 1、2、3、4、5，作为实验用液。

(2) 标准曲线和空白曲线的绘制

取上面配制好的 5 种溶液，以去离子水作为参比，用紫外-可见分光光度计在波长 380nm 处测其吸光度。以吸光度 A 为纵坐标，以溶液浓度 c 为横坐标，作出标准曲线。

空白实验以 5 号液为标准，在没有 TiO$_2$ 光催化剂存在的条件下，在紫外灯的照射下，测定对硝基苯胺溶液的吸光度随照射时间的变化。

(3) 光催化性能的测试

称取两份 50mg 催化剂，分别放入两个 100mL 烧杯中，其中一份加 50mL 标号为 5 的实验用液，记为 A；另一份加入 50mL 去离子水，记为 B，置于磁力搅拌器上搅拌，用 300W 紫外灯垂直照射（距离液面约 10cm），每隔 30min，取出少许溶液，放入离心机内以 4000r·min^{-1} 速度离心，然后取中层清液，A 为待测液，B 为参照液，用紫外-可见分光光度计在波长 380nm 处测其吸光度。

五、实验结果及数据处理

记录纳米 TiO$_2$ 粉体结构表征及光催化性能测试结果。

六、实验注意事项

1. 配制溶液 B 时，实验中所用量筒、烧杯、玻璃棒等均要烘干再用，切忌有水。先量取一定量的无水乙醇（分析纯），搅拌状态下，将钛酸四丁酯倒入，搅拌 1h 或更长。

2. 如果钛酸四丁酯保存时有水分进入，已经水解的话就不能用了。

3. 向溶液 A 中滴加溶液 B 时，加的速度要非常慢，一滴一滴地加，整个加的过程大概需要 1h 左右，直至出现白色凝胶并且白色凝胶不消失。

4. 马弗炉加热时，炉外壳也会变热，周边不能防置易燃易爆物品和腐蚀性气体。

5. 马弗炉使用完毕，应切断电源，使其自然降温。待温度降至 200℃ 以下时，方可开炉门。不应立即打开炉门，以免炉膛突然受冷碎裂。

七、思考题

1. 影响纳米颗粒大小的因素有哪些？
2. 查阅制备纳米材料的方法，并总结比较其优缺点。
3. 本试验系统的反应机理如何？

4.3 废物中有效成分的回收和利用

实验四十四 从含碘废液中提取单质碘与制备碘化钾

一、实验目的

1. 了解提取单质碘的方法。
2. 学习应用平衡原理解决试剂问题，巩固基本操作技能。

二、实验原理

碘是人体必需的微量元素，可维持人体甲状腺的正常功能，碘化物可防止和治疗甲状腺肿大，碘酒可作消毒剂，碘仿可作防腐剂，碘化银可用于制造照相胶片和人工降雨时造云的"晶核"。碘是制备碘化物的原料。

实验室有多种含碘废液。回收碘的一般方法是将含碘废液转化为 I^- 后，先用沉淀法富集，再选择适当的氧化剂，使 I_2 析出，以升华法提纯 I_2。实验室中可用 Na_2SO_3 将废液中碘还原为 I^-，再用 $CuSO_4$ 与 I^- 反应形成 CuI 沉淀。反应如下：

$$I_2 + SO_3^{2-} + H_2O = 2I^- + SO_4^{2-} + 2H^+$$

$$2I^- + 2Cu^{2+} + SO_3^{2-} + H_2O = 2CuI\downarrow + SO_4^{2-} + 2H^+$$

然后用浓 HNO_3 氧化 CuI，使 I_2 析出，反应如下：

$$2CuI + 8HNO_3 = 2Cu(NO_3)_2 + 4NO_2\uparrow + 4H_2O + I_2$$

制取 KI 时，是将 I_2 与铁粉反应生成 Fe_3I_8，再与 K_2CO_3 反应，经过滤、蒸发、浓缩、结晶后制得 KI 晶体。反应如下：

$$4I_2 + 3Fe = Fe_3I_8$$

$$Fe_3I_8 + 4K_2CO_3 = 8KI + 4CO_2\uparrow + Fe_3O_4\downarrow$$

三、试剂与器材

试剂：$Na_2SO_3(s)$、$CuSO_4 \cdot 5H_2O(s)$、$K_2CO_3(s)$、Fe 粉、HCl（$2mol \cdot L^{-1}$）、H_2SO_4（$2mol \cdot L^{-1}$）、HNO_3（1：1，浓）、NaOH（$6mol \cdot L^{-1}$）、KI（$0.1mol \cdot L^{-1}$）、$Na_2S_2O_3$ 标准溶液（$0.1000mol \cdot L^{-1}$）、KIO_3 标准溶液（$0.2000mol \cdot L^{-1}$）、淀粉溶液（0.2%）。

器材：移液管（5mL、25mL）、锥形瓶、玻璃棒、酸式滴定管（50mL）、烧杯、表面皿、圆底烧瓶、滤纸、蒸发皿。

四、实验方法

1. 含碘废液中碘含量的测定

取含碘废液 25.00mL，置于 250mL 锥形瓶中，加 $2mol \cdot L^{-1}$ HCl 使溶液呈酸性，再过量 5mL，加水 20mL，加热煮沸，然后冷却溶液至室温，准确加入 $0.2000mol \cdot L^{-1}$ KIO_3 标准溶液 10.00mL，搅拌并小火加热煮沸，除 I_2 至溶液中的紫褐色消失，停止加热，试液冷却后加入过量的 $0.1mol \cdot L^{-1}$ KI 溶液 5mL，产生的 I_2 用已标定的 $0.1000mol \cdot L^{-1}$ $Na_2S_2O_3$ 标准溶液滴定至浅黄色，加 0.2% 淀粉溶液 5mL 并摇匀，溶液转为深蓝色，继续用 $Na_2S_2O_3$ 标准溶液滴定至蓝色恰好褪去，即为终点。

2. 单质 I_2 的提取

取 500mL 含碘废液，按步骤（1）所测定的 I^- 含量，确定使 I^- 全部转化为沉淀所需 $Na_2S_2O_3$ 和 $CuSO_4 \cdot 5H_2O$ 的理论量。把 $CuSO_4 \cdot 5H_2O$ 配成饱和溶液，将 $Na_2SO_3(s)$ 溶解于含碘溶液中，在不断搅拌下滴入 $CuSO_4$ 饱和溶液，加热至 $60 \sim 70$℃，静置沉降，检验澄清液中的 I^-（如何检验?），若 I^- 已经被完全转化为 CuI 沉淀，则可弃去上层清液，使沉淀体积约为 20mL，将沉淀转移到 100mL 烧杯中，盖上表面皿，在不断搅拌下加入计算量的浓 HNO_3，待析出的碘沉降后，用倾析法弃去上层清液，并用少量水洗涤碘。

3. 碘的升华

将洗净的碘置于没有凸嘴的烧杯中，在烧杯上放一个装有冷水的圆底烧瓶，将烧杯置于水浴上加热，升华的 I_2 冷凝在圆底烧瓶底部，收集后称量。

4. KI 的制备

将精制的 I_2 置于 150mL 烧杯中，加入 20mL 水和铁粉（比理论值多 20%），不断搅拌，缓缓加热使 I_2 完全溶解。将黄绿色溶液倾入另一个 150mL 烧杯中，再用少量水洗涤铁粉，合并洗涤液，然后加入 K_2CO_3（是理论量的 110%）溶液，加热煮沸，使 Fe_3O_4 析出，抽滤，用少量水洗涤 Fe_3O_4，将滤液置于蒸发皿中，加热蒸发至出现晶膜，冷却后抽滤、称量。

5. 产品纯度检定与含量测定

（1）氧化性杂质与还原性杂质的鉴定　溶解 1g I_2 产品于 20mL 水中，用 H_2SO_4

（$2mol \cdot L^{-1}$）酸化后加入淀粉，5min不产生蓝色表示无氧化性离子存在，然后加入1滴I_2溶液，产生的蓝色不褪色，表示无还原性离子。

（2）KI含量测定　自行设计测定方案。

五、实验结果及数据处理

1. 列表记录并处理含碘废液中碘含量的测定结果。
2. 记录精制碘的质量。
3. 记录KI产品的质量。
4. 记录KI产品的纯度鉴定结果。
5. 列表记录并处理KI产品中KI的质量分数的测定结果。

六、实验注意事项

1. 本实验所介绍的提取碘的方法较适合于从无机化学实验中回收的含碘废液。

2. 在储存含碘废液时需加还原剂亚硫酸钠，以防I_2挥发、I^-被空气氧化。

3. 在富集碘的过程中应先加亚硫酸钠固体，后加硫酸铜饱和溶液，这样Cu^{2+}与I^-反应析出的I_2可以立即被亚硫酸钠还原为I^-，避免I_2被CuI吸附。

4. 在测定含碘废液中的碘含量时，各种试剂的计量应随I^-浓度的高低而变，因此测定条件的摸索可作为探究性实践。

5. 检验I^-是否沉淀完全的方法：取部分试液，在试液中滴加氯水和淀粉溶液，若溶液不呈蓝色，则I^-已经沉淀完全。

6. CuI与浓硝酸反应需在通风橱中进行。

7. 精制I_2的简易装置下面是放粗制碘的无凸嘴的烧杯，上部是装满水的圆底烧瓶（或用烧杯、锥形瓶等），上下必须紧密配合。若下面用的是凸嘴的烧杯，则必须将凸嘴封闭。

七、思考题

1. 含碘废液中测定I^-含量时，是否可用$Na_2S_2O_3$溶液直接与过量的KIO_3反应进行测定？为什么？列出I^-浓度（$mg \cdot mL^{-1}$）的计算式？

2. 沉淀500mL废液中I^-，需加Na_2SO_3（以95％计）及$CuSO_4 \cdot 5H_2O$（以95％计）各多少？为什么要先加入Na_2SO_3，后加$CuSO_4$饱和溶液？

实验四十五　从硼砂废渣中提取七水硫酸镁（含微型实验）

一、实验目的

1. 通过七水硫酸镁的制取，了解工业废渣综合利用的意义和方法。

2. 应用氧化还原、水解反应等化学原理与溶解度曲线，掌握控制溶液pH值及温度等条件去除杂质的方法。

3. 巩固无机制备和滴定分析实验的基本技能，提高解决实际问题的综合能力。

二、实验原理

由硼镁矿制取硼砂 $Na_2B_4O_7 \cdot 10H_2O$ 后的废渣称为硼镁泥。它的主要成分是 $MgCO_3$，另外还有钙、铁、锰、氧化硅等成分。以氧化物计各成分的质量分数如下：

组成	MgO	CaO	MnO_2	Fe_2O_3	Al_2O_3	B_2O_3	SiO_2
含量/%	30～40	2～3	1	5～15	1～2	1～2	20～25

回收硼镁泥中的镁，可制备各种镁的化合物。本实验由硼镁泥制取七水硫酸镁，七水硫酸镁在医药、印染和造纸等工业上有广泛的应用。

从硼镁泥制取七水硫酸镁的工艺流程主要包括酸解、除杂、结晶。

1. 酸解

加硫酸，控制硼镁泥浆液的 pH$\approx$1，促使碳酸镁分解转化为硫酸盐。

$$MgCO_3 + H_2SO_4 \Longrightarrow MgSO_4 + CO_2 \uparrow + H_2O$$

硫酸也使 Fe_2O_3、Al_2O_3、MnO 等氧化物转化为可溶性硫酸盐。

2. 除杂

酸解后，调节溶液 pH 值至 5～6，再加次氯酸钠，使 Fe^{3+}、Fe^{2+}、Mn^{2+}、Al^{3+} 等杂质离子被氧化、水解后形成不溶性物质与 $MgSO_4$ 分离。氧化、水解反应为：

$$Mn^{2+} + ClO^- + H_2O \Longrightarrow MnO_2 \downarrow + 2H^+ + Cl^-$$

$$2Fe^{2+} + ClO^- + 5H_2O \Longrightarrow 2Fe(OH)_3 \downarrow + 4H^+ + Cl^-$$

$$Fe^{3+} + 3H_2O \Longrightarrow Fe(OH)_3 \downarrow + 3H^+$$

$$Al^{3+} + 3H_2O \Longrightarrow Al(OH)_3 \downarrow + 3H^+$$

经氧化水解除杂后的 $MgSO_4$ 溶液中仍有少量 $CaSO_4$，利用 $CaSO_4$ 溶解度随温度升高而减小的特性，适当浓缩 $MgSO_4$ 溶液，出现 $CaSO_4$ 沉淀后趁热过滤，除去 $CaSO_4$。

3. 结晶制得纯度较高的七水硫酸镁晶体。

4. 利用配位滴定法测定七水硫酸镁的质量分数。

三、试剂与器材

试剂：H_2SO_4（1mol·L^{-1}、6mol·L^{-1}）、NaClO 溶液（含 12％～15％有效氯）、KSCN（1mol·L^{-1}）、H_2O_2（3％）、硼镁泥。

器材：电子天平（0.1g）、研钵、布氏漏斗、吸滤瓶、烧杯、蒸发皿、50mL 量筒、pH 试纸、滤纸等。

四、实验方法

先在研钵中将硼镁泥研细，再称取 25g 于 400mL 烧杯中，加水约 130mL，用玻璃棒将之搅拌成浆。小火加热，同时边搅拌边滴加 6mol·L^{-1} H_2SO_4 至无明显气体放出，约消耗硫酸 20mL。煮沸 15min 并维持浆液的 pH$\approx$1。

边小火加热边分批加入少量硼镁泥（约累计 3g，要计量），调节浆液的 pH 值至 5～6，加入次氯酸钠溶液 2～3mL，继续加热并煮沸 5～10min，维持溶液体积约为 150～

200mL，至浆液转为深棕色，趁热抽滤，用约 30～50mL 热水淋洗沉淀。取 1mL 滤液，用 $1mol \cdot L^{-1} H_2SO_4$ 酸化，加 3% H_2O_2 数滴，煮沸 1～2min，加 $1mol \cdot L^{-1} KSCN$ 溶液一滴，若溶液呈深红色示铁未除尽，应在滤液中再加入次氯酸钠溶液，并调节滤液 pH 值至 5～6，重复上述步骤至铁除尽。将滤液转移至 250mL 烧杯中，加热蒸发溶液，当溶液的体积约为 100mL 时，若出现 $CaSO_4$ 析出，趁热抽滤，弃滤渣。

滤液移入蒸发皿中，蒸发浓缩至稀粥状的黏稠液（注意，用小火加热并不断轻轻搅拌，以免溶液暴沸、溅出），将溶液自然、充分冷却，结晶，抽滤，抽干后，称取产品质量。

2. 七水硫酸镁产品中镁含量的测定

详参实验二十七。

五、实验结果及数据处理

原料_____ g；产品外观_____；产量_____ g；

理论产量_____ g（原料中 MgO 的含量以 20% 计）；

产率_____；$MgSO_4 \cdot 7H_2O$ 的质量分数_____。

六、实验注意事项

1. 加硫酸酸解时，会产生大量 CO_2，反应激烈时会发生料液沸腾及大量溢出现象，此时可能伤人，因此加 $6mol \cdot L^{-1} H_2SO_4$ 时应分批沿烧杯壁滴加，并不断搅拌，加酸速度控制在 CO_2 气泡不外溢为限。加酸后再加热，注意要小火加热并搅拌，以防反应激烈，试料浆外溢。如要停止加热，需先撤离火源，约 10s 后再停止搅拌。

2. 在氧化水解的操作步骤中，当料浆中加入 NaClO 后，应加热煮沸至料浆颜色转为深咖啡色，它表明氧化水解已比较充分，可以停止加热，趁热过滤。如果加入 NaClO 煮沸后，料浆颜色未明显加深，表明氧化水解不充分，须再补加 NaClO，继续加热反应。

3. 氧化水解完毕后，要趁热过滤，因为料浆总体积为 150～200mL。若体积太大，在蒸发浓缩时耗时太长；若体积太小，硫酸镁在料液中浓度较高，冷却后过滤，大量 $MgSO_4 \cdot 7H_2O$ 会析出。

4. 氧化水解后，应得到无色透明溶液，但有时会产生下述两种现象：（1）溶液呈黄色，这可能是由于氧化水解所形成的杂质固体颗粒如 MnO_2、$Fe(OH)_3$ 粒子太细，未能通过过滤除去，此时调节溶液的 pH＝5～6，继续加热，使有色微粒凝聚沉降后再过滤除去，或在加热时放一些碎滤纸吸附有色微粒并趁热过滤；若溶液黄色仍未褪，可在蒸发浓缩时，不要将溶液浓缩得太稠，以通过结晶将杂质留在母液中；（2）氧化水解后溶液呈淡紫红色，这是因 NaClO 太过量，Mn^{2+} 被氧化为 MnO_4^- 所致，出现此现象可继续加热，使其分解；或加极少量 3% 的 H_2O_2 还原 MnO_4^-；或蒸发浓缩时，不要将溶液浓缩得太稠，以通过结晶将杂质 Mn 除去。

5. 氧化水解所产生的氧化物、氢氧化物固体粒子一般较细，建议用两张滤纸过滤。

6. 除杂质后的 $MgSO_4$ 溶液在蒸发浓缩时，先开大火让溶液沸腾，而后小火加热，并不断搅拌，防止溶液飞溅。$MgSO_4$ 在室温时溶解度较大（在 20℃ 时，每 100g 水可溶解 35g $MgSO_4 \cdot 7H_2O$），随温度升高，溶解度也明显增加，所以溶液蒸发浓缩时应该使

$MgSO_4$ 溶液呈黏稠状后（俗称稀粥状，属于带有微粒的稠状体）再冷却，以得到较完全的 $MgSO_4 \cdot 7H_2O$ 晶体。但浓缩液也不能太稠，否则冷却结晶时母液太少，使水溶性杂质离子无法通过结晶去除。

7. 当加热至溶液中出现微小晶体时，应充分搅拌，防止固体颗粒因局部过热而暴沸，造成产品损失和安全隐患。

8. 计算 $MgSO_4 \cdot 7H_2O$ 产率时，硼镁泥中 MgO 含量以 20％计算。

七、思考题

1. 用硫酸酸解硼镁泥时，pH 值应控制在 1 左右。但酸解后，为什么又要用少量硼镁泥调节浆液的 pH＝5～6？

2. 除去杂质 Fe^{2+}、Mn^{2+} 时，为什么要氧化？如果只控制溶液的 pH 值使其水解成沉淀是否可以，为什么？

3. 为什么选用 NaClO 为氧化剂，能否用 $KMnO_4$、H_2O_2 氧化，为什么？

4. 叙述本实验中除 Ca^{2+} 的原理。

5. 蒸发浓缩 $MgSO_4$ 溶液时，为什么要蒸发浓缩至稀粥状的黏稠液？

实验四十六　从含银废液或废渣中提取银、制备硝酸银和含量测定

一、实验目的

1. 学习从含银废液或废渣中回收金属银并制取 $AgNO_3$ 的方法。
2. 巩固无机制备、滴定分析基本操作技能与综合分析能力。

二、实验原理

在工业与实验室的废液与废渣中，一般贵金属的含量是较低的，需要经过富集，然后再提取、纯化。从含银废液中提取金属银通常有以下几种途径。

1. 含银废液直接用还原剂还原为 Ag。

2. 含银废液 $\xrightarrow{Na_2S}$ $Ag_2S\downarrow$ $\xrightarrow{1000℃左右}$ $Ag\downarrow$。

3. 含银废液 $\xrightarrow{NaCl\ 或\ KCl}$ $AgCl$ $\xrightarrow{浓氨水}$ $[Ag(NH_3)_2]^+$ $\xrightarrow{还原剂}$ $Ag\downarrow$。

4. 含银废液可用有机萃取剂萃取富集后再还原为 Ag。

5. 含银废液可用于离子交换法富集，洗脱后还原为 Ag。

一般选择方法前，需先了解废液的来源并对废液做全面的组分分析，再根据废液中银的含量、杂质及存在形式决定回收方法。例如在废定影液中，银主要以 $[Ag(S_2O_3)_2]^{3-}$ 配离子形式存在，则可加入 Na_2S 得 Ag_2S 沉淀，达到富集银的目的。

$$2Na_3[Ag(S_2O_3)_2]+Na_2S \xrightarrow{\quad\quad} Ag_2S\downarrow +4Na_2S_2O_3$$

经固液分离后，灼烧沉淀可得单质 Ag。

$$Ag_2S+O_2 \xrightarrow{\quad\quad} 2Ag+SO_2$$

为了降低灼烧温度，可加碳酸钠与少量硼砂为助熔剂。

将制得的 Ag 溶解在 1∶1 HNO_3 溶液中，蒸发、干燥，即可制得 $AgNO_3$。

$$3Ag+4HNO_3 =\!=\!= 3AgNO_3+NO+2H_2O$$

$AgNO_3$ 的纯度可用佛尔哈德沉淀滴定法或电位滴定法进行测定。

三、试剂与器材

试剂：$Na_2CO_3(s)$、$Na_2B_4O_7 \cdot 10H_2O(s)$、NaCl（基准试剂）、NaOH（$6mol \cdot L^{-1}$）、$Pb(Ac)_2$（$0.1mol \cdot L^{-1}$）、$NH_4SCN$（$0.1000mol \cdot L^{-1}$）、$Na_2S$（$2mol \cdot L^{-1}$）、铁铵矾指示剂。

器材：电子天平（0.1g）、分析天平（0.1mg）、烧杯、玻璃棒、研砵、瓷坩埚、高温炉、蒸发皿、锥形瓶、酸式滴定管（50mL）等。

四、实验方法

1. 金属银的提取

取 500~600mL 废定影液置于 1000mL 烧杯中，加热至 30℃ 左右，用 $6mol \cdot L^{-1}$ NaOH 调节溶液的 pH=8（为什么?），在不断搅拌下，加入 $2mol \cdot L^{-1}$ Na_2S 至 Ag_2S 沉淀完全，用 $Pb(Ac)_2$ 试纸检查清液，试纸应变黑。用倾析法分离上层清液，将 Ag_2S 转移至 250mL 烧杯中，用热水洗涤至无 S^{2-}，抽滤。把 Ag_2S 沉淀于蒸发皿内小火烘干，冷却，称量。

按 $m_{Ag_2S} : m_{Na_2CO_3} : m_{Na_2B_4O_7 \cdot 10H_2O} = 3:2:1$ 比例，称取碳酸钠和硼砂，与 Ag_2S 混合研细后置于瓷坩埚中，在高温炉中灼烧 1h，小心取出坩埚，迅速将熔化的银倒出，冷却，然后在稀 HCl 中煮沸，溶解金属银表面的杂质、过滤、水洗单质银、干燥、称量。

2. $AgNO_3$ 的制备

将纯净的银溶解在 1∶1 HNO_3 中，在蒸发皿中缓缓蒸发、浓缩，冷却后过滤，用少量的酒精洗涤，干燥，称量。

3. $AgNO_3$ 含量的测定（佛尔哈德法）

准确称取 $AgNO_3$ 产品 0.4~0.6g（精确至 0.1mg）于锥形瓶中，加水溶解，加 1∶1 HNO_3 5mL，铁铵矾指示剂 1mL，用已标定的 $0.1000mol \cdot L^{-1}$ NH_4SCN 标准溶液滴定，滴定时应不断振荡溶液，直至出现稳定的淡红色，即为终点。根据 NH_4SCN 标准溶液的用量，可计算出 $AgNO_3$ 的百分含量。

五、实验结果及数据处理

列表记录所得金属银的质量、硝酸银的质量，并计算硝酸银的质量分数。

六、实验注意事项

1. 银废液一般呈弱酸性，若直接用 Na_2S 沉淀 Ag^+，则过量的 S^{2-} 形成 H_2S 既污染环境又浪费试剂，所以加沉淀剂之前先用 NaOH 或 $NH_3 \cdot H_2O$ 调节溶液的 pH 值至 8。

2. 佛尔哈德法用 NH_4SCN 标准溶液滴定银离子，生成 AgSCN 沉淀，AgSCN 要吸附

溶液中的 Ag^+，使滴定终点提前，因此在滴定过程中要剧烈摇动溶液，使被吸附的银离子释放。

七、思考题

1. 请根据含银废液的回收方法设计 AgCl 废渣中 Ag 的回收？
2. $AgNO_3$ 可否直接用 Ag_2S 来制取？
3. $AgNO_3$ 含量测定的方法有几种？可否用莫尔法测定？

第5章

设计性实验

5.1 食物中某些成分的检测

实验四十七 V_C药片或果蔬中维生素C含量的测定

一、实验目的

1. 测定医用 V_C 药片或果蔬中维生素 C 含量。
2. 查阅资料，选择测定维生素 C 的实验方法。
3. 复习和巩固滴定分析法和分光光度法。

二、实验提要

维生素 C（V_C）又称为抗坏血酸，分子式为 $C_6H_8O_6$，相对分子质量为 176.12，属于水溶性维生素。维生素 C 在医药和化学上有着非常广泛的应用。

维生素 C 是常用的还原剂（$E^{\ominus}_{C_6H_6O_6/C_6H_8O_6}=0.18V$），$V_C$ 分子中的烯二醇基可被 I_2 氧化成二酮基，故可用 I_2 标准溶液进行测定。

$$\begin{array}{c} \text{O} \\ | \\ \text{C—C—C—C—C—CH}_2\text{OH} + \text{I}_2 \\ \| \quad | \ | \ | \ | \\ \text{O OH OH H H OH} \end{array} \Longrightarrow \begin{array}{c} \text{O} \\ | \\ \text{C—C—C—C—C—CH}_2\text{OH} + 2\text{HI} \\ \| \quad \| \ \| \ | \ | \\ \text{O O O H OH} \end{array}$$

Vc 也是一种弱酸，可与 OH^- 的反应：

$$C_6H_8O_6 + OH^- \Longrightarrow H_2O + C_6H_7O_6^-$$

当 Vc 片中不含其他酸时，Vc 的含量可用酸碱滴定法测定。

维生素 C 在碱性介质中易被氧化，内环打开形成二酮古洛糖酸，二酮古洛糖酸可与 2,4-二硝基苯肼生成红色的脎，在 500nm 波长下，脎具有最大吸收，故也可用分光光度法测定。

$$\text{抗坏血酸} \xrightarrow{\text{pH}>5} \text{二酮古洛糖酸}$$

三、参考资料

参见书后文献 [33～37]。

实验四十八　蔬菜中叶绿素的提取和含量测定

一、实验要求

1. 通过查阅资料，拟定蔬菜中的叶绿素提取和含量测定的实验方案。
2. 学习天然产物的提取方法。
3. 应用分光光度法测定蔬菜中叶绿素的含量。

二、实验提要

叶绿素广泛存在于果蔬等绿色植物组织中，高等植物中叶绿素有两种：叶绿素 a 和叶绿素 b，两者均易溶于乙醇、乙醚、丙酮和氯仿，因此可以用这些溶剂提取。

叶绿素含量的测定方法有多种，测定方法之一是采用分光光度法。叶绿素 a 和叶绿素 b 在 645nm 和 663nm 处有最大吸收，且两吸收曲线相交于 652nm 处。因此测定叶绿素提取液在 645nm、663nm、652nm 波长下的吸光值，即可用朗伯-比耳定律计算出叶绿素 a、叶绿素 b 和总叶绿素的含量。

三、参考资料

参见书后文献 [38～41]。

5.2　化合物的合成与测试

实验四十九　氧化亚铜制备和组分测定

一、实验目的

1. 了解氧化亚铜的应用。
2. 采用化学还原法制备 Cu_2O。
3. 分析 Cu_2O 产品质量。

二、实验提要

氧化亚铜粉末用途非常广泛，它可被涂料工业用作船舶防污底漆的杀菌剂（用于杀死低级海生动物)；在玻璃工业中用作红玻璃和红瓷釉着色剂；在农业上用作杀菌剂、饲料添加剂；Cu_2O 也可用作整流器材料、涂层、塑料和玻璃表面改性材料以及有机工业催化剂等。

氧化亚铜制备方法很多，其中化学合成法可采用葡萄糖还原法和亚硫酸钠还原法。

葡萄糖还原法：$\quad CuSO_4 + 2NaOH \Longrightarrow Na_2SO_4 + Cu(OH)_2 \downarrow$

$2Cu(OH)_2 + CH_2OH(CHOH)_4CHO \Longrightarrow Cu_2O\downarrow + 2H_2O + CH_2OH(CHOH)_4COOH$

亚硫酸钠还原法：

$$2CuSO_4 + 3Na_2SO_3 \xrightarrow{80\sim85℃} Cu_2O + 3Na_2SO_4 + 2SO_2\uparrow$$

氧化亚铜产品质量以 Cu_2O 总还原率表示。用过量的 $FeCl_3$ 溶液与 Cu_2O 反应，反应生成的 Fe^{2+} 用 $Ce(SO_4)_2$ 标准溶液滴定，即可得到 Cu_2O 试剂的总还原率。

三、参考资料

参见书后文献 [42～47]。

实验五十 钴(Ⅲ)配合物的制备及其组成测定

一、实验目的

1. 合成钴(Ⅲ) 配合物，如二氯化一氯五氨合钴(Ⅲ) 或三氯化六氨合钴(Ⅲ)。
2. 分析和测定配合物的组成。

二、实验提要

二价钴盐较三价钴盐稳定，而它们的配合物的稳定性则正好相反。以二价钴盐为原料，通过空气或过氧化氢将 Co(Ⅱ) 氧化为 Co(Ⅲ)，可得到三价钴的配合物。

以氨为配合剂，在不同条件下，可合成多种钴的氨配合物，如三氯化六氨合钴(Ⅲ) $[Co(NH_3)_6]Cl_3$（橙黄色晶体），二氯化一氯五氨合钴(Ⅲ) $[Co(NH_3)_5Cl]Cl_2$（紫红色晶体）和三氯化五氨一水合钴(Ⅲ) $[Co(NH_3)_5H_2O]Cl_3$（砖红色晶体）。

配合物的组成可通过对组成分子中的钴、氨和氯含量的测定加以推断。

三、参考资料

参见书后文献 [48～50]。

5.3 废物中有效成分的回收利用

实验五十一 废铝制备硫酸铝钾

一、实验目的

1. 了解废铝综合利用的意义。

2. 学习利用和回收废铝中有效成分的方法。

3. 掌握无机物的提取、制备、提纯、分析等方法与技能。

二、实验提要

生活中废旧铝制品随处可见，如饮料罐等，废旧铝材的循环再利用既可减少对环境的影响，又可节约铝的资源。废旧铝材可转化为硫酸铝、硫酸铝钾（明矾）等。

明矾为无色透明晶体，可用于造纸工业作松香胶沉降剂、净化浊水的助沉剂、照相纸坚膜剂、泡沫橡胶助发泡剂、电镀锌的助导电剂、印染的媒染剂、防拔染工艺的防染剂，也可用于收敛性化妆品中。医药上用作收敛药、催吐药和止血药，食品中用作疏松剂等。

实验可采用的方法是将铝屑溶于浓氢氧化钠溶液，生成可溶性的四羟基合铝（Ⅲ）酸钠 $Na[Al(OH)_4]$，再用稀 H_2SO_4 调节溶液的 pH 值，将其转化为氢氧化铝，氢氧化铝再溶于硫酸生成硫酸铝。硫酸铝同硫酸钾在水溶液中结合生成溶解度较小的同晶复盐，即明矾 $[KAl(SO_4)_2 \cdot 12H_2O]$。当冷却溶液时，明矾则以大块晶体结晶出来。

三、参考资料

参见书后文献 [15]。

实验五十二　从镍废渣中提取硫酸镍、制备氯化六氨合镍（Ⅱ）及组成测定

一、实验目的

1. 根据原料来源，分析镍和杂质含量。

2. 设计实验方法由镍废渣制备硫酸镍。

3. 由硫酸镍制备氯化六氨合镍（Ⅱ）配合物。

4. 硫酸镍、氯化六氨合镍（Ⅱ）的纯度分析，杂质分析。

二、实验提要

镍废渣一般来自于电镀镍的下脚料（阳极泥），化工厂的废镍催化剂等。在镍废渣中常含有铁、铝、硅、钙、镁、锰、铜和镍等物质，其中镍含量可达 10%～20%。回收与利用镍废渣具有较高的经济价值，同时能减少环境污染。

镍废渣经酸溶解后，在一定的 pH 值条件下，通过氧化水解和生成硫化物沉淀等方法除去杂质，制得纯度较高的 $NiSO_4 \cdot 7H_2O$ 晶体。以 $NiSO_4 \cdot 7H_2O$ 为原料可再制备氯化六氨合镍（Ⅱ）配合物。

三、参考资料

参见书后文献 [51～53]。

5.4 环 境 检 测

实验五十三　土壤中速效磷的测定

一、实验目的

1. 了解土壤中速效磷测定的意义。
2. 了解土壤速效磷的浸提和浸提液的处理方法。
3. 学习用磷钼蓝分光光度法测定速效磷的方法。

二、实验提要

速效磷是指土壤中容易为作物吸收利用的磷，测定速效磷的含量是判断土壤供磷能力的一项重要指标。测定土壤速效磷的含量，可为合理分配和施用磷肥提供理论依据。

土壤中速效磷的测定方法很多，其中常见的是通过化学浸提法提取速效磷，然后用分光光度法测定速效磷的含量。

根据土壤性质的不同，选取不同的速效磷的浸提剂。一般石灰性土壤或中性土壤多以磷酸二氢钙和磷酸氢二钙状态存在，故采用碳酸氢钠来提取。

经浸提所得的速效磷，一般用钼蓝法进行磷的光度分析。在含磷的溶液中加入钼酸铵试剂，在酸性溶液中生成磷钼酸铵：

$$PO_4^{3-} + 3NH_4^+ + 12MoO_4^{2-} + 24H^+ = (NH_4)_3PO_4 \cdot 12MoO_3 + 12H_2O$$

磷钼酸铵在一定酸度下，被还原剂（如氯化亚锡、抗坏血酸、亚硫酸钠等）还原成蓝色的磷钼杂多蓝（磷钼蓝）：

$$(NH_4)_3PO_4 \cdot 12MoO_3 + SnCl_2 + H^+ \longrightarrow 2Mo_2O_5 \cdot 8MoO_3 \cdot H_3PO_4 （磷钼蓝的大致成分）$$

磷钼蓝在 660nm 和 880nm 波长下有最大吸收。磷钼蓝的蓝色深浅在一定浓度范围内与磷的含量呈正比，因此可以用分光光度法测定其含量。

三、参考资料

参见书后文献 [54～56]。

实验五十四　校园水质的综合评价

一、实验目的

1. 了解水质检测的意义和方法。
2. 了解水质检测的国家标准，学习查阅国家标准（GB）。
3. 学习水质检测的各种方法。

二、实验提要

许多大学校园及周边都有天然或人工的湖泊或池塘，水质好坏直接影响到校园的环境。通过对校园水质的生物、物理和化学等技术指标的测定，以此对校园水质进行评价，有利于了解生活的环境，保护水资源。

根据国家《地面水环境质量标准》（GB 3838—2002），依据水域使用目的和保护标准的不同，水质质量监测的检测项目也有所不同。校园水质检测主要包括色度、浊度、pH值、悬浮物（ss）、氨氮、高锰酸盐指数和化学需氧量（COD）等水质指标，并对照《地表水环境质量标准》（GB 3838—2002）、《污水综合排放标准》（GB 8978—1996）和《生活饮用水卫生标准》（GB 5749—2006）中规定的标准，对校园地表水、饮用水和生活污水的水质进行分析和评价。

水质检测方法有国家标准，色度检测可依据 GB 5750、浊度检测可依据 ISO 7027、pH 值检测可依据 GB 6920—86、悬浮物检测可依据 GB 11901—89、氨氮检测可依据 GB 7479—87、高锰酸盐指数检测可依据 GB 11892—1989，化学需氧量（COD）检测可依据 GB 119914—89。

三、参考资料

参见书后文献 [57，58]。

附　录

附录1　酸的解离平衡常数（298.2K）

化学式	$K_a^{\ominus}$	$pK_a^{\ominus}$	化学式	$K_a^{\ominus}$	$pK_a^{\ominus}$
H_3AsO_4	6.3×10^{-3}	2.20	H_2SO_3	1.3×10^{-2}	1.90
$H_2AsO_4^-$	1.05×10^{-7}	6.98	HSO_3^-	6.3×10^{-8}	7.20
$HAsO_4^{2-}$	3.2×10^{-12}	11.50	HSO_4^-	1.02×10^{-2}	1.99
H_3BO_3	5.8×10^{-10}	9.24	H_2SiO_3	1.70×10^{-10}	9.77
$HBrO$	2.4×10^{-9}	8.62	$HSiO_3^-$	1.6×10^{-12}	11.80
$HClO$	3.2×10^{-8}	7.50	$HCOOH$	1.8×10^{-4}	3.74
HCN	6.2×10^{-10}	9.21	CH_3COOH	1.78×10^{-5}	4.75
H_2CO_3	4.2×10^{-7}	6.38	C_6H_5COOH	6.31×10^{-5}	4.20
HCO_3^-	5.6×10^{-11}	10.25	$H_2C_2O_4$	5.9×10^{-2}	1.23
H_2CrO_4	1.80×10^{-1}	0.74	$HC_2O_4^-$	6.4×10^{-5}	4.19
$HCrO_4^-$	3.2×10^{-7}	6.49	两性氢氧化物		
HF	6.61×10^{-4}	3.18	$Al(OH)_3$	4×10^{-13}	12.40
HIO	2.29×10^{-11}	10.64	$Cr(OH)_3$	9×10^{-17}	16.05
HNO_2	5.1×10^{-4}	3.29	$Cu(OH)_2$	1×10^{-19}	19.00
H_2O_2	2.2×10^{-12}	11.66	$HCuO_2^-$	7.0×10^{-14}	13.15
H_3PO_4	7.52×10^{-3}	2.12	$Pb(OH)_2$	4.6×10^{-16}	15.34
$H_2PO_4^-$	6.31×10^{-8}	7.20	$SbO(OH)_2$	1×10^{-11}	11.00
HPO_4^{2-}	4.4×10^{-13}	12.36	$Sn(OH)_2$	3.8×10^{-15}	14.42
H_2S	1.3×10^{-7}	6.88	$Sn(OH)_4$	1×10^{-32}	32.00
HS^-	7.1×10^{-15}	14.15	$Zn(OH)_2$	1×10^{-29}	29.00

附录2　碱的解离平衡常数（298.2K）

化学式	$K_b^{\ominus}$	$pK_b^{\ominus}$	化学式	$K_b^{\ominus}$	$pK_b^{\ominus}$
AsO_4^{3-}	3.0×10^{-3}	2.52	HS^-	1.12×10^{-7}	6.95
$HAsO_4^{2-}$	9.1×10^{-8}	7.04	SCN^-	7.09×10^{-14}	13.15
$H_2AsO_4^-$	1.5×10^{-12}	11.82	SiO_3^{2-}	6.30×10^{-3}	2.20
$H_2BO_3^-$	1.6×10^{-5}	4.80	$HSiO_3^-$	5.9×10^{-5}	4.23
CO_3^{2-}	1.78×10^{-4}	3.75	HSO_3^-	6.92×10^{-13}	12.16
HCO_3^-	2.33×10^{-8}	7.63	SO_3^{2-}	2.0×10^{-7}	6.70
CN^-	2.03×10^{-5}	4.69	SO_4^{2-}	1.0×10^{-12}	12.00
F^-	1.58×10^{-11}	10.80	$S_2O_3^{2-}$	4.00×10^{-14}	13.40
I^-	3×10^{-24}	23.52	$HCOO^-$	5.64×10^{-11}	10.25
NH_3	1.78×10^{-5}	4.75	CH_3COO^-	5.71×10^{-10}	9.24
NO_2^-	1.92×10^{-11}	10.71	$C_2O_4^{2-}$	1.6×10^{-10}	9.80
PO_4^{3-}	2.08×10^{-2}	1.68	$HC_2O_4^-$	1.79×10^{-13}	12.75
HPO_4^{2-}	1.61×10^{-7}	6.79	$(CH_2)_6N_4$	1.35×10^{-9}	8.87
$H_2PO_4^-$	1.33×10^{-12}	11.88	$C_6H_5NH_2$	4.3×10^{-10}	9.37
S^{2-}	8.33×10^{-2}	1.08	NH_2OH	9.1×10^{-9}	8.04

附录 3　常用酸碱试剂的浓度和密度

名称 项目	浓 HCl	浓 HNO₃	浓 H₂SO₄	浓 H₃PO₄	浓 HAc	浓 NH₃·H₂O
浓度/mol·L^{-1}（近似）	12.2	15.7	18	15	17	15
密度/g·cm^{-3}	1.19	1.42	1.84	1.7	1.05	0.90

附录 4　常用酸碱指示剂

名称	pH 变色范围	颜色变化	配制方法
0.1%百里酚蓝	1.2～2.8	红～黄	0.1g 百里酚蓝溶于 20mL 乙醇中,加水至 100mL
0.1%甲基橙	3.1～4.4	红～黄	0.1g 甲基橙溶于 100mL 热水中
0.1%溴酚蓝	3.0～4.6	黄～紫蓝	0.1g 溴酚蓝溶于 20mL 乙醇中,加水至 100mL
0.1%溴甲酚绿	4.0～5.4	黄～蓝	0.1g 溴甲酚绿溶于 20mL 乙醇中,加水至 100mL
0.1%甲基红	4.8～6.2	红～黄	0.1g 甲基红溶于 60mL 乙醇中,加水至 100mL
0.1%溴百里酚蓝	6.2～7.6	黄～蓝	0.1g 溴百里酚蓝溶于 20mL 乙醇中,加水至 100mL
0.1%中性红	6.8～8.0	红～黄橙	0.1g 中性红溶于 60mL 乙醇中,加水至 100mL
0.2%酚酞	8.0～9.6	无～红	0.2g 酚酞溶于 90mL 乙醇中,加水至 100mL
0.1%百里酚蓝	8.0～9.6	黄～蓝	0.1g 百里酚蓝溶于 20mL 乙醇中,加水至 100mL
0.1%百里酚酞	9.4～10.6	无～蓝	0.1g 百里酚酞溶于 90mL 乙醇中,加水至 100mL
0.1%茜素黄	10.1～12.1	黄～紫	0.1g 茜素黄溶于 100mL 水中

附录 5　酸碱混合指示剂

指示剂溶液的组成	变色时 pH 值	颜色		备注
		酸色	碱色	
一份 0.1%甲基黄乙醇溶液 一份 0.1%亚甲基蓝乙醇溶液	3.25	蓝紫	绿	pH＝3.2 蓝紫色 pH＝3.4 绿色
一份 0.1%甲基橙水溶液 一份 0.25%靛蓝二磺酸水溶液	4.1	紫	黄绿	
一份 0.1%溴甲酚绿钠盐水溶液 一份 0.2%甲基橙水溶液	4.3	橙	蓝绿	pH＝3.5 黄色,pH＝4.05 绿色 pH＝4.3 浅绿色
三份 0.1%溴甲酚绿乙醇溶液 一份 0.2%甲基红乙醇溶液	5.1	酒红	绿	
一份 0.1%溴甲酚绿钠盐水溶液 一份 0.1%氯酚红钠盐水溶液	6.1	黄绿	蓝紫	pH＝5.4 蓝绿色,pH＝5.8 蓝色 pH＝6.0 蓝带紫,pH＝6.2 蓝紫色
一份 0.1%中性红乙醇溶液 一份 0.1%亚甲基蓝乙醇溶液	7.0	蓝紫	绿	pH＝7.0 紫蓝
一份 0.1%甲酚红钠盐水溶液 三份 0.1%百里酚蓝钠盐水溶液	8.3	黄	紫	pH＝8.2 玫瑰红 pH＝8.4 清晰的紫色
一份 0.1%百里酚蓝 50%乙醇溶液 三份 0.1%酚酞 50%乙醇溶液	9.0	黄	紫	从黄到绿,再到紫

指示剂溶液的组成	变色时pH值	颜色		备注
		酸色	碱色	
一份 0.1％酚酞乙醇溶液 一份 0.1％百里酚酞乙醇溶液	9.9	无	紫	pH＝9.6 玫瑰红 pH＝10 紫红
二份 0.1％百里酚酞乙醇溶液 一份 0.1％茜素黄乙醇溶液	10.2	黄	紫	

附录6 常用缓冲溶液的配制

pH 值	配制方法
0	$1mol \cdot L^{-1}$ HCl 溶液①
1	$0.1mol \cdot L^{-1}$ HCl 溶液
2	$0.01mol \cdot L^{-1}$ HCl 溶液
3.6	8g NaAc $\cdot 3H_2O$ 溶于适量水中，加 $6mol \cdot L^{-1}$ HAc 溶液 134mL，稀释至 500mL
4.0	将 60mL 冰醋酸和 16g 无水醋酸钠溶于 100mL 水中，稀释至 500mL
4.5	将 30mL 冰醋酸和 30g 无水醋酸钠溶于 100mL 水中，稀释至 500mL
5.0	将 30mL 冰醋酸和 60g 无水醋酸钠溶于 100mL 水中，稀释至 500mL
5.4	将 40g 六亚甲基四胺溶于 90mL 水中，加入 20mL $6mol \cdot L^{-1}$ HCl 溶液
5.7	100g NaAc $\cdot 3H_2O$ 溶于适量水中，加 $6mol \cdot L^{-1}$ HAc 溶液 13mL，稀释至 500mL
7.0	77g NH_4Ac 溶于适量水中，稀释至 500mL
7.5	60g NH_4Cl 溶于适量水中，加浓氨水 1.4mL，稀释至 500mL
8.0	50g NH_4Cl 溶于适量水中，加浓氨水 3.5mL，稀释至 500mL
8.5	40g NH_4Cl 溶于适量水中，加浓氨水 8.8mL，稀释至 500mL
9.0	35g NH_4Cl 溶于适量水中，加浓氨水 24mL，稀释至 500mL
9.5	30g NH_4Cl 溶于适量水中，加浓氨水 65mL，稀释至 500mL
10	27g NH_4Cl 溶于适量水中，加浓氨水 175mL，稀释至 500mL
11	3g NH_4Cl 溶于适量水中，加浓氨水 207mL，稀释至 500mL
12	$0.01mol \cdot L^{-1}$ NaOH 溶液②
13	$0.1mol \cdot L^{-1}$ NaOH 溶液

① 不能有 Cl^- 存在时，可用硝酸。

② 不能有 Na^+ 存在时，可用 KOH 溶液。

附录7 沉淀及金属指示剂

名称	颜色		配制方法
	游离	化合物	
铬酸钾	黄	砖红	5％水溶液
硫酸铁铵，40％	无色	血红	$NH_4Fe(SO_4)_2 \cdot 12H_2O$ 饱和水溶液，加数滴浓 H_2SO_4
荧光黄，0.5％	绿色荧光	玫瑰红	0.50g 荧光黄溶于乙醇，并用乙醇稀释至 100mL
铬黑 T	蓝	酒红	(1)0.2g 铬黑 T 溶于 15mL 三乙醇胺及 5mL 甲醇中 (2)1g 铬黑 T 与 100g NaCl 研细、混匀(1∶100)
钙指示剂	蓝	红	0.5g 钙指示剂与 100g NaCl 研细、混匀
二甲酚橙，0.5％	黄	红	0.5g 二甲酚橙溶于 100mL 去离子水中
K-B 指示剂	蓝	红	0.5g 酸性铬蓝 K 加 1.25g 萘酚绿 B，再加 25g K_2SO_4 研细、混匀
磺基水杨酸	无	红	10％水溶液
PAN 指示剂，0.2％	黄	红	0.2g PAN 溶于 100mL 乙醇中
邻苯二酚紫，0.1％	紫	蓝	0.1g 邻苯二酚紫溶于 100mL 去离子水中

附录8 氧化还原指示剂

名称	变色电势 φ/V	颜色 氧化态	颜色 还原态	配制方法
二苯胺,1%	0.76	紫	无色	1g 二苯胺在搅拌下溶于 100mL 浓硫酸和 100mL 浓磷酸,贮于棕色瓶中
二苯胺磺酸钠,0.5%	0.85	紫	无色	0.5g 二苯胺磺酸钠溶于 100mL 水中,必要时过滤
邻菲啰啉硫酸亚铁,0.5%	1.06	淡蓝	红	0.5g $FeSO_4 \cdot 7H_2O$ 溶于 100mL 水中,加 2 滴硫酸,加 0.5g 邻菲啰啉
邻苯氨基苯甲酸,0.2%	1.08	红	无色	0.2g 邻苯氨基苯甲酸加热溶解在 100mL 0.2% Na_2CO_3 溶液中,必要时过滤
淀粉,0.2%				2g 可溶性淀粉,加少许水调成浆状,在搅拌下注入 1000mL 沸水中,微沸 2min,放置,取上层溶液使用(若要保持稳定,可在研磨淀粉时加入 10mg HgI_2)

附录9 难溶电解质的溶度积 (298.2K)

化学式	$K_{sp}^{\ominus}$	化学式	$K_{sp}^{\ominus}$
氟化物		碳酸盐	
MgF_2	6.5×10^{-9}	$MgCO_3$	1×10^{-5}
CaF_2	2.7×10^{-11}	$CaCO_3$	3.36×10^{-9}
SrF_2	2.5×10^{-9}	$SrCO_3$	1.6×10^{-9}
BaF_2	1.0×10^{-6}	$BaCO_3$	5.1×10^{-9}
ThF_2	4×10^{-20}	$PbCO_3$	7.40×10^{-9}
溴化物		$MnCO_3$	2.24×10^{-11}
$PbBr_2$	6.6×10^{-6}	$FeCO_3$	3.13×10^{-11}
$CuBr$	5.3×10^{-9}	$CoCO_3$	1.0×10^{-10}
$AgBr$	5.0×10^{-13}	$NiCO_3$	1.3×10^{-7}
Hg_2Br_2	5.8×10^{-23}	$CuCO_3$	1.46×10^{-13}
氯化物		Ag_2CO_3	8.1×10^{-12}
$PbCl_2$	1.60×10^{-5}	$ZnCO_3$	1.7×10^{-11}
$CuCl$	1.20×10^{-6}	硫酸盐	
$AgCl$	1.80×10^{-10}	$CaSO_4$	4.93×10^{-5}
Hg_2Cl_2	1.43×10^{-13}	$SrSO_4$	3.44×10^{-7}
碘化物		$BaSO_4$	1.1×10^{-10}
PbI_2	7.1×10^{-9}	$PbSO_4$	2.53×10^{-8}
CuI	1.1×10^{-12}	Ag_2SO_4	1.2×10^{-5}
AgI	8.51×10^{-17}	Hg_2SO_4	2.4×10^{-7}
HgI_2	3×10^{-25}	硝酸盐	
Hg_2I_2	5.2×10^{-29}	$BiO(NO_3)$	2.8×10^{-3}
醋酸盐		磷酸盐	
$AgAc$	1.94×10^{-3}	Li_3PO_4	3×10^{-13}
Hg_2Ac_2	2.00×10^{-15}	$Mg(NH_4)PO_4$	3×10^{-13}
砷酸盐		$Mg_3(PO_4)_2$	1.04×10^{-24}
Ag_3AsO_4	1.12×10^{-22}	$Ca_3(PO_4)_2$	2.07×10^{-33}

化学式	$K_{sp}^{\ominus}$	化学式	$K_{sp}^{\ominus}$
磷酸盐		MnS	2.5×10^{-13}
$Sr_3(PO_4)_2$	4×10^{-28}	FeS	6.0×10^{-18}
$Ba_3(PO_4)_2$	3×10^{-23}	CoS	2×10^{-25}
$AlPO_4$	6.3×10^{-19}	NiS	3.2×10^{-19}
$Pb_3(PO_4)_2$	8.0×10^{-45}	Cu_2S	2.5×10^{-48}
$BiPO_4$	1.3×10^{-23}	CuS	6×10^{-36}
$Mn_3(PO_4)_2$	1×10^{-22}	Ag_2S	6.3×10^{-50}
亚硝酸盐		ZnS	1.6×10^{-24}
$AgNO_2$	5.86×10^{-4}	CdS	8.0×10^{-27}
铬酸盐		HgS	4×10^{-53}
$CaCrO_4$	7.1×10^{-4}	氢氧化物	
$SrCrO_4$	2.2×10^{-5}	$Be(OH)_2$	4×10^{-15}
$BaCrO_4$	1.17×10^{-10}	$Mg(OH)_2$	1.80×10^{-11}
$PbCrO_4$	2.80×10^{-13}	$Ca(OH)_2$	5.07×10^{-6}
Ag_2CrO_4	1.12×10^{-12}	$Sr(OH)_2$	6.4×10^{-3}
Hg_2CrO_4	2.0×10^{-9}	$Ba(OH)_2$	5.0×10^{-3}
草酸盐		$Al(OH)_3$	4.60×10^{-33}
MgC_2O_4	8.50×10^{-5}	$Sn(OH)_2$	6×10^{-27}
BaC_2O_4	1.60×10^{-7}	$Sn(OH)_4$	10^{-56}
PbC_2O_4	3.0×10^{-11}	$Pb(OH)_2$	8.1×10^{-17}
CrC_2O_4	1.51×10^{-8}	$SbO(OH)_2$	1×10^{-17}
MnC_2O_4	1×10^{-19}	$BiO(OH)_2$	1×10^{-12}
FeC_2O_4	2×10^{-7}	$Cr(OH)_3$	1.00×10^{-31}
CoC_2O_4	4×10^{-6}	$Mn(OH)_2$	1.90×10^{-13}
NiC_2O_4	1×10^{-7}	$Fe(OH)_2$	8×10^{-16}
$Ag_2C_2O_4$	1.3×10^{-11}	$Fe(OH)_3$	2.79×10^{-39}
CuC_2O_4	3×10^{-8}	$Co(OH)_2$	6.00×10^{-15}
ZnC_2O_4	2×10^{-9}	$Ni(OH)_2$	5.48×10^{-16}
$Hg_2C_2O_4$	1.00×10^{-13}	$Cu(OH)_2$	2.2×10^{-19}
氰化物		Ag_2O	2×10^{-8}
AgCN	1.2×10^{-16}	$Zn(OH)_2$	2.10×10^{-16}
硫化物		$Cd(OH)_2$	5.9×10^{-15}
SnS	1.00×10^{-25}	$Hg(OH)_2$	4×10^{-26}
PbS	3.0×10^{-27}		

附录 10 标准电极电位 （298.2K）

电极反应	$E^{\ominus}/V$	电极反应	$E^{\ominus}/V$
$Li^+ + e^- \Longrightarrow Li$	-3.045	$Cu^{2+} + 2e^- \Longrightarrow Cu$	0.340
$Ca(OH)_2 + 2e^- \Longrightarrow Ca + 2OH^-$	-3.02	$Ag_2O + H_2O + 2e^- \Longrightarrow 2Ag + 2OH^-$	0.342
$Rb^+ + e^- \Longrightarrow Rb$	-2.924	$ClO_2^- + H_2O + 2e^- \Longrightarrow ClO^- + 2OH^-$	0.35
$K^+ + e^- \Longrightarrow K$	-2.924	$O_2 + 2H_2O + 4e^- \Longrightarrow 4OH^-$	0.401
$Cs^+ + e^- \Longrightarrow Cs$	-2.923	$[Fe(CN)_6]^{3-} + e^- \Longrightarrow [Fe(CN)_6]^{4-}$ $(0.01mol \cdot L^{-1}NaOH)$	0.46

电极反应	$E^{\ominus}/V$	电极反应	$E^{\ominus}/V$
$Ba^{2+}+2e^{-} \Longrightarrow Ba$	-2.92	$Cu^{+}+e^{-} \Longrightarrow Cu$	0.52
$Sr^{2+}+2e^{-} \Longrightarrow Sr$	-2.89	$I_2+2e^{-} \Longrightarrow 2I^{-}$	0.5355
$Ca^{2+}+2e^{-} \Longrightarrow Ca$	-2.84	$IO_3^{-}+2H_2O+4e^{-} \Longrightarrow IO^{-}+4OH^{-}$	0.56
$Na^{+}+e^{-} \Longrightarrow Na$	-2.713	$MnO_4^{-}+2H_2O+3e^{-} \Longrightarrow MnO_2+4OH^{-}$	0.58
$Mg^{2+}+2e^{-} \Longrightarrow Mg$	-2.356	$O_2+2H^{+}+2e^{-} \Longrightarrow H_2O_2$	0.695
$\frac{1}{2}H_2+e^{-} \Longrightarrow H^{-}$	-2.230	$[Fe(CN)_6]^{3-}+e^{-} \Longrightarrow [Fe(CN)_6]^{4-}(1mol \cdot L^{-1}H_2SO_4)$	0.69
$Be^{2+}+2e^{-} \Longrightarrow Be$	-1.847	$Fe^{3+}+e^{-} \Longrightarrow Fe^{2+}$	0.771
$Al^{3+}+3e^{-} \Longrightarrow Al(0.1mol \cdot L^{-1}NaOH)$	-1.706	$Hg_2^{2+}+2e^{-} \Longrightarrow 2Hg$	0.792
$Mn(OH)_2+2e^{-} \Longrightarrow Mn+2OH^{-}$	-1.47	$Ag^{+}+e^{-} \Longrightarrow Ag$	0.7991
$ZnO_2+2H_2O+2e^{-} \Longrightarrow Zn^{2+}+4OH^{-}$	-1.216	$2NO_3^{-}+4H^{+}+2e^{-} \Longrightarrow N_2O_4+2H_2O$	0.81
$Mn^{2+}+2e^{-} \Longrightarrow Mn$	-1.18	$\frac{1}{2}O_2+2H^{+}(10^{-7}mol \cdot L^{-1})+2e^{-} \Longrightarrow H_2O$	0.815
$[Sn(OH)_6]^{2-}+2e^{-} \Longrightarrow HSnO_2^{-}+3OH^{-}+H_2O$	-0.96	$Hg^{2+}+2e^{-} \Longrightarrow Hg$	0.8535
$2H_2O+2e^{-} \Longrightarrow H_2+2OH^{-}$	-0.8277	$ClO^{-}+H_2O+2e^{-} \Longrightarrow Cl^{-}+2OH^{-}$	0.90
$Zn^{2+}+2e^{-} \Longrightarrow Zn$	-0.763	$2Hg^{2+}+2e^{-} \Longrightarrow Hg_2^{2+}$	0.94
$Cr^{3+}+3e^{-} \Longrightarrow Cr$	-0.74	$NO_3^{-}+3H^{+}+2e^{-} \Longrightarrow HNO_2+H_2O$	0.940
$Ni(OH)_2+2e^{-} \Longrightarrow Ni+2OH^{-}$	-0.720	$NO_3^{-}+4H^{+}+3e^{-} \Longrightarrow NO+2H_2O$	0.957
$Fe(OH)_3+e^{-} \Longrightarrow Fe(OH)_2+OH^{-}$	-0.56	$Br_2(l)+2e^{-} \Longrightarrow 2Br^{-}$	1.065
$2CO_2+2H^{+}+2e^{-} \Longrightarrow H_2C_2O_4$	-0.49	$Br_2(aq)+2e^{-} \Longrightarrow 2Br^{-}$	1.087
$NO_2^{-}+H_2O+e^{-} \Longrightarrow NO+2OH^{-}$	-0.46	$MnO_2+4H^{+}+2e^{-} \Longrightarrow Mn^{2+}+2H_2O$	1.23
$Cr^{3+}+e^{-} \Longrightarrow Cr^{2+}$	-0.440	$O_2+4H^{+}+4e^{-} \Longrightarrow 2H_2O$	1.229
$Fe^{2+}+2e^{-} \Longrightarrow Fe$	-0.44	$Cr_2O_7^{2-}+14H^{+}+6e^{-} \Longrightarrow 2Cr^{3+}+7H_2O$	1.36
$Ni^{2+}+2e^{-} \Longrightarrow Ni$	-0.257	$Cl_2+2e^{-} \Longrightarrow 2Cl^{-}$	1.3583
$Sn^{2+}+2e^{-} \Longrightarrow Sn$	-0.1364	$ClO_4^{-}+8H^{+}+8e^{-} \Longrightarrow Cl^{-}+4H_2O$	1.389
$Pb^{2+}+2e^{-} \Longrightarrow Pb$	-0.126	$ClO_3^{-}+6H^{+}+6e^{-} \Longrightarrow Cl^{-}+3H_2O$	1.45
$Fe^{3+}+3e^{-} \Longrightarrow Fe$	-0.036	$ClO_3^{-}+6H^{+}+5e^{-} \Longrightarrow \frac{1}{2}Cl_2(l)+3H_2O$	1.47
$AgCN+e^{-} \Longrightarrow Ag+CN^{-}$	-0.017	$MnO_4^{-}+8H^{+}+5e^{-} \Longrightarrow Mn^{2+}+4H_2O$	1.51
$2H^{+}+2e^{-} \Longrightarrow H_2$	0.0000	$Mn^{3+}+e^{-} \Longrightarrow Mn^{2+}$	1.51
$AgBr+e^{-} \Longrightarrow Ag+Br^{-}$	0.0713	$MnO_4^{-}+4H^{+}+3e^{-} \Longrightarrow MnO_2+2H_2O$	1.70
$Sn^{4+}+2e^{-} \Longrightarrow Sn^{2+}$	0.154	$Au^{+}+e^{-} \Longrightarrow Au$	1.692
$Cu^{2+}+2e^{-} \Longrightarrow Cu$	0.159	$H_2O_2+2H^{+}+e^{-} \Longrightarrow 2H_2O$	1.763
$ClO_4^{-}+H_2O+2e^{-} \Longrightarrow ClO_3^{-}+2OH^{-}$	0.170	$S_2O_8^{2-}+2e^{-} \Longrightarrow 2SO_4^{2-}$	1.96
$SO_4^{2-}+4H^{+}+2e^{-} \Longrightarrow H_2SO_3+H_2O$	0.158	$O_3+2H^{+}+2e^{-} \Longrightarrow O_2+H_2O$	2.07
$AgCl+e^{-} \Longrightarrow Ag+Cl^{-}$	0.2223	$F_2+2e^{-} \Longrightarrow 2F^{-}$	2.87

附录 11 式 量 电 位

半反应	φ'/V	介质
$Ce^{4+}+e^{-} \Longrightarrow Ce^{3+}$	1.70	$1mol \cdot L^{-1}HClO_4$
	1.60	$1mol \cdot L^{-1}HNO_3$
	1.45	$0.5mol \cdot L^{-1}H_2SO_4$
	1.28	$0.5mol \cdot L^{-1}HCl$

半反应	φ'/V	介质
$Co^{3+}+e^-\Longrightarrow Co^{2+}$	1.80	$1mol \cdot L^{-1} HNO_3$
$Co(en)_3^{3+}+e^-\Longrightarrow Co(en)_3^{2+}$	-0.2	$0.1mol \cdot L^{-1} KNO_3+0.1mol \cdot L^{-1}(en)$
$Cr^{3+}+e^-\Longrightarrow Cr^{2+}$	-0.40	$5mol \cdot L^{-1} HCl$
$Cr_2O_7^{2+}+14H^++6e^-\Longrightarrow 2Cr^{3+}+7H_2O$	1.00	$1mol \cdot L^{-1} HCl$
	1.030	$1mol \cdot L^{-1} HClO_4$
	1.08	$3mol \cdot L^{-1} HCl$
	1.05	$2mol \cdot L^{-1} HCl$
	1.15	$2mol \cdot L^{-1} H_2SO_4$
$CrO_4^{2-}+2H_2O+3e^-\Longrightarrow CrO_2^-+4OH^-$	-0.12	$1mol \cdot L^{-1} NaOH$
$Fe^{3+}+e^-\Longrightarrow Fe^{2+}$	0.75	$1mol \cdot L^{-1} HClO_4$
	0.71	$0.5mol \cdot L^{-1} HCl$
	0.68	$1mol \cdot L^{-1} H_2SO_4$
	0.70	$1mol \cdot L^{-1} HCl$
	0.46	$2mol \cdot L^{-1} H_3PO_4$
	0.51	$1mol \cdot L^{-1} HCl, 0.5mol \cdot L^{-1} H_3PO_4$
$H_3AsO_4+2H^++2e^-\Longrightarrow H_3AsO_3+H_2O$	0.557	$1mol \cdot L^{-1} HCl$
	0.557	$1mol \cdot L^{-1} HClO_4$
$FeY^-+e^-\Longrightarrow FeY^{2-}$	0.12	$0.1mol \cdot L^{-1} EDTA, pH4\sim6$
$[Fe(CN)_6]^{3-}+e^-\Longrightarrow [Fe(CN)_6]^{4-}$	0.48	$0.01mol \cdot L^{-1} HCl$
	0.56	$0.1mol \cdot L^{-1} HCl$
	0.71	$1mol \cdot L^{-1} HCl$
	0.72	$1mol \cdot L^{-1} HClO_4$
$I_2(l)+2e^-\Longrightarrow 2I^-$	0.6276	$1mol \cdot L^{-1} H^+$
$I_3^-+2e^-\Longrightarrow 3I^-$	0.545	$1mol \cdot L^{-1} H^+$

附录 12　配位化合物的稳定常数

配离子	$K_{稳}^{\ominus}$	$lgK_{稳}^{\ominus}$	配离子	$K_{稳}^{\ominus}$	$lgK_{稳}^{\ominus}$
1:1			$[Ag(en)_2]^+$	5.0×10^7	7.69
NaY^{3-}	4.57×10^1	1.66	$[Ag(SCN)_2]^-$	3.71×10^8	8.60
AgY^{3-}	2.0×10^7	7.30	$[Cu(NH_3)_2]^+$	7.0×10^{10}	10.87
MgY^{2-}	4.9×10^8	8.69	$[Cu(en)_2]^+$	4.0×10^{19}	19.60
CaY^{2-}	4.9×10^{10}	10.69	$[Ag(CN)_2]^-$	2.48×10^{20}	20.39
FeY^{2-}	2.14×10^{14}	14.33	$[Cu(CN)_2]^-$	9.98×10^{23}	23.99
CdY^{2-}	3.16×10^{16}	16.50	$[Au(CN)_2]^-$	2.0×10^{38}	38.30
NiY^{2-}	4.68×10^{18}	18.67	1:3		
CuY^{2-}	6.3×10^{18}	18.80	$[Fe(SCN)_3]$	2.0×10^3	3.30
HgY^{2-}	6.3×10^{21}	21.80	$[Al(C_2O_4)_3]^{3-}$	2.0×10^{16}	16.30
FeY^-	1.26×10^{25}	25.10	$[Ni(en)_3]^{2+}$	3.9×10^{18}	18.59
CoY^-	1.0×10^{36}	36.00	$[Fe(C_2O_4)_3]^{3-}$	1.6×10^{20}	20.20
1:2			1:4		
$[Ag(NH_3)_2]^+$	1.67×10^7	7.22	$[CdCl_4]^{2-}$	3.1×10^2	2.49

配离子	$K_{稳}^{\ominus}$	$\lg K_{稳}^{\ominus}$	配离子	$K_{稳}^{\ominus}$	$\lg K_{稳}^{\ominus}$
1:4			$[HgI_4]^{2-}$	5.66×10^{29}	29.75
$[Cd(SCN)_4]^{2-}$	3.8×10^2	2.58	$[Hg(CN)_4]^{2-}$	1.82×10^{41}	41.26
$[Co(SCN)_4]^{2-}$	1.0×10^3	3.00	1:6		
$[CdI_4]^{2-}$	4.05×10^5	5.61	$[Co(NH_3)_6]^{2+}$	1.3×10^5	5.11
$[Cd(NH_3)_4]^{2+}$	2.78×10^7	7.44	$[FeF_6]^{3-}$	1.00×10^{16}	16.00
$[Zn(NH_3)_4]^{2+}$	3.60×10^8	8.56	$[AlF_6]^{3-}$	6.92×10^{19}	19.84
$[Cu(NH_3)_4]^{2+}$	2.3×10^{12}	12.36	$[Fe(CN)_6]^{4-}$	1.00×10^{35}	35.00
$[HgCl_4]^{2-}$	1.31×10^{15}	15.12	$[Co(NH_3)_6]^{3+}$	1.41×10^{35}	35.15
$[Zn(CN)_4]^{2-}$	5.71×10^{16}	16.76	$[Fe(CN)_6]^{3-}$	1.00×10^{42}	42.00
$[Cu(CN)_4]^{2-}$	2.0×10^{27}	27.30			

附录 13　常见离子和化合物的颜色

离子及化合物	离子及化合物	离子及化合物
Ag_2O 褐色	BiI_3 白色	$Cr_2(SO_4)_3 \cdot 6H_2O$ 绿色
$AgCl$ 白色	Bi_2O_3 黄色	$Cr_2(SO_4)_3$ 桃红色
Ag_2CO_3 白色	Bi_2S_3 黑色	$Cr_2(SO_4)_3 \cdot 18H_2O$ 紫色
Ag_3PO_4 黄色	$NaBiO_3$ 土黄色	$[Cr(H_2O)_6]^{2+}$ 天蓝色
Ag_2CrO_4 砖红色	CaO 白色	$[Cr(H_2O)_6]^{3+}$ 蓝紫色
$Ag_2C_2O_4$ 白色	$Ca(OH)_2$ 白色	CuO 黑色
$AgCN$ 白色	$CaSO_4$ 白色	Cu_2O 暗红色
$AgSCN$ 白色	$CaCO_3$ 白色	$Cu(OH)_2$ 浅蓝色
$Ag_2S_2O_3$ 白色	$Ca_3(PO_4)_2$ 白色	$Cu(OH)$ 黄色
$Ag_3[Fe(CN)_6]$ 橙色	$CaHPO_4$ 白色	$CuCl$ 白色
$Ag_4[Fe(CN)_6]$ 白色	CoO 灰绿色	CuI 白色
$AgBr$ 淡黄色	Co_2O_3 黑色	CuS 黑色
AgI 黄色	$Co(OH)Cl$ 蓝色	$CuSO_4 \cdot 5H_2O$ 蓝色
Ag_2S 黑色	$Co(OH)_2$ 粉红色	$Cu_2(OH)_2SO_4$ 浅蓝色
Ag_2SO_4 白色	$Co(OH)_3$ 褐棕色	$Cu_2(OH)_2CO_3$ 蓝色
$Al(OH)_3$ 白色	$CoCl_2 \cdot 2H_2O$ 紫红色	$Cu_2[Fe(CN)_6]$ 红棕色
$BaSO_4$ 白色	$CoCl_2 \cdot 6H_2O$ 粉红色	$Cu(SCN)_2$ 黑绿色
$BaSO_3$ 白色	CoS 黑色	$[Cu(H_2O)_4]^{2+}$ 蓝色
BaS_2O_3 白色	$CoSO_4 \cdot 7H_2O$ 红色	$[Cu(NH_3)_4]^{2+}$ 深蓝色
$BaCO_3$ 白色	$CoSiO_3$ 紫色	$[CuCl_2]^-$ 白色
$Ba_3(PO_4)_2$ 白色	$[Co(SCN)_4]^{2-}$ 蓝色	$[CuCl_4]^{2-}$ 黄色
$BaCrO_4$ 黄色	$K_3[Co(NO_2)_6]$ 黄色	$[CuI_2]^-$ 黄色
BaC_2O_4 白色	$K_2Na[Co(NO_2)_6]$ 黄色	FeO 黑色
$BiOCl$ 白色	$(NH_4)_2Na[Co(NO_2)_6]$ 黄色	Fe_2O_3 砖红色
$Bi(OH)_3$ 黄色	CrO_3 橙红色	$Fe(OH)_2$ 白色
$BiO(OH)$ 灰黄色	$Cr(OH)_3$ 灰绿色	$Fe(OH)_3$ 红棕色
$Bi(OH)CO_3$ 白色	$CrCl_3 \cdot 6H_2O$ 绿色	$FeCl_3 \cdot 6H_2O$ 黄棕色

离子及化合物	离子及化合物	离子及化合物
FeS 黑色	$Mn(OH)_2$ 白色	Sb_2O_5 淡紫色
$FeCO_3$ 白色	MnS 肉色	$Sb(OH)_3$ 白色
$FePO_4$ 浅黄色	$MnSiO_3$ 肉色	SbOCl 白色
$Fe_2(SiO_3)_3$ 棕红色	$[Mn(H_2O)_6]^{2+}$ 浅红色	SbI_3 黄色
FeC_2O_4 淡黄色	MnO_4^{2-} 绿色	$Na[Sb(OH)_6]$ 白色
$[Fe(NO)]SO_4$ 深棕色	MnO_4^- 紫红色	$Sn(OH)Cl$ 白色
$(NH_4)_2Fe(SO_4)_2 \cdot 6H_2O$ 蓝绿色	NiO 暗绿色	$Sn(OH)_4$ 白色
$(NH_4)_2Fe(SO_4)_2 \cdot 12H_2O$ 浅紫色	$Ni(OH)_2$ 淡绿色	SnS 棕色
$Fe_3[Fe(CN)_6]_2$ 蓝色	$Ni(OH)_3$ 黑色	SnS_2 黄色
$Fe_4[Fe(CN)_6]_3$ 蓝色	NiS 黑色	TiO_2 白色
$Na_3[Fe(CN)_5NO] \cdot 2H_2O$ 红色	$NiSiO_3$ 翠绿色	$[Ti(H_2O)_6]^{3+}$ 紫色
$[Fe(H_2O)_6]^{2+}$ 浅绿色	$Ni(CN)_2$ 浅绿色	$TiCl_3 \cdot 6H_2O$ 紫色或绿色
$[Fe(H_2O)_6]^{3+}$ 淡紫色	$[Ni(H_2O)_6]^{2+}$ 亮绿色	V_2O_5 橙黄色,砖红色
$[Fe(CN)_6]^{4-}$ 黄色	$[Ni(NH_3)_6]^{2+}$ 蓝色	VO_2^+ 黄色
$[Fe(CN)_6]^{3-}$ 红棕色	PbO_2 棕褐色	VO^{2+} 蓝色
$[Fe(SCN)_n]^{3-n}$ 血红色	Pb_3O_4 红色	$[V(H_2O)_6]^{2+}$ 蓝紫色
HgO 红(黄)色	$Pb(OH)_2$ 白色	$[V(H_2O)_6]^{3+}$ 绿色
Hg_2Cl_2 白黄色	$PbCl_2$ 白色	ZnO 白色
Hg_2I_2 黄色	$PbBr_2$ 白色	$Zn(OH)_2$ 白色
HgS 红色或黑色	PbI_2 黄色	ZnS 白色
Hg_2SO_4 白色	PbS 黑色	$Zn_2(OH)_2CO_3$ 白色
$Hg_2(OH)_2CO_3$ 红褐色	$PbSO_4$ 白色	ZnC_2O_4 白色
I_2 紫色	$PbCO_3$ 白色	$ZnSiO_3$ 白色
I_3^- (碘水)棕黄色	$PbCrO_4$ 黄色	$Zn_2[Fe(CN)_6]$ 白色
$Mg(OH)_2$ 白色	PbC_2O_4 白色	$Zn_3[Fe(CN)_6]_2$ 黄褐色
$MgCO_3$ 白色	$PbMoO_4$ 黄色	$NaAc \cdot Zn(Ac)_2 \cdot 3UO_2(Ac)_2 \cdot 9H_2O$ 黄色
MnO_2 棕色	Sb_2O_3 白色	$(NH_4)_3PO_4 \cdot 12MoO_3 \cdot 6H_2O$ 黄色

附录 14 某些试剂的配制

试剂名称	浓度	配 制 方 法
三氯化铋	$0.1 mol \cdot L^{-1}$	31.6g $BiCl_3$ 溶于 330mL 6mol $\cdot L^{-1}$HCl 中,加水稀释至 1L
三氯化锑	$0.1 mol \cdot L^{-1}$	22.8g $SbCl_3$ 溶于 330mL 6mol $\cdot L^{-1}$HCl 中,加水稀释至 1L
三氯化铁	$1 mol \cdot L^{-1}$	90g $FeCl_3 \cdot 6H_2O$ 溶于 80mL 6mol $\cdot L^{-1}$HCl 中,加水稀释至 1L
三氯化铬	$0.5 mol \cdot L^{-1}$	44.5g $CrCl_3 \cdot 6H_2O$ 溶于 40mL 6mol $\cdot L^{-1}$HCl 中,加水稀释至 1L
氯化亚锡	$0.1 mol \cdot L^{-1}$	22.6g $SnCl_2 \cdot 2H_2O$ 溶于 330mL 6mol $\cdot L^{-1}$HCl 中,加水稀释至 1L,加入锡粒
氯化氧钒(VO_2Cl)		1g 偏钒酸铵固体加入 6mol $\cdot L^{-1}$HCl 和 10mL 水中
硝酸亚汞	$0.1 mol \cdot L^{-1}$	56.1g $Hg_2(NO_3)_2 \cdot 2H_2O$ 溶于 250mL 6mol $\cdot L^{-1}$HNO_3 中,加水稀释至 1L,并加入少量金属汞
硫化钠	$2 mol \cdot L^{-1}$	240g $Na_2S \cdot 9H_2O$ 和 40g NaOH 溶于水中,稀释至 1L
硫化铵	$3 mol \cdot L^{-1}$	200mL 浓氨水中通入 H_2S,直至不再吸收为止。然后加入 200mL 浓氨水稀释至 1L

试剂名称	浓度	配 制 方 法
硫酸氧钛	$0.1mol \cdot L^{-1}$	溶解19g液态$TiCl_4$于220mL 1∶1 H_2SO_4中,再用水稀释至1L(注意:液态$TiCl_4$在空气中强烈发烟,因此必须在通风橱中配制)
钼酸铵	$0.1mol \cdot L^{-1}$	124g$(NH_4)_2MoO_4 \cdot 4H_2O$溶于1L水中。将所得溶液倒入1L $6mol \cdot L^{-1}$ HNO_3中,放置24h,取其澄清液
硝酸银-氨溶液		1.7g $AgNO_3$溶于水中,加17mL浓氨水,稀释至1000mL
氯水		在水中通入氯气至饱和
溴水		在水中滴入液溴至饱和
碘水	$0.01mol \cdot L^{-1}$	2.5g碘和3g KI溶于尽可能少量的水中,加水稀释至1L
镁试剂		0.01g对硝基苯偶氮间苯二酚溶于1L $1mol \cdot L^{-1}$ NaOH溶液中
淀粉溶液	1%	将1g淀粉和少量冷水调成糊状,倒入100mL沸水中,煮沸后,冷却
奈斯勒试剂		115g HgI_2和80g KI溶于水中,稀释至500mL,再加入500mL $6mol \cdot L^{-1}$ NaOH溶液静置后,取其清液,保存于棕色瓶中
二苯硫腙	0.01%	溶解0.1g二苯硫腙溶于1L CCl_4或$CHCl_3$中
铬黑T		将铬黑T和烘干的NaCl按1∶100的比例,均匀混合,贮于棕色瓶中备用
钙指示剂		将钙指示剂和烘干的NaCl按1∶50的比例研细,均匀混合,贮于棕色瓶中备用
紫脲酸铵指示剂		1g紫脲酸铵加100g氯化钠,研匀
亚硝酰铁氰化钠 $Na_2[Fe(CN)_5NO]$	1%	溶解1g亚硝酰铁氰化钠于100mL水中,如溶液变成蓝色,即需重新配制(只能保存数天)
甲基橙	0.1%	1g甲基橙溶于1L热水中
石蕊	0.5~1%	5~10g石蕊溶于1L水中
酚酞	0.1%	1g酚酞溶于900mL乙醇与100mL水的混合液中
淀粉-碘化钾		0.5%淀粉溶液中含$0.1mol \cdot L^{-1}$碘化钾
二乙酰二肟		1g二乙酰二肟溶于100mL95%乙醇中
甲醛		1份40%甲醛溶液与7份水混合

附录15   常用基准物质

基准物	干燥后的组成	干燥温度/℃,时间
$NaHCO_3$	Na_2CO_3	260~270,至恒重
$Na_2B_4O_7 \cdot 10H_2O$	$Na_2B_4O_7 \cdot 10H_2O$	NaCl-蔗糖饱和溶液干燥器中室温保存
$KHC_6H_4(COO)_2$	$KHC_6H_4(COO)_2$	105~110
$Na_2C_2O_4$	$Na_2C_2O_4$	105~110,2h
$K_2Cr_2O_7$	$K_2Cr_2O_7$	130~140,0.5~1h
$KBrO_3$	$KBrO_3$	120,1~2h
KIO_3	KIO_3	105~120
As_2O_3	As_2O_3	硫酸干燥器中,至恒重
$(NH_4)_2Fe(SO_4)_2 \cdot 6H_2O$	$(NH_4)_2Fe(SO_4)_2 \cdot 6H_2O$	室温空气
NaCl	NaCl	250~350,1~2h
$AgNO_3$	$AgNO_3$	120,2h
$CuSO_4 \cdot 5H_2O$	$CuSO_4 \cdot 5H_2O$	室温空气
$KHSO_4$	K_2SO_4	750℃以上灼烧
ZnO	ZnO	约800,灼烧至恒重
无水 Na_2CO_3	Na_2CO_3	260~270,0.5h
$CaCO_3$	$CaCO_3$	105~110

附录 16　一些物质或基团的相对分子质量

物质	物质	物质
$AgNO_3$　169.87	Fe_2O_3　159.69	NaCN　49.01
Al　26.98	H_3BO_3　61.83	NaOH　40.01
$Al_2(SO_4)_3$　342.15	HCl　36.46	$Na_2S_2O_3$　158.11
Al_2O_3　101.96	$KBrO_3$　167.01	$Na_2S_2O_3 \cdot 5H_2O$　248.18
BaO　153.34	$K_2Cr_2O_7$　294.19	NH_4Cl　53.49
Ba　137.3	KIO_3　214.00	NH_3　17.03
$BaCl_2 \cdot 2H_2O$　244.28	$KMnO_4$　158.04	$NH_3 \cdot H_2O$　35.05
$BaSO_4$　233.4	$KHC_8H_4O_4$　204.23	$NH_4Fe(SO_4)_2 \cdot 12H_2O$　482.19
$BaCO_3$　197.35	MgO　40.31	$(NH_4)_2SO_4$　132.14
Bi　208.98	$MgNH_4PO_4$　137.33	P_2O_5　141.95
CaC_2O_4　128.10	NaCl　58.44	$PbCrO_4$　323.19
Ca　40.08	Na_2S　78.04	Pb　207.2
$CaCO_3$　100.09	Na_2CO_3　106.0	PbO_2　239.19
CaO　56.08	$Na_2B_4O_7 \cdot 10H_2O$　381.37	SO_2　64.06
CaO_2　72.08	Na_2SO_4　142.04	SO_3　80.06
Cu　63.55	Na_2SO_3　126.04	SO_4^{2-}　96.06
CuO　79.54	$Na_2C_2O_4$　134.0	S　32.06
$CuSO_4 \cdot 5H_2O$　249.68	Na_2SiF_6　188.06	SiO_2　60.08
CH_3COOH　60.05	$Na_2H_2Y \cdot 2H_2O$(EDTA 二钠盐)　372.26	$SnCl_2$　189.60
$C_4H_6O_6$　150.09	NaI　149.39	甲醛　30.03
Fe　55.85	NaBr　102.90	$K_3[Fe(C_2O_4)_3] \cdot 3H_2O$　491.26
$FeSO_4 \cdot 7H_2O$　278.02	Na_2O　61.98	

附录 17　英语化学实验精选

Experiment 1 Standardization of Sodium Hydroxide Solution

Principle：

Standardization of the one-tenth normal sodium hydroxide solution against potassium acid phthalate using phenolphthalein as indicator.

Procedure：

Place about 4 to 5g of pure potassium acid phthalate in a clean weighing bottle and dry the sample in an oven at 110℃ for at least 1h. Cool the bottle and its contents in a desiccators (Note 1). Weigh accurately into each of three clean, numbered Erlenmeyer flasks about 0.4 to 0.6g of the potassium acid phthalate (Note 2). Record the weights in your notebook.

To each flask add 50mL of distilled water (Note 3) (from a graduated cylinder) and shake the flask gently until the sample is dissolved. Add 2 drops of phenolphthalein to each flask. Rinse and fill a buret with sodium hydroxide solution. Titrate the solution in the first flask with sodium hydroxide to the first permanent pink color. Your hydrochloric acid solution, in a second buret, may be used for back-titration if required. Repeat the titration with the other two samples, recording all data in your notebook.

Calculate the normality of the sodium hydroxide solution obtained in each of the three determinations. Average these values and compute the average deviation in the usual manner. If the average deviation exceeds about 3 parts per thousand, consult the instructor. Finally, calculate the normality of the hydrochloric acid solution from the normality of the sodium hydroxide and the volume ratio of the acid and base obtained in Experiment 3.

Notes:

1. Potassium acid phthalate is relatively nonhygroscopic, and drying process may be omitted (consult instructor).

2. Since 3 mmol. of potassium acid phthalate weighs $3\text{mmol} \times 204.2\text{g} \cdot \text{moL}^{-1} = 612.6\text{mg}$, the quantity recommended should be protected from the atmosphere while cooling.

Problems:

What are the conditions of the primary standard for the standardization?

Experiment 2   Standardization of the Hydrochloric Acid Solution with Sodium Carbonate

Principle:

The hydrochloric acid solution can be standardized against a primary standard if so desired. Sodium carbonate is a good standard for strong acid. It is readily available in a very pure state, except for small amounts of bicarbonate, $NaHCO_3$. The bicarbonate can be converted completely into carbonate by heating at $270 \sim 300\,^{\circ}\text{C}$.

If the acid solution is to be used to titrate with carbonate sample, sodium carbonate is particularly commended.

Procedure:

Accurately weigh three sample (about $0.20 \sim 0.25\text{g}$ each) of pure sodium carbonate, (Note. 1) which has been previously dried, into three Erlenmeyer flasks. Dissolve each sample with about 50mL of distilled water and add 2 drops of methyl orange. (Note 2)

Prepare a solution of pH=4 by dissolving 1g of potassium acid phthalate in 100mL of water. Add 2 drops of methyl orange to this solution and retain it for comparison purposes. Now titrate with each sample with hydrochloric acid until the color matches that of the comparison solution.

Calculate the normality of the hydrochloric acid solution obtained in each of the three titrations. Average these values and compute the average deviation in the usual manner. If this figure exceeds 2 to 3 parts per thousand, consult the instructor. The normality of the sodium hydroxide solution can be calculated from the normality of the acid and the relative concentrations of acid and base.

Note:

1. Analytical-grade (A. R.) sodium carbonate (assay value 99. 95%) can be used after drying for about 1/2 hour at 270~300℃.

2. Various indicator and mixed-indicators have been suggested for this titration. The pH at the equivalence point of the reaction $CO_3^{2-} + 2H^+ \rightleftharpoons H_2CO_3$, is about 4, and methyl orange change color near this pH. The titration curve is not very steep, however, and hence it is often suggested that excess acid be added and carbon dioxide removed by boiling or vigorous shaking. The subsequent titration of excess aid with base involves only strong electrolytes, and a sharp end point is obtained if the carbon dioxide is completely removed. Methyl red is used for indicator. (pH=5. 4)

Procedure:

1. Titrate each sample with the hydrochloric acid solution. As soon as the solution is distinctly red, add 1 additional mL of hydrochloric acid and remove the carbon dioxide by boiling the solution gently for about 5min. (Note3) Cool the solution to room temperature and complete the titration. Back-titration can be done with the sodium hydroxide solution previously prepared. If the color change is not sharp, repeat the heating to remove carbon dioxide.

2. Directions are given here for the titration to the Methyl red end point with removal of carbon dioxide and for the titration to the methyl orange end point without removal of carbon dioxide. The latter procedure is more rapid and is recommended where a high degree of accuracy is not required.

3. If insufficient acid is present to completely convert bicarbonate into carbonic acid, the indicator will turn back to its basic color as the carbon dioxide is expelled and the pH rises. The titration is then continued with acid. If excess acid is added, the indicator will retain the acid color and the titration is continued by addition of base.

Questions:

1. Why do you weigh the pure sodium carbonate about 0. 20 ~ 0. 25g each? How about weighing more or less?

2. When you titrate sodium carbonate bicarbonate, is it necessary to dry sodium carbonate for about 1/2hour at 270~300℃?

Experiment 3 Determination of the Relative Concentrations of the Hydrochloric Acid and Sodium Hydroxide Solutions

In this experiment the ratio of the concentrations of the acid and base solutions is determined. Following standardization of either solution, the normality of the other can be calculated from this ratio.

Procedure:

Preparation of 0. 1M solution of hydrochloric acid and sodium hydroxide.

Hydrochloric acid. Measure into a clean, glass-stopper bottle approximately 1 liter of distilled water. With a graduated cylinder or measuring pipet, add to the water about $8 \sim$ 9mL, of concentrated hydrochloric acid. Stopper the bottle, mix the solution well by inversion and shaking, and label the bottle.

Sodium hydroxide. Carbonate-free sodium hydroxide can be prepared by dissolving 4. 0 to 4. 5g of sodium hydroxide in about 100mL of distilled water. The solution is then decanted into a clean bottle and diluted to 1 liter, close the bottle with a rubber stopper (Note 1), shake the solution well, and label the bottle.

Determination of the relative concentrations.

Rinse two clean burets and fill one with the hydrochloric acid and the other with the sodium hydroxide solution prepared in this Experiment.

Remove any air bubbles from the tips, lower the liquid level to the graduated portions and record the initial reading of each buret.

Now run about 20 to 30mL of the hydrochloric acid solution into a clean 250mL Erlenmeyer flask and record the buret reading (Note 2). Add 2 drops of phenolphthalein indicator and about 50mL of water from a graduated cylinder, rinsing down the walls of the flask. Now run the flask the sodium hydroxide solution from the other buret, swirling the flask gently and steadily to mix the solutions. As an aid in preventing overrunning of the end point, notice the transient, local, pink coloration as it becomes more persistent with the progress of the titration. Finally, when the color first pervades the entire solution even after thorough mixing, stop the titration and record the buret reading. The color should persist for at least 15 sec. or so, but may gradually fade because of the absorption of atmospheric carbon dioxide. It is well to rinse down the inside of the flask and also the buret tip with distilled water just before the termination of the titration so that stray droplets will not escape the reaction. If the end point is accidentally overrun, the titration can still be salvaged; run enough hydrochloric acid solution into the flask to turn the phenolphthalein indicator colorless, record the buret reading again, and then approach the end point once more with the sodium hydroxide solution.

Repeat the titration at least two more times (Note 3). Finally calculate the volume of acid equivalent to 1mL of base;

$$1.000\text{mL of base} = \frac{\text{Volume of acid}}{\text{Volume of base}}$$

Use buret corrections of necessary (consult the instructor).

Notes:

1. Glass-stopped bottles should not be used since alkaline solutions cause the stoppers to stick so tightly that they are difficult of impossible to remove. Polyethylene bottles, if available, are excellent for storing dilute base solutions.

2. This volume is recommended in order to minimize errors in reading a buret. The acid is usually titrated with base instead of base with acid to minimize absorption of carbon dioxide during the titration.

3. Do not allow the sodium hydroxide to remain in the buret any longer than necessa-

ry. As soon as the titrations are finished, drain the base from the buret and rinse thorough ly, first with dilute hydrochloric acid and then with water.

Questions:

    1. What criterion is used in selecting an indicator for an acid-base titration?

    2. Why can't we add more amount indicator during titration?

Experiment 4   Determination of Acetic Acid

Principle:

    Acetic acid is a weak acid, its dissociation constant $Ka = 1.8 \times 10^{-5}$, so it can be readily determined by titration with standard base using phenolphthalein indicator.

Procedure:

    Dilute the sample which is pipeted into a 250mL volumetric flask by the teacher to the mark, and mix thoroughly. The pipet 25mL aliquot of this solution into an Erlenmeyer flask and add 50mL of water and 2 drops of phenolphthalein indicator. Titrate with stand-ard sodium hydroxide to the first permanent pink color. (Note1) Repeat the titration on two additional aliquots. The total quantity of acetic (in grams) contained in this sample can be calculated from the volume and the normality of the sodium hydroxide used in the titration. Average your results and compute the average deviation in usual manner. If this figure exceeds 0.4 percent, the experiment should be repeated.

    If you have enough time, you may titrate with another aliquot with methyl orange in-dicator, and compare the results. What conclusion can you obtain?

Note:

    The solution shows pink color and persists for at least 30 sec or so, even after thor-ough mixing. That means the end point is coming. But the color may gradually fade because of the absorption of atmospheric carbon dioxide.

Questions:

    1. Can the phenolphthalein indicator be replaced by methyl red or orange? Why?

    2. You must rinse pipet three times with acetic acid before titration. Is it necessary for Erlenmeyer flask?

Experiment 5   Determination of Alkalinity of Soda Ash

Principle:

    Crude sodium carbonate, called soda ash, is commonly used as a commercial neutral-izing agent. The titration with standard acid to methyl orange end point gives the total al-kalinity, which is mainly due to sodium carbonate. Small amounts of sodium hydroxide and so-dium bicarbonate may also be present. The results are usually expressed as percentage of sodium carbonate or sodium oxide. Since the samples are frequently nonhomogeneous the method of al-iquot portions is employed. Either methyl orange can be employed as the indicator.

Equations:

$$Na_2CO_3 + 2HCl \longrightarrow H_2CO_3 + 2NaCl$$

$$H_2CO_3 \rightleftharpoons H_2O + CO_2$$
$$\text{excess } HCl + NaOH \longrightarrow H_2O + NaCl$$

Procedure:

Weigh accurately into a clean 250mL beaker a sample of the dried unknown of appropriate size (Note 1), dissolve the sample in about 125mL of distilled water and transfer the solution form the beaker to the 250mLvolumetric flask. Rinse the beaker, add rinsing to the flask, and finally dilute to the mark. Mix the contents of the flask thoroughly by inversion and shaking.

Pipet a 25mL aliquot into an Erlenmeyer flask and add 2 drops of methyl red or methyl orange. Methyl red is yellow in basic solution and red in acid solution. As soon as the solution is distinctly red, add 1 additional ml of hydrochloric acid and remove the carbon dioxide by boiling the solution gently for about 5min (Note 2). Cool the solution to room temperature and complete the titration. Black titration can be done with the sodium hydroxide solution previously prepared. If the color orange is not sharp, repeat the heating to remove carbon dioxide. Repeat the titration with two other 25mL aliquots. At the end of the titrations be sure to empty and thoroughly rinse the volumetric flask. An alkaline solution should not be left in a volumetric flask for a long period of time.

Report the percentage of sodium carbonate or sodium oxide (Consult instructor) in the sample. A precision of 3 to 5 part per thousand is not unusual for the titration.

Calculation

$$Na_2O\% = \frac{(c_{HCl}V_{HCl} - c_{NaOH}V_{NaOH})M_{Na_2O}}{2W \times \dfrac{25}{250} \times 1000} \times 100$$

Notes:

1. The instructor will specify the size of sample required to use 20 to 25mL of 0.1M acid for titration.

2. If insufficient acid is present to completely convert bicarbonate into carbonic acid, the indicator will turn back to its basic color as the carbon dioxide is expelled and the pH rises. The titration is then continued with acid. If excess acid is added, the indicator will retain the acid color and the titration is continued by addition of base.

Questions:

What indicator is suitable for the titration of the alkalinity of soda ash with hydrochloric acid?

Experiment 6   Compounds of Copper, Silver, Zinc, Cadmium and Mercury

Principle:

Black oxide of copper, cupric oxide (CuO), can be made by heating cupric hydroxide [Cu(OH)₂]. Blue cupric hydroxide shows both oxidic and amphiprotic. It can be reduced by formaldehyde or glucose, forming a yellow precipitate of cuprous hydroxide (CuOH), which can be boiled to produce red cuprous oxide(Cu₂O)

$$2Cu(OH)_2 + HCHO \xrightarrow{\quad} HCOOH + 2CuOH + H_2O$$

$$2CuOH \xrightarrow{\triangle} H_2O + Cu_2O$$

Silver hydroxide (AgOH) can be dehydrolyzed, yielding silver oxide (Ag_2O)

All hydroxides of zinc, cadmium, mercury cannot be dissolved in water. $Zn(OH)_2$ shows amphiprotic, $Cd(OH)_2$ appears alkalinous while $Hg(OH)_2$ is unstable. It can be decomposed into HgO just it is formed.

Ammino-complex-ions such as $[Cu(NH_3)_4]^{2+}$, $[Ag(NH_3)_2]^+$, $[Zn(NH_3)_4]^{2+}$ and $[Cd(NH_3)_4]^{2+}$ can be formed when Cu^{2+}, Ag^+, Zn^{2+} and Cd^{2+} reacted with an excess of aqueous ammonia respectively. Not amino-complex-ions but mercuric ammine can be obtained when Hg^{2+} or Hg_2^{2+} reacted with an excess of aqueous ammonia.

$$HgCl_2 + 2NH_3 \xrightarrow{\quad} HgNH_2Cl(white) + NH_4Cl$$

$$Hg_2Cl_2 + 2NH_3 \xrightarrow{\quad} HgNH_2Cl(white) + NH_4Cl + Hg(black)$$

With oxidability, cupric ion (Cu^{2+}) can be reduced by iodine (I_3^-), producing a white precipitate of cuprous iodide (CuI).

$$2Cu^{2+} + 4I_3^- \xrightarrow{\quad} 2CuI + 5I_2$$

Cuprous iodide can be dissolved in exceeding amount of potassium iodide to form complex-ion of $[CuI_2]^-$. However, the precipitate of cuprous iodide may appear again when the complex-ion is diluted because of dissociation equilibrium.

$$[CuI_2]^- \rightleftharpoons CuI + I^-$$

Mixed with sodium chloride and copper chips, after a solution of cupric dichloride ($CuCl_2$) is boiled, a brown solution of complex-ion $[CuCl_2]^-$ is yielded. The white precipitate of cuprous chloride can also be obtained when the complex-ion is diluted.

$$Cu^{2+} + Cu + 4Cl^- \xrightarrow{\quad} 2[CuCl_2]^-$$

$$[CuCl_2]^- \rightleftharpoons CuCl + Cl^-$$

Red mercuric iodide cannot be dissolved in water but in exceeding amount of potassium iodide producing complex-ion of $[HgI_4]^{2-}$. Nesler's reagent is formed by adding proper amount of potassium hydroxide.

$$HgI_2 + 2KI \xrightarrow{\quad} K_2[HgI_4]$$

An ambiguous reaction happens when green mercurous iodide (Hg_2I_2) is mixed with exceeding amount of potassium iodide.

$$Hg_2I_2 + 2KI \xrightarrow{\quad} K_2[HgI_2] + Hg$$

Procedure

1. Compounds of copper

(1) The formation of cupric hydroxide and its property

Add a few drops of 2M NaOH into a 1mL 0.1 M $CuSO_4$ solution. Observe the formation of precipitate. Blend the precipitate and the solution and then divide the mixture into three test tubes. Put some 2M HCl or exceeding amount of 2M NaOH into two of the tubes respectively, and heat the rest of them. Observe the phenomena in these tubes. Write down the equations dealt with the reactions.

(2) The formation of cuprous hydroxide and its property

Add exceeding amount of 6M NaOH into a 0.5mL 0.1 M $CuSO_4$ solution. After the formed precipitate is entirely dissolved, put 10% formaldehyde (or glucose) into the solution. Mix them and then heat it. Observe the phenomenon and write down the equations.

(3) The formation of cuprous chloride and its property

Add small amount of solid NaCl and copper chips into a 0.5mL 1 M $CuCl_2$ solution. Boil it until the solution turns brown. Draw small amount of this solution into a beaker of water which contains 5 drops of 6M hydrochloric acid.

2. Compounds of silver

(1) Formation of silver oxide and its property

Add new prepared 2M NaOH into a 1mL 0.1 M $AgNO_3$ solution slowly. Observe the color and shape of silver oxide. After having been centrifugalized and washed by distilled water, the precipitate is divided into two tubes. Add 2M HNO_3 and 2M $NH_3 \cdot H_2O$ into both of them respectively. Observe the phenomenon and write down the equation.

(2) Formation of silver mirror

Add 2mL 0.1 M $AgNO_3$ solution into a neat tube. Drop 2M $NH_3 \cdot H_2O$ into it until the formed precipitate is just dissolved, and then add a few drops of 10% formaldehyde. Heat it in a water bath. Observe the transformation and write down the equations.

3. Compounds of zinc, cadmium and mercury

(1) Formation of the hydroxides and their properties

Put a few drops of 2M NaOH into four test tubes which contain 0.5ml 0.1M $ZnSO_4$, 0.1M $CaSO_4$, 0.1M $Hg(NO_3)_2$ and 0.1M $Hg_2(NO_3)_2$ respectively. Observe the colors of the formed precipitates. Distinguish the precipitates between oxide and hydroxide. Write down the equations.

(2) Reactions of ammonia to the salts of zinc, cadmium and mercury

I. Add small amount of 2M $NH_3 \cdot H_2O$ into 0.5ml 0.1M $ZnSO_4$ solution. Observe the formation of the precipitate and then see if the precipitate is dissolved after put more ammonia. Explain the phenomenon and write down the equation.

II. Add small amount of 2M $NH_3 \cdot H_2O$ into 0.5ml 0.1M $CdSO_4$ solution. Observe the formation of the precipitate and then check up whether the precipitate is dissolved after put more ammonia. Explain the phenomenon and write down the equation.

III. Add small amount of 2M $NH_3 \cdot H_2O$ into 0.5ml 0.1M $HgCl_2$ solution. Look at the formation of the precipitate and then observe whether the precipitate is dissolved after put more ammonia. Write down the equation.

IV. Add a few drops of 6M $NH_3 \cdot H_2O$ into 0.5ml 0.1M Hg_2Cl_2 observe the formation of the precipitate and then see if the precipitate is dissolved after put in exceeding amount of 6M $NH_3 \cdot H_2O$. Write down the equation.

According to above experiments, compare the difference among the reactions of ammonia to the salts of zinc cadmium and mercury.

(3) Reactions of potassium iodide to mercuric and mercurous ions.

Ⅰ. Add 10 drops of 0.1M KI into 5 drops of 0.1 M Hg(NO$_3$)$_2$ solution. Observe the color of the precipitate. After put in exceeding amount of KI, observe if the precipitate is dissolved. Explain the phenomenon and write down the equation.

Ⅱ. Add 10 drops of 0.1M KI into 5 drops of 0.1 M Hg$_2$(NO$_3$)$_2$ solution. Observe the color of the precipitate. After put in exceeding amount of KI, observe if the precipitate is dissolved. Explain the phenomenon and write down the equation.

参 考 文 献

[1]　张济新等．分析化学实验．上海：华东理工大学出版社，1989.

[2]　朱明华，胡坪．仪器分析．第 4 版．北京：高等教育出版社，2008.

[3]　华东理工大学分析化学教研组等．分析化学．第 6 版．北京：高等教育出版社，2009.

[4]　史启帧，肖新亮．无机化学和分析化学实验．北京：高等教育出版社，1995.

[5]　浙江大学，华东理工大学，四川大学合编．新编大学化学实验．北京：高等教育出版社，2002.

[6]　南京大学化学实验教学组编．大学基础化学．第 2 版．北京：高等教育出版社，2010.

[7]　武汉大学化学与分子科学学院实验中心．无机化学实验．第 2 版．武汉：武汉大学出版社，2012.

[8]　北京师范大学无机化学教研室等编．无机化学实验．第 3 版．北京：高等教育出版社，2007.

[9]　辛剑，孟长功主编．基础化学实验．北京：高等教育出版社，2004.

[10]　李华民，蒋福实，赵云岑．基础化学实验操作规范．第 2 版．北京：北京师范大学出版社，2010.

[11]　高绍康．基础化学实验．北京：化学工业出版社，2011.

[12]　崔学桂，张晓丽．基础化学实验（Ⅰ）——无机与分析化学．北京：化学工业出版社，2003.

[13]　徐莉英．无机与分析化学实验．北京：化学工业出版社，2005.

[14]　史苏华．无机化学实验．武汉：华中科技大学出版社，2011.

[15]　王新芳．无机化学实验．北京：化学工业出版社，2014.

[16]　东华大学化学化工学院基础化学编写组编著．基础化学实验．上海：东华大学出版社，2011.

[17]　张桂香．大学化学实验．天津：天津大学出版社，2011.

[18]　梁华定．基础实验．杭州：浙江大学出版社，2011.

[19]　朱卫华．大学化学实验．北京：科学出版社，2012.

[20]　周井炎．基础化学实验．下．武汉：华中科技大学出版社，2008.

[21]　冯丽娟．无机化学实验．青岛：中国海洋大学出版社，2009.

[22]　化学化工学科组编．化学化工创新性实验．南京：南京大学出版社，2010.

[23]　周成勇．化学综合实验．北京：中国石化出版社，2011.

[24]　杨世琨．近代化学实验．第 2 版．北京：石油工业出版社，2010.

[25]　李珺，张逢星，李剑利．综合化学实验．北京：科学出版社，2011.

[26]　张雯．化学综合实验．西安：西安交通大学出版社，2014.

[27]　Day Jr R A，Uderwood A L．Quantitative Analysis. 6 th ed. London：Prentice-Hall Internatinal InC. 1991.

[28]　[美] E．L 鲍尔．化学用数理统计手册．北京：化学工业出版社，1983.

[29]　Emil J. Slowinski. Chemical Principles in the Laboratory. 5th ed. New York：W B Saunders Company，2011.

[30]　Kirk R E，Othmer D F. Encyclopedia of Chemical Technology. 3rd ed. New York：John Wiley & Sons，1978.

[31]　[德]　鲁道夫·博克著．分析化学分解方法手册．谢长生等译．贵阳：贵州人民出版社，1982.

[32]　《分析化学手册》编写组编写．分析化学手册（第 1、2、4 分册）．第 2 版．北京：化学工业出版，1997-1998.

[33]　甘孟瑜，曹渊．大学化学实验．第 3 版．重庆：重庆大学出版社，2003.

[34]　国家药典委员会编．中华人民共和国药典．北京：化学工业出版社，2000.

[35]　GB/T 12392—1990．国家标准检验方法 蔬菜、水果及其制品中总抗坏血酸的测定方法．

[36]　马全红，路春娥，吴敏，王国力编著．大学化学实验．南京：东南大学出版社，2002.

[37]　黄应平．分析化学实验（英汉双语教材）．武汉：华中师范大学出版社，2012.

［38］ GB/T 22182—2008. 油菜籽叶绿素含量测定 分光光度计法.

［39］ 陈媛梅，张春荣. 分析化学实验. 北京：科学出版社，2012.

［40］ 罗倩等. 定量分析化学实验. 北京：中国林业出版社，2013.

［41］ 张立庆. 无机及分析化学实验. 杭州：浙江大学出版社，2011.

［42］ 博崇说，郑蒂基. 中南矿冶学院学报，1978，(12)：31.

［43］ 毛铭华，涂桃枚. 化工冶金，1990，11 (3)：216.

［44］ 张萍，刘恒，李大成. 四川有色金属，1998，(2)：36.

［45］ 刘登良. 化学法制备氧化亚铜. 中国专利 105496，1989.

［46］ 天津化工研究院编. 无机盐工业手册：下册. 第 2 版. 北京：化学工业出版社，1996.

［47］ 司徒杰生，王光建，张登高. 无机化工手册. 化工产品手册. 第 4 版. 北京：化学工业出版社，2004.

［48］ 天津化工研究设计院编. 无机精细化学品手册. 北京：化学工业出版社，2001.

［49］ ［苏］ 克留契尼可夫·H. Г 著. 无机合成手册. 申泮文等译. 北京：高等教育出版社，1957.

［50］ 王秋长，赵鸿喜，张守民，李一峻. 基础化学实验. 北京：科学出版社，2003.

［51］ 北京师范大学无机化学教研组. 无机化学实验. 北京：高等教育出版社，1991.

［52］ 王克强，王捷，吴本芳. 新编无机化学实验. 上海：华东理工大学出版社，2001.

［53］ 段玉峰. 综合训练和设计. 北京：科学出版社，2001.

［54］ GB 12297—90 石灰性土壤有效磷测定方法. 北京：中国标准出版社，1990.

［55］ 蔡明招，刘建宇. 分析化学实验. 北京：化学工业出版社，2010.

［56］ 胡广林，张雪梅，徐宝荣. 分析化学实验. 北京：化学工业出版社，2010.

［57］ 彭梦侠. 基础化学实验. 南京：南京大学出版社，2011.

［58］ 水与废水监测分析方法委员会. 水与废水监测分析方法. 北京：中国环境科学出版社，2002.

［59］ 北京大学化学与分子工程学院实验室安全技术教学组. 化学实验室安全知识教程. 北京：北京大学出版社，2012.

［60］ 赵华绒，方文军，王国平. 化学实验室安全与环保手册. 北京：化学工业出版社，2013.

元 素 周 期 表

IUPAC 2013

电子层 K L M N O P Q

图例说明
- 95 原子序数
- Am 元素符号(红色的为放射性元素)
- 镅 元素名称(注▲的为人造元素)
- 5f⁷7s² 价层电子构型
- 243.06138(2)⁺ 元素的相对原子质量

氧化态为单质的氧化态为0，
未列入；常见的为红色
以 ¹²C=12 为基准的原子量
(注▲的是半衰期最长同位
素的原子量)

区	
s区元素	p区元素
d区元素	ds区元素
f区元素	稀有气体

主要元素

第1周期
- 1 H 氢 1s¹ 1.008 (氧化态 -1, +1)
- 2 He 氦 1s² 4.002602(2)

第2周期
- 3 Li 锂 2s¹ 6.94
- 4 Be 铍 2s² 9.0121831(5)
- 5 B 硼 2s²2p¹ 10.81
- 6 C 碳 2s²2p² 12.011
- 7 N 氮 2s²2p³ 14.007
- 8 O 氧 2s²2p⁴ 15.999
- 9 F 氟 2s²2p⁵ 18.998403163(6)
- 10 Ne 氖 2s²2p⁶ 20.1797(6)

第3周期
- 11 Na 钠 3s¹ 22.98976928(2)
- 12 Mg 镁 3s² 24.305
- 13 Al 铝 3s²3p¹ 26.9815385(7)
- 14 Si 硅 3s²3p² 28.085
- 15 P 磷 3s²3p³ 30.973761998(5)
- 16 S 硫 3s²3p⁴ 32.06
- 17 Cl 氯 3s²3p⁵ 35.45
- 18 Ar 氩 3s²3p⁶ 39.948(1)

第4周期
- 19 K 钾 4s¹ 39.0983(1)
- 20 Ca 钙 4s² 40.078(4)
- 21 Sc 钪 3d¹4s² 44.955908(5)
- 22 Ti 钛 3d²4s² 47.867(1)
- 23 V 钒 3d³4s² 50.9415(1)
- 24 Cr 铬 3d⁵4s¹ 51.9961(6)
- 25 Mn 锰 3d⁵4s² 54.938044(3)
- 26 Fe 铁 3d⁶4s² 55.845(2)
- 27 Co 钴 3d⁷4s² 58.933194(4)
- 28 Ni 镍 3d⁸4s² 58.6934(4)
- 29 Cu 铜 3d¹⁰4s¹ 63.546(3)
- 30 Zn 锌 3d¹⁰4s² 65.38(2)
- 31 Ga 镓 4s²4p¹ 69.723(1)
- 32 Ge 锗 4s²4p² 72.630(8)
- 33 As 砷 4s²4p³ 74.921595(6)
- 34 Se 硒 4s²4p⁴ 78.971(8)
- 35 Br 溴 4s²4p⁵ 79.904
- 36 Kr 氪 4s²4p⁶ 83.798(2)

第5周期
- 37 Rb 铷 5s¹ 85.4678(3)
- 38 Sr 锶 5s² 87.62(1)
- 39 Y 钇 4d¹5s² 88.90584(2)
- 40 Zr 锆 4d²5s² 91.224(2)
- 41 Nb 铌 4d⁴5s¹ 92.90637(2)
- 42 Mo 钼 4d⁵5s¹ 95.95(1)
- 43 Tc 锝 4d⁵5s² 97.90721(3)⁺
- 44 Ru 钌 4d⁷5s¹ 101.07(2)
- 45 Rh 铑 4d⁸5s¹ 102.90550(2)
- 46 Pd 钯 4d¹⁰ 106.42(1)
- 47 Ag 银 4d¹⁰5s¹ 107.8682(2)
- 48 Cd 镉 4d¹⁰5s² 112.414(4)
- 49 In 铟 5s²5p¹ 114.818(1)
- 50 Sn 锡 5s²5p² 118.710(7)
- 51 Sb 锑 5s²5p³ 121.760(1)
- 52 Te 碲 5s²5p⁴ 127.60(3)
- 53 I 碘 5s²5p⁵ 126.90447(3)
- 54 Xe 氙 5s²5p⁶ 131.293(6)

第6周期
- 55 Cs 铯 6s¹ 132.90545196(6)
- 56 Ba 钡 6s² 137.327(7)
- 57~71 La~Lu 镧系
- 72 Hf 铪 5d²6s² 178.49(2)
- 73 Ta 钽 5d³6s² 180.94788(2)
- 74 W 钨 5d⁴6s² 183.84(1)
- 75 Re 铼 5d⁵6s² 186.207(1)
- 76 Os 锇 5d⁶6s² 190.23(3)
- 77 Ir 铱 5d⁷6s² 192.217(3)
- 78 Pt 铂 5d⁹6s¹ 195.084(9)
- 79 Au 金 5d¹⁰6s¹ 196.966569(5)
- 80 Hg 汞 5d¹⁰6s² 200.592(3)
- 81 Tl 铊 6s²6p¹ 204.38
- 82 Pb 铅 6s²6p² 207.2(1)
- 83 Bi 铋 6s²6p³ 208.98040(1)
- 84 Po 钋 6s²6p⁴ 208.98243(2)⁺
- 85 At 砹 6s²6p⁵ 209.98715(5)⁺
- 86 Rn 氡 6s²6p⁶ 222.01758(2)⁺

第7周期
- 87 Fr 钫 7s¹ 223.01974(2)⁺
- 88 Ra 镭 7s² 226.02541(2)⁺
- 89~103 Ac~Lr 锕系
- 104 Rf 鑪▲ 6d²7s² 267.122(4)⁺
- 105 Db 𬭊▲ 6d³7s² 270.131(4)⁺
- 106 Sg 𬭳▲ 6d⁴7s² 269.129(3)⁺
- 107 Bh 𬭛▲ 6d⁵7s² 270.133(2)⁺
- 108 Hs 𬭶▲ 6d⁶7s² 270.134(2)⁺
- 109 Mt 鿏▲ 6d⁷7s² 278.156(5)⁺
- 110 Ds 𫟼▲ 6d⁸7s² 281.165(4)⁺
- 111 Rg 𬬭▲ 281.166(6)⁺
- 112 Cn 鿔▲ 285.177(4)⁺
- 113 Nh 鉨▲ 286.182(5)⁺
- 114 Fl 𫓧▲ 289.190(4)⁺
- 115 Mc 镆▲ 289.194(6)⁺
- 116 Lv 𫟷▲ 293.204(4)⁺
- 117 Ts 鿬▲ 293.208(6)⁺
- 118 Og 鿫▲ 294.214(5)⁺

★ 镧系

- 57 La 镧 5d¹6s² 138.90547(7)
- 58 Ce 铈 4f¹5d¹6s² 140.116(1)
- 59 Pr 镨 4f³6s² 140.90766(2)
- 60 Nd 钕 4f⁴6s² 144.242(3)
- 61 Pm 钷▲ 4f⁵6s² 144.91276(2)⁺
- 62 Sm 钐 4f⁶6s² 150.36(2)
- 63 Eu 铕 4f⁷6s² 151.964(1)
- 64 Gd 钆 4f⁷5d¹6s² 157.25(3)
- 65 Tb 铽 4f⁹6s² 158.92535(2)
- 66 Dy 镝 4f¹⁰6s² 162.500(1)
- 67 Ho 钬 4f¹¹6s² 164.93033(2)
- 68 Er 铒 4f¹²6s² 167.259(3)
- 69 Tm 铥 4f¹³6s² 168.93422(2)
- 70 Yb 镱 4f¹⁴6s² 173.045(10)
- 71 Lu 镥 4f¹⁴5d¹6s² 174.9668(1)

★ 锕系

- 89 Ac 锕 6d¹7s² 227.02775(2)⁺
- 90 Th 钍 6d²7s² 232.0377(4)
- 91 Pa 镤 5f²6d¹7s² 231.03588(2)
- 92 U 铀 5f³6d¹7s² 238.02891(3)
- 93 Np 镎▲ 5f⁴6d¹7s² 237.04817(2)⁺
- 94 Pu 钚▲ 5f⁶7s² 244.0642(4)⁺
- 95 Am 镅▲ 5f⁷7s² 243.06138(2)⁺
- 96 Cm 锔▲ 5f⁷6d¹7s² 247.07035(3)⁺
- 97 Bk 锫▲ 5f⁹7s² 247.07031(4)⁺
- 98 Cf 锎▲ 5f¹⁰7s² 251.07959(3)⁺
- 99 Es 锿▲ 5f¹¹7s² 252.0830(3)⁺
- 100 Fm 镄▲ 5f¹²7s² 257.09511(5)⁺
- 101 Md 钔▲ 5f¹³7s² 258.09843(3)⁺
- 102 No 锘▲ 5f¹⁴7s² 259.1010(7)⁺
- 103 Lr 铹▲ 5f¹⁴6d¹7s² 262.110(2)⁺

化学实验报告本

班级_____

姓名_____

学号_____

指导教师_____

实验时间_____

实验报告

实验名称_____

班级_____姓名_____学号_____

实验时间_____实验地点_____指导教师_____

预习及原始数据记录

实验名称_____

班级_____ 姓名_____ 学号_____

实验时间_____ 实验地点_____ 指导教师_____

实验报告

实验名称＿＿＿＿＿＿＿＿＿＿＿＿＿＿＿＿＿＿＿＿＿＿＿＿＿＿＿＿＿＿＿

班级＿＿＿＿＿＿＿＿＿＿　姓名＿＿＿＿＿＿＿＿＿＿　学号＿＿＿＿＿＿＿＿＿

实验时间＿＿＿＿＿＿＿　实验地点＿＿＿＿＿＿＿　指导教师＿＿＿＿＿＿＿

预习及原始数据记录

实验名称_____

班级_____姓名_____学号_____

实验时间_____实验地点_____指导教师_____

实验报告

实验名称＿＿＿＿＿＿＿＿＿＿＿＿＿＿＿＿＿＿＿＿＿＿＿＿＿＿＿＿＿＿＿

班级＿＿＿＿＿＿＿＿＿＿　姓名＿＿＿＿＿＿＿＿＿＿＿　学号＿＿＿＿＿＿＿＿＿

实验时间＿＿＿＿＿＿＿＿　实验地点＿＿＿＿＿＿＿　指导教师＿＿＿＿＿＿

教师签名：　　　　　　成绩：　　　　　　批改日期：

预习及原始数据记录

实验名称＿＿＿＿＿＿＿＿＿＿＿＿＿＿＿＿＿＿＿＿＿＿＿＿＿＿＿＿＿＿＿＿＿

班级＿＿＿＿＿＿＿＿＿＿＿姓名＿＿＿＿＿＿＿＿＿＿＿学号＿＿＿＿＿＿＿＿＿

实验时间＿＿＿＿＿＿＿＿＿实验地点＿＿＿＿＿＿＿＿指导教师＿＿＿＿＿＿＿

实验报告

实验名称＿＿＿＿＿＿＿＿＿＿＿＿＿＿＿＿＿＿＿＿＿＿＿＿＿＿＿＿＿＿＿＿＿

班级＿＿＿＿＿＿＿＿＿＿　姓名＿＿＿＿＿＿＿＿＿＿　学号＿＿＿＿＿＿＿＿＿＿

实验时间＿＿＿＿＿＿＿＿　实验地点＿＿＿＿＿＿＿＿　指导教师＿＿＿＿＿＿＿

预习及原始数据记录

实验名称_____

班级_____ 姓名_____ 学号_____

实验时间_____ 实验地点_____ 指导教师_____

实验报告

实验名称_____

班级_____姓名_____学号_____

实验时间_____实验地点_____指导教师_____

预习及原始数据记录

实验名称_____

班级_____姓名_____学号_____

实验时间_____实验地点_____指导教师_____

实验报告

实验名称＿＿＿＿＿＿＿＿＿＿＿＿＿＿＿＿＿＿＿＿＿＿＿＿＿＿＿＿＿＿＿＿

班级＿＿＿＿＿＿＿＿＿＿姓名＿＿＿＿＿＿＿＿＿＿学号＿＿＿＿＿＿＿＿＿

实验时间＿＿＿＿＿＿＿实验地点＿＿＿＿＿＿＿指导教师＿＿＿＿＿＿＿

预习及原始数据记录

实验名称_____

班级_____ 姓名_____ 学号_____

实验时间_____ 实验地点_____ 指导教师_____

实验报告

实验名称_____

班级_____姓名_____学号_____

实验时间_____实验地点_____指导教师_____

教师签名：　　　　　　成绩：　　　　　　批改日期：

预习及原始数据记录

实验名称_____

班级_____ 姓名_____ 学号_____

实验时间_____ 实验地点_____ 指导教师_____

实验报告

实验名称＿＿＿＿＿＿＿＿＿＿＿＿＿＿＿＿＿＿＿＿＿＿＿＿＿＿＿＿＿＿＿＿

班级＿＿＿＿＿＿＿＿＿＿＿姓名＿＿＿＿＿＿＿＿＿＿＿学号＿＿＿＿＿＿＿＿＿

实验时间＿＿＿＿＿＿＿＿实验地点＿＿＿＿＿＿＿＿指导教师＿＿＿＿＿＿＿

预习及原始数据记录

实验名称_____

班级_____姓名_____学号_____

实验时间_____实验地点_____指导教师_____

实验报告

实验名称_____

班级_____ 姓名_____ 学号_____

实验时间_____ 实验地点_____ 指导教师_____

教师签名：　　　　　　成绩：　　　　　　批改日期：

预习及原始数据记录

实验名称＿＿＿＿＿＿＿＿＿＿＿＿＿＿＿＿＿＿＿＿＿＿＿＿＿＿＿＿＿＿＿＿＿＿

班级＿＿＿＿＿＿＿＿＿＿＿＿＿姓名＿＿＿＿＿＿＿＿＿＿＿＿＿学号＿＿＿＿＿＿＿＿＿＿＿＿

实验时间＿＿＿＿＿＿＿＿＿实验地点＿＿＿＿＿＿＿＿＿指导教师＿＿＿＿＿＿＿＿＿

实验报告

实验名称_____

班级_____ 姓名_____ 学号_____

实验时间_____ 实验地点_____ 指导教师_____

教师签名：　　　　　　　成绩：　　　　　　　批改日期：

预习及原始数据记录

实验名称_____

班级_____姓名_____学号_____

实验时间_____实验地点_____指导教师_____

实验报告

实验名称_____

班级_____姓名_____学号_____

实验时间_____实验地点_____指导教师_____

预习及原始数据记录

实验名称_____

班级_____ 姓名_____ 学号_____

实验时间_____ 实验地点_____ 指导教师_____

实验报告

实验名称_____

班级_____姓名_____学号_____

实验时间_____实验地点_____指导教师_____

教师签名： 成绩： 批改日期：

预习及原始数据记录

实验名称＿＿＿＿＿＿＿＿＿＿＿＿＿＿＿＿＿＿＿＿＿＿＿＿＿＿＿＿＿＿＿

班级＿＿＿＿＿＿＿＿＿＿＿＿　姓名＿＿＿＿＿＿＿＿＿＿＿＿　学号＿＿＿＿＿＿＿＿＿＿＿

实验时间＿＿＿＿＿＿＿＿＿　实验地点＿＿＿＿＿＿＿＿＿　指导教师＿＿＿＿＿＿＿＿＿

实验报告

实验名称_____

班级_____姓名_____学号_____

实验时间_____实验地点_____指导教师_____

预习及原始数据记录

实验名称_____

班级_____ 姓名_____ 学号_____

实验时间_____ 实验地点_____ 指导教师_____

实验报告

实验名称_____

班级_____姓名_____学号_____

实验时间_____实验地点_____指导教师_____

教师签名：　　　　　成绩：　　　　　批改日期：

预习及原始数据记录

实验名称_____

班级_____ 姓名_____ 学号_____

实验时间_____ 实验地点_____ 指导教师_____

实验报告

实验名称_____

班级_____姓名_____学号_____

实验时间_____实验地点_____指导教师_____

教师签名：　　　　　　　成绩：　　　　　　　批改日期：

预习及原始数据记录

实验名称_____

班级_____ 姓名_____ 学号_____

实验时间_____ 实验地点_____ 指导教师_____

_____

_____

_____

_____

_____

_____

_____

_____

_____

_____

_____

_____

_____

_____

_____

_____

_____

_____

_____

_____

_____

实验报告

实验名称_____

班级_____姓名_____学号_____

实验时间_____实验地点_____指导教师_____

_____

_____

_____

_____

_____

_____

_____

_____

_____

_____

_____

_____

_____

_____

_____

_____

_____

_____

_____

_____

_____

_____

预习及原始数据记录

实验名称_____

班级_____姓名_____学号_____

实验时间_____实验地点_____指导教师_____

_____

_____

_____

_____

_____

_____

_____

_____

_____

_____

_____

_____

_____

_____

_____

_____

_____

_____

_____

_____

_____

_____

实验报告

实验名称_____

班级_____姓名_____学号_____

实验时间_____实验地点_____指导教师_____

教师签名： 成绩： 批改日期：

预习及原始数据记录

实验名称＿＿＿＿＿＿＿＿＿＿＿＿＿＿＿＿＿＿＿＿＿＿＿＿＿＿＿＿＿＿＿＿

班级＿＿＿＿＿＿＿＿＿＿＿姓名＿＿＿＿＿＿＿＿＿＿＿学号＿＿＿＿＿＿＿＿＿＿

实验时间＿＿＿＿＿＿＿＿＿实验地点＿＿＿＿＿＿＿＿指导教师＿＿＿＿＿＿＿

实验报告

实验名称_____

班级_____姓名_____学号_____

实验时间_____实验地点_____指导教师_____

预习及原始数据记录

实验名称＿＿＿＿＿＿＿＿＿＿＿＿＿＿＿＿＿＿＿＿＿＿＿＿＿＿＿＿＿＿

班级＿＿＿＿＿＿＿＿＿＿＿姓名＿＿＿＿＿＿＿＿＿＿＿学号＿＿＿＿＿＿＿＿＿＿＿

实验时间＿＿＿＿＿＿＿＿＿实验地点＿＿＿＿＿＿＿＿指导教师＿＿＿＿＿＿＿

实验报告

实验名称_____

班级_____姓名_____学号_____

实验时间_____实验地点_____指导教师_____

预习及原始数据记录

实验名称_____

班级_____ 姓名_____ 学号_____

实验时间_____ 实验地点_____ 指导教师_____

实验报告

实验名称_____

班级_____姓名_____学号_____

实验时间_____实验地点_____指导教师_____

预习及原始数据记录

实验名称_____

班级_____姓名_____学号_____

实验时间_____实验地点_____指导教师_____

_____
_____
_____
_____
_____
_____
_____
_____
_____
_____
_____
_____
_____
_____
_____
_____
_____
_____
_____
_____
_____
_____
_____
_____

实验报告

实验名称_____

班级_____姓名_____学号_____

实验时间_____实验地点_____指导教师_____

教师签名：　　　　　成绩：　　　　　批改日期：

预习及原始数据记录

实验名称_____

班级_____姓名_____学号_____

实验时间_____实验地点_____指导教师_____

_____

_____

_____

_____

_____

_____

_____

_____

_____

_____

_____

_____

_____

_____

_____

_____

_____

_____

_____

_____

_____

实验报告

实验名称_____

班级_____ 姓名_____ 学号_____

实验时间_____ 实验地点_____ 指导教师_____

教师签名：　　　　　　成绩：　　　　　　批改日期：

预习及原始数据记录

实验名称_____

班级_____ 姓名_____ 学号_____

实验时间_____ 实验地点_____ 指导教师_____

实验报告

实验名称_____

班级_____姓名_____学号_____

实验时间_____实验地点_____指导教师_____

预习及原始数据记录

实验名称_____

班级_____姓名_____学号_____

实验时间_____实验地点_____指导教师_____

实验报告

实验名称_____

班级_____ 姓名_____ 学号_____

实验时间_____ 实验地点_____ 指导教师_____

教师签名：　　　　　　　成绩：　　　　　　　批改日期：

预习及原始数据记录

实验名称_____

班级_____ 姓名_____ 学号_____

实验时间_____ 实验地点_____ 指导教师_____

_____

_____

_____

_____

_____

_____

_____

_____

_____

_____

_____

_____

_____

_____

_____

_____

_____

_____

_____

_____

_____

_____

_____

_____

实验报告

实验名称_____

班级_____姓名_____学号_____

实验时间_____实验地点_____指导教师_____

_____

_____

_____

_____

_____

_____

_____

_____

_____

_____

_____

_____

_____

_____

_____

_____

_____

_____

_____

_____

教师签名：　　　　　　成绩：　　　　　　批改日期：

预习及原始数据记录

实验名称＿＿＿＿＿＿＿＿＿＿＿＿＿＿＿＿＿＿＿＿＿＿＿＿＿＿＿＿＿＿＿＿＿＿＿

班级＿＿＿＿＿＿＿＿＿＿　姓名＿＿＿＿＿＿＿＿＿＿＿　学号＿＿＿＿＿＿＿＿＿＿＿

实验时间＿＿＿＿＿＿＿＿　实验地点＿＿＿＿＿＿＿＿　指导教师＿＿＿＿＿＿＿＿

实验报告

实验名称＿＿＿＿＿＿＿＿＿＿＿＿＿＿＿＿＿＿＿＿＿＿＿＿＿＿＿＿＿＿＿

班级＿＿＿＿＿＿＿＿＿＿姓名＿＿＿＿＿＿＿＿＿＿学号＿＿＿＿＿＿＿＿＿

实验时间＿＿＿＿＿＿＿＿实验地点＿＿＿＿＿＿＿指导教师＿＿＿＿＿＿＿

教师签名：　　　　　　成绩：　　　　　　批改日期：

预习及原始数据记录

实验名称_____

班级_____姓名_____学号_____

实验时间_____实验地点_____指导教师_____

_____

_____

_____

_____

_____

_____

_____

_____

_____

_____

_____

_____

_____

_____

_____

_____

_____

_____

_____

_____

_____

实验报告

实验名称_____

班级_____ 姓名_____ 学号_____

实验时间_____ 实验地点_____ 指导教师_____

预习及原始数据记录

实验名称_____

班级_____姓名_____学号_____

实验时间_____实验地点_____指导教师_____

实验报告

实验名称_____

班级_____姓名_____学号_____

实验时间_____实验地点_____指导教师_____

预习及原始数据记录

实验名称_____

班级_____姓名_____学号_____

实验时间_____实验地点_____指导教师_____

实验报告

实验名称_____

班级_____姓名_____学号_____

实验时间_____实验地点_____指导教师_____

教师签名：　　　　　　　成绩：　　　　　　　批改日期：

预习及原始数据记录

实验名称_____

班级_____姓名_____学号_____

实验时间_____实验地点_____指导教师_____

实验报告

实验名称_____

班级_____姓名_____学号_____

实验时间_____实验地点_____指导教师_____